国家林业局普通高等教育"十三五"规划教材

植物昆虫学

刘长仲　主编

中国林业出版社

内 容 简 介

　　本教材系统地介绍了植物昆虫学的基础知识，包括昆虫形态学、昆虫生物学、昆虫分类学、昆虫生态学、害虫调查及预测技术、害虫防治技术和策略。在此基础上介绍了主要植物害虫，包括地下害虫、粮食作物害虫、蔬菜害虫、果树害虫、油料和纤维作物害虫。对每类植物害虫选择有重要经济意义或具有代表性的种类，分别介绍其形态特征、发生规律、预测预报及防治技术等内容。

　　本教材不仅可作高等农业院校农学、园艺等专业教材，也可供植物保护、农学、园艺等专业管理和科技人员参考。

图书在版编目（CIP）数据

植物昆虫学/刘长仲主编. —北京：中国林业出版社，2016.1（2024.8 重印）
国家林业局普通高等教育"十三五"规划教材
ISBN 978-7-5038-8251-7

Ⅰ.①植…　Ⅱ.①刘…　Ⅲ.①植物—昆虫学—高等学校—教材　Ⅳ.①S433

中国版本图书馆 CIP 数据核字（2015）第 275309 号

策划编辑：康红梅　　　　责任编辑：康红梅
电话：83143551　　　　　传真：83143516

出版发行　中国林业出版社（100009　北京市西城区德内大街刘海胡同 7 号）
　　　　　E-mail：jiaocaipublic@163.com　电话：（010）83143500，83143551
　　　　　https://www.cfph.net
印　　刷　北京中科印刷有限公司
版　　次　2016 年 1 月第 1 版
印　　次　2024 年 8 月第 2 次印刷
开　　本　850mm×1168mm　1/16
印　　张　20.75
字　　数　464 千字
定　　价　56.00 元

《植物昆虫学》
编 写 人 员

主　　编　刘长仲（甘肃农业大学）
副 主 编　王森山（甘肃农业大学）
　　　　　王新谱（宁夏大学）
　　　　　赵伊英（石河子大学）
编写人员　（按姓氏拼音排序）
　　　　　陈德来（陇东学院）
　　　　　陈广泉（河西学院）
　　　　　高有华（新疆农业大学）
　　　　　马　琪（青海大学）
　　　　　钱秀娟（甘肃农业大学）
　　　　　尚素琴（甘肃农业大学）
　　　　　宋丽雯（甘肃农业大学）
　　　　　王佛生（陇东学院）
　　　　　王国利（甘肃农业大学）
　　　　　辛　明（宁夏大学）
　　　　　臧建成（西藏大学农牧学院）
　　　　　张廷伟（甘肃农业大学）
　　　　　张挺峰（河西学院）

前　言

　　我国幅员辽阔，植物及其害虫种类繁多，不同地区主要害虫种类差异较大，即使是同一种害虫在不同地区的发生也各有不同。因此，为适应教学的需要，我们以西北地区主要作物及其害虫为主，组织编写了本教材。

　　全书除绪论外，共分11章，第1~6章分别为昆虫形态学、昆虫生物学、昆虫分类学、昆虫生态学、害虫调查及预测技术、害虫的防治技术和策略；第7~11章分别为地下害虫、粮食作物害虫、果树害虫、蔬菜害虫、油料和纤维作物害虫，对每类植物害虫选择有重要经济意义或具有代表性的种类，分别介绍其分布与为害、形态特征、发生规律、预测预报及防治技术等内容。本教材可作高等农业院校农学、园艺等专业教材，也可供植物保护、农学、园艺等专业管理和科技人员参考。

　　本教材由刘长仲任主编，王森山、王新谱、赵伊英任副主编。具体编写分工为：绪论由刘长仲编写；第1章由钱秀娟和刘长仲编写；第2章由宋丽雯和刘长仲编写；第3章由刘长仲和钱秀娟编写；第4章由王森山编写；第5章由刘长仲编写；第6章由张廷伟和刘长仲编写；第7章由王森山编写；第8章由张廷伟、赵伊英、高有华、陈广泉、王佛生编写；第9章由尚素琴、马琪编写；第10章由钱秀娟、辛明、宋丽雯、臧建成、张挺峰、陈德来编写；第11章由王森山、王新谱、宋丽雯编写；第1~3章的插图大部分由王国利描绘。全书由刘长仲统稿和定稿。

　　本教材的编写得到了中国林业出版社及各参编者所在院校领导的大力支持。编写中参考了大量教材、专著和论文，在此对其作者一并表示感谢。

　　由于编者的水平有限，书中难免存在疏漏、不足，甚至错误，恳请读者批评指正，以便再版时修改，使之日臻完善。

编　者

2015 年 9 月

目 录

绪　论

1. 植物昆虫学研究的内容和任务

　　人类的目标植物(如粮食作物、果树、蔬菜、油料作物、纤维作物等)在其生长发育各阶段，甚至在收获贮藏期间，往往会遭受各种不利因子的影响，造成植物生长发育不良，严重时植株大量死亡，使产量降低，品质变劣，造成严重经济损失，甚至给人类带来灾难。不利因子可分为非生物因子(如气候、土壤等)和生物因子(各种病原微生物、有害动物等)。有害动物包括节肢动物门的昆虫和螨类，软体动物门的蜗牛和蛞蝓，脊椎动物门的鼠类等，但其中绝大部分是昆虫。为害植物的昆虫和螨类通常称为害虫。

　　植物昆虫学是研究植物害虫防治原理和方法的学科，是一门具有广泛理论基础的应用学科。内容主要包括害虫的识别，分布与为害特点，数量消长规律与调控机制，预测预报方法，控制为害的技术措施等。这些均涉及昆虫学的基本理论、知识与技术，主要包括昆虫形态学、昆虫生物学、昆虫分类学、昆虫生态学、昆虫病理学、农药学等。

　　植物昆虫学研究的目的是在了解害虫、受害植物和环境条件之间的有机联系和相互制约的基础上，应用上述基本理论知识和基本技术，采用综合防治措施，经济、安全、有效地将害虫种群数量控制在经济允许水平之下，以维护人类的物质利益和环境利益。

　　昆虫与周围环境以及昆虫之间的关系是极为复杂的，研究植物昆虫学，还必须具备植物学、动物学、生态学、作物栽培学、耕作学、遗传育种学、土壤学、植物营养学、农业气象学等相关学科的知识。随着害虫综合治理的理论和技术的进一步发展，系统论、控制论、计算机、经济学、生物工程技术等在害虫治理中的应用已越来越受到重视。

2. 害虫防治在农业生产中的地位

　　植物害虫种类繁多，为害严重，自古以来，虫害就被列为三大自然灾害(水灾、虫灾、旱灾)之一。根据研究报道，我国已知小麦害虫230余种，水稻害虫600余种，玉米害虫200种，大豆害虫240余种，油菜害虫100余种，棉花害虫300余种，烟草害虫 300 余种，蔬菜害虫约 700 种，苹果、梨、桃、葡萄等北方常见果树害虫 700 余种。我国每年作物病虫害发生面积在 $3.33 \times 10^8 hm^2$ 次以上，通过加强植物保护措施，挽回粮食损失占产量的比率达 10% 以上（产量损失每挽回 1 个百分点，每年就少损失粮食 $40 \times 10^8 kg$）。尽管如此，每年仍然因病虫为害粮食损失 5% ~ 10%，棉花损失约 20%，蔬菜、水果损失高达 20% ~ 30%。甘肃省 2009 年小麦害虫发生面积 126 万 hm^2 次，防治后挽回损失 144 976.69t，实际损失仍然达 43 749.49t；玉米害虫发生面积 $77 \times 10^4 hm^2$ 次，防治后挽回损失 167 424.02t，实际损失 34 987.8t；苹果害虫发生面积 $5 \times 10^4 hm^2$ 次，防治后挽回损失 21 960.66t，实际损失 12 136.49t；蔬菜害虫发生面积 $27 \times 10^4 hm^2$ 次，防治后挽回损失 169 489.22t，实际损失 36 670.33t。

麦蚜是我国北方麦区和黄淮海麦区的主要害虫之一，2013 年发生面积达 $1600 \times 10^4 hm^2$，虽经大力防治，仍然损失小麦 $70 \times 10^4 t$ 以上；20 世纪 80 年代以来，小麦吸浆虫在我国黄淮流域各地暴发成灾，每年发生面积在 4000 万亩左右。1998 年仅甘肃省武威市发生面积就达 60 多万亩，严重为害面积为 23.3 万亩，局部地段严重减产，有些地方颗粒无收；玉米叶螨的发生在我国有逐年扩展和加重的趋势，自 1999 年以来，甘肃省武威市年发生面积为 38.7×10^4 ~ $146.9 \times 10^4 hm^2$，产量损失 14.5×10^4 ~ $133.3 \times 10^4 kg$；马铃薯甲虫自 1993 年传入我国新疆以来，发生面积逐年扩大。据调查，在新疆疫区，因马铃薯甲虫为害造成马铃薯产量损失一般为 30% ~ 50%，严重者可达 90% 以上，甚至绝收。目前马铃薯甲虫的分布最东端已经到达木垒哈萨克自治县以东 18km 处的大石头乡，直接威胁甘肃省以及全国的马铃薯的安全生产。

3. 我国害虫防治的研究现状及展望

新中国成立以来，我国植保工作的发展大致经历了从新中国成立到 1957 年的起步阶段、"文革"期间的曲折发展阶段、改革开放到 20 世纪 90 年代初的全面发展阶段、90 年代初至今的转型阶段。

全国建立健全了植物保护人才培养、科学研究、技术推广和管理体系，广大植保科技人员通过联合攻关，基本摸清东亚飞蝗、小地老虎、黏虫、稻纵卷叶螟、褐飞虱、草地螟、棉铃虫等重大害虫的灾变规律，研究和推广了主要农作物害虫监测预报和综合防治方法体系，进一步推进了"预防为主，综合防治"植保方针的贯彻落实。围绕害虫综合治理的研究，广大植保科技人员在抗虫品种的选育（包括转基因抗虫品种），高效、低毒、低残留农药的开发，生物农药的研制，天敌的利用，高新技术在监测预报中的应用，综合防治指标的制定以及喷药器械的改进等方面，都取得了显著的进展，提高了我国害虫综合防治的科学水平，为农业生产的发展做出了贡献。

当前，我国的害虫防治工作虽然取得了不少成就，但是，随着农业产业结构调整、耕作栽培制度和种植方式的变化、品种的更换、农药的更新换代以及农村体制改革等方面的影响，农作物害虫的发生情况也相应出现了新的变化。害虫的抗药性，一些重大害虫的再猖獗，次要害虫上升为主要害虫，一些外来入侵性害虫(如马铃薯甲虫、苹果蠹蛾、烟粉虱)分布扩大等问题层出不穷，害虫的为害逐年加重的趋势没有得到有效遏制。植保保护工作任重而道远，"公共植保、绿色植保"的理念在植物保护工作中应得到进一步的加强和落实。

第 1 章

昆虫形态学

昆虫形态学主要研究昆虫体躯的外部结构、功能及昆虫内部构造、功能。昆虫的种类繁多，外形各异，即使是同种昆虫，亦因地理分布、发育阶段、性别甚至季节的不同而呈现明显的差异。不同昆虫的外部形态尽管千差万别，但是由于起源于共同的祖先，所以基本结构一致。研究昆虫的外部形态，掌握其基本结构，对于正确识别昆虫，进而了解其发生环境，生活方式、习性，对控制害虫、利用益虫都具有重要意义。

1.1 昆虫纲的特征及与其他节肢动物的区别

昆虫属于节肢动物门中的昆虫纲。节肢动物门的特征是：体躯分节，即由一系列的体节组成；有些体节上具有成对而分节的附肢，节肢动物由此而得名；整个身体被有几丁质的外骨骼；神经系统位于身体的腹面；循环系统位于身体的背面。

昆虫纲除具有上述特征外，还表现在成虫体躯分为头、胸、腹 3 个体段；头部有口器，1 对触角，还有 1 对复眼和 0~3 个单眼；胸部有 3 对胸足，通常有 2 对翅；腹部包藏着生殖系统和大部分内脏器官，无行动附肢，末端具有由附肢特化的外生殖器（图 1-1）。

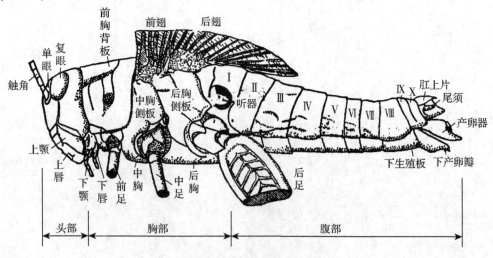

图 1-1　蝗虫体躯侧面图(仿周尧)

节肢动物门中，除昆虫纲外，还有5个比较重要的纲，它们除缺少翅外，与昆虫纲的主要区别特征如下(图1-2)。

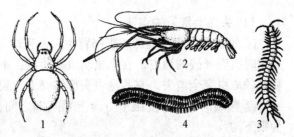

图1-2 节肢动物各纲形态特征(仿牟吉元等)
1. 蛛形纲(蜘蛛) 2. 甲壳纲(虾)
3. 唇足纲(蜈蚣) 4. 重足纲(马陆)

①蛛形纲(Arachnoidea) 体躯分为头胸部和腹部，或头部、胸腹部2个体段。头部不明显，无触角，有4对行动足。陆生，用肺叶或气管呼吸。常见的如蜘蛛、蝎子、蜱、螨等。

②甲壳纲(Crustacea) 水生，用鳃呼吸。体躯分头胸部和腹部2个体段。有2对触角，行动足至少有5对，多数附肢两支式。如虾、蟹、鼠妇等。

③唇足纲(Chilopoda) 陆生，用气管呼吸。体躯分为头部和胴部2个体段。有1对触角，行动足每节1对，第一对特化为颚状毒爪。常见的有蜈蚣、钱串子等。

④重足纲(Diplopoda) 体躯分为头部和胴部2个体段，有1对触角，但其体节除前面3~4节及末后1~2节外，其他各节由2节合并而成，所以每体节有2对行动足。马陆为本纲常见的代表。

⑤结合纲(Symphyla) 体躯分为头部和胴部2个体段。有1对触角，行动足每节1对，但第一对足不特化成颚状毒爪。生殖孔位于体躯的第四节上。陆生，用气管呼吸。如幺蚣、幺蚰。

1.2 昆虫的头部

1.2.1 头部的基本构造和区分

1.2.1.1 头部的基本构造

头部是昆虫体躯最前面的一个体段，由4或6个体节愈合而成。外壁结构紧凑、坚硬，略为囊状的半球形结构，称为头壳。它以略收缩的膜质颈和前胸相连。头壳内包有脑、消化道的前端以及头部附肢的肌肉；头壳的外面有触角、复眼等感觉器官和摄食的口器，是感觉和取食的中心。头壳的后面有一个很大的圆孔，称为后头孔，为连接胸部及内脏器官由此进入胸部的通道。

1.2.1.2 头壳上常见的沟及分区

头壳上无分节的痕迹，但存在多条次生的沟或缝，从而将头壳分为若干区域。沟是体壁向内折陷形成的，内折的部分叫脊，在表面留下的缝叫沟，沟不是体节的界限。脊供肌肉着生，并增加头壳的硬度。各种昆虫头壳上沟缝的数目和位置常有很多变化，但也有一些沟缝是相对固定的，它们将头壳划分为下列几个区域(图1-3)。

(1)头壳上常见的沟缝

①蜕裂线　起于胸部或腹部背中央，直达头部复眼之间分叉呈倒"Y"形，为幼虫蜕皮时头壳开裂的地方。在昆虫幼虫期明显，不完全变态的成虫部分或全部保留，全变态的成虫完全消失。有些昆虫头部体壁沿蜕裂线下陷形成颅中沟。

②额颊沟　位于复眼下方至上颚基部之间，为额和颊的分界线。在直翅目中称为眼下沟。

③口上沟　又称额唇基沟。位于口器上方，两上颚前关节之间，有时此沟上拱呈"Λ"形。它是额和唇基的分界线。

④后头沟　围绕头孔的第二条环形沟，下端伸至下颚后关节的前方。在直翅目昆虫的头部特别明显。

⑤次后头沟　在后头沟之后，是围绕头孔的第一条环形沟。

⑥颊下沟　位于头壳下方的口上沟与次后头沟之间，此沟仅见于少数昆虫。

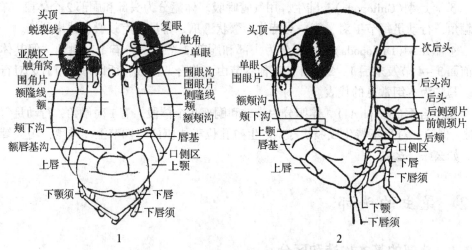

图 1-3　蝗虫头部的构造(仿陆近仁等)

1. 前面观　2. 侧面观

(2)头部的分区

头壳上由于沟缝的存在，将头壳划分为下列几个区域：

①额唇基区　位于头壳的正前面，包括额和唇基两部分。二者以额唇基沟为界。额是额唇基沟以上和蜕裂线侧臂之下的区域，单眼即着生在额区内。唇基下面连着上唇，它以唇基上唇沟划界。

②颅侧区　头壳的两侧与颅顶合称为颅侧区。颅侧区前面以额颊沟为界，后面以后头沟为界。复眼即位于此区内，两复眼的上方称为头顶，两复眼之下称颊，头顶和颊之间没有明显的界线。

③后头区　是头部后面围绕着后头孔的两个狭窄的马蹄形骨片。前面以后头沟与颅顶及颊为界，中间由后头沟将其分为两部分，沟前部分称为后头，沟后部分称为次后头。后头区的两端较宽，正位于颊的后方，故又称后颊，上方仍称后头，二者之间无明显的界线。

④颊下区　为颊下沟下面的一块狭长形的骨片，其下缘有支持上颚的两个关节，两关节之间的部分为口侧区，上颚后面的部分为口后区。

图1-4　昆虫的头式

（仿 Eidmann）

1. 下口式　2. 前口式　3. 后口式

1.2.2　头部的形式

昆虫的头部，由于口器着生的位置和方向不同，可分为下述3种头式(图1-4)。

(1)下口式

口器向下，与身体纵轴垂直，这种头式便于取食植物性食料。如蝗虫、蝶蛾类幼虫等。

(2)前口式

口器向前与身体纵轴几乎平行，这种头式适于猎取活的昆虫或小型动物。如步甲、虎甲和草蛉等。

(3)后口式

口器向后倾斜，与身体纵轴呈锐角，不用时贴于身体的腹面，这种头式适于刺吸植物或动物的汁液。如蝉、蚜虫、椿象等。

1.2.3　头部的感觉器官

昆虫头部的感觉器官包括触角、复眼和单眼。

1.2.3.1　触角

触角是昆虫头部的一对附肢，一般位于额区的两侧或颅侧区的前方。它的基部着生在膜质的触角窝内，触角窝周围为一环形骨片称围角片；其上又生一个小突起称支角突，它是触角基部的关节，因此触角可以自由转动。

(1)触角的基本构造

触角的基本构造可分为三部分(图1-5)。

①柄节　为触角基部的第一节，一般比较粗大。

②梗节　为触角的第二节，一般较短小，内部常有一个特殊的感觉器，称江氏器。

③鞭节　为梗节以后各节的总称，此节变化很大，常常分成许多亚节。

(2)触角的类型

触角的形状以及长短、节数、着生部位等，不同种类或同种不同性别昆虫间的变化很大。一般雄虫较雌虫发达，嗅觉器也特别多。触角的形状和类型，常作为种类鉴别和区分雌雄的依据。常见的触角类型有下列几种(图1-5)。

①刚毛状　触角很短，基部第一、二节较大，其余各节则突然缩小，细如刚毛。如蜻蜓、叶蝉、飞虱等。

②丝状或线状　触角细长如丝，呈圆筒状。除基部第一、二节略大外，其余各

·7·

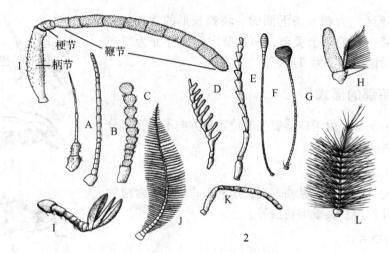

图 1-5　触角的基本构造和类型(仿周尧)

1. 触角的基本构造　2. 触角的类型

A. 刚毛状(蜻蜓)　B. 丝状(飞蝗)　C. 念珠状(白蚁)　D. 栉齿状(绿豆象)

E. 锯齿状(锯天牛)　F. 球杆状(白粉蝶)　G. 锤状(长角蛉)　H. 具芒状(绿蝇)

I. 鳃叶状(金龟甲)　J. 羽状(樟蚕蛾)　K. 膝状(蜜蜂)　L. 环毛状(库蚊)

节大小、形状均相似，且逐渐向顶端缩小。如蝗虫、蟋蟀等。

③念珠状　除基部第一、二节外，其余各节近于圆球形，大小相似，形如念珠。如白蚁、褐蛉、瘿蚊等。

④锯齿状　除基部第一、二节外，其余各节端部的一角向一边突出，形似锯条。如叩头甲、雌性绿豆象等。

⑤栉齿状　鞭节各亚节向一侧显著突出，状如梳栉。如雄性绿豆象。

⑥羽状或双栉齿状　鞭节各节向两侧突出呈细枝状，触角状如鸟类的羽毛或形似篦子。如许多雄性蛾类。

⑦膝状或肘状　柄节特长，梗节短小，鞭节各节大小相似，并与柄节形成膝状或肘状弯曲。如蜜蜂、胡蜂和某些象鼻虫等。

⑧具芒状　触角短，鞭节仅1节，较柄节和梗节粗大，其上有一芒状或刚毛状构造，称触角芒。如蝇类。

⑨环毛状　除基部2节外，其余各节均生一圈细毛，基部的细毛较长。如摇蚊、雄蚊等。

⑩球杆状　基部各节细长，末端几节膨大。如蝶类、蚁蛉等。

⑪锤状　触角端部数节突然膨大似锤。如瓢虫、小蠹虫等。

⑫鳃叶状　触角端部数节扩展成薄片状，叠合在一起似鱼鳃。如金龟子。

(3)触角的功能

触角的主要功能是嗅觉和触觉。触角上有各种形状的感觉器，特别是嗅觉器比较发达，是昆虫接受外界信息的主要器官，在觅食、求偶、寻找产卵场所和避敌等方面都具有重要的生物学意义。昆虫的触角除具上述功能外，还有其他特殊的功能。如雄蚊的触角具有听觉作用，雄芫菁触角在交配时可抱握雌体，水龟虫成虫触角能够吸收空气，仰泳蝽的触角可以平衡身体。

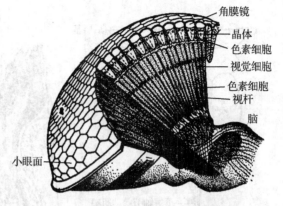

图1-6　昆虫复眼的模式构造(仿吕锡祥等)

角膜镜
晶体
色素细胞
视觉细胞
色素细胞
视杆
脑
小眼面

1.2.3.2　复眼和单眼

(1)复眼

昆虫的成虫和不全变态类的若虫均有1对复眼。复眼着生于头部颅侧区的上方，形状多为圆形和卵圆形，也有呈肾形或每只复眼又分成两部分的(如豉甲)。复眼的发达程度与生活方式和栖居环境有关，善飞者发达，隐蔽或寄生生活者退化或消失。

复眼由许多小眼组合而成(图1-6)，每只小眼表面透明的部分称小眼面，小眼面的形状、数目等，在不同种类昆虫中差异很大。最少的是一种蚂蚁的小眼，仅有1个；多者如蜻蜓的小眼可达28 000个。

复眼是昆虫的主要视觉器官，对光的强度、波长、颜色，都具有较强的分辨能力。对人类不能感受的短波光，特别是波长为330~400nm的紫外光有很强的趋光性。昆虫的复眼有明显的色觉，如很多昆虫选择绿色植物产卵，蚜虫喜欢停留在黄色物体上。

复眼能分辨近距离物体的形象，对运动的物体感受更灵敏。

昆虫的复眼对于摄食、群集、求偶、避敌、产卵、决定行为方向等起着主要作用。

(2)单眼

昆虫的单眼有背单眼和侧单眼之分。前者为一般成虫和不全变态类若虫所具有，位于额区上端两复眼间；后者为全变态昆虫的幼虫所具有，位于头部的两侧。背单眼一般为3个，位于头部前面两复眼间呈三角形。有些昆虫中间的1个单眼消失或无单眼。侧单眼多为1~7对。

单眼的功能，一般认为只能辨别光的强弱和方向，不能辨认物体的形状。

1.2.4　口器

口器是昆虫的取食器官，位于头部下方或前方。由于各种昆虫取食习性和方式的不同，其形态结构有很大变化。一般将昆虫的口器分为两大类，即咀嚼式口器和吸收式口器。后者又因吸食食物的方式不同，可分为刺吸式、嚼吸式、舐吸式、锉吸式和虹吸式等。

(1)咀嚼式口器

咀嚼式口器是各类口器中最基本最原始的，其他类型的口器均由此特化而成。它

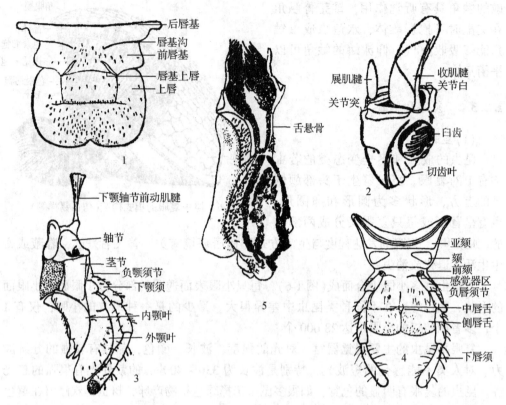

图 1-7　蝗虫的咀嚼式口器（仿陆近仁等）
1. 唇基和上唇　2. 上颚　3. 下颚　4. 下唇　5. 舌侧面观

由五部分组成，即上唇、上颚、下颚、下唇和舌（图 1-7），其中除上唇和舌外，均为头部附肢演化而来。

①上唇　为悬接于头部前方、唇基下缘的一个近于长方形的薄片。外壁骨化，内壁膜质而有密毛和感觉器官，称为内唇。上唇覆盖在上颚的前面，与口器的 3 对附肢在头壳下围成口前腔的前壁，可以防止食物外逸。

②上颚　位于上唇下方，连在头壳侧面下缘，是一对坚硬的块状物。其端部呈齿状，称作切区，用以切断食物；基部呈磨盘状，称作磨区，用以研磨食物。

③下颚　位于上颚后方，连在上颚后面的头侧下缘，活动范围较大，是上颚取食的辅助结构。下颚由轴节、茎节、内颚叶、外颚叶和下颚须五部分组成。下颚须还具有触觉、嗅觉和味觉作用。

④下唇　位于头壳的后下方，口前腔腹面悬生的一块分节构造，为 1 对口器附肢愈合而成，由五部分组成，即后颏、前颏、中唇舌、侧唇舌和下唇须。下唇的功能是托持食物，其中下唇须具有嗅觉和味觉的作用。

⑤舌　位于口器中央，为一狭长的袋状构造，表面有许多毛和味觉突起，其基部后方是唾腺的开口处。舌的功能是协助食物的运送和吞咽。

具有咀嚼式口器的昆虫除直翅目、鞘翅目、膜翅目、脉翅目的成虫外，鳞翅目、鞘翅目、膜翅目（叶蜂和茎蜂）等的幼虫亦为咀嚼式口器。

咀嚼式口器的为害特点是造成植物机械损伤，严重时能将植株叶片吃光。一般的被害状为缺刻、孔洞、叶肉被潜食成弯曲的虫道或白斑。也有蛀食茎秆、果实或咬断根、茎基部的情况。

(2) 刺吸式口器

蚜虫、蝉、蝽类等昆虫

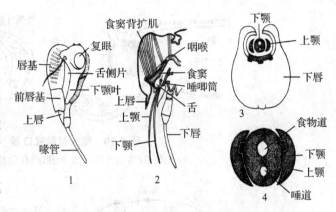

图1-8　蝉的刺吸式口器（仿管致和等）

1. 蝉头部侧面　2. 头部正中纵切面　3. 喙横断面　4. 口针横断面

的口器为刺吸式。它的特点是上唇很短，呈三角形小片，盖住喙的基部。上颚和下颚特化成细长的口针。分节的下唇特化成一条包围口针的喙管，口针不用时藏于其背面的下唇槽中。食窦（即口前腔中的唇基与舌之间的食物袋）和咽的一部分形成强大的抽吸机构，称为食窦唧筒。上颚口针较下颚口针粗，末端有倒刺，是刺入植物组织的工具。2个下颚口针内面各有2个沟槽，能相互嵌合形成2个管道，即前面的食物道和后面的唾道（图1-8）。

刺吸式口器取食植物液汁，因此，植物被害特点是组织呈褐色斑点、叶片卷曲或皱缩，造成畸形或组织增生等。

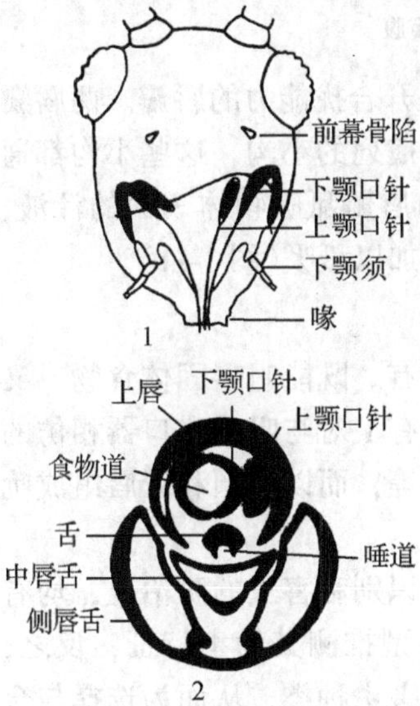

(3) 锉吸式口器

为蓟马类昆虫所特有。其上颚不对称，即右上颚高度退化或消失，以致只有3根口针，即由左上颚和1对下颚特化而成。其中2根下颚口针形成食物道，唾道则由舌与下唇的中唇舌紧合而成（图1-9）。被害植物常出现不规则的变色斑点、畸形或叶片皱缩卷曲等症状。

(4) 虹吸式口器

为蝶、蛾类成虫所特有。主要特点是下颚的外颚叶极度延长成喙，内面具纵沟，相互嵌合形成管状的食物道。除下唇须发达外，口器的其余部分均退化或消失。喙由许多骨化环紧密排列组成，环间有膜质，故能卷曲（图1-10）。喙平时卷藏在头下方两下唇须之间，取食时伸到花心吸取花蜜。有些蛾类成虫不取食，口器退化。

(5) 舐吸式口器

为双翅目蝇类所特有。其特点是上下颚完全退化，下唇变成粗短的喙。喙的背面有1小槽，内藏1扁平的

图1-9　蓟马的锉吸式口器

（仿 Weber 和 Eidmann）

1. 头部前面观　2. 喙横断面

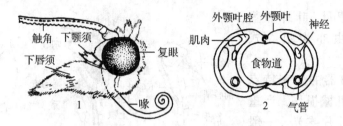

图 1-10　蝶的虹吸式口器
1. 侧面观(仿陆近仁)　2. 喙横断面(仿 Eidmann)

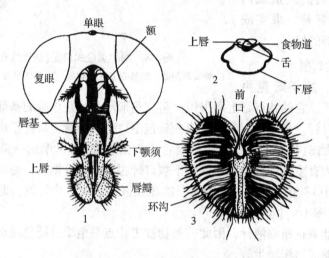

图 1-11　蝇类的舐吸式口器(仿 Snodgrass)
1. 头部正面观　2. 喙横断面　3. 丽蝇唇瓣腹

舌。槽面由下唇加以掩盖，喙的端部膨大形成 1 对富有展开合拢能力的唇瓣。两唇瓣间有食物口，唇瓣上有许多横列的小沟，这些小沟都通到食物的进口。取食时即由唇瓣舐吸物体表面的汁液，或吐出唾液湿润食物，然后加以舐吸(图 1-11)。

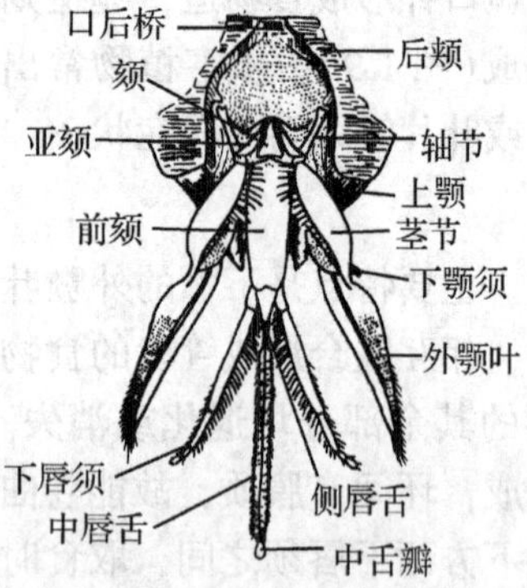

(6) 嚼吸式口器

为一部分高等蜂类所特有。既能咀嚼固体食物，又能吮吸液体食物。如蜜蜂具有 1 对与咀嚼式口器相仿的上颚，用以咀嚼花粉和筑巢等，而以下颚和下唇组成吮吸用的喙(图 1-12)。

了解昆虫口器对昆虫的识别和害虫的防治上，均有重要意义。可根据口器的类型推测其为害特征；反之，以其被害状也可以大体确定害虫种类，从而为选择与合理使用杀虫剂提供依据。

图 1-12　蜜蜂的嚼吸式口器
腹面观(仿 Snodgrass)

1.3　昆虫的胸部

　　胸部是昆虫体躯的第2个体段，其前段以颈膜与头部相连，后端与腹部相连。整个胸部由3个体节组成，分别称为前胸、中胸和后胸。每一胸节腹面两侧各生胸足1对，多数昆虫在中、后胸的背部两侧还生翅1对，所以中后胸特称为具翅胸节，因此胸部是昆虫运动的中心。

1.3.1　胸部的基本构造

　　无翅昆虫和其他昆虫的幼虫期，胸节构造比较简单，3个胸节基本相似。有翅昆虫的胸部，由于适应足和翅的运动，胸部需要承受强大肌肉的牵引力，所以胸部骨板高度骨化，骨间的结构非常紧密，骨板内面的内脊或内突上生有强大肌肉。每一胸节均由背面的背板、腹面的腹板和两侧的侧板组成，各骨板又被其上的沟、缝划分为许多小骨片，各种小骨片均有专门的名称(图1-13、图1-14)。

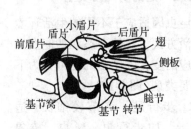

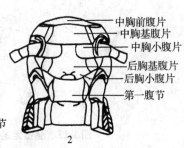

图1-13　具翅胸节构造图解
　　　　(仿黄可训等)

图1-14　东亚飞蝗的胸部(仿虞佩玉)
1. 背面观　2. 腹面观

1.3.2　胸足

1.3.2.1　足的基本构造

　　昆虫的足是由附肢演化而来，着生于侧板与腹板之间的膜质基节窝内。成虫期一般有足3对，分别称为前足、中足和后足。成虫的胸足由6节组成(图1-15)。

　　①基节　是与胸部相连的一节，短而粗，呈圆筒形或圆锥形，着生于基节窝内，可自由活动。

　　②转节　为足的第二节，常为最小的一节，有时被挤在腿节之下。极少数昆虫(姬蜂、蜻蜓)此节分为2节。

　　③腿节　与转节相连的一节，常为最强大的一节，善跳跃的昆虫此节特别发达。

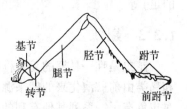

图1-15　昆虫足的基本构造和
　　　　类型(仿管致和)

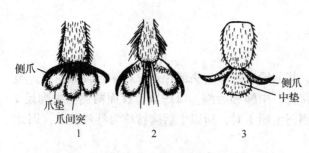

图 1-16　昆虫足的前跗节构造(仿黄可训等)

1. 虻科　2. 盗虻科　3. 美洲蜚蠊

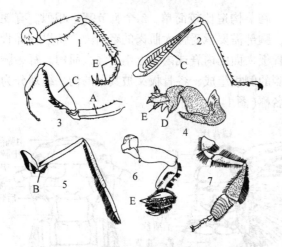

图 1-17　昆虫足的类型(仿管致和)

1. 步行足(步行虫)　2. 跳跃足(蝗虫后足)　3. 捕捉足
(螳螂前足)　4. 开掘足(蝼蛄前足)　5. 游泳足(龙虱后足)
6. 抱握足(雄龙虱前足)　7. 携粉足(蜜蜂后足)
A. 基节　B. 转节　C. 腿节　D. 胫节　E. 跗节

④胫节　一般细而长，与腿节呈膝状弯曲，其上常有成形的刺，末端有能活动的距。

⑤跗节　是足的第五部分，除少数低等无翅昆虫和全变态类的幼虫外，大多数昆虫的跗节分成 2～5 个跗分节。跗节的形状和数目常为分类的特征。

⑥前跗节　为胸足端部的最后一节，位于跗节前端。一般常具 1 对侧爪，侧爪间有一中垫或爪间突，有时在爪下面还有爪垫(图 1-16)。

1.3.2.2　足的功能与类型

昆虫因适应于不同的生活环境和生活方式，足的形态和功能发生了相应的变化。昆虫的足可分为下述主要类型(图 1-17)。

①步行足　各节较细长，适于行走。如步行虫、瓢虫、椿象的足。

②跳跃足　腿节特别粗大，胫节细长，有刺，末端有距，适于跳跃。如蝗虫、跳甲、蟋蟀等的后足。

③开掘足　前足腿节宽扁，胫节有齿呈耙状，适于掘土。如蝼蛄和某些金龟甲的前足。

昆虫除上述 3 类足外，还有捕捉足(如螳螂、猎蝽的前足)、携粉足(如蜜蜂的后足)、抱握足(如雄性龙虱的前足)、游泳足(如龙虱、划蝽的后足)、攀悬足(如虱子的足)等。

1.3.3　翅

昆虫是唯一具翅的无脊椎动物，一般认为翅是由背板侧缘向外延伸演化而来，它和鸟类由前肢演化来的翅来源不同。昆虫翅的获得，大大扩展了它们的活动范围，同时也创造了一系列其他有利的生存条件，这对昆虫昌盛的发展有着极大的意义。

有翅昆虫一般具 2 对翅；少数只有 1 对翅，后翅特化为平衡棒，如蝇、蚊和雄性介壳虫；有些昆虫的翅完全退化或消失，如虱目、蚤目；另外还有同种昆虫内仅雄虫具翅，雌虫无翅的现象，如草原毛虫。

1.3.3.1　翅的构造

翅一般呈三角形，具三边和三角。翅展
开时，靠近头部的一边称前缘，靠近尾部的
一边称内缘或后缘，其余的一边称外缘。

前缘与胸部之间的角称肩角，前缘和外
缘之间的角称顶角，外缘和后缘间的角称臀
角。由于翅的折叠，又可将翅面划分为 4 个
区，即臀前区或称翅主区、臀区、轭区和腋
区（图1-18）。

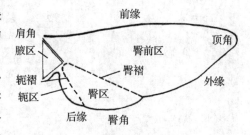

图1-18　翅的缘、角和分区（仿 Snodgrass）

1.3.3.2　翅脉与脉序

昆虫翅的两薄膜之间伸展着气管，翅面在有气管的部位加厚，形成翅脉，翅脉对
翅起着支架作用。翅脉在翅面上的分布形式，称为脉序或称脉相。脉序在不同昆虫种
类间有很大变化，但也有一定的规律性，同科、同属内形式比较固定，常作为分类的
依据。

昆虫学者对现代昆虫和古代化石昆虫的翅脉加以分析、比较，归纳概括出一种模
式脉序，或称作标准脉序（图1-19），作为比较各种昆虫翅脉变化的科学标准。

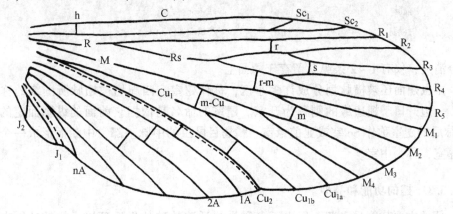

图1-19　昆虫翅的模式脉相图（仿 Ross）

翅脉分纵脉和横脉，纵脉是从翅基部伸到翅边缘的翅脉，横脉是横列在纵脉之间
的短脉。模式脉序的纵脉和横脉都有一定的名称和缩写代号（表1-1、表1-2）。

现代昆虫的脉序除毛翅目石蛾和长翅目褐蛉的脉序接近标准脉序外，大多数昆虫
翅脉均有增多、减少甚至全部或部分消失的情况。增多的方式有两种：一种是在原有
纵脉的基础上再分枝，称副脉；另一种是在两纵脉间加插 1 条纵脉，它不是原有的纵
脉分出来的，是游离的，这类翅脉称为润脉。翅脉的减少，主要由于相邻两翅脉的合
并，常见于鳞翅目和双翅目等昆虫中。在蓟马、粉虱、瘿蚊、小蜂等昆虫中，翅脉大

表 1-1　纵脉名称代号及分支特点

纵脉名称	缩写代号	分支数	特　　点
前缘脉	C	1	不分支，一般构成翅的前缘
亚前缘脉	Sc	2	端部分 2 支，分别称第一、第二亚前缘脉
径　脉	R	5	先分叉为 2 支：第一径脉 R_1 和径分脉 Rs、Rs 再分支，即第二径脉到第五径脉，R_2、R_3、R_4、R_5
中　脉	M	4	先分 2 支：再各分 2 支，即第一到第四中脉，M_1、M_2、M_3、M_4
肘　脉	Cu	3	先分为第一肘脉 Cu_1 和第二肘脉 Cu_2、Cu_1 再分为 2 支，即 Cu_{1a}、Cu_{1b}
臀　脉	A	1~3	不分支，一般为 3 条，即第一到第三臀脉，1A、2A、3A
轭　脉	J	2	一般分为 2 条，即第一、第二轭脉，J_1、J_2

表 1-2　横脉名称

横脉名称	缩写代号	连接的纵脉
肩横脉	h	在近肩角处，连接 C 和 Sc
径横脉	r	连接 R_1 与 Rs
分横脉	s	连接 Rs 与 R_4；或 R_{2+3} 与 R_{4+5}
径中横脉	r-m	连接 R_{4+5} 与 M_{1+2}
中横脉	m	连接 M_2 与 M_3
中肘横脉	m-Cu	连接 M_{3+4} 与 Cu_1

部分消失，仅有 1~2 条纵脉留存于翅面上。

　　昆虫翅面还被横脉划分成许多小区，称作翅室。四周均被翅脉所围绕的称作闭室，一边开口于翅边缘的则称为开室。翅室的命名是依据它前面的纵脉而定的，如 Sc 脉后的翅室称作 Sc 室或亚前缘室。鳞翅目昆虫的中脉基部常中断而形成一个较大的翅室，称为中室。

1.3.3.3　翅的功能和类型

　　翅的主要功能是飞翔，但由于各种昆虫适应特殊的生活环境，翅的功能有所不同，因而在形态上也发生了种种变异。常见的有以下几种类型。

　　①膜翅　翅薄、膜质、透明，翅脉明显。如蜂类、蝇类、蚜虫等的翅。

　　②鞘翅　翅角质，坚硬，翅脉消失，具保护身体的作用。如金龟甲、叶甲、瓢虫等的前翅。

　　③鳞翅　翅膜质，翅面上覆有鳞片。如蛾、蝶类的翅。

　　④半鞘翅　翅基半部为革质，端半部为膜质。如椿象的前翅。

　　⑤覆翅　翅革质，半透明，翅脉仍保留，兼有飞翔和保护作用。如蝗虫、蝼蛄的前翅。

⑥缨翅　翅狭长，膜质，翅缘着生许多缨毛。如蓟马的翅。

⑦毛翅　翅膜质，翅面密生细毛。如石蛾的翅。

⑧平衡棒　后翅特化成小型棒状体，飞翔时用以平衡身体。如蝇、蚊类和雄性介壳虫的后翅。

1.3.3.4　翅的连锁

前翅较后翅发达的昆虫，如同翅目、鳞翅目、膜翅目等，后翅一般欠发达，飞翔时必须将后翅挂在前翅上，以保持前后翅扑动一致并增强飞翔力。因此，在前翅的后缘和后翅的前缘生有专门的连锁结构，称作连锁器。连锁器主要有：翅轭，为蝙蝠蛾等具有；翅缰，为大多数蛾类具有；翅抱，为蝶类、枯叶蛾、天蚕蛾等具有；翅钩列，为膜翅目昆虫具有；翅褶，为同翅目昆虫所具有(图1-20)。

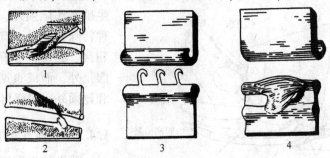

图1-20　昆虫翅的连锁器(仿 Eidmann)

1. 翅轭(反面观)　2. 翅缰和翅缰钩(反面观)　3. 后翅的翅钩和前翅的卷褶
4. 前翅的卷褶和后翅的短褶

1.4　昆虫的腹部

1.4.1　腹部的基本构造

腹部是昆虫体躯的第三个体段。前面与胸部紧密相连，末端有尾须和外生殖器。内脏器官大部分在腹腔内。所以腹部是昆虫生殖和代谢的中心。

昆虫腹部的体节，除低等昆虫(如原尾目)保留12节外，其他昆虫腹部通常由9~11节组成。腹节数目减少是普遍现象，如蝗虫常保留11节，而较高等昆虫一般为9~10节，更少者仅3~5节，如膜翅目青蜂科。

有翅亚纲昆虫成虫腹部除末端3~4节外，体节附肢均已消失。每一腹节一般只有背板和腹板，而无侧板，背板与腹板之间是柔软的薄膜，称为侧膜。各体节间也以柔软的薄膜前节套后节地相连，称为节间膜，所以腹部有很大的弯曲和伸缩能力(图1-21)。这对昆虫的呼吸、卵的发育和产卵等活动都有很大的意义。

腹部第1~8节(雌虫)或第9节(雄虫)，各节的构造简单、相似，称为脏节。第1~8腹节两侧各生气门1对。膜翅目细腰亚目第1腹节与后胸合并，称为并胸腹节。

雌虫腹部第8、9节或雄虫腹部第9节上有附肢特化而来的产卵器或交尾器，构

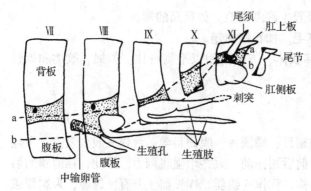

图1-21　雌成虫腹部末端腹节图解（仿 Snodgrass）

a－a. 为背侧线　b－b. 为腹侧线

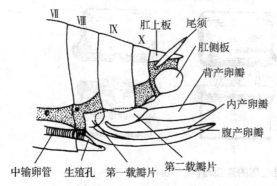

图1-22　雌性产卵器构造模式图
（仿 Snodgrass）

造有所不同，特称为生殖节。生殖节以后的各节统称作生殖后节。除原尾目的成虫外，最多只有2节，即第10节和第11节。第11节一般比较退化，尾须是此节的附肢，因为肛门位于其末端，故背板称作肛上板，两侧称为肛侧板，肛上板之下为肛门。

1.4.2　腹部的附肢

无翅亚纲昆虫的腹部，除外生殖器和尾须外，脏节上亦有各种特殊的附肢。有翅亚纲中除鳞翅目、膜翅目叶蜂科幼虫腹部有腹足外，而成虫期除了外生殖器和尾须外，腹部再无别的附肢。

1.4.2.1　雌性外生殖器

雌性外生殖器通常称为产卵器，位于腹部第8节和第9节的腹面，是这两节的附肢特化而成。产卵器的构造较简单，主要由3对产卵瓣组成，第1对着生在第8腹节的第1负瓣片上，称为腹产卵瓣；第2对和第3对均着生于第9节的第2负瓣上，分别称为内产卵瓣和背产卵瓣。生殖孔开口在第8或第9节的腹面（图1-22）。

由于昆虫的种类不同，适应的产卵环境不同，产卵器的形状和构造都有许多变异。如蝗虫的产卵器短小呈瓣状，蟋蟀和螽蟖的产卵器呈矛状和剑状，叶蝉的产卵器呈刀状，叶蜂和蓟马的产卵器呈锯状，蜜蜂的产卵器特化为螫针。还有的昆虫，如蝇类、甲虫、蝶蛾等，没有由附肢特化成的产卵器，仅腹末数节逐渐变细，互相套叠成可伸缩的具有产卵功能的构造，称为伪产卵器。

1.4.2.2　雄性外生殖器

雄性外生殖器通常称为交尾器或交配器，位于第9腹节腹面，构造比较复杂，具有种的特异性，以保证自然界昆虫不能进行种间杂交，在昆虫分类上常用作种和近缘种类群鉴定的重要特征。交配器主要包括一个将精液射入雌体的阳具和1对抱握雌体的抱握器（图1-23）。

阳具由阳茎及其辅助构造所组成，着生在第9腹节腹板后方的节间膜上，此膜往往内陷形成生殖腔，阳具可伸缩其中，平时阳具常隐藏于腔内。交配时借血液的压力

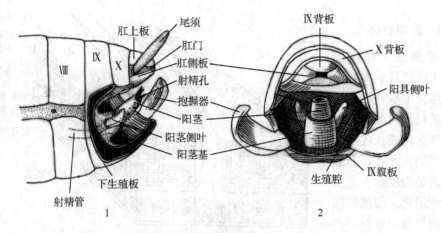

图 1-23　雄性外生殖器的基本构造(仿 Weber & Snodgrass)

1. 侧面观，部分体壁已去除，示其内部构造　2. 后面观

和肌肉的活动，能把阳茎深入雌虫阴道内，把精液排入雌虫体内。

抱握器一般为第 9 腹节的 1 对附肢特化而成，多不分节。抱握器的形状亦多变化，通常为叶状、钩状、钳状和长臂状，交配时用于抱握雌体。

1.4.2.3　尾须

尾须是腹部第 11 节的 1 对附肢，蜉蝣目和缨尾目的尾须细长分节，呈丝状，蝗虫的尾须短小而不分节，蟋蟀和蝼蛄的尾须上生有许多感觉毛，革翅目昆虫的尾须硬化呈钳状。许多高等昆虫由于腹节的减少而没有尾须。

1.5　昆虫的体壁

体壁是昆虫体躯最外层的组织，结构复杂而精巧。来源于外胚层细胞及其分泌物，但从某些结构特性上看，却相当于脊椎动物的骨骼，所以又称为外骨骼。

昆虫体壁的功用：保持昆虫固定的体形，体壁内陷可供肌肉着生，保护内脏器官免受机械损伤，防止体内水分蒸发和外来有害物质的侵入。此外，体壁上具有各种感觉器，可以使昆虫与外界环境取得联系。了解昆虫体壁的形态和理化特性，对害虫防治和了解杀虫剂的毒理是很重要的。

1.5.1　体壁的基本构造和特性

体壁从内向外由底膜、皮细胞层和表皮层组成（图 1-24）。皮细胞层是活的组织，表皮层和底膜都是它的分泌物。

1.5.1.1　底膜

位于体壁的最内层，是紧贴在皮细胞层下的一层薄膜，一般认为它是皮细胞所分泌的非细胞性物质。

1.5.1.2　皮细胞层

皮细胞层又称真皮层，位于底膜与表皮层中间，是体壁中唯一的活组织，由单层圆柱形或立方形上皮细胞构成。皮细胞层在幼虫期，尤其是新表皮形成时最为发达，成虫期则呈现退化，细胞界限不清。皮细胞中常有一些细胞特化成刚毛、鳞片和各种形状的感觉器及各种特殊的腺体。

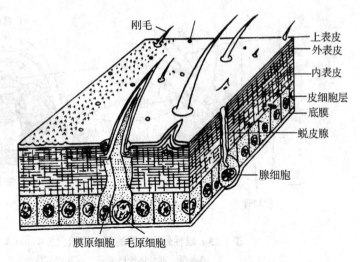

图 1-24　昆虫体壁构造模式图（仿 Richards）

1.5.1.3　表皮层

位于体壁的最外层，结构很复杂，这是一个分层的结构，其构成物质为皮细胞的分泌物。体壁的屏障作用主要取决于表皮层。

一般认为表皮层可分为以下 3 层。

（1）内表皮

内表皮位于皮细胞层之外，是表皮层中最厚的一层，由许多重叠的薄片组成。一般柔软无色，富弹性和延展性，主要成分是几丁质和节肢蛋白。

（2）外表皮

外表皮位于内表皮和最外层的上表皮之间，由内表皮转化而来，主要成分亦为几丁质和蛋白质，但其蛋白质主要是一种不溶于水、质坚色深的骨蛋白。因此，本层质地坚硬、致密。

（3）上表皮

上表皮是表皮层中最外的一层，也是最薄的一层，厚度一般不超过 1μm。主要成分为脂类和蛋白质，不含几丁质。其结构和性质是表皮层中最复杂的。大多数昆虫的上表皮从内向外依次为角质精层、蜡层和护蜡层。有些昆虫在角质精层和蜡层之间还有一层多元酚层。

①角质精层　上表皮中最里面的一层，由绛色细胞分泌形成，含有脂蛋白和鞣化蛋白，质地坚硬，呈琥珀色，由于脂类和蛋白质紧密结合，一般称为脂腈素。

②蜡层　为角质精层和护蜡层的中间层次，是由皮细胞所分泌，通过微孔道输送凝结而成，厚度 0.2~0.3μm，主要成分为蜡质。在电子显微镜下观察，蜡质分子作紧密的定向排列，并与角质精层形成化学结合，因此具有很强的疏水性，是防止体内水分过度蒸发和外界有害物质侵入体内的主要屏障。

③护蜡层　上表皮中最外的一层，在每次脱皮后不久，即由皮细胞腺分泌形成。主要成分是拟蜡类物质、鞣化蛋白和蜡质，有保护蜡层的作用。

1.5.2　体壁的衍生物

体壁衍生物是指体壁向外突出形成的各种外长物或内陷形成的内骨骼(内脊、内突)和各种腺体。

1.5.2.1　外长物

外长物依其有无皮细胞参加和参加的数目可分为 3 类(图 1-25)。

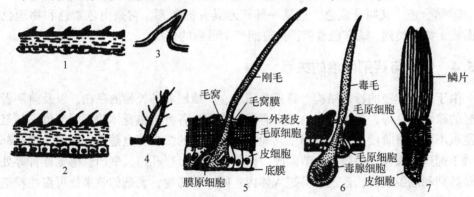

图 1-25　昆虫体壁的外长物(仿 Snodgrass)

1、2. 非细胞性外长物　3～7. 细胞性外长物(3. 刺　4. 距　5. 刚毛　6. 毒毛　7. 鳞片)

(1) 多细胞外长物

外长物内壁有一层皮细胞参与的中空刺状结构。若基部直接固着于体壁而不能动者，称作刺，如蝗虫、叶蝉后足胫节上的刺；若基部以膜质和体壁相连而可动者，称为距，如蝗虫、飞虱后足胫节端部的距。

(2) 单细胞外长物

外长物为一个皮细胞特化而成。如昆虫体上的刚毛、毒毛、感觉毛和鳞片等。

(3) 非细胞外长物

外长物是由表皮向外突出形成的，无皮细胞参与。如昆虫体上的各种小棘、刻点、脊纹、小疣、微毛等。

1.5.2.2　内骨骼

体壁的内陷物还有各种内脊、内突和内骨，亦属体壁的衍生物。

1.5.2.3　皮细胞腺

体壁皮细胞层的细胞可以特化成各种腺体，这些腺体有的仍与体壁相连，有的则完全脱离了体壁而内陷到体腔内。腺体的种类很多，按其结构可分为单细胞腺和多细胞腺，按其功能可分为唾腺、丝腺、蜡腺、胶腺、臭腺、毒腺、脱皮腺、性引诱腺等。

1.5.3　体壁的色彩

昆虫的体壁通常具有不同的色彩，因其形成方式不同可分为以下 3 类。

①色素色　又称化学色，是昆虫着色的基本形式，这类体色是由于虫体一定部位有某些色素化合物的存在造成的，这些物质可吸收某些波长的光波，而反射其他光波形成各种颜色。色素色常因昆虫死亡或经有机溶剂处理而消失。

②结构色　又称物理色，是由于昆虫体壁上有极薄的蜡层、刻点、沟缝或鳞片等细微结构，使光波发生折射、反射或干涉而产生的各种颜色。由于这类色彩是物理作用的结果，所以不会因昆虫死亡或经有机溶剂处理而变色或褪色。

③结合色　又叫合成色，这是一种普遍具有的色彩，它是由色素色和物理色混合而成。如蝶类翅，既有色素色，又有能产生色彩的脊纹。

1.5.4　体壁与药剂防治的关系

由于昆虫体壁的特殊结构，特别是蜡层、护蜡层和外长物的存在，以及前两者具良好的疏水特性等，对杀虫剂的进入有阻碍作用。各种昆虫身体的不同部位，甚至同种昆虫不同发育阶段，体壁的厚度、硬度、外长物的多少等也是不一样的，这些都影响触杀剂进入虫体。一般昆虫节间膜、侧膜、跗节、微孔道、气门、感觉器官等处以及幼龄期和刚脱皮时，药剂容易进入体内；同一种药物，乳剂的效果比可湿性粉剂的效果高得多。这些情况都是用药剂时必须考虑的。

1.6　昆虫的内部器官与功能

昆虫的外部形态与内部器官密不可分，它们在机能上是统一的，互为存在条件，相互依存，从而维持着昆虫机体内外环境的平衡。了解昆虫内部器官的结构和功能，可为进一步学习昆虫生态学、生物学、害虫测报和防治奠定基础。

1.6.1　昆虫内部器官的位置

昆虫体壁包被着整个体躯，形成一个连通的腔，称为体腔。由于体腔内充满流动的血液，各种内脏器官均浸浴其中，所以昆虫的体腔又称血腔。

昆虫的体腔被肌纤维隔膜纵向分隔为 3 个部分称为血窦（图 1-26）。上面的一层隔膜着生在背板的两侧，称为背隔；上方隔出背血窦，因为帮助血液循环的背血管在这里，所以又称围心窦。下方的一层隔膜在腹部腹板的上方，着生在腹板两侧，称为腹隔；下方隔出腹血窦，因为神经系统位于其中，所以又称围神经窦。背板两

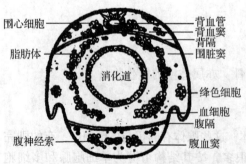

图 1-26　昆虫腹部的横切面（仿周尧）

围心细胞
脂肪体
腹神经索
背血管
背血窦
背隔
围脏窦
消化道
绛色细胞
血细胞
腹隔
腹血窦

隔之间的腔最大，包含着消化、排泄、呼吸和生殖等各种脏器，所以又称围脏窦。

昆虫内部器官的位置见图1-27。围脏窦中央是消化道，中、后肠交接处连有排泄器官马氏管。消化道的上方是循环的主要器官背血管和心脏。消化道的下方，纵贯于腹血窦中的是腹神经索。另外体壁的下面和内脏上均附有很多肌肉，专司附肢、体躯和内脏的运动。呼吸作用的器官分布于消化道两侧、背面、腹面和其他内脏器官之间，生殖器官则位于腹部消化道的背侧面。

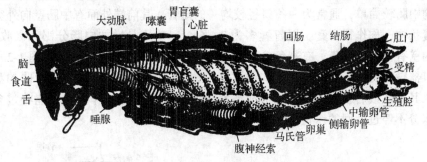

图1-27　蝗虫(雌)纵切面示内部器官的位置(仿 Matheson)

1.6.2　消化系统

昆虫的消化道是一条从口开始终止于肛门，纵贯在虫体中央的管状构造。各类昆虫由于营养特性不同，消化道的外形、结构乃至长度等均有相应的特化，但它们的基本构造相似。由前向后可分为前肠、中肠和后肠3个部分(图1-28)。

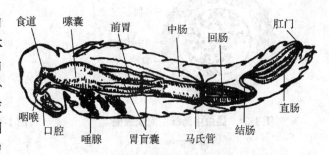

图1-28　蝗虫的消化系统(仿虞佩玉)

1.6.2.1　前肠

前肠是从口至中肠的一条管状通道。在大部分的昆虫中有明显的分段现象。从前至后一般分为口、咽喉、食道、嗉囊、前胃等几个部分。前肠以前胃后端的贲门瓣与中肠分界，前肠的主要功能在大多数昆虫中是摄食、暂时贮存食物和加工磨碎食物。

食物经口进入咽喉，在咀嚼式口器的昆虫，它仅是吞食食物的通道；刺吸式口器昆虫，该部则较发达，它和口前腔的一部分形成抽吸寄主汁液的唧筒。食道为咽喉后一段细长的管子，仅为食物通道。嗉囊为食道后的膨大部分，但两者无明显界线。嗉囊壁较薄，且常有皱纹，主要功能为暂存食物(吸收式口器昆虫该部不发达)，但不少昆虫的嗉囊还有其他特殊功能。如直翅目、步甲和某些其他甲虫有消化作用；蜜蜂将花蜜和唾液在此混合酿成蜂蜜，故称蜜胃；很多昆虫还借此吸收空气，帮助幼虫蜕皮或成虫羽化(如鳞翅目)。

前胃是消化道中最特化的部分，各类昆虫变异甚大，一般取食固体食物者此部很发达，其外包有强大的肌肉层，内部往往具有内膜所产生的骨化的齿状或板状突起，它能磨碎食物，防止粗糙食物进入中肠。

1.6.2.2　中肠

中肠的主要功能是消化和吸收食物。因消化作用主要在中肠进行，所以中肠又称作胃。中肠前端连接前肠的前胃部分，后端大约在马氏管处与后肠分界。咀嚼式口器昆虫的中肠较简单，通常为一条口径较均一的短管，其前端外面有中肠壁向外突出形成的囊状物，称作胃盲囊。胃盲囊多为 2～6 个，功用是增加中肠分泌和吸收面积。中肠内壁有一层围食膜，有避免食物和中肠直接接触而损伤肠的作用（图 1-29）。刺吸式口器昆虫的中肠细而长，某些种类昆虫（如半翅目同翅类）的中肠弯曲的盘在体腔内，其后端或后肠与前肠相连形成滤室（图 1-30）。滤室的作用在于能将过多的糖分和水分不经过迂回的途径排出体外，此即蜜露。

图 1-29　昆虫中肠横切面模式图
（仿 Snodgrass）

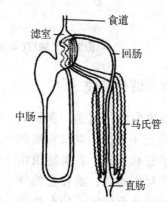

图 1-30　半翅目同翅类昆虫的滤室构造
（仿 Marshall）

1.6.2.3　后肠

后肠前端外面以马氏管、里面以幽门瓣与中肠为界，其后端则为肛门。马氏管为盲管状构造，端部封闭，仅基部与后肠相通，马氏管游离于体腔中。后肠一般分化为回肠、结肠和直肠 3 个部分。在大多数昆虫中，回肠和结肠通常为一段未特化的简单管道，两者无明显界线，合称为前后肠或小肠。直肠是后肠中比较特化的部分，其肠壁细胞常加厚成几条纵的突入肠腔的直肠垫，其功用是回收食物残渣里面的水分，形成粪便排出体外。

1.6.2.4　食物的消化及其与化学防治的关系

昆虫对食物的消化和吸收作用主要是由中肠肠壁细胞来完成，它一方面能分泌围食膜，将进入中肠的食物包住；另一方面能分泌含有多种消化酶的消化液，使食物进行消化。如淀粉等复杂的糖类经淀粉酶和麦芽糖酶的作用，分解为单糖；脂肪在酶作用下，分解为甘油和脂肪酸；蛋白质在蛋白酶的作用下，分解为氨基酸，才能被中肠肠壁细胞所吸收。昆虫中肠所分泌的消化酶种类是与其取食的食物种类相适应的。经过消化分解的养分,由围食膜渗入肠壁细胞而被吸收。各种消化酶都必须在一个稳定的酸碱度条件下才能起作用。一般昆虫消化液的 pH 值在 $6 \sim 8$ 之间。许多蛾蝶类幼虫肠液偏碱性,pH 值在 $8 \sim 10$ 之间,对这类害虫施用敌百虫毒杀效果较好,由于敌百虫在碱性条件下可形成毒性更高的敌敌畏。对具有碱性肠液的害虫施用苏云金杆菌的效果也较好,由于碱性胃液有利于伴胞晶体的溶解。其中有毒的蛋白质可渗入肠壁细胞,引起害虫中毒死亡。

1.6.3　排泄系统

排泄系统的主要功能是将体内新陈代谢的废物排出体外,调节血液中阳离子和水分的平衡,使昆虫保持正常的生理环境,昆虫的代谢废物主要是二氧化碳、水、无机盐、尿酸和其他含氮物质。除水分、无机盐和氨基酸可重吸收再利用外,其他废物对正常生理活动是有害的。因此,必须借排泄器官排出体外或转移到有关组织暂时贮存起来。

昆虫的排泄器主要是马氏管。马氏管一般着生于中、后肠交接处或后肠的前端。一端开口于后肠,另一端为封闭的盲管游离于体腔内。马氏管从体腔的血液中吸收各组织新陈代谢出的废物,如尿酸及尿酸盐类,这些废物被马氏管吸收后便流入后肠,经过直肠时大部分的水分和无机盐被肠壁回收,形成的尿酸便沉淀下来,随粪便一同排出体外。

马氏管的形状和数目,各类昆虫常有差异。少者仅 2 条,如介壳虫;多者 300 余条,如直翅目;半翅目和双翅目昆虫多为 4 条;鳞翅目多为 6 条;有的昆虫,马氏管已退化,如蚜虫。

此外,分布于昆虫体内的脂肪体、肾细胞、体壁以及由体壁特化的腺体也具有排泄作用。如脂肪体内常有一种尿盐细胞,能吸收贮存尿素结晶。还有一种双核的肾细胞,能吸收血液中的废物加以分解,把一部分沉淀物贮存于细胞内,另一部分可溶性物质排出细胞,再通过马氏管的吸收排出体外。

1.6.4　呼吸系统

绝大多数昆虫的呼吸系统是由体壁内陷并在体内作一定方式排列的管状系统,称作气管系统。气管系统通过成对的气门开口于身体两侧。体内所有气管是相互沟通的。气管在体内越延伸越细,最后分成许多微气管分布到各组织的细胞间。昆虫气体交换全在气管系统内进行。呼吸作用所需氧气由气管系统直接送往组织细胞内,而产生的二氧化碳废气大部分亦借气管系统排出体外,昆虫气管呼吸方式是与其开放式循环相联系的。气管系统的获得是昆虫由水生生活进化到陆生生活的结果。这种构造不仅解决了防止水分蒸发和体壁呼吸间的矛盾,而且适应了昆虫剧烈活动时氧化代谢极高、需要快速有效供氧的要求。因此,昆虫在动物界如此昌盛地发展,气管系统的获得不能不是其主要原因。

1.6.4.1　气管系统的构造和功能

气管系统按其功能可分成 3 个部分:

(1) 气管

气管是气管系统中富有弹性的管状结构，是体内气体流动的通道和扩散的场所。气管内膜作螺旋状加厚，具有保持气管形状和扩张状态并增加管壁弹性的作用。在典型情况下，中后胸节和腹部 1~8 节内气管在气门内面不远处分成 3 支，分别伸向背面、腹面和中央，依次称为背气管、腹气管和内脏气管。各节气管之间还有纵行的气管相连，纵贯于体躯两侧，连接气门气管的称侧纵干；连接背气管的称作背纵干；连接腹气管的称作腹纵干；连接内脏气管的称作内脏纵干（图 1-31）。某些善飞昆虫的气管，局部膨大成囊状的构造称作气囊，它可以伸缩，能加速空气流通和增加浮力，利于飞翔。

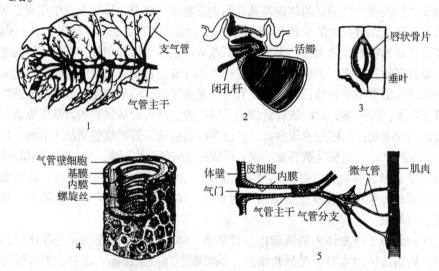

图 1-31　气管和气门的构造（仿 Snodgrass、Weber、吕锡祥等）

1. 鳞翅目幼虫身体前段气管分布情况　2. 夜蛾幼虫气门的剖面，示开关装置
3. 蝗虫后胸的外闭式气门　4. 气管的构造　5. 气管系统与组织联系的图解

(2) 微气管

气管分支由粗到细，当分到管径 2~5μm 时，则进入一个掌状的端细胞。由端细胞再分出细的、管径在 1μm 以下的管状结构，此即微气管。微气管末端终止于各组织细胞间。

(3) 气门

气门是气管在体壁上的开口，位于身体的两侧，气门的对数与位置因昆虫种类而异。一般不多于 10 对，即胸部 2 对、腹部 1~8 节各 1 对。原始的气门就是气管在体壁上的开口，没有调节气门大小的构造。在大部分昆虫中，气门都有调节器，可以开闭，以调节空气的进入和水分的蒸发。

1.6.4.2　气管呼吸及其与化学防治的关系

呼吸过程是异化过程，它的生理意义在于氧化体内有机物质，提供各种生命活动和进行同化作用所需的能量，并排出气体代谢废物二氧化碳。昆虫呼吸作用主要是靠空气的扩散作用，其次是昆虫体壁有节奏的扩张和收缩形成的通风作用。一般认为，氧气向气管内扩散和二氧化碳向外扩散，主要是因为组织代谢中消耗了氧并产生了二氧化碳，这样，在大气中氧的分压大于器官内的分压，而气管内的二氧化碳分压大于大气内二氧化碳的分压所形成。

大部分昆虫中，气体交换的强弱与体内代谢产物乳酸、二氧化碳等积累量多少和温度的高低有关，如果体内积累量增多，可刺激呼吸作用增强。因此，在应用熏蒸剂毒杀仓库害虫时，常在毒气中加入少量的二氧化碳，促使昆虫呼吸增强，增大毒气的进入量，从而提高毒杀效果。

气门一般还有疏水特性，水气不易进入；但油类物质却容易进入。油乳剂良好的杀虫作用，其主要原因就在于它表面张力小，易于进入气门和气管内部，腐蚀气管壁。再者，它能溶解体壁的蜡质，药剂易于穿透体壁进入体内杀死害虫。

1.6.5　循环系统

昆虫的循环系统是开放式循环系统。血液在体内运行的过程中只有一段途径在血管内进行，其余均在体腔内各器官组织间流动，体内各器官均浸浴于血液中，使组织细胞和血液直接进行代谢物质的交换。开放式循环是和气管呼吸系统紧密联系并与特殊的排泄方式相关的。昆虫循环系统的主要功能是借血液循环，将消化吸收后的营养物质、水分和内激素等运至体内各组织，同时将代谢废物带到排泄器官或让有关组织吸收或暂时贮存。

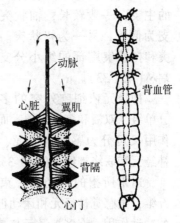

图 1-32　昆虫的背血管
（仿 Snodgrass）

背血管位于体腔背壁的下方，背隔上方的一条纵贯于背血窦中央的管状结构，由肌纤维组成。背血管分为前端的大动脉和后端的心脏两部分（图 1-32）。大动脉向前开口于脑与食道间的一个血窦内，心脏为一连串略微膨大的部分，每个膨大为一个心室。心脏一般始于腹部第二节。大多数昆虫心脏末端是封闭的。一般昆虫心室的个数不超过 9 个。每一心室两侧有 1 对心门。

心脏是以心翼肌的伸缩动力而搏动的。心脏有节奏地收缩和扩张，加上背隔与腹隔的搏动，以及辅助搏动器的作用，使血液在虫体内作定向流动，形成血液循环。

昆虫血液由血浆和悬浮于血浆中的血细胞组成。由于昆虫血细胞不含血红蛋白，所以血液不呈红色，多为无色、淡黄色、绿色等。昆虫血液无载氧能力。主要是运送营养物质到各组织中，同时将代谢废物带到排泄器官（马氏管）排出体外。血液除上述功能外，还具有吞噬、愈伤、解毒、调节体内水分含量、传递压力等作用，以助孵化、蜕皮、羽化展翅、气管通风等。

杀虫剂能影响血液循环的速度，或使血细胞发生病变。例如，氢氰酸、除虫菊酯、低浓度的烟碱能降低血液循环的速度，无机杀虫剂能使血细胞发生病变。血液 pH 值的高低对杀虫剂的毒性反应也不相同。例如，一些鳞翅目幼虫，血液中 pH 值越高则除虫菊酯的毒性作用越低，反之则毒性增强。

1.6.6 神经系统

昆虫的一切生命活动都受神经系统的支配。昆虫通过身体表面的感觉器官，接受外界环境的刺激，又通过神经系统的协调，支配各器官作出适当的反应，使各器官形成一个统一的整体，进行各种生命活动。

1.6.6.1 神经系统的基本构造

神经系统的基本单位是神经元。一个神经元包括一个神经细胞和它所分出的神经纤维（细胞外突）两部分。神经纤维有两部分：一为轴状突，它是细胞体所分出的主支，一般较长，轴状突的分支为侧支；另一为树状突。轴状突和树状突端部的细小分支称作端丛（图1-33）。

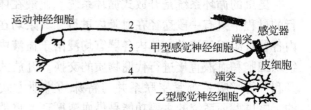

图 1-33 神经元的构造和类型（仿 Snodgrass）
1. 神经元模式构造 2. 单极神经元
3. 双极神经元 4. 多极神经元

神经元依细胞外突的多少可分单级、双极和多级3类。而依其作用又可分为感觉神经元、运动神经元和联络神经元（图1-33）。

通常所指的神经为一束神经纤维，由感觉神经元和运动神经元的神经纤维组成。可以传导外部的刺激和内部反应的冲动作用。许多神经元与神经纤维集合在一起，称作神经节。

昆虫的神经系统可分为3个部分：中枢神经系统、交感神经系统和周缘神经系统。

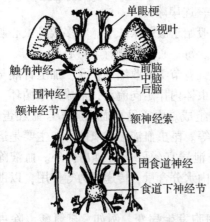

图 1-34 蝗虫头部的神经系统
（仿 Snodgrass）

(1) 中枢神经系统

中枢神经系统包括脑、咽下神经节和腹神经索3个部分（图1-34、图1-35）。

①脑 位于咽喉背面，是神经活动主要的联系中心和协调中心（但不是重要的运动中心）。脑分为前脑、中脑和后脑3个部分。前脑最为发达，其两侧形成视觉中心。中脑位于前脑的腹面，为触角的神经中心。后脑位于中脑之下，很不发达，它的主要神经进入上唇和前肠。

②咽下神经节 位于食道下方，借一对围咽喉神经索与后脑相连。它发出的神

经进入上颚、下颚、下唇等处，为口器运动的神经中心。

③腹神经索 位于消化道的腹面（图 1-35），包括胸部和腹部一连串的神经节（体神经节）和联络各神经节的神经索。腹神经索在较原始的种类为 2 条分离的构造，较高的种类则有合并现象。体神经节一般为 11 个，其中胸部 3 个、腹部 8 个（位于腹部第 1~8 体节）。但各类昆虫随进化程度常有合并减少的现象。

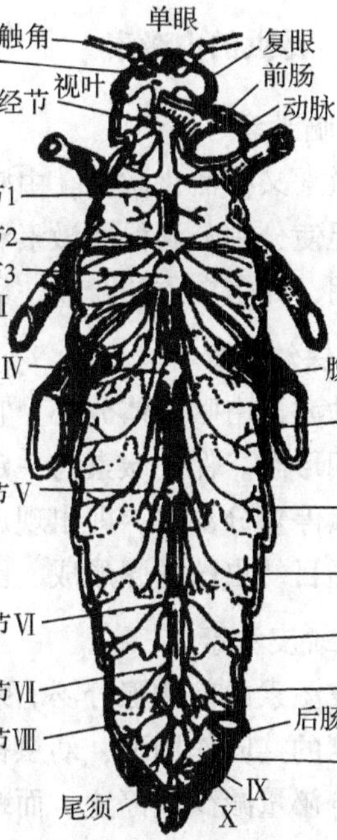

(2) 交感神经系统

交感神经系统也称内脏神经系统，属不自主神经。包括口道神经系、腹交感神经系和尾交感神经系 3 个部分。它们控制着内脏活动和腺体分泌等的机能，协调体内环境的平衡，是生长发育、蜕皮变态、生殖等重要控制系统之一。

(3) 周缘神经系统

周缘神经系统包括除中枢神经系统的脑和体神经节以外的所有感觉神经纤维和运动神经纤维，以及它们的顶端分支所连接的感受器和效应器等，是遍布全身的神经传导网络。

图 1-35 蝗虫的腹神经索
（仿 Snodgrass）

1.6.6.2 神经传导

一个神经与相连的其他神经元并无直接接触，彼此是靠树状突、轴状突或末端的端丛所形成的突触而联系并传递神经信息的。当神经兴奋产生的电脉冲沿神经纤维传导时，不能跨越突触将电脉冲直接从一个神经元传入另一个神经元，而必须由前一个神经末梢（突触前神经末梢）在电脉冲刺激下释放乙酰胆碱于突触区，改变下一神经末梢的膜电位才能继续传导。当一个神经末梢传导任务完成后，乙酰胆碱即被神经系统所含的胆碱酯酶水解成胆碱和乙酸而消失。如果胆碱酯酶的活性受到神经性杀虫剂的破坏，害虫就会由于无休止的神经冲动而死亡。有机磷和氨基甲酸酯类杀虫剂能抑制胆碱酯酶的活性，所以是神经毒剂。

1.6.7 昆虫的激素

昆虫的激素包括内激素和外激素，分别由内分泌器官和外激素腺体分泌产生。内激素是内分泌器官分泌激素于体内，对昆虫的生长、发育、生殖和生理代谢等起调节和控制作用。外激素是腺体分泌挥发于体外的激素，起种内个体间传递信息的作用，又称信息激素（或信息素）。

1.6.7.1　昆虫的内激素

(1) 脑激素

脑激素又称活化激素，由脑神经细胞群分泌。主要功能是激发和活化咽侧体和前胸腺，促使分别分泌保幼激素和蜕皮激素。此外，脑激素还可影响和调节内部器官的生理作用，如蛋白质的合成、卵巢、雌性附腺、咽侧体和绛色细胞的发育等。

(2) 保幼激素

保幼激素由咽侧体分泌。它的主要功能是抑制成虫器官芽的分化和生长，使虫体保持幼期形态。保幼激素与一定浓度的蜕皮激素共同作用下，可引起幼虫蜕皮。体内保幼激素停止分泌时，即出现成虫。保幼激素还对成虫卵细胞的发育、蚜虫的多型现象、鳞翅目幼虫的丝腺形成、昆虫滞育等生命活动起作用。

(3) 蜕皮激素

蜕皮激素由前胸腺分泌。蜕皮激素的功能是激发昆虫的蜕皮过程，在蜕皮激素和保幼激素的共同作用下，幼虫得以正常发育和蜕皮。但幼虫发育到最后一龄时，保幼激素的分泌量减少或停止，而蜕皮激素分泌量增加，幼虫的内部组织器官开始分解，蜕皮后变为蛹，使成虫特征得到充分发育，蛹再蜕皮变成成虫。成虫期前胸腺退化，体内无蜕皮激素，因而成虫不再蜕皮。蜕皮激素还有激发体壁及细胞中各种酶的活动和提高细胞呼吸代谢等作用。

(4) 生长调节剂在害虫防治中的应用

用昆虫的生长调节剂干扰昆虫体内的激素平衡，破坏它们正常的生长发育或干扰其变态和生殖，可以起到防治害虫的作用，且对人畜毒性小，不污染环境，故称为第3代杀虫剂。近年来已人工合成不少昆虫生长调节剂，有的已投入生产和应用，如用灭幼脲防治黏虫、菜青虫；用噻嗪酮防治飞虱和其他半翅目同翅类害虫；用农梦特防治小菜蛾、柑橘潜叶蛾等，都收到了良好的效果。

1.6.7.2　昆虫的外激素

(1) 性外激素

性外激素又称性信息激素。昆虫在性成熟后，能分泌性外激素，引诱同种异性个体前来交配。许多雌蛾性外激素的分泌腺通常位于第8～9腹节的节间膜背面，由上表皮内凹成囊状物。雌虫的外激素是引诱雄虫的。有的雄虫也能分泌性外激素引诱雌虫，并能激发雌虫接受交配。雄蛾、蝶类、甲虫等的性外激素分泌腺多在翅上、后足或腹部末端。

(2) 示踪外激素

示踪外激素亦称标迹信息素。家白蚁的工蚁腹部能产生这种激素，在其觅食的路上分泌此激素，其他工蚁就能沿着这条嗅迹找到所探索的食源。此外，蜜蜂工蜂的上颚腺分泌示踪激素，按一定距离散放于蜂巢与蜜源植物之间的叶上或枝上，其他工蜂也能追迹飞来找到食源。

（3）告警外激素

蚂蚁受到外敌侵害时，即释放这种激素，其他蚂蚁嗅到这种激素后，前来参加战斗。蚜虫受到天敌攻击时，腹管就排出告警激素，引起其他蚜虫的逃避。

（4）群集外激素

蜜蜂在分工时，工蜂与蜂后失去联系时，蜂后上颚即分泌这种激素。其他工蜂嗅到此激素便飞集到蜂后的周围。

（5）外激素在害虫测报和防治上的应用

昆虫外激素的研究，为害虫管理提供了一种新技术和新方法。目前国外已有几十种人工合成的外激素剂型投放市场。我国在昆虫外激素方面的研究也进展很快，已分离、鉴定和合成了多种农林主要害虫的性外激素，并在应用外激素合成物进行虫情测报和田间防治方面取得了可喜的进展。昆虫外激素在害虫管理上的应用主要有两个方面。

①作为害虫测报的工具　以外激素作为害虫测报工具具有灵敏度高、专一性强、使用方便和操作简单等优点。利用外激素测报诱捕器可进行害虫发生期、发生量预测和分布区域的预测。此外，还可以检测目标害虫的蔓延和扩散。例如，在机场、港口和边境等处设置检察诱捕器用于检疫目的，还可检察检疫对象的可能入侵。

②直接防治　利用性外激素直接防治害虫主要包括两个方面：一是大量诱捕法，即设置大量性诱捕器诱杀田间雄虫，使田间雌雄比例严重失调，以减少田间落卵量，控制其为害；二是迷向法，即在田间弥漫人工合成的性诱剂，致使雄虫无法准确找到雌虫的方位，从而干扰其正常交配而降低下一代的虫口密度。

1.6.8　生殖系统

昆虫的生殖系统担负着繁殖后代、延续种族的任务。由于雌雄性别不同，生殖器官的构造和功能差别很大。

1.6.8.1　雌性生殖器官

雌性生殖器官由卵巢、输卵管、受精囊、附腺和生殖腔组成（图1-36）。

卵巢1对，位于消化道两侧背方，由若干卵巢管构成。卵巢管是产生卵子的地方。因昆虫种类不同，每一卵巢所含卵巢管的数目有差别，一般有4条、6条或8条，有的多达一

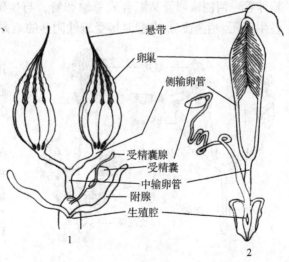

图1-36　雌性生殖器官的构造（仿Snodgrass）
1. 模式构造　2. 蝗虫

二百条。昆虫产卵量的多少，除了受食物和气候条件的影响外，还与卵巢管的多少有关。

卵巢管由端丝、卵巢管本部和卵巢管柄 3 个部分组成。卵巢管因滋养细胞的有无及其位置，可分为无滋式、多滋式、端滋式 3 种基本类型。无滋式卵巢管内无滋养细胞，卵子所需要的营养物质由血液供给，如蝗虫的卵巢管。多滋式卵巢管内的滋养细胞与卵细胞交替排列，如蛾蝶类。蜻类和甲虫类卵巢管属于端滋式，管内滋养细胞集中于顶部，各卵细胞以一细丝管与滋养细胞相通（图 1-37）。

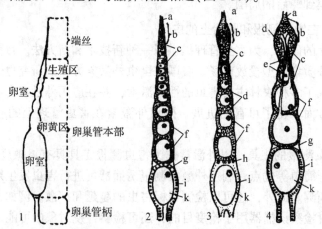

图 1-37　卵巢管的构造及类型模式图（仿 Snodgrass）

1. 卵巢管的构造　2. 无滋式　3. 多滋式　4. 端滋式

a. 端丝　b. 生殖区　c. 卵母细胞　d. 滋养细胞　e. 营养丝　f. 卵泡细胞

g. 管壁膜　h. 残余的滋养细胞　i. 卵壳　k. 卵

卵巢管的末端集合成一条系带，用以附着在体壁上，卵巢管的基部集中开口于侧输卵管，两侧输卵管又汇合成总输卵管，与生殖腔（阴道）相通，生殖腔的开口是雌性生殖孔。生殖腔是交配时接受雄性阴茎的地方。

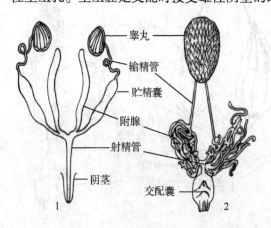

图 1-38　雄性生殖器官的构造（仿黄可训等）

1. 模式构造　2. 蝗虫

生殖腔的背面连接 1 个受精囊，用以贮存精子，使以后所产的卵由此获得受精。受精囊上生有一受精囊腺，其分泌液可使精子长期存活。

在生殖腔上方有 1 对附腺，它的分泌物能把产出的卵粘在物体上，或把许多卵粘在一起形成卵块，有的形成卵囊或卵鞘，把卵包在里面。

1.6.8.2　雄性生殖器官

雄性生殖器官由睾丸、输精管、贮精囊、射精管、附腺所组成（图 1-38）。睾丸 1 对，因昆虫种类不同形状各异，一般呈球形、卵形或肾形。每个睾丸包括许多睾丸小管，精子就在睾丸小管内发育生成。睾丸与输精管相连，精子通过输精管进入贮精囊，贮精囊是暂时贮存精子的地方，射精管开口于阳茎的末端。生殖附腺 1 对，能分泌黏液稀释精子，利于精子的排出和活动。

1.6.8.3 交配和受精

雌雄两性成虫的结合过程即交配。交配时雄虫将精子射入雌虫的生殖腔内，并贮存于受精囊内。雌虫接受精子后，不久便开始排卵。由于卵巢管内的卵是先后依次成熟的，成熟的卵被排列到受精囊的开口时，精子就从受精囊中释放出来与卵结合。精子从卵的受精孔进入卵内，然后精核与卵核相互结合，这个过程称为受精。

复习思考题

1. 昆虫的主要形态特征是什么？

2. 昆虫头部的基本构造怎样？有何特点？

3. 昆虫的触角的基本构造怎样？它有哪些类型？了解触角的类型有何实践意义？

4. 昆虫的口器有哪些主要类型？咀嚼式和刺吸式口器的基本构造怎样？口器类型与作物被害状及药剂防治的关系如何？

5. 昆虫胸部的基本构造怎样？有何特点？

6. 昆虫胸足有几对？它有哪些主要类型？

7. 昆虫翅的基本构造怎样？它有哪些类型？翅的连锁器有哪几类？

8. 何为标准脉序？它有哪些纵脉和横脉？

9. 昆虫腹部的基本构造怎样？有何特点？

10. 昆虫外生殖器的基本构造怎样？

11. 昆虫体壁的主要作用有哪些？

12. 何为体腔？昆虫各内部器官在体腔中的位置如何？

13. 昆虫消化道由哪几部分组成？各部分的基本功能如何？

14. 气管系统由哪些部分组成？昆虫的呼吸作用与熏蒸剂的关系如何？

15. 昆虫的外激素主要有哪几类？

16. 简述昆虫的主要内激素及其作用。

17. 简述激素在害虫防治和测报中的应用。

第 *2* 章

昆虫生物学

昆虫生物学是研究昆虫的个体发育史和年生活史的科学。它包括从生殖、胚胎发育、胚后发育直至成虫期的生命特性，以及昆虫在一年中的发育经过或特点。研究昆虫生物学，对昆虫分类和演化的理论研究，以及在害虫防控、资源昆虫的保护和利用等方面均有重要实践意义。

2.1 昆虫的繁殖方式

昆虫繁殖的特点主要表现在：繁殖方式多样化，繁殖力强，生活史短和所需的营养少。主要繁殖方式有下列 5 种。

2.1.1 两性生殖

绝大多数昆虫为雌雄异体，采用雌雄交配，授精后由雌虫将受精卵产出体外并发育为新个体，这就是两性生殖或卵生。昆虫的卵生，在正常情况下是两性生殖。

2.1.2 孤雌生殖

孤雌生殖又称单性生殖。它的特点是：雌虫不经交配或所产生的卵不经受精就能发育出新个体。孤雌生殖是昆虫对恶劣环境和扩大分布地区的有利适应。孤雌生殖按其表现又可分为 3 个类型。

(1)偶发性孤雌生殖

在正常情况下昆虫是两性生殖，但偶尔一些未受精的卵也能孵化出新个体。如家蚕、飞蝗等昆虫。在大多数行孤雌生殖的昆虫中都间有两性生殖世代。

(2)经常性孤雌生殖

雌虫交配后所产生的卵有受精和未受精的，受精卵孵化出雌虫，而未受精的卵孵化出雄虫，这种生殖称作产雄孤雌生殖，如蜜蜂、蚂蚁等昆虫。粉虱、绵蚧、蓟马、叶蜂、小蜂等，在自然界雄虫极少，有的甚至未发现过雄虫，所产生的卵都发育为雌虫，这种生殖称作产雌孤雌生殖。

(3)周期性孤雌生殖

随季节变化孤雌生殖和两性生殖周期性地交替进行，如许多蚜虫只能在冬季来临之前才产生雄蚜，雌雄进行交配，以产下的受精卵越冬；而从春季到秋季却连续以孤雌生殖繁殖后代，在这段时间几乎没有雄蚜。

2.1.3　多胚生殖

捻翅目和膜翅目中营内寄生生活的种类，一个卵在发育过程中可分裂产生 2 个或 2 个以上的胚胎，每个胚胎均可发育成一个新个体的生殖方式称为多胚生殖。新个体的性别取决于母卵是否受精，受精卵发育为雌虫，未受精的卵则发育为雄虫。一个卵可分裂成 2 个以上胚胎，有的逾 100 个，甚至逾 2600 个。

多胚生殖是对寻找寄主困难的适应，它可以充分利用营养物质繁殖大量后代，增多生存机会。

2.1.4　胎生

蚜虫、麻蝇、寄生蝇和鞘翅目的一些种类，卵在母体内孵化，母体直接产出幼虫或若虫的生殖方式称作胎生。但昆虫的胎生和哺乳动物的不同，它们不在母体子宫内发育，靠母体供给营养，而是在母体生殖道内靠卵自身的卵黄供给营养，故称"卵胎生"。卵胎生是对卵的一种保护性适应。

2.1.5　幼体生殖

瘿蚊科、摇蚊科或鞘翅目的复变甲等的一些种类还处于幼虫阶段就进行生殖的现象，称为幼体生殖。卵中孵出的幼虫靠吃母体组织生活，以后破母体而出营自由生活，而在这些自由生活的幼体内，又产生下一代的幼虫。它可以认为是一种卵胎生和孤雌生殖，有利于广泛分布和在不利环境条件下保持种群生存。

2.2　昆虫的发育和变态

昆虫的个体发育，指从受精卵开始至成虫性成熟能交配产生下一代，最后死亡的整个发育过程。它可以分为两个阶段：第一阶段称为胚胎发育，它是在卵内完成的，所以又称为卵内发育，至孵化为止；第二阶段称为胚后发育，是从卵孵化开始至成虫性成熟为止，主要包括幼虫期、蛹期和成虫期。

2.2.1　昆虫的变态

昆虫在胚后发育的过程中，从幼体变为成虫要经过一系列外部形态和内部结构上的变化，并出现对生活条件的不同要求，幼体和成虫出现显著的不同，这种现象称为变态。变态是昆虫胚后发育的主要特征。

由于昆虫的进化程度不同，以及幼期对生活环境的特殊适应，形成了不同的变态类型。主要有 5 个基本类型：增节变态、表变态（或称无变态）、原变态、不全变态和全变态。增节变态、表变态是最原始和比较原始的变态类型，为无翅亚纲昆虫所具有。原变态是有翅亚纲昆虫中最原始的变态类型，仅为蜉蝣目昆虫所具有。不全变态和全变态是昆虫最主要的变态类型。

2.2.1.1　不全变态

这是有翅亚纲外生翅类昆虫所具有的变态类型，这种变态类型的特点是发育过程中只经历卵—幼虫—成虫 3 个发育阶段，其中成虫特征随幼虫生长发育而逐渐显现，因此，成虫和幼虫形态相似，幼虫与成虫比较主要是性器官和翅还未发育完善。在不全变态的昆虫中又分为 3 个类型。

(1) 渐变态

成虫和幼虫在形态、栖境以及生活习性上基本相似，主要不同在于幼虫翅未完全成长和性器官未成熟。幼虫通称"若虫"，如直翅目、半翅目等(图 2-1)。

(2) 半变态

幼虫在形态上、栖境上均不同于成虫(成虫陆生，幼虫水生)，幼虫通称"稚虫"，蜻蜓目、襀翅目等属此类型。

(3) 过渐变态

幼虫与成虫差别较大，从幼虫发育为成虫要经历一个不食不动类似于蛹的特殊时期。缨翅目、同翅目粉虱科、雄性介壳虫等即属此类型。

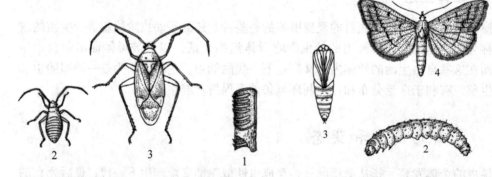

图 2-1　不全变态类昆虫(半翅目)(仿吕锡祥等)
1. 卵及其产卵场所剖面　2. 若虫　3. 成虫

图 2-2　全变态类昆虫(鳞翅目)
1. 卵　2. 幼虫　3. 蛹　4. 成虫

2.2.1.2　全变态

这是有翅亚纲内生翅类昆虫所具有的变态类型，是有翅亚纲中比较高等的各目均具有。它的特点是发育过程主要经历卵—幼虫—蛹—成虫 4 个发育阶段(图 2-2)。翅在体壁下发育，不显露体外。幼虫和成虫形态很不相同，生活习性(食性、栖境等)也有区别。在发育中必须经历一个改造幼虫器官为成虫器官的蛹期。

在少数全变态类昆虫胚后发育过程中，它们的幼虫期中还出现生活方式不同、形态结构差别大的幼虫，这种发育过程中的变化显得比一般全变态类昆虫更为复杂，因而称为"复变态"。复变态是某些以幼虫营寄生生活昆虫所特有，如鞘翅目的芫菁科、膜翅目的姬蜂科、小蜂科等昆虫。

2.2.2 昆虫的个体发育

2.2.2.1 卵期

卵期是个体发育的第一阶段(胚胎发育),卵从母体产下至孵化出幼虫所经历的时间称为卵期。

卵是一个大型细胞。卵的外面为一层坚硬的卵壳,卵面常有各种特殊的刻纹,卵壳主要成分为蛋白质和蜡质。卵壳内面紧接着是一层薄膜称卵黄膜,此膜内包藏着原生质、卵核(细胞核)和充塞于原生质网络间隙中的卵黄。卵壳的前端有 1 个或多个贯通卵壳的小孔,称作精孔,它是预留给精子进入卵的通道。

卵的大小大多在 0.5 ~ 2.0mm 之间,卵的形状有许多种,原始状态为肾状(如蝗虫、盲蝽、叶蝉和飞虱的卵),其他有圆球形(如甲虫的卵)、桶形或鼓形(如椿象的卵)、半球形(如夜蛾的卵)、扁球形(如螟蛾的卵)以及纺锤形、瓶形、有柄形等(图 2-3)。

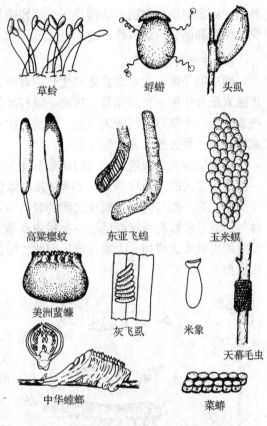

图 2-3 昆虫卵的类型示例(仿黄可训等)

昆虫的产卵方式和产卵场所常有不同,有的单粒散产(如菜粉蝶、棉铃虫等),有的聚集成块(如黏虫、玉米螟、斜纹夜蛾等)。从产卵地点看,有的产在暴露的地方(如稻螟、棉铃虫等),也有的产于比较隐蔽的地方(如蝗虫、吸浆虫等),还有的产于动、植物寄主组织内(如螽斯、叶蝉、飞虱、盲蝽和寄生蝇、寄生蜂等)。若产于物体表面,大多数由雌虫分泌黏液,将卵粘于物体上,上面常有茸毛等覆盖物(如斜纹夜蛾、多种毒蛾等);产卵方式和场所的选择程度往往是使卵和幼虫得到更好的保护并提供更好的摄食条件,研究卵的结构、形状、产卵方式和场所,对害虫种类的识别和害虫调查都有重要价值。

2.2.2.2 幼虫期

昆虫在卵内发育完成后,紧接着就进入了胚后发育阶段。幼虫期是胚后发育的开始阶段,这是昆虫旺盛取食的生长时期,也是害虫的主要为害期。

（1）孵化

卵内发育完成后，昆虫幼体破卵壳而出的过程称作孵化，孵化时需要突破坚硬的卵壳。因此，昆虫幼体必须具备一种特殊的构造——破卵器。各类昆虫破卵器不同，破卵方式各异，如咀嚼口器昆虫（直翅目若虫、鳞翅目幼虫等）直接用上颚咬破卵壳外出；椿象等昆虫靠肌肉收缩等压力将卵壳打开；蝗虫等靠血液的压力使颈囊胀大而突破卵壳和卵囊，最后移至地面。

（2）生长和蜕皮

幼虫期是昆虫大量取食剧烈生长的时期，虫体要周期性的长大。在保幼激素和蜕皮激素配合作用下，虫体每生长到一定程度的时候，必须周期性的脱去束缚生长的体壁表皮层，重新形成新的表皮层，每脱一次皮，虫体就在短时间内显著增大，这种现象称蜕皮。脱去的旧表皮称"蜕"。

昆虫幼体每 2 次蜕皮间的间隔期称龄期，其虫态称龄虫（或龄），从卵孵化到第一次蜕皮之间的时期称为第一龄期（其虫体称"一龄虫"），以后每脱一次皮即增加 1 个龄期。第一次与第二次蜕皮之间的时期为第二龄期，依次类推。幼虫期蜕皮次数因种类而异，多数有翅亚纲昆虫一生蜕皮次数大都在 4～12 次之间。随着虫龄的增加，幼虫的食量大大增加，为害加剧。因此，防治幼虫时要掌握幼虫的龄期，抓住防治的重点虫期。

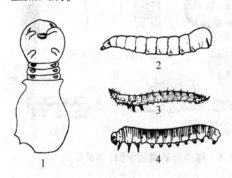

图2-4　全变态昆虫的幼虫类型
（仿陈世骧等）
1. 原足型　2. 无足型
3. 寡足型　4. 多足型

图2-5　昆虫蛹的类型
1. 被蛹　2. 围蛹　3. 离蛹

（3）幼虫的类型

全变态类昆虫的幼虫一般分为 4 个类型（图2-4）。

①原足型　幼虫仅头、胸部出现附肢原基，而腹部分节和附肢原基尚未出现，多见于寄生性膜翅目昆虫。

②多足型　幼虫具 3 对胸足，腹足的数目因种而异，多见于鳞翅目、长翅目、膜翅目叶蜂科等昆虫。如蛾、蝶的幼虫有 2～5 对腹足。

③寡足型　幼虫具有 3 对发达的胸足，但腹部附肢已消失，多见于鞘翅目、毛翅目和部分脉翅目昆虫。

④无足型　幼虫无胸、腹足，有时连头部也退化，可多为无头式幼虫，如蝇类；显头式幼虫，如低等双翅目、蚤目、细腰亚目、天牛科、象甲科；半头式幼虫，如大多数蚂蚁、大蚊等。

2.2.2.3　蛹期

蛹期是全变态类幼虫向成虫转化的过渡阶

段。末龄幼虫在蜕皮变蛹前，首先要停止取食，寻找适当化蛹场所，很多昆虫在这时吐丝作茧或营土室等。而后，幼虫就不再活动，身体显著缩短，这个阶段为前蛹期。所以前蛹期是末龄幼虫化蛹前的静止时期，在这个时期，幼虫的表皮已部分脱落，成虫的翅和附肢等翻出体外，体型也已改变，但仍被前蛹期的表皮(末龄幼虫表皮)所掩盖。前蛹虫体脱去最后一次皮而变为蛹的过程称作化蛹。幼虫经化蛹后才进入蛹期。

按蛹的形态特点，一般将蛹分成3类(图2-5)。

①离蛹(又称裸蛹)　离蛹的形态特点是触角、翅、足等不紧贴蛹体，能够活动，腹部也能自由活动，如甲虫、蜂类的蛹。

②被蛹　被蛹的特点是触角、翅、足等紧贴于蛹体不能自由活动，多数或全部腹节亦不能扭动，如鳞翅目等的蛹。

③围蛹　蛹体是离蛹，但是化蛹时幼虫最后脱下的皮未脱离而形成角质化外壳包围于离蛹，如蝇类等的蛹。

2.2.2.4　成虫期

昆虫从羽化起直到死亡所经历的时间称为成虫期。成虫期的主要任务是繁殖后代。

(1)羽化及性成熟

全变态类昆虫蛹蜕皮或不完全变态昆虫的若虫(或稚虫)脱掉最后一次皮而变为成虫的过程叫作羽化。

不完全变态昆虫羽化时常要寻找羽化场所，用胸足攀附在物体上，停止摄食与活动，不久就开始蜕皮，新成虫头部先从胸部裂口外伸，然后再全体脱出，与此同时翅也翻到正常的位置。虫体脱出后稍事休息待体壁硬化，翅伸展即可进行活动。全变态昆虫羽化时，新成虫大多借助于体躯和足的扭动，使蛹壳沿着中线纵裂而脱出。之后，借肌肉的动作和血液的压力而使翅展开。若在蛹室和茧内化蛹者，则带一系列羽化后外出的特殊构造或适应性。

不少昆虫羽化时，生殖腺已发育成熟，无须取食即可交配产卵，如草原毛虫等。不全变态昆虫和全部吸血昆虫(雌虫)在羽化后需要继续取食一个时期才能进行生殖。这种对性腺成熟不可缺少的成虫期营养称为"补充营养"。补充营养的存在增加了昆虫的为害性，不同昆虫所需补充营养的时间不等，由数小时到数月。补充营养的质量直接影响生殖力。

(2)交配和产卵

成虫性成熟后进行交配，也有昆虫卵虽未成熟也进行交配。交配结束，待卵受精后即行产卵，很多昆虫交配是以性外激素作为信息的，昆虫交配和产卵的次数因虫而异，它也受性外激素和外界环境的影响，通常寿命短的交配次数少，反之则多。产卵的次数和卵量，各种昆虫不同，有的一次，有的多次，卵量从几粒到几千粒不等，取决于种的特性和生活条件。

(3)雌雄二型和多型现象

①雌雄二型(也称性二型)　同种昆虫不同性别，除在外生殖器(称第一性征)上

明显分化外，在大小、体型、体色等第二性征上也存在差异的现象。如痂蝗雄虫，体均称、翅发达、善飞翔，而雌虫、体笨重粗壮、翅退化。草原毛虫雄虫有翅善飞，感觉器官发达，而雌虫翅退化，呈肉瘤状小突起，行动器官甚至连复眼、口器亦退化。再如蟋蟀、螽斯、蝉等，雄虫有发音器，而雌虫缺乏。

②多型现象　是指同种在同一性别中存在着形态、体色甚至生活习性等有稳定差异的现象，常见的如飞蝗的群居型和散居型，飞虱的长翅型和短翅型，蚜虫的有翅胎生雌蚜和无翅胎生雌蚜。

2.3　昆虫的世代和年生活史

2.3.1　世代和年生活史

昆虫由卵开始到成虫性成熟，并开始产生后代的个体发育史，称为一个世代。生活史是指昆虫完成一个世代的个体发育史；而年生活史是指一种昆虫在一年内发生的世代数，或者更确切地说，指当年越冬虫态开始活动起，到第二年越冬结束止的发育经过。1 年只发生 1 代的昆虫，世代和年生活史意义一样；1 年发生多代的昆虫，年生活史包括多个世代。世代的计算，习惯上依卵期为起点来划分代数。但是有的昆虫往往是幼虫、蛹、成虫越冬，一年开始，并不与卵期相吻合，在这种情况下，以越冬虫态发育至性成熟的成虫所产下的卵作为第 1 代的开始，而越冬虫态发育至性成熟的过程属于前一年的最后一个世代，称为越冬代。

月份	3	4	5	6	7	8	9	10	11
旬	下	上中下	上中下	上中下	上中下	上中下	上中下	上中下	上中下
越冬代	~	~ ~ ⊙⊙ +	⊙⊙ +++	++					
第1代			○○○ ~ ~	○○ ~ ~ ⊙⊙ +	⊙⊙ +++	+			
第2代					○○○ ~ ~ ⊙○○ ++	~ ~ ⊙ ++			
第3代					○○	○○○ ~ ~ ~ ⊙	~ ~ ~ ⊙○○ +++	~越冬 +	

图 2-6　黄地老虎的年生活史

+成虫　○卵　~幼虫　⊙蛹

昆虫因种类不同，外界条件的不同，每个世代经历的长短和每年发生的代数不相同。例如，蝗虫、大地老虎、天幕毛虫等1年发生1代，而华北蝼蛄等3年才完成1代。与此相反，也有1年内发生数十代之多的，如棉蚜等。同种昆虫在不同的分布区（如南方和北方），每年发生的代数也不相同，如黏虫在东北北部每年2代，而在华南则多达6代。

一年数代的昆虫，由于产卵期长或越冬虫态出蛰期不集中，一般在前后世代间有首尾重叠现象，极少有上一世代和下一世代间截然分开的，这就称"世代重叠"现象。

研究害虫年生活史，目的是摸清害虫一年内发生的规律、活动和为害情况，抓住有利时机，进行防治。研究的基本内容包括越冬（越夏）虫态和栖息场所；一年内发生的世代数；各世代各虫态出现的始、盛、末期，各虫态发生历期；生活习性特点与寄生植物发育阶段的配合等。研究生活史的基本方法是在田间进行系统的调查观测或在接近自然条件进行饲养观测，田间观察时对有趋性的成虫，可用诱虫灯或诱虫剂，来掌握其发生期和发生量。

为了清楚表示出一种昆虫的年生活史，包括世代数、各代各虫态发生时期、历期、越冬虫态及历期等，常用图解（生活史图）或其他形式来表示（图2-6）。

2.3.2 休眠和滞育

昆虫在一年生长发育过程中，常出现暂时停止发育的现象，这种现象从其本身的生物学与生理上来看，可分为休眠和滞育两大类。昆虫不论休眠和滞育，均停止取食，一切生命活动降到最低界限，生命的维持完全依赖于停止发育前体内积累的营养物质。

2.3.2.1 休眠

休眠是昆虫个体在发育过程中对不良环境的一种暂时性的适应性，当这种不良环境一旦消除并能满足其生长发育的要求时，便可立即停止休眠继续生长发育。在温带和寒带地区，冬季来临之前，随着气温下降，食物枯少，昆虫寻找适宜场所进行休眠，称为冬眠，待到来年春季气温转暖，又开始活动。在干旱或热带地区，常在干旱或高温季节，有些昆虫也会暂时停止活动，处于休眠状态，称为夏眠。昆虫的休眠虫态有的种类是固定不变的，如东亚飞蝗，在全国各地均以卵在土中过冬。但很多种类的休眠虫态不固定，如小地老虎，在江、淮流域以南可以成虫、幼虫或蛹过冬。

2.3.2.2 滞育

昆虫在个体发育期间，常在一定季节、一定的发育阶段发生滞育，在滞育期间，虽给予良好的生活条件，也不能解除，必须经过滞育期，并给予一定的因素刺激和滞育代谢，才能重新继续生长发育。

滞育的发生可分为两类，一类为专性滞育，在1年发生1代的昆虫，滞育出现在固定的世代及虫期，在个体发育中，不论外界环境如何，所有个体都发生滞育，如大地老虎；另一类为兼性滞育，滞育的出现无固定的世代，可随地理条件、季节性气候和食物等因素而变动，多为 1 年多代的昆虫。这些昆虫往往在倒数第 2 代中一部分个体滞育，另一部分继续发育，形成局部的下一世代，如棉铃虫在江苏、四川等地区一年可发生 4~5 代。

滞育期的长短，除遗传性外，光照周期的变化常是引起昆虫滞育的重要原因。短日照滞育型(又称长日照发育型)，在温带和寒带地区，当自然光照周期每天长于 12~16h，昆虫不发生滞育，当日照缩短至临界光照周期(引起昆虫群种中 50% 的个体进入滞育的光照期)时数下，滞育的比例剧增。我国大部分冬季滞育的昆虫属此型，如棉铃虫、多种瓢虫等。长日照滞育型(又称短日照发育型)指当自然光照短于 12h 以下，可以正常发育，当光照逐渐增长，超过临界光照时数时，大部分幼虫发生滞育。凡夏季进入滞育的昆虫属此型，如大地老虎、小地老虎等。另外温度、湿度、食料等生态因子对滞育也有影响，例如，草地螟的临界光照周期为 14h，在临界光周期内温度又是影响草地螟幼虫滞育的重要条件，温度越低，滞育率越高，日照少又低温，往往会出现大量滞育幼虫。

但这些条件是引起昆虫滞育产生或解除的外因，而内因主要是体内激素的活化或抑制调节作用，如体内激素的平衡受到扰乱或失调，就引起滞育。卵期滞育的昆虫，如家蚕成虫，当受到一定外界环境条件或体内遗传物质的刺激，由脑神经分泌细胞分泌脑激素，活化食道下神经节，使之分泌滞育激素，成虫便产下滞育卵；幼虫或蛹滞育的昆虫，一般认为，主要是由于脑激素减少或停止分泌，抑制了前胸腺分泌蜕皮激素的活动，保幼激素和蜕皮激素失去平衡，因而使幼虫或蛹停止发育进入滞育；成虫期滞育的昆虫，主要是缺乏脑激素和保幼激素引起的。

2.4　昆虫的主要习性

昆虫的习性包括昆虫的活动和行为，是昆虫的生物学特征的重要组成部分。昆虫的习性是制订害虫控制策略的重要依据。所谓找害虫的薄弱环节，往往就是找可以被人们利用来控制害虫的习性。

2.4.1　昆虫活动的昼夜节律

昼夜节律指自然界中的白天和黑夜有规律地交替变化，本质上就是光照节律。光照节律对昆虫昼夜活动影响的机理，一般认为可能是生物钟效应。

绝大多数昆虫的活动如取食、求偶、交配等均有它的昼夜节律，这些都是种的特性，是有利于昆虫生存、繁育的生活习性。一般有日出性昆虫(白昼活动)，如蝶类、蜻蜓、步甲等；夜出性昆虫(夜间活动)，如蛾类、地下害虫、钻蛀害虫、吸血蚊类等；弱光性昆虫(黎明和黄昏时活动)，如黏虫、蚊等。

昆虫的日出性或夜出性现象，表面上看似乎是光的影响，实际上还与温度、湿度、食物状况及个体生理条件等因素有关。

2.4.2　昆虫的食性

昆虫的食性就是昆虫在长期演化的过程中对食物形成的选择性。通常按昆虫的食物性质，可分为：植食性昆虫，以植物活体组织为食，如叶甲、菜青虫等；肉食性昆虫，以动物活体组织为食，如虎甲、螳螂、蜻蜓等；腐食性昆虫，以动植物的尸体、粪便等为食，如埋葬甲、粪金龟等；杂食性昆虫，兼食动植物等，如蟋蟀、蜚蠊等。

另外，还可随食物范围的广狭，而进一步分为：单食性昆虫，仅取食1种植物，如三化螟只吃水稻；寡食性昆虫，能取食1个科或少数近缘科的植物，如小菜蛾取食十字花科的39种植物；多食性昆虫，可以取食分属于不同科的多种植物，如棉蚜取食74科285种植物。

虽然昆虫食性有它的稳定性，但不是绝对的，许多昆虫在缺乏正常食物时，可以被迫改变食性，它们常常以大量的死亡来换取一个新的适应，而且遗传到下一代。

2.4.3　昆虫的趋性

昆虫对外界刺激所产生的定向反应，称为趋性。凡是向着刺激物定向运动的为正趋性，背避刺激物运动的为负趋性。趋性是长期演化中自然选择的结果，是种性的一部分。

(1)趋光性

昆虫通过视觉器官，对光产生向着光源方向活动的反应，称为趋光性。与之相反的就是负趋光型。各种昆虫对不同的光波有不同的反应。大多数夜出性昆虫(如夜蛾、螟蛾)、地下害虫(如蝼蛄、金龟甲)以及叶蝉、飞虱等对灯光(特别是短波光线)表现出正趋性，而对日光表现负趋性。日出性种类(如蝶、蝇、蜂)对日光有正趋性，而家蝇幼虫等对日光则有负趋性。

利用昆虫的趋光性对害虫测报和防治(灯光诱杀)、区系调查等具有重大意义。

(2)趋化性

昆虫通过嗅觉器官，对于化学物质的刺激而产生的反应行为称趋化性。它与昆虫的觅食、求偶、避敌、产卵等行为密切相关。趋化性亦具有种的特异性。例如，十字花科植物中所含的芥子油对菜粉蝶有引诱作用；大葱花中含的有机硫化物，对黏虫成虫有引诱作用。又如，雌蛾性激素对雄蛾有引诱作用等。

研究昆虫趋化性对害虫测报和防治(化学诱杀、性诱杀、驱避剂使用等)，以及近缘种行为的鉴别具有重要意义。

2.4.4　昆虫的假死性

一些昆虫一遇到惊吓就随即坠地呈现不动状态，这种现象称为假死性。如金龟甲、叶甲、象甲、黏虫以及小地老虎的幼虫，受到触及和震动，立即坠地假死，过片刻又爬行或起飞。假死是昆虫对外来袭击的防御本能反应。在害虫防治中可以利用假死性进行振落捕杀害虫。

2.4.5　昆虫的群集性和迁移性

(1)群集性

很多昆虫都有大量个体群集一起的现象,这种现象称作群集性。群集现象可以分成两类:暂时性和永久性群集。

①暂时性群集　一般只出现于昆虫生活史的某一虫态和一段时间内,形成群集的条件消失后群体就会分散,并不营集体生活。如甘蓝夜蛾,初龄幼虫在叶背面群集,2龄后即分散;再如苜蓿象甲,在越冬场所群集,春天就分散外出等。

②永久性群集　昆虫终身群聚在一起,一旦群集,很久也不会分散,而且群体向一个方向迁移或做远距离的迁飞,如群居性飞蝗。

害虫的大量群集必然造成猖獗为害,但如果掌握了它们的群集规律,对于集中消灭害虫提供了方便条件。

(2)迁移性

迁移又称为迁飞,是指一种昆虫成群地从一个发生地长距离地迁飞到另一个发生地。迁飞常发生在成虫羽化到翅骨化变硬之后,雌成虫的卵巢尚未发育,大多数还未交配产卵的时期。迁飞不是各种昆虫普遍存在的生物学特性。不少农业害虫具有迁飞特性,如东亚飞蝗、黏虫、甜菜夜蛾、小地老虎以及多种蚜虫等。迁飞是昆虫在时间、空间上的一种适应特性,有助于昆虫的繁衍。昆虫迁飞是多种多样的,有的昆虫有固定的繁殖基地,迁飞个体一般单程迁出,不返回原来的发生地,迁飞到新的地区产卵、为害,随即死亡。如东亚飞蝗,可从沿湖蝗区繁殖基地迁飞到几百千米以外的地方。有的昆虫如黏虫无固定繁殖基地,可以连续几代发生迁飞,每一代都可以有不同的繁殖基地,从发生地迁飞到新的地区去产卵繁殖,产卵后死亡。

2.4.6　昆虫的拟态和保护色

(1)拟态

拟态是指昆虫的体态或体色"模拟"另一种不可食的(有毒、有害的)或有警戒色的动物,从而逃避敌害,保存自己的适应现象。在昆虫中,拟态的事例很多,可被归纳为若干类型,其中以植物拟态和动物拟态为主。植物拟态是指昆虫的形态与植物体某一部分近似的现象,如竹节虫目的昆虫体态与竹枝,枯叶蛱蝶静止时的体态与干枯的叶片、树皮、树枝极为相似。动物拟态是指昆虫的形态与某种动物的体态近似的现象,如食虫虻、食蚜蝇的形态与有螫刺的蜂类近似,蛱蝶幼虫色泽鲜艳的斑纹与蛇的花纹近似。拟态是生物因子中被捕食者长期适应的结果。

(2)保护色

保护色是指昆虫具有与其周围背景相似的颜色,混淆捕食者视线使自身幸免于难的适应。如草地蚱蜢的绿色,栖息在树干上翅色灰暗的夜蛾类昆虫。还有的昆虫能随环境颜色变化,通过自身内分泌的调节使体色与环境一致的现象,这一切都是在长期捕食作用下被捕食者的巧妙适应。

昆虫的保护色还经常连同形态也与背景相似联系在一起。例如，枯叶蝶停息时双翅竖立，翅背极似枯叶，甚至具有树叶病斑状的斑点。

复习思考题

1. 昆虫有哪些主要的生殖方式？它们各有何特点？
2. 什么叫昆虫的变态？其主要类型有哪些？
3. 昆虫的产卵方式有哪两种？卵的形状主要有哪几种？
4. 昆虫个体发育分为哪两个阶段？胚胎发育可分为哪几个连续的阶段？
5. 幼虫期有何特点？全变态类幼虫可分为哪些类型？
6. 蛹的生物学意义是什么？其基本类型有哪些？
7. 何为昆虫的雌雄二型和多型现象？试举例说明。
8. 何为滞育？滞育与休眠有何异同？引起和解除滞育的内在因素是什么？
9. 昆虫的习性主要包括哪些方面？了解昆虫的习性有何实践意义？
10. 昆虫年生活史主要包括哪些内容？有何实践意义？

第 *3* 章
昆虫分类学

昆虫在动物界中种类最多，已定名的有 100 万种左右，是整个动物界已知种类的 3/4。它们中的许多种类与人类的关系极为密切，有些是害虫，也有不少种类是益虫。正确鉴定种类，并为其命名和分类，是控制害虫和保护益虫的基础。同时，昆虫区系调查、害虫预测预报、植物检疫、综合防治等工作都必须具有基本的昆虫分类学知识。因此，昆虫分类学是研究一切昆虫科学的基础。

3.1 昆虫分类的基本方法

昆虫分类上所采用的分类单位和其他动植物分类相同，即纲、目、科、属、种等级。如果这些单位还不够，在其之下分别设亚级。有时在科之上还设总科，亚科之下设族。现以飞蝗为例，示其分类地位与系统排列如下：

纲：昆虫纲（Insecta）
亚纲：有翅亚纲（Pterygota）
总目：直翅总目（Orthopteroides）
目：直翅目（Orthoptera）
亚目：蝗亚目（Locustodea）
总科：蝗总科（Locustoidea）
科：蝗科（Locustidae）
亚科：飞蝗亚科（Locustinae）
属：飞蝗属（*Locusta*）
亚属：（未分）
种：飞蝗（*Locusta migratoria* L.）
亚种：东亚飞蝗（*Locusta migratoria manilensis* Meyen）

种是能够相互配育的自然种群的类群，这些类群与其他近似类群有质的差别，并在生殖上相互隔离，它是生物进化过程中连续性与间断性统一的基本间断形式。

种是分类的基本单位，种的命名采用双名法，学名由拉丁文字的属名和种名组成，这种学名是全世界通用的，属名第一个字母大写，属名在前，种名在后，种名后是定名人的姓氏或其缩写。

科名以模式的属名加语尾-idae 而成；亚科名加语尾-inae；族名加语尾-ini；总科名的语尾为-oidea；亚目名和目名的语尾也有用-odea 的，由于昆虫多数有翅，目名多用-ptera(翅)结尾。属以上各阶元的名称第一个字母一律大写。学名中如果引用亚属名，可将亚属名加圆括号，放在属名和种名之间。亚种名则直接放在种名的后面，称为三名法。当某一种的属名被修订的时候，定名人的姓氏也加圆括号，如东亚飞蝗原来的学名为 *Acrydium manilensis* Meyen.，修订后写作 *Locusta migratoria manilensis* (Meyen.)。

每一种昆虫在第一次经过分类学家研究后，确定为这一学科上发现的新种，同时定予学名。公开发表后的学名，没有特殊理由是不允许随意改变的。一种昆虫只能有一个学名，以后任何人所定的学名都叫作异名，是不被采用的。同一个学名，只能用于一种昆虫，如果用作为另一种昆虫(或动物)的名称，就成为异物同名，也不为科学界所承认，应另定新名。这样就保证了动物界所有属名都各不相同，同一属内的种名也各不相同。

第一次发表新种时所根据的标本，称为模式标本。原始发表时所用的单一的标本称为正模，同时所用的另一个异性的标本叫作配模，同时所参考的其余同种标本叫作副模。

3.2 昆虫的分类系统

昆虫纲是生物界中最大的类群，广泛分布于地球的各种空间。由于昆虫纲的多样性，不仅分类和鉴定有较大的难度，而且系统发育问题也相当复杂。随着分子生物学和生物信息学的蓬勃发展，有关昆虫纲的起源和系统渊源等研究取得了不少令人瞩目的成果。但是，到目前为止，昆虫纲高级阶元的分类及各种类群之间的亲缘关系尚无完全一致的观点。Gullan 和 Cranston 根据形态学、分子生物学和生物信息学数据，综合国际上多数学者的观点，绘制了现存昆虫纲的系统发育关系图，作者认为，这是一个比较合理的昆虫纲分类系统。该系统将昆虫纲分为石蛃目、衣鱼目和有翅类。

3.2.1 石蛃目和衣鱼目

石蛃目和衣鱼目昆虫是原生无翅，过去合称为缨尾目 Thysanura，归属于传统的无翅亚纲 Apterygota。

(1)石蛃目(Archaeognatha)

上颚与头壳以单关节连接；触角长丝状，胸部背面拱起，中胸和后胸侧面有时有成对刺突；无翅；有尾须 1 对和中尾丝 1 条，中尾丝明显长于尾须。生活于草地或林区枯枝落叶下(图 3-1)。

(2)衣鱼目(Zygentoma)

无翅，上颚与头壳以双关节连接；腹部 11 节，有尾须 1 对和中尾丝 1 条，两者几乎等长，有的为室内害虫，如衣鱼(图 3-1)。

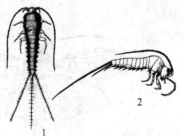

图 3-1 衣鱼目和石蛃目的代表(仿周尧)
1. 栉衣鱼 2. 石蛃

3.2.2　有翅类

有翅类昆虫分为 28 个目，过去也有称有翅亚纲。它们的共同衍征是中胸和后胸具翅、侧板发达具侧沟。但是，一些类群在进化过程中出现后生无翅，只能通过它们与有翅类群之间密切的亲缘关系，才能确定它们的祖先是有翅的。此外，后生无翅的类群，仍保留着有翅昆虫的共同特征——胸部侧板具侧沟，可资鉴别。

有翅类分为 3 个类群，即蜉蝣目、蜻蜓目和新翅次类。

3.2.2.1　蜉蝣目和蜻蜓目

(3) 蜉蝣目 (Ephemerida)

口器退化，体纤弱，触角刚毛状，后翅小或退化，尾须长。幼虫水生。如蜉蝣（图 3-2）。

(4) 蜻蜓目 (Odonata)

口器咀嚼式，触角刚毛状，翅膜质，翅脉多；腹部长，捕食小虫。幼虫水生。如蜻蜓（图 3-3）。

图 3-2　蜉蝣目的代表（短丝蜉）　　图 3-3　蜻蜓目的代表（箭蜓）

（仿周尧）　　　　　　　　　（仿周尧）

3.2.2.2　新翅次类

(5) 襀翅目 (Plecoptera)

口器退化，触角丝状，后翅臀区发达，尾须长丝状；幼虫水生。如襀翅虫（图 3-4）。

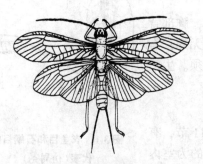 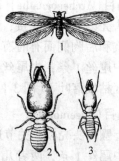

图 3-4　襀翅目的代表（襀翅虫）　　图 3-5　等翅目的代表（白蚁）（仿周尧）

（仿周尧）　　　　　　　1. 黑翅白蚁　2、3. 黄翅白蚁的大兵与小兵

（6）等翅目（Isoptera）

口器咀嚼式，触角念珠状，前后翅狭长，其大小、形状、脉纹相似，尾须短，营社会性生活。如白蚁（图3-5）。

（7）蜚蠊目（Blattaria）

体扁，口器咀嚼式，前胸盖住头，前翅为覆翅，有臭腺。如蜚蠊（图3-6）。

（8）螳螂目（Mantodea）

咀嚼式口器，前胸长，前足捕捉式，前翅为覆翅；捕食小虫。如螳螂（图3-7）。

（9）蛩蠊目（Grylloblattodea）

生活于高山，我国尚未发现。如蛩蠊（图3-8）。

图3-6　蜚蠊目的代表　　图3-7　螳螂目的代表　　图3-8　蛩蠊目的代表
（德国小蠊）（仿周尧）　（刀螳）（仿周尧）　　（日本蛩蠊）（仿周尧）

（10）螳䗛目（Mantophasmatodea）

2002年发现的新目，因其外形既像螳螂又像䗛而得名。口器咀嚼式，触角长丝状，两只复眼大小不一，无单眼。

（11）竹节虫目（䗛目）（Phasmida）

口器咀嚼式，体细长如竹节，有翅或无。如竹节虫（图3-9）。

（12）蜥目（纺足目）（Embioptera）

口器咀嚼式，触角丝状，雌虫无翅。前足第一跗节膨大，具丝腺，能纺丝作巢，俗称足丝蚁（图3-10）。

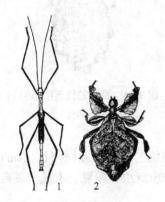　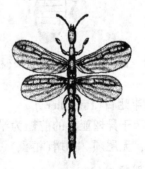

图3-9　竹节虫目的代表（仿周尧）　　图3-10　蜥目的代表（等尾蜥）
1. 棉秆　2. 叶䗛　　　　　　　　（仿周尧）

（13）直翅目（Orthoptera）

口器咀嚼式，体粗壮，前翅为覆翅，脉纹多直，前足开掘足或后足跳跃足。如蝗虫、螽蟖、蟋蟀、蝼蛄。

（14）革翅目（Dermaptera）

咀嚼式口器，前翅短，坚韧如革，尾钳状。如蠼螋（图 3-11）。

（15）缺翅目（Zoraptera）

体小型，触角 9 节，念珠状，咀嚼式口器，有翅或无翅，脉纹简单。如缺翅虫（图 3-12）。

图 3-11　革翅目的代表（日本蠼螋）
（仿周尧）

图 3-12　缺翅目的代表（中华缺翅虫）
（仿周尧）

（16）啮虫目（Corrodentia）

体小柔弱，触角线状，口器咀嚼式，有翅或无翅，无尾须。如啮虫、书虱（图 3-13）。

（17）虱目（Anoplura）

体横扁，头小，咀嚼式口器，无翅，前足攀悬足，无尾须。如人虱（图 3-14）。

（18）缨翅目（Thysanoptera）

体微小，锉吸式口器，翅极狭长，有长的缘毛，无尾须。如蓟马。

图 3-13　啮虫目的代表（粉啮）
（仿周尧）

图 3-14　虱目的代表（人体虱）
（仿周尧）

（19）半翅目（Hemiptera）

名称源于异翅亚目的前翅为半鞘翅，包括传统的半翅目和同翅目 Homoptera。口器刺吸式，无尾须。如蝽（椿象）、介壳虫、叶蝉、蚜虫、粉虱、木虱、飞虱。

（20）脉翅目（Neuroptera）

咀嚼式口器，翅膜质，脉纹网状，后翅臀区小。触角形状不一，多为丝状。如泥蛉、鱼蛉、草蛉、蚁蛉、粉蛉。

（21）广翅目（Megaloptera）

口器咀嚼式，触角长，丝状，前胸方形。翅膜质，后翅臀区大。幼虫水生。如泥蛉、东方巨齿蛉（图3-15）。

（22）蛇蛉目（Raphidiodea）

口器咀嚼式，前胸管状，触角丝状，翅膜质，前后翅相似，雌虫具细长的产卵器。幼虫树栖型。如蛇蛉（图3-16）。

图3-15　广翅目的代表（东方巨齿蛉）
　　　　　（仿周尧）

图3-16　蛇蛉目的代表（西岳蛇蛉）
　　　　　（仿周尧）

（23）鞘翅目（Coleoptera）

体坚硬，前翅为鞘翅，口器咀嚼式。如甲虫。

（24）捻翅目（Strepsiptera）

雌雄异型，雄虫只有1对翅，脉纹放射状，前翅特化为伪（拟）平衡棒；雌虫头胸愈合，无眼、翅及足。寄生于膜翅目、同翅目、直翅目昆虫体上。如拟蚤蝼（图3-17）。

（25）双翅目（Diptera）

舐吸式口器或刺吸式口器，只具前翅，后翅特化为平衡棒。如蚊、虻、蝇。

（26）长翅目（Mecoptera）

咀嚼式口器，头延长，翅膜质，前后翅相似，翅脉原始型，尾须短（图3-18）。成虫常捕食小虫。如蝎蛉。

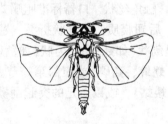

图3-17　捻翅目的代表（拟蚤蝼）
　　　　　（仿杨集昆）

图3-18　长翅目的代表（蝎蛉）
　　　　　（仿周尧）

（27）蚤目（Siphonaptera）

体小，纵扁，口器刺吸式，后足跳跃式，翅退化。外寄生于鸟及哺乳动物体表。如跳蚤（图3-19）。

（28）毛翅目（Trichoptera）

成虫通称石蛾，幼虫通称石蚕。咀嚼式口器退化；翅膜质，被毛，脉纹近似标准

图 3-19　蚤目的代表(人蚤)　　　　　　图 3-20　毛翅目的代表(角石蛾)
　　　　　　(仿周尧)　　　　　　　　　　　　　　　　(仿周尧)

脉序,静息时翅呈屋脊状(图3-20)。幼虫水生。如角石蛾。

(29)鳞翅目(Lepidoptera)

虹吸式口器,体、翅具鳞片。如蝶、蛾等。

(30)膜翅目(Hymenoptera)

咀嚼式口器或嚼吸式口器,翅膜质,产卵器发达,有的特化为螫刺。如蜂、蚁。

3.3　植物昆虫重要各目概述

植物昆虫种类繁多,以下7目包括了大部分害虫和益虫,即直翅目、半翅目、缨翅目、鞘翅目、鳞翅目、双翅目和膜翅目。另外蛛形纲中的蜱螨目亦与植物关系密切。

3.3.1　直翅目(Orthoptera)

这一目的代表主要为蝗虫、螽蟖、蟋蟀、蝼蛄。

(1)形态特征

大型或中型昆虫。头下口式,单眼2~3个,触角丝状,口器标准咀嚼式。前胸大而明显,中胸及后胸愈合。前翅皮革质,覆翅,后翅膜质,作扇状折叠,翅脉多为直脉。前足开掘足或后足跳跃足,产卵器发达,呈剑状(如蟋蟀)、刀状(如螽蟖)或凿状(如蝗虫)。常具听器,着生在前足胫节(蝼蛄、蟋蟀、螽蟖)或腹部第一节上(蝗虫),常有发音器,或以左右翅相摩擦(蟋蟀、螽蟖、蝼蛄),或以后足的突起刮擦翅而发音(如蝗虫)。

(2)生物学特性

卵生。卵的形状多呈圆柱形(如蟋蟀),或圆柱形而略弯曲(如蝗虫),有的扁平(如螽蟖),也有为长圆形的(如蝼蛄)。产卵方式属于隐蔽式,有的数个或成小堆,有的集合成卵块,外覆以卵囊。蝼蛄、蟋蟀、蝗虫都产卵在土中,树蟋和螽蟖则能将卵产在植物的组织内。

渐(进)变态。幼虫的形态、生活环境和取食习性都和成虫相似。一般有5龄。在发育过程中触角有增节现象,第二龄出现翅芽,后翅放在前翅的上面,此点可以用来区分短翅型种类的成虫。触角的节数和翅的发育程度可作鉴别若虫龄期的依据。

一般生活在地面上，有些生活在地下或树上。能跳跃，飞翔能力不强，但少数种类，如飞蝗，常成群迁飞，可以随气流远飞，甚至可以达数千里*。多数种类一年1代，也有1年2代的，而生活在土中的蝼蛄类完成一个世代需要1～3年，一般以卵越冬。多数有保护色，生活在青草中间时体色浓绿，而当草枯后体色则转变为枯黄色。

直翅目昆虫中有普遍的性二型现象，如雄虫有发音器而雌虫没有（蟋蟀、螽蟖等），或者雌虫体大而雄虫体小（东亚飞蝗、中华蚱蜢等），有的种类雄虫具有长翅，体形细瘦，而雌虫却只具有短翅，身体粗胖，只能在地面爬行跳跃而不能飞翔。

多数种类在白天活动，如蝗虫，日出以后才开始活动。蟋蟀和蝼蛄夜间才到地面上活动。

直翅目多数是植食性的多食性种类，其中有很多是农牧业上的重要害虫。

亚目的区分及主要科的特征：直翅目的种类很多，全世界已知近2万种，中国已知1000余种。本目分为3个亚目。

3.3.1.1 螽蟖亚目（Tettigoniodea）

体色多为绿色，触角比身体长，前足胫节上有听器，产卵器刀状或剑状。

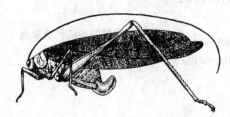

图3-21 螽蟖科的代表（日本露螽）
（仿周尧）

（1）螽蟖科（Tettigoniidae）

触角丝状比身体长，端部尖细。产卵器扁而阔，刀状或剑状。跗节4节。尾长，不分节。尾须短小。雄性能发音，发音器在前翅基部。翅通常发达，也有短翅或无翅的种类。前足胫节基部有听器。多数种类为绿色，有的暗色，或有暗色斑纹（图3-21）。

一般植食性，有时为肉食性。卵扁平，产在植物组织内，成纵行排列。

各地都有一些种类为害作物，如露螽（*Phaneroptera fulcata* Soopoli）、杜露螽（*Ducetia thymifolia* Fabricius）、日本露螽（*Holochlora japonica* Bruner）。

（2）蟋蟀科（Gryllidae）

身体粗壮，色暗，头下口式。触角比身体长，端部尖细。产卵器细长，针状或矛状。跗节3节。尾须长，不分节。雄虫发音器在前翅近基部，听器在前足胫节上（图3-22）。

本科种类1年1代，以卵越冬。成虫在夏秋季节盛发，多发生于低洼地、河边、沟边、杂草丛中，雄虫能昼夜发出鸣叫。夜出性昆虫。

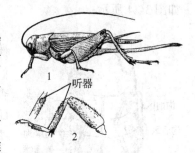

听器
1
2

图3-22 蟋蟀科的代表
（油葫芦）（仿周尧）
1. 成虫 2. 前足

---

* 1里=500m。

北方重要的有害种类有油葫芦（*Gryllus testaceus* Walker）、姬蟋蟀（*Gryllodes berthellus* Saussure）、棺头蟋（*Loxoblemmus doenitzi* Stein）；南方有巨蟋（*Brachytrupes portentosus* L.）。

3.3.1.2　蝼蛄亚目（Gryllotalpidea）

身体纺锤形，坚实。前足开掘足，触角短，产卵器退化。

（3）蝼蛄科（Gryllotalpidae）

本科是典型的土栖昆虫，体躯结构适宜于在土中生活。触角短，前足粗壮，开掘式，胫节阔，有4个大形齿，跗节基部有2齿，适宜于挖掘土壤和切碎植物的根部。中、后足无特殊的演化，后足腿节不甚发达，不善跳跃。前翅短，后翅长，伸出腹部末端。发音器不发达，听器也不发达，在前足胫节上，状如裂缝，尾须长（图3-23）。

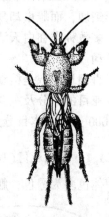

图3-23　蝼蛄科的代表单刺蝼蛄成虫（仿周尧）

蝼蛄是多食性地下害虫，喜欢栖息在温暖湿润、腐殖质多的壤土或砂壤土内。生活史长，1～3年完成1代。以成虫或若虫在土壤深处越冬。春秋两季特别活跃，昼伏土中，夜出地面活动，为害各类作物。

我国有害种类，北方以单刺蝼蛄（*Gryllotalpa unispina* Saussure）为主，南方以东方蝼蛄（*G. orientalis* Burmeister）为主。

3.3.1.3　蝗亚目（Locustodea）

触角短，产卵器锥状，听器在腹部第一节。蝗虫种类很多，我国记载600多种，为典型的植食性昆虫，其中不少是牧草和作物的重要害虫。

蝗虫的分类，下列特征是重要的依据：

①头部　头顶和额所形成的角度，从侧面看是钝角还是锐角。颜面中央的纵隆起显著与否，平坦或有纵沟，两侧平行或分歧。头顶两侧有无凹入的头侧窝。其形状如图3-24所示。

②前胸背板　通常有3条隆起线（1条中隆线和2条侧隆线），还有3条横沟（前横沟、中横沟和后横沟）。它们的存在与否，显著程度与形状，所在的位置，横沟是否切断隆线，均为分类特征。以后横沟为界，前胸的前面部分为沟前区，后面部分为沟后区，两区的长度和宽狭的比例，背板前缘与后缘的形状，呈直线还是有角度，背板侧瓣的形状及其前下角的形状如图3-24。

③前胸腹板　平坦或有隆起，或有圆锥状的"前胸腹板突"或前缘成薄片覆盖在口器的后方。

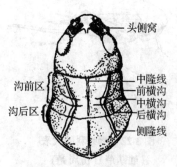

头侧窝
沟前区
中隆线
前横沟
中横沟
后横沟
沟后区
侧隆线

图3-24　蝗虫头及前胸特征

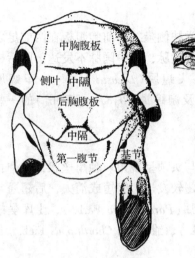

图3-25　蝗虫胸部腹面特征
（飞蝗）（仿周尧）

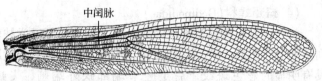

图3-26　蝗虫的前翅（飞蝗）

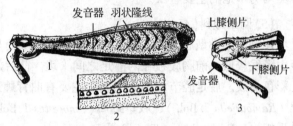

图3-27　蝗虫足的特征（仿周尧）
1. 角蝗腿节及胫节基部　2. 发音器的放大　3. 皱膝蝗

④中、后胸的腹板　中后胸腹板两侧明显成瓣状，称为中胸腹板侧叶和后胸腹板侧叶，两侧叶间嵌入后一节腹板向前凸出部分，在分类上称为中胸腹板中隔及后胸腹板中隔，其侧叶和中隔的大小和形状（图3-25）。

⑤翅　前翅长度和宽度的比例，是否伸出腹部末端，中脉与肘脉间的中闰脉的有无，各纵脉间区域的大小，后翅发育程度（图3-26）。

⑥后足　腿节外侧羽状隆线或颗粒状或短棒状隆起的有无。腿节末端上、下膝侧片的大小与刺的有无，腿节上刺与距的长短、爪间垫的大小（图3-27）。

⑦腹部第一节鼓膜器　发达程度。

⑧尾须　特别是雄虫尾须的形状。

⑨雌雄虫的生殖节，肛背片与下生殖板的形状（图3-28）。

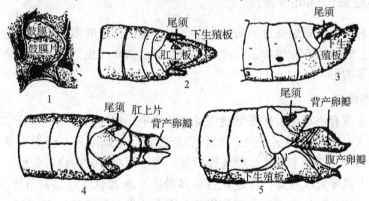

图3-28　蝗虫腹部特征（仿周尧）
1. 飞蝗的听器　2、3. 飞蝗雄虫腹部末节的背面和侧面
4、5. 飞蝗雌虫腹部末节的背面和侧面

（4）斑翅蝗科（Oedipodidae）

头大而短，头顶宽平。触角丝状，前胸背板通常缺侧隆线，前胸腹板在两前足之间平坦，无突起。前、后翅发达，中脉域通常具有中闰脉，如中闰脉不发达，则后翅具有明显的彩色斑纹。后足胫节端部缺外端刺。飞蝗属（*Locusta* L.）、小车蝗属（*Oedaleus* Fieb.）、皱膝蝗属（*Angaracris* B.-Bienko）及痂蝗属（*Bryodema* Fieb.）的一些种类均为草地的主要害虫。

（5）网翅蝗科（Arcypteridae）

体型以中小型居多，头部一般呈圆锥形，颜面与头顶呈锐角。触角丝状，前胸背板中隆线较低，前胸腹板在两前足之间平坦。前后翅较发达，缩短或消失，后翅通常无彩色斑纹。后足胫节端部无端刺。主要有曲背蝗属（*Pararcyptera* Farb.）、土库曼蝗属（*Ramburiella* I. Bol.）、牧草蝗属（*Omocestus* I. Bol.）、雏蝗属（*Chorthippus* Fieb.）及异爪蝗属（*Euchorthippus* Tarb.）等。

（6）槌角蝗科（Gomphoceridae）

体小型，体面光滑。触角端部几节略膨大或明显呈槌状。头顶中央缺细纵沟。头侧窝狭长，长为宽的 2 ~ 2.5 倍。前后翅发达，后翅与前翅等长，或前翅短缩。后足腿节上基片长于下基片，外侧中域具羽状平行隆线。主要种类有西伯利亚蝗［*Gomphocerus sibiricus*（L.）］、李氏大足蝗［*G. licenli*（Chang）］、宽须蚁蝗（*Myrmeleotettix palpalis* Zubovsky）等。

（7）菱蝗科（Tetrigidae）

体小型，菱形。触角短，线状。前胸背板盖住整个腹部。跗节前足和中足 2 节，后足 3 节。产卵器短、锥状，无发音器及听器（图 3-29）。常见的种类是日本菱蝗（*Tetrix japonicus* Bolivar）。

图 3-29　菱蝗科的代表（日本菱蝗）
（仿周尧）

3.3.2　半翅目（Hemiptera）

半翅目名称源于异翅亚目的前翅为半鞘翅，包括传统的半翅目和同翅目。该目昆虫俗称椿象、蝉、沫蝉、蜡蝉、叶蝉、飞虱、蚜虫和介壳虫。它是不完全变态昆虫中种类数量最多的目。

（1）形态特征

蝽类的体型有小有大，体壁坚硬而身体略扁平。口器刺吸式，具分节的喙；触角丝状或刚毛状；单眼 2 ~ 3 个或无。前胸背板发达，中胸明显，背面可见小盾片；后胸小；有翅两对，前翅半鞘翅、覆翅或膜翅；翅不用时平放在腹部背面，其末端互相重叠或在背上呈屋脊状放置。异翅亚目很多种类在胸部腹面后足基节旁具臭腺开口，能分泌挥发性油，散发出类似臭椿的气味，因此称为椿象或臭板虫（图 3-30）。

（2）生物学特性

除粉虱及雄介壳虫具有过渐变态外，均属渐变态类。繁殖方式十分多样化，有两

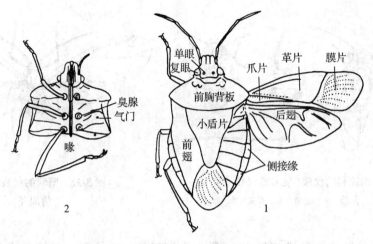

图 3-30　半翅目(蝽科)特征图(仿周尧)
1. 整体背面观(右翅展开)　2. 体前段腹面

性生殖，孤雌生殖，也有两性生殖与孤雌生殖交替进行。有卵生的，也有卵胎生的。不少种类是作物的重要害虫，并能传播植物的很多病害，如蚜虫、叶蝉、木虱等能传播病毒病。有些蚜虫所排泄的液体，含有大量糖分，为蚂蚁所喜食。因此，蚂蚁和蚜虫结成了共栖关系。

亚目的区分及重要科的特征如下。

3.3.2.1　胸喙亚目(Sternorrhyncha)

触角丝状，有翅或无翅；有翅型的前翅覆翅或膜翅，基部无肩片；前翅有不多于3 条纵脉从基部伸出；静息时 2 对翅呈屋脊状叠放于体背；跗节 1～2 节；雌虫产卵器有 3 对产卵瓣或无特化的产卵器。消化道有滤室。植食性。

(1) 木虱科(Psyllidae)

体细小，能跳跃，善飞，但不能作远距离连续的飞翔。触角长，10 节，有单眼 3 个。雌雄都有 4 翅，前翅革质(图 3-31)。

若虫身体很扁，翅芽突出在身体的侧面。腹部第六节以后愈合成一块。常分泌很多蜡质，覆盖在身体上。卵为长卵形，附有短柄。

多数种类为害木本植物，以成虫在杂草中越冬，早春在嫩叶上产卵成堆，若虫群栖。主要的种类有梨木虱(*Psylla pyrisuga* Foerst)、桑木虱(*Anomonera mori* Schwarz)等。

(2) 蚜科(Aphididae)

体细小，柔软。触角长，通常 6 节，末节中部起突然变细，明显分为基部和鞭状部两部分。第 3～6 节基部常有圆形或椭圆形的感觉圈。多数种类在腹部第 6 或 7 节背面两侧生有 1 对腹管。腹末生有一个圆锥形或乳头状的尾片(图 3-32)。

蚜虫生活史极其复杂，行周期性的孤雌生殖。一年可发生 10～30 代。多生活在嫩芽、幼枝、叶片和花序上，少数在根部。以成虫、若虫刺吸植物汁液，并能传播植

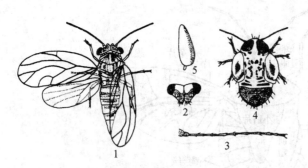

图 3-31　木虱科的代表(梨木虱)(仿周尧)
1. 成虫　2. 头部　3. 触角　4. 若虫　5. 卵

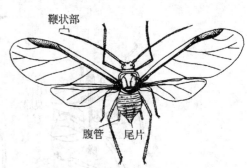

图 3-32　蚜科的代表(桃蚜)
(仿周尧)

物病毒病。

蚜科全世界已知种已超过 3000 种,中国已知 150 余种。重要的有桃蚜[*Myzus persicae*(Sulzer)]、麦长管蚜[*Macrosiphum avenae*(F.)]、麦二叉蚜[*Schizaphis graminum*(Rondani)]、禾谷缢管蚜[*Rhopalosiphum padi*(L.)]、玉米蚜[*Rhopalosiphum maidis*(Fitch)]、豌豆蚜[*Acyrthosiphon pisum*(Harris)]、苜蓿蚜(*Aphis medicaginis* Koch)和无网长管蚜[*Metopolophium dirhodum*(Walker)]等。

(3)蚧科(Coccidae)

雌虫身体背面不分节,有足和触角,腹部末端有深的裂缝,叫作肛裂;肛门上盖有 2 块三角形的骨片,叫作肛板(图 3-33)。

3.3.2.2　蜡蝉亚目(Fulgoromorpha)

体小型至大型。喙从头部后下方伸出;触角刚毛状,生于复眼下方,梗节膨大成球形或卵形,上面有许多感觉器;单眼 2 个,位于触角与复眼之间;前翅覆翅或膜翅,基部肩片发达;翅脉发达,前翅至少有 4 条纵脉从翅基伸出,其中 2 条臀脉相接成"Y"形;静息时 2 对翅屋脊状叠放于体背,跗节 3 节;雌虫产卵器有 3 对产卵瓣。消化道无滤室。植食性。

(4)蜡蝉科(Fulgoridae)

体多为大型,前翅端区翅脉多分叉,与横脉形成网纹,后翅臀区翅脉也为网纹,前翅 1A 脉与 2A 脉合成"r"形脉。如斑衣蜡蝉。

(5)飞虱科(Delphacidae)

体小型,能跳跃,后足胫节末端有一显著能活动的扁平距。触角短,锥状。翅透明,不少种类有长翅型和短翅型两个类型(图 3-34)。绝大多数种类为害禾本科植物。一年依各地气候不同可发生 3~8 代。卵产在叶鞘或叶脉内,排列整齐。若虫喜群集为害。以卵或成虫在禾本科杂草中越冬。

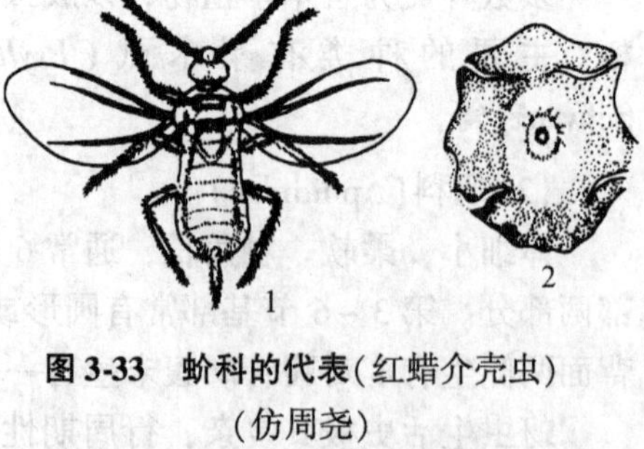

图 3-33　蚧科的代表(红蜡介壳虫)
(仿周尧)
1. 雄成虫　2. 雌成虫(背面)

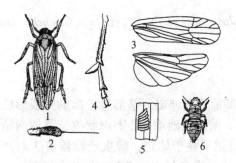

图 3-34　飞虱科的代表（稻灰飞虱）

（仿 Silvestri）

1. 成虫　2. 触角　3. 前后翅　4. 后足

5. 卵　6. 若虫

图 3-35　蝉科的代表（蚱蟟）

（仿周尧）

常见的种类有褐飞虱（*Nilaparvata lugens* Stal）、白背飞虱（*Sogatella furcifera* Horv.）、灰飞虱（*Laodelphax striatella* Fall.）。

3.3.2.3　蝉亚目（Cicadomorpha）

包括各类蝉。体小型至大型，活泼。触角短，刚毛状或锥状，跗节 3 节。

(6) 蝉科（Cicadidae）

俗称知了。体中型至大型。触角刚毛状。单眼 3 个，呈三角形排列。前足开掘足，腿节膨大，下缘具齿或刺。后足腿节细长，不会跳跃（图 3-35）。雄蝉腹部第 1 节有发音器；雌蝉产卵器发达，将卵产在植物嫩枝内，常导致枝梢枯死。幼蝉生活在土中，吸食植物根部汁液。生活史长。常见种类如蚱蝉[*Cryptotympana pustulata*（Fabricius）]、蟪蛄[*Platypleura kaempferi*（Fabricius）]、蚱蟟（*Oncotympana maculicollis* Motsch.）。

(7) 叶蝉科（Cicadellidae）

体小型，具有跳跃能力。触角刚毛状，生于复眼前方或两复眼之间。单眼 2 个。前翅革质，后翅膜质。后足基节横向，向侧膨大，前、中、后足胫节均呈棱角形。后足胫节常有两列短刺（图 3-36）。

多数种类为害草本植物，少数为害木本植物。雌虫具齿状产卵管，产卵在植物组织内。有些种类是植物病毒传播者。常见的有棉绿叶蝉（*Chlorita biguttula* Ishida）、桃绿叶

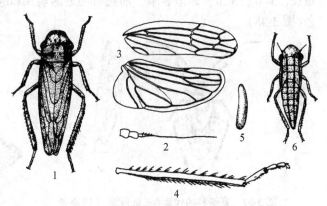

图 3-36　叶蝉科的代表（大青叶蝉）

（仿周尧）

1. 成虫　2. 触角　3. 前后翅　4. 后足　5. 卵　6. 若虫

蝉(*C. flavescens* Fabr.)、稻斑叶蝉(*Deltophalus striatus* L.)、大青叶蝉(*Cicadella viridis* L.)等。

3.3.2.4　鞘喙亚目(Coleorrhyncha)

体微型至小型，体长2~4mm。喙从头部前下方伸出，基部包于前胸侧板形成的鞘内；触角丝状，3节，一般生于复眼下方；前翅质地均匀，有网状纹，类似网蝽的前翅，不能飞行，后翅退化或无；静息时前翅平叠于体背；雌虫产卵器有3对产卵瓣。消化道无滤室。生活于潮湿环境，植食性，喜食苔藓。目前仅知鞘喙蝽科 Peloridiidae 1科13属25种，分布于南北半球，如南美洲、新西兰和澳大利亚等。我国尚未发现。

3.3.2.5　异翅亚目(Heteroptera)

体小型至大型。喙从头部前下方伸出；触角丝状，生于复眼下方，单眼2个或无；前翅半鞘翅，少数质地均匀；静息时2对翅平叠于体背，跗节1~3节；雌虫产卵器有2对产卵瓣，缺背瓣。消化道无滤室。植食性或肉食性。

(8)盲蝽科(Miridae)

体小型或中型昆虫，触角4节，无单眼，喙4节。前胸背板前缘常有横沟划出一个狭的区域，称作领片。前翅分为革片、楔片、爪片、膜片4部分，膜片基部翅脉围成2个翅室，其余翅脉消失(图3-37)。

本科有植食性的，也有捕食性的捕食小昆虫和螨类。对草地有害的种类如牧草盲蝽[*Lyygus pratensis*(L.)]、苜蓿盲蝽(*Adelphocoris lineolatus* Goeze)、三点盲蝽(*A. fasiaticollis* Reuter)。

(9)花蝽科(Anthocoridae)

体型小或微小。通常有单眼，触角4节，第3、4节之和比第1、2节之和为短。喙长，3节或4节，跗节3节。前翅有明显的楔片和缘片，膜片上有简单的纵脉1~3条(图3-38)。

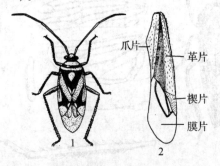

图3-37　盲蝽科的代表(三点盲蝽)(仿周尧)

1. 成虫　2. 前翅

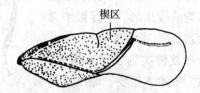

图3-38　花蝽科的前翅

本科昆虫常在地面、植株上活动，捕食蚜虫、介壳虫、粉虱、蓟马和螨类等。常见种类如小花蝽（*Triphleps minutus* L.）。

图 3-39　猎蝽科的前翅
（仿 Silvestri）

（10）猎蝽科（Reduviidae）

均为肉食性种类，能捕食害虫。体中型或大型。有单眼，触角 4 节。喙短，3 节，基部弯曲，不能平贴在身体的腹面，端部尖锐。前翅没有缘片和楔片，膜片基部有 2 个翅室，端部伸出 1 条纵脉（图 3-39）。

常见种类有黑光猎蝽（*Ectrychotes andreae* Thumberg）、长刺猎蝽（*Polididus armatissimus* Stål）、淡舟猎蝽（*Staccia diluta* Stål）。

（11）姬蝽科（Nabidae）

体较小，多灰色、褐色、黑色或带红色，少数为绿色。喙长，其长超过前胸腹板。触角通常 4 节。单眼，有或无。前胸背板狭长，前面有横沟。翅常退化，半鞘翅的膜片上有 4 条纵脉形成 2~3 个长形的闭室，并由它们分出一些短的分支（图3-40）。该科种类多数捕食盲蝽科的小虫。常见的种类为缘姬蝽（*Reduviolus ferus* L.）。

（12）长蝽科（Lygaeidae）

体小型或中型，狭长。有单眼。触角 4 节，喙 4 节。前翅无楔片，膜片上 4~5 条简单的翅脉（图 3-41）。

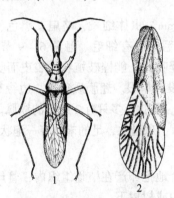

图 3-40　姬蝽科的代表（仿周尧）
1. 成虫　2. 前翅

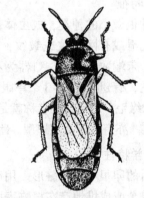

图 3-41　长蝽科的代表（粟长蝽）
（仿周尧）

（13）红蝽科（Pyrhocoridae）

体中等大小。无单眼，喙 4 节，触角 4 节，前翅无楔片，膜片有 7~8 条脉纹，在基部结成翅室（图 3-42）。

（14）缘蝽科（Coreidae）

体一般较狭，两侧缘略平行。触角 4 节。喙 4 节。中胸小盾片小，三角形，不超过爪区的长度。前翅膜片上从一基横脉上分出多条平行纵脉（图 3-43）。重要种类有亚姬缘蝽（*Corizus albomarginatus* Blote）、豆蜘缘蝽（*Riptortus clavatus* Thunberg）等。

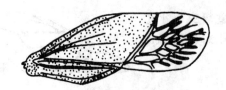

图 3-42　红蝽科的前翅
（仿 Ross）

图 3-43　缘蝽科的前翅
（仿周尧）

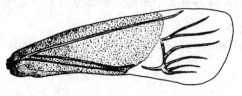

图 3-44　蝽科的前翅

（15）蝽科（Pentatomidae）

体小型至大型，触角 5 节。通常有 2 个单眼。喙 4 节。半鞘翅分革片、爪片、膜片 3 部分。爪片末端尖，当翅收起时不在小盾片后形成缘缝。膜片上有多条纵脉，多从一基横脉上分出（图 3-44）。中胸小盾片很大，至少超过前翅爪片的长度。一般为植食性，重要的有豆缘蝽（Coptosoma punctissima Montandon）、麦尖头蝽（Aelia acuminata L.）、菜蝽（Eurydema pulchra Westwood）。

3.3.3　缨翅目（Thysanoptera）

缨翅目统称为蓟马。

（1）形态特征

这是一种很微小的种类，成虫体长有 1～2mm，虫体细长，略扁，黑色、褐色或黄色。表面光滑或有网状纹或皱纹，有的除刺毛外还有细毛。触角 6～9 节，线状，略呈念珠状，末端数节尖锐。口器为不对称的锉吸式，能锉破植物的表皮而吮吸其汁液。复眼发达，有翅型具 2～3 个单眼，无翅型没有单眼。翅膜质狭长，边缘有很多长而整齐的缨状缘毛，缨翅目的名称就是这样来的。翅脉至多只有 2 条长的纵脉。翅休息时沿背侧平放。亦有缺翅或短翅型。跗节 1～2 节，爪退化，足的末端有一泡状中垫。

（2）生物学特性

锯尾亚目的卵很小，肾脏形。用产卵器单个地把卵产在植物组织内，管尾亚目的卵长卵形，单个或成堆地产在植物表面或缝隙中或树皮下。

若虫形状和成虫相似，通常白色、黄色或红色。经过 4 龄或 5 龄变为成虫。具有"前蛹期"，过渐变态。通常一年发生 5～7 代。为两性繁殖，亦有单性生殖现象，有卵生与卵胎生两种。多为植食性，为害花、叶、果、枝、芽等，而以花最多。

亚目区分及重要科的特征如下。

3.3.3.1　管尾亚目（Tubulifera）

有翅或无翅，翅脉退化，或只有 1 条不达翅端的纵脉，翅面无微毛。腹部末端两性均呈管状。

（1）皮蓟马科（Phlaeothripidae）

黑色或暗褐色，翅白色、烟煤色或有斑纹。触角8节，少数种类7节，有椎状感觉器。下颚须与下唇须各2节。腹部第9节宽大于长，比末节短；末节管状，后端狭，但不长，生有较长的刺毛。无产卵器（图3-45）。

本科重要的种类有麦蓟马（*Haplothrips tritici* Kurdj.）、稻管蓟马（*H. aculeatus* Fabricius）、中华蓟马（*H. chinensis* Priesner）。

3.3.3.2 锯尾亚目（Terebrantia）

雌虫产卵器锯状。一般有翅，前翅至少有2条纵脉伸至翅端，翅面有微毛。

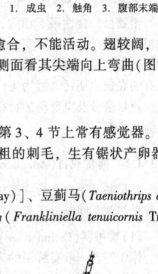

图3-45　皮蓟马科的代表
（麦蓟马）（仿黑泽）
1. 成虫　2. 触角　3. 腹部末端

（2）纹蓟马科（Aeolothripidae）

体粗壮，褐色或黑色，翅白色，常有暗色斑纹。触角短，9节，第3～4节上有长形感觉区，末端3～4节愈合，不能活动。翅较阔，前翅末端圆形，围有缘脉，有明显的横脉。有产卵器，从侧面看其尖端向上弯曲（图3-46）。如横纹蓟马［*Aeolothrips fasciatus*（L.）］。

（3）蓟马科（Thripidae）

体略扁平。触角6～8节，末端1～2节形成端刺，第3、4节上常有感觉器。翅有或无，通常狭而端部尖锐。雌虫腹部末端圆锥形，无粗的刺毛，生有锯状产卵器，从侧面看其尖端向下弯曲（图3-47）。

重要的种类有牛角花齿蓟马［*Odontothrips loti*（Haliday）］、豆蓟马（*Taeniothrips distalis* Karny）、烟蓟马（*Thrips tabaci* Lindeman）、花蓟马（*Frankliniella tenuicornis* Trybom）等。

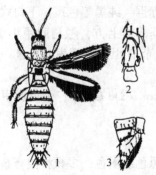

图3-46　纹蓟马科的代表（横纹蓟马）
（仿黑泽等）
1. 成虫　2. 足末端　3. 腹部末端

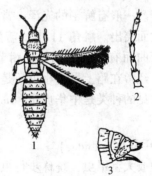

图3-47　蓟马科的代表（烟蓟马）
（仿黑泽等）
1. 成虫　2. 触角　3. 腹部末端

3.3.4　鞘翅目(Coleoptera)

鞘翅目是昆虫纲中最大的目,包括很多的种类以及农牧业上的害虫和益虫,如金龟子、叶甲、豆象、瓢虫等。一般都称"甲虫",或简称为"甲"。

(1)形态特征

体壁坚硬,前翅角质,无翅脉,称为鞘翅。口器咀嚼式。触角 10 节或 11 节,形状变化很大,除线状外,还有锯状、锤状、膝状或鳃叶状等。一般没有单眼。在发达的前胸后面,常露出三角形的中胸小盾片。跗节 5 节或 4 节,很少 3 节。腹部末后数节常退化,缩在体内,可见的腹节常在 10 节以下。

(2)生物学特性

全变态,其中有部分为复变态,如芫菁。卵呈卵圆形或球形。卵外壳一般无花纹。幼虫的形状一般狭长,头部发达,口器咀嚼式,无腹足。从外形上大体可以分为肉食甲型、金针虫型、蛴螬型、象虫型及钻蛀虫型。蛹为裸蛹。化蛹在隐蔽的场所或茧中。

鞘翅目的食性很不相同,少数是肉食性或腐食性,多数是植食性。它们为害植物的根、茎、叶、花、果实、种子等各部分。它们有的是单食性,如蚕豆象只吃蚕豆的种子;有的是多食性,如金龟子,则几乎什么植物都食。它们的为害主要在幼虫期,但有的在成虫期还继续为害(如叶甲和金龟子)。

亚目区分及重要科的特征:亚目的区分各学者意见不一,据蔡邦华教授意见,可分为 3 个亚目。

3.3.4.1　肉食亚目(Adephaga)

后足基节固定在后胸腹板上不能活动,第一腹节腹板被后足基节完全划分开。前胸背板与侧板间分界明显。触角多为丝状,跗节通常 5 节。绝大部分为肉食性。

(1)虎甲科(Cicindelidae)

体中等。一般有鲜艳的光泽,常有金绿、赤铜、纯黑等色斑。下口式,比胸部略宽,复眼大而突出。触角 11 节,着生在上颚基部的上方,触角间距小于上唇宽度。上颚大,弯曲而有齿。足细长,跗节 5 节,胫节有距。后翅发达,能飞(图 3-48)。白天活动,经常在路上觅食小虫,是益虫。

各地常见的种类是中华虎甲(*Cicindella chinensis* De Geer)、杂色虎甲(*C. hybrida* L.)等。

(2)步甲科(Carabidae)

体小型或大型甲虫,统称步行虫。一般为黑色或褐色,多数种类有金属光泽。头常较前胸狭,前口式,复眼小。触角细长丝状,着生于上颚基部与复眼之间,触角间距大于上唇宽度。跗节 5 节(图 3-49)。

成虫和幼虫在田间较多,白天隐蔽,晚间活动,捕食鳞翅目、双翅目幼虫、蜗牛、蛞蝓、线虫及其他小虫。常见的有中华步甲(*Carabus chinensis* Kirby)、短鞘步甲(*Pheropsophus jessoensis* Mor.)等。

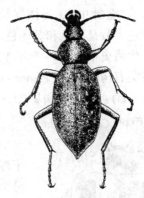

图 3-48　虎甲科的代表(中华虎甲)　　　图 3-49　步甲科的代表(皱鞘步甲)
　　　　　(仿周尧)　　　　　　　　　　　　　　(仿周尧)

3.3.4.2　多食亚目(Polyphaga)

后足基节不固定在后胸腹板上,也不将第一腹节腹板完全划分开。前胸背板与侧板间无明显分界。触角和跗节有各种不同变化,植食性或肉食性。

(3) 芜菁科(Meloidae)

体长形,体壁柔软。头大而活动,触角 11 节,线状,雄虫触角中间有几节膨大。前胸狭,前翅软鞘翅,两鞘翅在末端分离,不合拢。跗节 5-5-4 式,即后足跗节只有 4 节,爪梳状(图 3-50)。

复变态,一生经历复杂。1 龄为衣鱼式的三爪虫,触角、足和尾发达,能入地找寻蝗虫卵块,寄生在卵块中。2 龄起变为蛴螬式。5 龄成为体壁较坚韧、足退化,不能活动的"拟蛹"。6 龄又恢复蛴螬式,最后化蛹。

成虫植食性。幼虫以蝗卵为食。常见种类如豆芜菁(*Epicauta gorhami* Marseul)。

(4) 叩头甲科(Elateridae)

通称叩头甲。成虫多数为暗色种类,体狭长,末端尖削,略扁。头小,紧嵌在前胸上。前胸背板后侧角突出成锐角刺。前胸腹板中间有一尖锐的刺,嵌在中胸腹板的凹陷内,前胸和中胸间有关节,能有力地活动,当虫体被压住时,头和前胸能作叩头状的活动(图 3-51)。

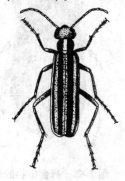

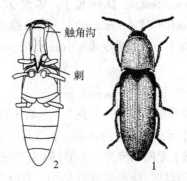

触角沟

刺

2　　　1

图 3-50　芜菁科的代表(豆芜菁)　　　图 3-51　叩头甲科的代表(仿周尧)
　　　　　(仿周尧)　　　　　　　1. 褐纹沟叩头甲　2. 叩头甲腹面

幼虫称为"金针虫"。身体细长，圆柱形，略扁。体壁光滑、坚韧，头和末节特别坚硬。颜色多数是黄色和黄褐色。生活在土壤中，取食植物的根、块茎和播种在地里的种子。生活史很长，2~5 年才完成一个世代。

重要种类有沟叩头甲（*Pleonomus canaliculatus* Faldermann）、褐纹叩头甲（*Melanotus caudex* Lewis）、细胸叩头甲（*Agriotes fusicollis* Miwa）等。

（5）瓢甲科（Coccinellidae）

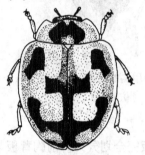

图 3-52　瓢甲科的代表
（龟纹瓢虫）（仿周尧）

俗称"花大姐"、"麦大夫"、"看麦娘"等。身体半球形，跗节隐 4 节，即跗节只有 4 节，第 2 节大，分为 2 瓣，第 3 节很小，隐藏起来，看起来像 3 节。头小，一部分装在前胸内。触角棒状或球杆状。鞘翅上常具有红、黄、黑等斑纹（图 3-52）。

幼虫直长，有深或鲜明的颜色，行动活泼，身体上有很多刺毛的突起或分枝的毛状棘。

瓢虫科可分为 2 个亚科：

① 瓢甲亚科（Coccinellinae）　成虫背面多数无毛，有光泽。上颚有基齿，端部对裂或不分裂。触角着生在眼的前方。幼虫身上的毛突多，柔软。多是有益的种类。如七星瓢虫［*Coccinella septempunctata*（L.）］、异色瓢虫［*Leis axyridis*（Pallas）］、龟纹瓢虫［*Propylaea japonica*（Thunberg）］等。

② 毛瓢甲亚科（Epilachniae）　成虫背面有毛，少光泽，上颚无基齿，端部分为许多小齿。幼虫身体上的刺突坚硬。植食性，重要种类如马铃薯瓢虫（*Epilachna vigintiomaculata* Motsch）等。

（6）鳃金龟科（Melolonthidae）

体中型至大型甲虫。触角鳃叶状，通常 10 节，末端 3~7 节向一侧扩张成瓣状，它能合起来呈锤状，少毛。前足开掘式，跗节 5 节，后足着生位置接近中足而远离腹部末端（图 3-53）。

幼虫称为蛴螬，重要的害虫种类有黑绒鳃金龟（*Maladera orientalis* Motsch.）、华北大黑金龟［*Holotrichia oblita*（Faldermann）］、黄褐丽金龟（*Anomala exoleta* Fald.）、无翅金龟（*Trematodes tenebrioides* Pallas）等。

（7）叶甲科（Chrysomelidae）

叶甲科昆虫又叫"金花虫"。幼虫和成虫绝大多数为害叶部，成虫有的具有金属光泽，外形常呈卵圆形或长形。足的跗节为隐 5 节（第 4 节很小）。复眼圆形。触角丝状，或末端稍膨大，11 节（图 3-54）。幼虫主要是伪蠋式。

图 3-53　鳃金龟科的代表
（棕色金龟）（仿周尧）

植食性叶甲，为害方式主要是食叶，也有一些蛀茎和咬根的种类。常见种类有甜菜龟叶甲(*Cassida nebulosa* L.)、黄守瓜(*Aulacophora femoralis* Motschulsky)、大猿叶虫(*Collaphellus bowringi* Baly)、黄曲条跳甲(*Phyllotreta striolata* Fabricus)、草原叶甲(*Geina invenusta* Jacobson)等。

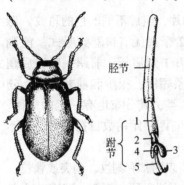

图 3-54　叶甲科的代表(黄守瓜)
(仿周尧)

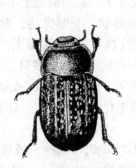

图 3-55　拟步甲科的代表
(网目拟步甲)(仿周尧)

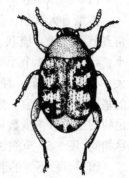

图 3-56　豆象科的代表(豌豆象)
(仿周尧)

(8) 拟步甲科(Tenebrionidae)

体型不一，多为扁平、坚硬、暗色的种类。头狭，紧嵌在前胸上。前胸背板大，比鞘翅狭或一样阔，鞘翅盖不住整个腹部。足的跗节为5-5-4式(图3-55)。

重要种类有网目拟步甲(*Opatrum subaratum* Fald.)、赤拟谷盗(*Tribolium castaneum* L.)、亮柔拟步甲(*Prosodes dilaticollis* Motsch.)等。

(9) 豆象科(Bruchidae)

豆象科都是为害豆科植物种子的种类。成虫体小，虫体卵圆形，坚硬，被有鳞片。触角锯齿状、梳状或棒状。足的跗节为隐5节。眼圆形，有一"V"字形缺刻(图3-56)。

重要种类有绿豆象[*Callosobruchus chinensis* (L.)]、豌豆象[*Bruchus pisorum* (L.)]、蚕豆象(*Bruchus rufimanus* Boheman)等。

3.3.4.3　管头亚目(Phynchpphora)

头延伸为象鼻状或鸟喙状，前胸背侧缝和腹侧缝消失。后足基节不固定在后胸腹板上，也不将第一腹节腹板完全划分开。植食性。

(10) 象甲科(Curculionidae)

通称象甲。咀嚼式口器着生在头延伸部分的端部。触角多数种类弯曲呈膝状，10~12节，末端3节成锤状。足的跗节为隐5节(图3-57)。

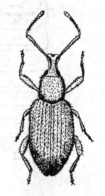

图 3-57　象甲科的代表(棉尖象甲)
(仿周尧)

成虫和幼虫都取食植物，包括吃叶，钻茎，钻根，蛀食果实和种子，卷叶或潜入叶的组织中为害，因种类而异。重要种类有甜菜象(*Bothynoderus punctiventris* Germar)、苜蓿叶象(*Hypera postica* Gyllenhai)等。

3.3.5 鳞翅目(Lepidoptera)

包括蝶类和蛾类,是昆虫纲第二大目,也是植物、作物害虫中重要的类群。

(1)形态特征

体型有大有小,颜色变化很大。膜质的翅上密被鳞片,组成不同颜色的斑纹。触角多节,线状、梳状、羽状或棒状。复眼发达,单眼2个或无。口器虹吸式。前胸小,背面生有2个小形的领片(翼片),中胸很大,生有1对肩板。前翅一般比后翅大,有11~14条,最多15条翅脉,后翅最多只有10条翅脉,很少和前翅一样。翅的基部中央有中室。翅上的图案可分为线和纹(或斑)两类,其分布也有一定的规律。足的跗节5节,少数种类跗节退化,不够5节。胫节上有距,距的数目在3对足上不尽相同(图3-58至图3-60)。

卵呈各种不同的形状,通常圆球形、馒头形或扁形,表面常有刻纹、刺突或颗粒。

幼虫多足型,毛虫式或称蠋型。体圆筒形,柔软。头部坚硬,每侧一般有6个单眼。唇基三角形,额狭呈"人字形"。口器咀嚼式,下颚和下唇合为一体,下唇叶变成一中间突起,称为吐丝器(图3-61)。

幼虫除3对胸足外,通常具5对腹足,位于第3~6节及第10节上。最后的1对腹足又称臂足或尾足。腹足为肉质筒形构造,端部具趾钩,帮助幼虫行动。趾钩的排列有各种形式,通常趾钩有1排,少数有2排,也有3排或更多排的趾钩。每排中的趾钩如长度相等的称为单序;趾钩长短交替排列的称为双序;有3种不同长度更替排列的称三序。趾钩排列成环形、缺环、中带(只有内侧有1列弧形与身体纵轴平行的趾钩)、二横带(与身体纵轴垂直的2列趾钩)等(图3-62)。趾钩的形状是分科的重要特征。

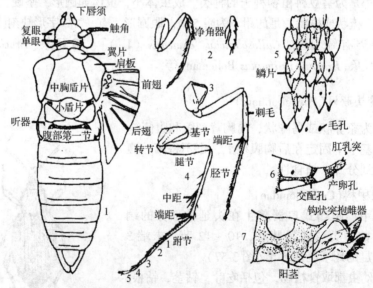

图3-58　鳞翅目成虫的体型(小地老虎)

1.体躯结构(去除鳞片及毛)　2.前足构造(示净角器)　3.中足(示端距及刺毛)
4.后足(示端距及中距)　5.鳞片的排列及着生　6.雌性腹部末端　7.雄性腹部末端

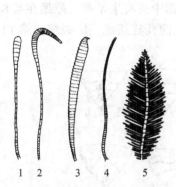

图 3-59　鳞翅目的触角类型

（仿周尧）

1. 粉蝶　2. 弄蝶　3. 天蛾　4. 夜蛾　5. 天蚕蛾

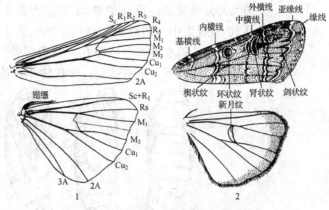

图 3-60　鳞翅目成虫翅的脉相和斑纹

（小地老虎）（仿周尧）

1. 脉相　2. 斑纹

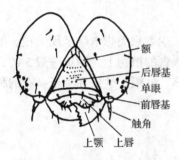

图 3-61　鳞翅目幼虫头部构造

（仿周尧）

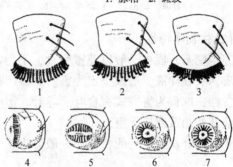

图 3-62　鳞翅目幼虫腹足趾钩的各种排列

方式（仿周尧）

1. 单序　2. 双序　3. 三序　4. 中列式
5. 二横带式　6. 缺环式　7. 环式

　　幼虫身体各部分具有各种外被物（图 3-63），最普通的是刚毛，还有毛瘤、毛撮、毛突和枝刺等。幼虫的胸部或腹部常具有腺体。幼虫常具有色斑、线条，这些线条由背面正中央起依次称为：背线、亚背线、气门上线、气门线、气门下线、基线、腹线（图 3-64）。

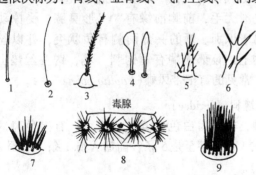

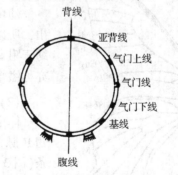

图 3-63　鳞翅目幼虫毛的形式（仿 Peterson）

1. 普通毛（附毛片）　2. 线状毛　3. 羽状毛（附毛突）
4. 刀片状毛　5、6. 枝刺　7. 毛疣
8. 毒蛾一体节（示毛疣及毒腺）　9. 毛撮

图 3-64　鳞翅目幼虫的线纹示意图

蛹大部分是被蛹，只有少数低等的蛾类是离蛹。蛹长圆形（图 3-65）。腹部 10 节，第 10 节腹面中央的纵裂为肛门。雄蛹第 9 节腹面中央有生殖孔，雌蛹在第 8 腹节有一生殖孔，第 9 节有一产卵孔。在很多种类中，两孔连接成一纵裂缝。第 10 节末端向后突出为臀棘，生有钩刺，钩住物体或茧等。

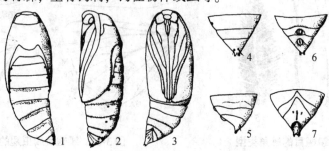

图 3-65　鳞翅目蛹的特征（仿周尧）
1. 背面　2. 侧面　3. 腹面　4～6. 雄蛹末端的背、侧、腹面　7. 雌蛹末端的腹面

（2）生物学特性

完全变态。成虫一般以花蜜为食，不为害植物，少数蛾类喙末端坚硬尖锐，能刺破果皮，吸收汁液，造成一定为害。卵多产在幼虫取食的植物上。幼虫一般 5 龄，多为植食性，取食为害方式有食叶、卷叶、潜叶、蛀茎、蛀根、蛀果和种子；有的种类化蛹前吐丝结茧或造土室。

亚目区分及重要科的特征：一般分为 3 个亚目。

3.3.5.1　垂角亚目（Rhopalocera）

包括蝶类，白天活动。触角端部膨大呈棒状，静息时翅直立于背上。

（1）凤蝶科（Papilionidae）

体大且美丽。翅三角形，后翅外缘波状，后角常有一尾状突起。前翅后方有 2 条从基部生出的独立的脉（臀脉）；后翅臀脉只有 1 条，肩部有一钩状小脉（肩脉）生在一小室（亚前缘室）上（图 3-66）。

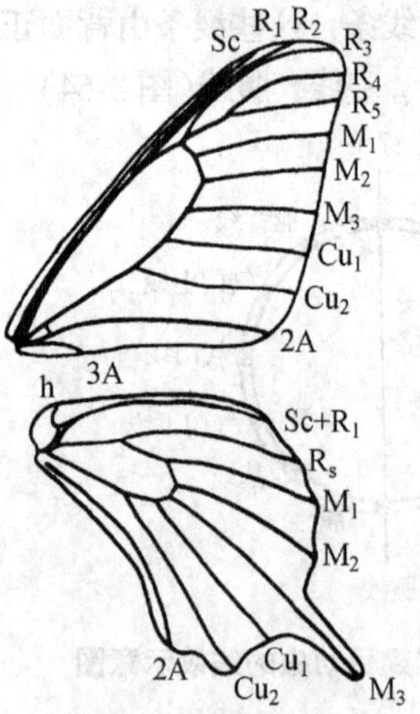

幼虫光滑无毛，前胸前缘有"Y"形臭腺，受惊动即伸出，所以易于识别。蛹的头部两侧有角状突，并以丝把蛹缚于附着物上，腹部末端有短钩刺一丛，钩在丝垫上。蛹亦称缢蛹。常见的有玉带凤蝶（*Papilio polytes* L.）。

图 3-66　凤蝶科的脉序

（2）粉蝶科（Pieridae）

体中型，翅常为白色、黄色或橙色，有黑色斑纹。前翅 R 脉 3 或 4 条，甚至是 5 条，前翅 A 脉 1 条，后翅 A 脉 2 条（图 3-67）。

幼虫圆筒形，长而细，头比前胸小。体表有很多小突起及次生刚毛，每一体节常分为几个小环，趾钩为双序或三序中带。蛹为缢蛹。

本科的种类主要为害十字花科、豆科、蔷薇科等。如菜粉蝶（*Pieris rape* L.）、东方粉蝶（*P. canidia* Sparr.）。

（3）灰蝶科（Lycaenidae）

体小型，纤弱而美丽。触角有白色的环，眼周围白色。翅表面颜色常为蓝色、古铜色、黑橙色或橙色，有金属闪光；翅反面常为灰色有圆形眼点及微细条纹。后翅常有很纤细的尾状突。后翅基缺肩脉，前翅 M_1 自中室顶角伸出（图3-68）。

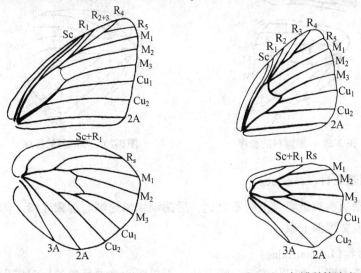

图 3-67　粉蝶科的脉序　　　　图 3-68　灰蝶科的脉序

幼虫体扁而短，头缩入胸内，取食时伸出。一般为植食性，亦有少数捕食性，以蚧、蚜虫为食料。很多种类嗜好豆科植物，如小灰蝶（*Plebejus argus* L.）。

（4）蛱蝶科（Nymphalidae）

体中型至大型。翅的颜色常极鲜明，具有各种鲜艳的色斑。触角锤状部分特别膨大。前翅 R 脉 5 支，中室闭式，后翅中室多开室或为 1 条不明显的脉所封闭（图3-69）。

幼虫圆筒形，有些种类具头角、尾角各 1 对，许多种类体上有成列的枝刺。腹足趾钩中列式，三序，常见种类有大红蛱蝶（*Pyrameis indica* L.）、小红蛱蝶（*P. cardui* L.）。

（5）眼蝶科（Satyridae）

体小型至中型。体较细弱，色多暗。翅面常有眼状斑或环状纹。前翅有 1~3 条翅脉基部特别膨大。前足退化，折在胸下（图3-70）。幼虫体纺锤形。头比前胸大，有 2 个显著的角状突起。趾钩中列式，单序，二序或三序。主要为害禾本科植物，重要种类如稻黄褐眼蝶（*Mycalesis gotoma* Moore）、牧女珍眼蝶［*Coenonympha amaryllis* (Cramer)］。

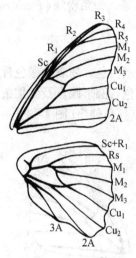

图3-69　蛱蝶科的脉序

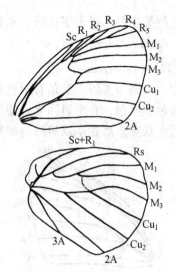

图3-70　眼蝶科的脉序

3.3.5.2　缰翅亚目(Frenatae)

夜间活动的高等蛾类，上颚不发达，后翅前缘以翅缰与前翅连接。休息时翅伸展在体两侧，或置腹部上面。

(6)毒蛾科(Lymantriidae)

体中型至大型。体粗壮多毛。喙退化。无单眼。雄虫触角常呈双栉齿状。雌虫有时翅退化或无翅。雌虫腹部末端有成簇的毛，产卵时用以遮盖卵块。前翅 $R_2 \sim R_5$ 共柄，常有一副室，M_2 接近 M_3。后翅 $Sc + R_1$ 与 Rs 在中室基部的1/3处相接触，形成1个大的基室(图3-71)。

幼虫体多毛，在某些体节常有成束紧密的毛簇，毛有毒。趾钩单序中列式。常见的种类有舞毒蛾(*Porthetria dispar* L.)、青海草原毛虫(*Gynaephora qinghaiensis* Ghou et Ying)。

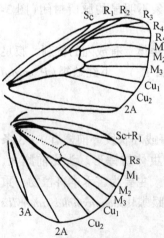

图3-71　毒蛾科的脉序

(7)夜蛾科(Noctuidae)

夜蛾科是鳞翅目最大的一科，有2万多种，多数是害虫。中型至大型的蛾类。体粗壮，一般暗灰色，翅的斑纹丰富。头小，复眼大，触角丝状，雄蛾有时栉齿状。前翅三角形，有副室，M_2 基部接近 M_3，肘脉似分4支。后翅 $Sc + R_1$ 与 Rs 在中室近基部仅有一点接触，又复分开，造成1个小的基室(图3-60)。幼虫通常粗壮，身体多数光滑。趾钩列单序中带，常见5对腹足。

本科幼虫绝大多数为植食性，一般种类食叶。夜间取食活动，白天蜷曲潜伏在土中，因此有"地蚕"、"地老虎"、"夜盗虫"等名称。少数种类则全天暴露在植物上，日夜活动。个别种类蛀食茎秆或果实。

成虫均在夜间活动，所以有"夜蛾"的名称。趋光性强，对糖、蜜、酒、醋有特别嗜好。成虫一般不为害作物。还有一些种类，其喙管末端锋利，能刺破成熟果实的果皮，吮吸汁液，引起落果，称为"吸果夜蛾"。

(8) 天蛾科(Sphingidae)

一般为大型蛾，似梭形。触角中部加粗，末端常形成一细钩。前翅狭长，外缘倾斜；后翅较小，一般鳞片厚而密。后翅的 Sc + R₁ 与 Rs 在靠近中室中部有一横脉连接(图 3-72)。

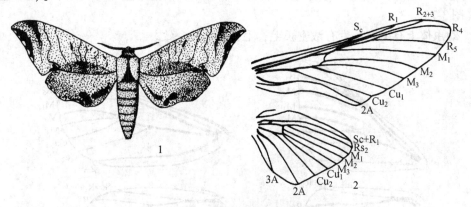

图 3-72　天蛾科的代表(仿周尧)
1. 桃天蛾成虫　2. 天蛾科脉序

幼虫大而粗壮，没有显著的毛。各腹节又分为 6~8 小环。在第 8 腹节背面有一尾角。趾钩中列式双序。

成虫日间、傍晚或夜间飞行，飞翔力强。幼虫食叶。常见种类有豆天蛾(*Clanis bilineata* Walker)。

(9) 螟蛾科(Pyralidae)

体小型或中型。具细长的足，触角丝状，前翅近长三角形。后翅 Sc + R₁ 与 Rs 在中室外有一段极其接近或愈合，M₁ 与 M₂ 基部远离，各从中室两角伸出(图 3-73)。

幼虫体细长，表面光滑。常生活在隐蔽场所，钻蛀茎秆或蠹食果实、种子或卷叶为害。成虫有强的趋光性。

常见的重要种类有豆荚螟[*Etiella zinckenella* (Treitschke)]、高粱条螟[*Proceras venosatus* (Walker)]、草地螟(*Loxostege sticticalis* L.)。

(10) 尺蛾科(Geometridae)

体小型至大型，身体较细弱。翅较宽大，质薄，

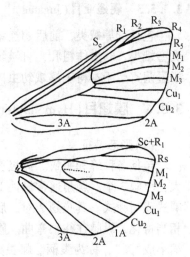

图 3-73　螟蛾科的脉序

静息时4翅平展。有的雌虫无翅或翅退化。前翅 Rs、R_4 与 R_3、R_2 同一柄，M_2 位于 M_1 与 M_3 之间。后翅 Sc 基部急剧弯曲。臀脉1条(图3-74)。

幼虫体细长，通常除3对胸足外，只有第六及第十腹节各有腹足1对，行动时身体弯成一环，一屈一伸，似以尺量物，所以称作"尺蠖"、"造桥虫"或"步曲"，休息时用腹足固定，身体前部分伸出，与所站的植物成一角度，拟态如植物的枝条，不易被人发现。

(11)灯蛾科(Arctiidae)

体中型，色泽较鲜明，常常为白色、黄色、灰色、橙色，有黑点斑，腹部各节背中央常有一黑点。后翅 $Sc + R_1$ 与 Rs 在基部愈合，其长达中室之半，但不超过中室末端(图3-75)。

幼虫体上有突起，生有浓密长毛，毛长短比较一致。

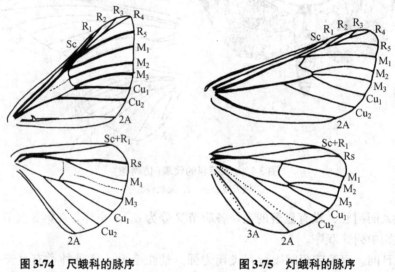

图3-74　尺蛾科的脉序　　　　　图3-75　灯蛾科的脉序

3.3.5.3　轭翅亚目(Jugatae)

包括低等蛾类，前后翅连结为翅轭式。主要有蝙蝠蛾科(Hepialidae)，为小型到大型蛾类。幼虫体粗壮，有皱纹和毛疣，腹足5对，趾钩全环式。冬虫夏草就是一种子囊菌寄生于本科蝙蝠蛾幼虫体上生成的。

3.3.6　膜翅目(Hymenoptera)

(1)形态特征

包括各种蜂和蚂蚁。体极微小至中等大小，少数为大型种类。头可活动，复眼大，单眼3个。触角通常雄性12节，雌性13节，线状、锤状或弯曲成膝状。口器咀嚼式或嚼吸式。具膜翅2对，后翅小于前翅，其前缘具翅钩1列，以钩住前翅。翅脉相当特化，纵脉往往很弯曲。腹部第1节多向前并入胸部，称为并胸腹节；第2节常缩小成"腰"，称为腹柄。雌虫具发达的产卵器，常呈锯状或针状，有时变为螯刺(图3-76、图3-77)。

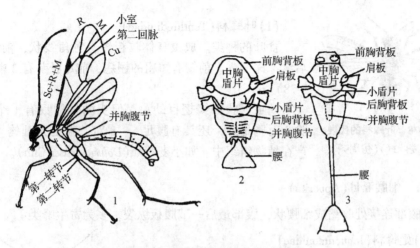

图 3-76　膜翅目体躯特征(仿周尧)

1. 一种姬蜂侧面观　2. 一种胡蜂胸部背面,示前胸背板与肩板接触

3. 泥蜂胸部,示前胸背板与肩板不接触

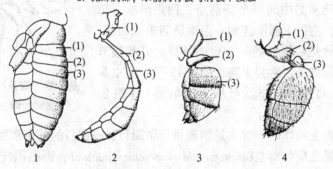

图 3-77　膜翅目胸腹部的连接(仿周尧)

1. 广腰　2. 细腰　3. 腹部第 2 节呈结状　4. 腹部 2、3 节呈结状

(2) 生物学特性

完全变态。卵多数卵圆形或香蕉形,幼虫和鳞翅目的幼虫很相似,但腹足无趾钩。头部额区不呈"人"字形。头的每侧只有 1 个单眼,蛹为裸蛹。有茧或巢保护起来。

膜翅目昆虫的习性变化很大,有的植食性,食叶,如叶蜂科;有的蛀茎,如茎蜂科;有的取食花粉、吸食花蜜,如蜜蜂科,人类利用它来传粉,可以提高种子的产量。有的是捕食性的,如土蜂、泥蜂、胡蜂、蛛蜂等,能捕食直翅目、鳞翅目的幼虫和蜘蛛;或是寄生性的,如姬蜂、小茧蜂、小蜂、细蜂等,它们寄生在鳞翅目、鞘翅目、半翅目、叶蜂科、茎蜂科昆虫的卵、幼虫或蛹上;有些种类如蜜蜂和蚂蚁有复杂的"社会组织"。

亚目区分及重要科的特征如下。

3.3.6.1　广腰亚目(Symphyta)

胸腹部广接,不收缩成腰状,产卵器锯状或管状。植食性。

图 3-78　叶蜂科的代表
（小麦叶蜂）（仿周尧）

（1）叶蜂科（Tenthredinidae）

食叶的种类。成虫身体较粗短，触角线状，前胸背板后缘深深凹入。前翅有短粗的翅痣，前足胫节有 2 端距（图 3-78）。

幼虫形状如鳞翅目幼虫，但头的每侧只有 1 个单眼。除 3 对胸足外，还具有腹足 6 ~ 8 对，腹足无趾钩。卵扁，产在植物组织中。如小麦叶蜂（*Dolerus tritici* Chu）。

3.3.6.2　细腰亚目（Apocrita）

胸腹部连接处收缩成细腰状，腹部最后一节腹板纵裂。多为寄生蜂类。

（2）姬蜂科（Ichneumonidae）

成虫小型及大型。体细长，触角线状，前胸背板向后延伸达翅基片。转节 2 节，前翅有明显的翅痣，翅端部第二列翅室的中间一个特别小，四角形或五角形，称为小室，它的下面所连的一条横脉叫第二回脉，小室和第二回脉是姬蜂科的一个重要特征，并胸腹节常有刻纹。腹部细长，常为头胸长的 2 ~ 3 倍。雌虫腹部末节腹面纵列开，产卵器可从末节前伸出（图 3-79）。

图 3-79　姬蜂科的代表（野蚕黑疣姬蜂）（仿周尧）

卵多产在寄主的体内，寄主是鳞翅目、鞘翅目、膜翅目的幼虫和蛹，幼虫为内寄生昆虫。如螟黑点疣姬蜂（*Xanthopimpla stemmator* Thunb.）、野蚕黑疣姬蜂［*Coccygomimus luctuosus*（Smith）］。

（3）广肩小蜂科（Eurytomidae）

体小型。体长 1.5 ~ 6mm，体黑色或黄色。前胸背板大，四方形或长形，有很密的刻点。前足胫节具 1 距，后足胫节具 2 距。前翅缘脉、后缘脉及痣脉均发达。雌蜂腹侧常有下陷，最后 1 节背片常向上翘。雄蜂腹部圆球形，有长柄。跗节 4 节。

有寄生性的种类，也有植食性的种类，如苜蓿籽蜂（*Bruchophagus gibbus* Boh.）。

（4）金小蜂科（Pteromalidae）

体长 1 ~ 2mm。多为金绿色、金蓝色、铜色或金黄色，有的还有虹彩。头部及胸部具刻点。触角 13 节，具 2 ~ 3 个环状节。前足胫节的距大而弯。后足腿节不膨大，胫节有 1 端距，跗节 5 节。腹部短，没有明显的柄（图 3-80）。

寄生于鳞翅目和双翅目及鞘翅目的幼虫和蛹。常见种类如红铃虫金小蜂（*Dibrachys cavus* Walker）、蝶蛹金小蜂（*Pteromalus puparium* L.）等。

（5）赤眼蜂科（Trichogrammatidae）

体微小。黑色、淡褐色或黄色。体长 0.3 ~ 1.0mm。触角短，膝状，3 节、5 节或 8 节。前翅很阔或狭而有缘毛。翅面微毛排成纵行列。后翅狭，刀状（图 3-81）。

寄生于各目昆虫的卵内。著名的属为赤眼蜂属（*Trichogramma*），有很多种类应用

图 3-80 金小蜂科的代表

(红铃虫金小蜂)(仿周尧)

图 3-81 赤眼蜂科的代表

(稻螟赤眼蜂)(仿周尧)

于生物防治,如稻螟赤眼蜂(*T. japonicun* Ashm.)。

3.3.6.3 针尾亚目(Aculeata)

胸腹连接处收缩为细腰,腹部末节腹板不纵裂,产卵器特化为螫刺,不用作产卵。多为中型至大型种类。

(6)土蜂科(Scollidae)

体小型至大型。体多毛,黑色,有白、黄、橙、红等斑纹。腹部长,有带纹,各节后缘有毛。第 1~2 节间有深的收缩,雄性末节有 3 刺(图 3-82)。

雌虫常钻入土中找寻金龟子幼虫,先用螫刺注入毒液,将它麻痹,产卵于其上,封置在土室中。幼虫为金龟甲幼虫的外寄生者。常见的种类如日本土蜂(*Scolia japonica* Smith)、带纹土蜂(*Campsomeris* sp.)。

(7)胡蜂科(Vespidae)

体中型至大型。长 9~17mm,体长形,光滑或有毛,黄色或红色,有黑色或褐色的斑或带。前胸背板向后延伸,到达肩板。翅狭长,休息时两翅能纵褶起。腹部无柄,第 1~2 节间通常无收缩(图 3-83)。

有极简单的"社会组织",有蜂后、雄蜂及工蜂。还有独栖性种类。常见的种类有长脚胡蜂(*Polistes olivaceus* De Geer)。

(8)蜜蜂科(Apidae)

多黑色或褐色,生有密毛。头和胸部一样阔。复眼椭圆形,有毛;单眼在头顶上

图 3-82 土蜂科的代表

(带纹土蜂)(仿周尧)

图 3-83 胡蜂科的代表

(长脚胡蜂)(仿周尧)

图 3-84 蜜蜂科的代表

(中国蜜蜂)(仿周尧)

排成三角形。下颚须1节，下唇须4节，下唇舌很长，后足胫节光滑，没有距，扁平有长毛，末端形成花粉篮，跗节第一节扁而阔，内侧有短刚毛几列，形成花粉刷（图3-84）。

有很高的"社会组织"与勤劳的习性。如中国蜜蜂（*Apis cerana* Fabr.）。

3.3.7　双翅目（Diptera）

(1) 形态特征

本目包括各种蝇、虻和蚊类等小型至中型昆虫。主要特征为：口器刺吸式或舐吸式；翅1对，仅前翅发达，膜质，脉相较简单（图3-85）；后翅特化成小的平衡棒；前胸、后胸皆小，中胸大型；跗节均为5节，少数种类无翅；触角在不同类别中差异很大（图3-86）。

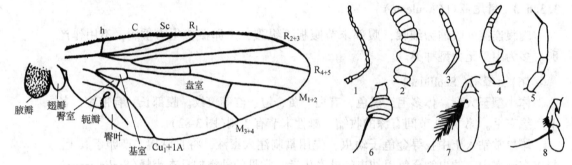

图3-85　双翅目昆虫（花蝇科）的前翅
（仿 Suwa）

图3-86　双翅目昆虫的触角（仿 Borror）
1. 覃蚊　2. 毛蚊　3. 水虻　4. 牛虻
5. 食虫虻　6. 水虻　7. 丽蝇　8. 寄蝇

(2) 生物学特性

完全变态。幼虫为无足的蛆式，有的具有足状的突起，称为"伪足"。不同类群的幼虫其头部的骨化程度不同，在长角亚目一些科中，具有骨化的头骨，称为全头型，如蚊类；在短角亚目中，有些科头壳背面略骨化，能缩入前胸内，称为半头型，如虻类；芒角亚目多数头部完全不骨化，不明显或完全无头，只有1～2口钩（刮吸式），称为无头型，如蝇类。蛹为离蛹、围蛹或被蛹。在较高等类群中，最后1龄幼虫的皮不脱下，缩短变硬成为椭圆形的围蛹，包住真正的蛹。

幼虫食性复杂，大致可分为4类：

①植食性　幼虫蛀果、潜叶或造成虫瘿等，如实蝇科、花蝇科、瘿蚊科都属于这一类。

②腐食性或粪食性　取食腐败动植物体和粪便，如毛蚊科等。

③捕食性　专食蚜虫和小虫，如食虫虻科、食蚜蝇科。

④寄生性　有些寄生于昆虫体内，有些寄生于家畜体内。

成虫有吸取动物血液或植物汁液（主要是花蜜），其中吸血种类如蚊、蠓等，常成为人类疾病的媒介。有取食腐败物质的，往往传播人畜病原，如蝇科。所以，本科昆虫与人类关系甚为密切。

亚目的区分及主要科的特征：一般分为3个亚目。

3.3.7.1　长角亚目(Nematocera)

触角一般较长或很长，由8~18节组成，少数多达40节。包括蚊、蠓、蚋等。

(1)瘿蚊科(Ithonidae)

体小柔弱。具10~36节组成的念珠状触角，每节上环生放射状细毛或环状细丝。足细长。前翅宽，翅脉退化，前翅仅有3~5条纵脉，很少或无明显横脉(图3-87)。

幼虫纺锤形，或后端较钝，13节，头退化，有触角。前胸腹板上具剑骨片，褐色，前端分叉。

成虫一般不取食。幼虫有各种食性，有的植食性，取食花、果、茎或其他部分，能造成虫瘿，所以有"瘿蚊"的名称。

重要的种类有麦红吸浆虫(*Sitodiplosis mosellana* Gehin)、糜子吸浆虫(*Thecodiplosis panica* Plotn)等。

(2)大蚊科(Tipulidae)

体小型至大型。有细长的身体和足，足脆弱而易脱落。触角雌性线状，雄性梳状或锯状，多毛，12~13节。中胸有明显的"V"字形缝。雄性腹部末端常膨大，有2对生殖突起(图3-88)。

幼虫体肉质，圆柱形，11~12节，表皮粗糙，头缩入或突出。触角明显，伪足状突起有或无，端气门式或后气门式。腹部末端通常有6个肉质突起。

幼虫陆生、水生或半水生，通常取食土壤中或水中的腐殖质与作物根、菌、苔及朽木等。

常见种类如大蚊(*Tipula praepotens* Wied)。

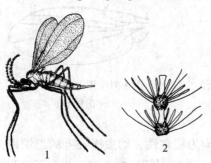
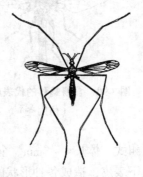

图3-87　瘿蚊科的代表(麦红吸浆虫)　　图3-88　大蚊科的代表(大蚊)

(仿周尧)　　　　　　　　　　(仿高桥)

1. 成虫　2. 触角

3.3.7.2　短角亚目(Brachycera)

触角短，4~8节，呈各种形状，如虻类。

(3)虻科(Tabanidae)

体中型至大型，通常称为牛虻。头大，半球形，后方平截或凹陷。雄性合眼式，

图 3-89　虻科的代表
（牛虻）（仿周尧）

雌性离眼式。触角向前伸出，基部 2 节分明，端部 3～8 节愈合成角状。口器适于刺吸（图 3-89），雌虫喜吸哺乳动物的血液，并能传播人畜的疾病。草地上常见种类有骚扰黄虻 [*Atylotus miser*（Szilady）]、菲利氏原虻（*Tabanus filipjevi* Olsufjev）、膨条瘤虻（*Hybomitra expollicata* Pandelle）。

3.3.7.3　芒角亚目（Aristocera）

触角 3 节，第 3 节上有 1 根刚毛状的刺毛，称为触角芒，如蝇类。

（4）食蚜蝇科（Syrphidae）

体中型，外形似蜜蜂。有黄、黑两色相间的斑纹。翅外缘有与边缘平行的横脉。在翅上有 1 条"伪脉"位于 R 与 M 之间。成虫飞行迅速，常在花上空中悬飞。幼虫蛆式，皮肤粗糙，体侧有短而柔软的突起，灰色、褐色而有斑点，很多种类捕食蚜虫，如食蚜蝇（*Syrphus* spp.）（图 3-90）。

（5）潜蝇科（Agromyzidae）

体小或微小。长 1.5～4mm，有鬣，后顶鬣分歧，后额眶鬣分歧，前额眶鬣指向内方。翅大，C 脉只有一个折断处，M 脉间有 2 个闭室，后面有 1 个小臀室。腹部扁平，雌虫第 7 节长而骨化，不能伸缩（图 3-91）。

图 3-90　食蚜蝇科的代表（食蚜蝇）
（仿周尧）

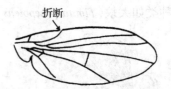

折断

图 3-91　潜叶蝇科的前翅
（仿周尧）

幼虫蛆式，体长 4～5mm。全部种类为植食性，幼虫潜在叶的组织内，取食叶肉而残留上下表皮，造成各种形状的隧道，受害以阔叶树为多，也有不少为害作物的种类。成虫趋光性强，发生时常大量为灯光所诱集。重要种类有豌豆潜叶蝇 [*Chromatomyia horticola*（Goureau）]。

（6）秆蝇科（Chloropidae）

又称黄潜蝇科。体微小，多为绿色或黄色，有斑纹。触角芒着生在基部背面，光裸或羽状。口鬣无。C 脉只有一个折断处，Sc 脉退化或短，M 脉间只有 1 个闭室，后面无臀室（图 3-92）。幼虫气门位于两侧。幼虫蛀食禾本科植物茎秆。重要种类如麦秆蝇 [*Meromyza saltatrix*（L.）]、燕麦黑秆蝇（*Oscinella pusilla* Meigen）。

（7）寄蝇科（Tachinidae）

体中型或小型的蝇。体粗壮，头大，能动。雄性接眼式。翅有腋瓣，M$_{1+2}$脉急向前弯。其后盾片很发达，露出在小盾片外成一圆形突起，从侧面看特别明显（图3-93）。

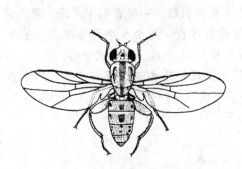

图3-92　秆蝇科代表（麦秆蝇）
（仿周尧）

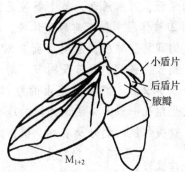

图3-93　寄蝇科的侧面（示盾片等）
（仿周尧）

成虫很活泼，多在白天活动，有时还聚集到花上来。一雌能产50～5000个卵或幼虫，产在寄主的身上、体内或生活的地方。

幼虫圆柱形，末端截形，多数种类寄生在鳞翅目幼虫和蛹或其他昆虫上。

（8）花蝇科（Anthomyiidae）

体小型或中型。细长，多毛，活泼，额下有下颜鬃。触角芒状。中胸背板被1条完整的盾间沟划分为前后2块（连小盾片3块）。中胸侧板有成列的鬃。腋瓣大，翅脉全是直的，直达翅的边缘，M$_{1+2}$脉不向前弯曲（图3-85）。

幼虫蛆式，圆柱形，后端截形，有6～7对突起。

花蝇科大多数种类是腐食性的，取食腐败的植物或动物的汁液，有些种类也严重为害作物。如种蝇（*Hylemyia platura* Meiden）、葱蝇［*Delia antiqua*（Meigen）］、萝卜蝇［*Delia floralis*（Fallén）］。

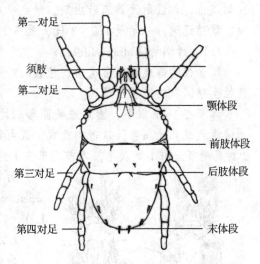

图3-94　蜱螨目的特征

附　蜱螨目（Acarina）

（1）形态特征

体通常为圆形或卵圆形，一般由4个体段构成，即颚体段、前肢体段、后肢体段、末体段（图3-94）。

①颚体段　相当于昆虫的头部，与前肢体段相连，但界线分明。该体段的附肢只有口器。口器由1对螯肢和1对足须（须肢）组成，口器分刺吸式和咀嚼式。刺吸式的，螯肢端部特化成针状，称口针。基部愈合成片状，称颚刺器。头部背面向前延伸形成口上板，与下口板愈合成一管状构造，包围口针；咀嚼式的，螯肢端节连接在基节的侧面，可以活动，整个螯肢呈钳状，可以咀嚼食物。

②肢体段　包括前后肢体段，相当于昆虫的胸部，一般着生4对足。着生前面2对足的即前肢体段，着生后面2对足的为后肢体段。足由6个环节组成：基节、转节、腿节、膝节、胫节及跗节。跗节末端常有1~3个爪、吸盘或中垫。

③末体段　相当于昆虫的腹部，与后肢体段紧密相连，很少有明显的分界，肛门及生殖孔一般开口于该体段的腹面。

螨类体段的划分及名称，概括起来如下：

$$\text{前体段}\begin{cases}\text{鄂体段（头部）}\\ \text{前肢体段}\end{cases}\Big\}\text{肢体段（胸部）}\begin{matrix}\Big\}\text{头部段}\end{matrix}$$

$$\text{后体段}\begin{cases}\text{后肢体段}\\ \text{末体段（腹部）}\end{cases}\Big\}\text{胴体段}$$

身体上的毛有一定的名称，在分类上也常应用。

（2）生物学特征

多系两性卵生繁殖，发育阶段雌雄有别，雌性经过卵、幼虫、第一若虫、第二若虫到成虫，雄性则无第二若虫期。幼虫有足3对，若虫以后足4对，有些种类孤雌生殖。繁殖迅速，一年最少2~3代，最多20~30代。

1.1　叶螨科（Tetranychidae）

植食性的螨类。通常生活在植物的叶片上，刺吸植物的汁液。卵生，孤雌生殖或两性生殖。有的能吐丝结网。

体长在1mm以下，圆形或长圆形。雄虫腹部尖削。多半为红色、暗红色，有时为暗绿色或其他颜色。口器刺吸式，成虫第1对足的跗节有2对毗连的毛叫双毛；第2对足跗节上有1对双毛。跗节端部有1对垫状的爪，其上着生1对黏毛（图3-95）。

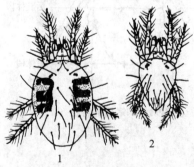

图3-95　叶螨科的代表（二斑叶螨）
（仿忻介六）
1. 雌螨背面　2. 雄螨背面

为害作物的重要种类有苜蓿红蜘蛛（*Bryobia praetiosa* Koch）、棉红蜘蛛（*Tetranychus telarius* L.）、二斑叶螨（*Tetranychus urticae* Koch）等。

1.2　瘿螨总科（Animalia）

瘿螨总科通称瘿螨，因常在植物上作瘿而得名。因为只有2对足，所以又称四足螨。全世界已知4000种以上，至2010年中国共发现10亚科15族187属932种。全世界著名的郁金香瘿螨，中国分布在甘肃省、新疆维吾尔自治区、西藏自治区和江苏省。

瘿螨体微小，分为喙或颚体、前足体和后半体

3 部分。喙由须肢围成，须肢前沟或鞘中有口针。前足体有背盾板。后半体一般为蠕虫形，有体环。肛门位于腹部后端，外生殖器位于腹部前端，恰在第 1 对足的基节后方。雌螨外生殖器在腹面稍突出，有生殖盖覆盖，铲子状，用以从精胞挤出精子。

复习思考题

1. 何为双名法和三名法？
2. 何为模式标本、同物异名、异物同名？
3. 简述直翅目、缨翅目、半翅目、鳞翅目、鞘翅目、膜翅目、双翅目及其各重要科成虫的主要特征。
4. 如何区别昆虫与螨类？

第 4 章

昆虫生态学

研究昆虫与其周围环境条件相互关系的科学，叫作昆虫生态学。

昆虫与环境的相互关系，总的表现在物质交换上。昆虫从环境中吸收物质（食物、水、光、氧等）而获得能量，同时将新陈代谢的产物释放到环境中，构成环境的一个组成部分。

各种昆虫为了生长发育和繁殖，对于环境条件各有其特殊要求，即不同的种都有独特的新陈代谢形式。种对于环境条件的选择性，是进化过程中建立起来的遗传性，是种的保守性。另一方面，不同种所能适应的环境条件的变动幅度是不同的，有的能忍受环境因子相当大的波动幅度（广可塑性种），有些种只能适应比较窄的变动范围（狭可塑性种），这说明不同种各有其生态可塑性。生态可塑性的大小，是该种在长期的演化历史中逐渐形成的，这是种的进化表现。

环境是影响有机体的各种生态因子相互作用的总体。各种生态因子间有着密切的联系，它们共同构成生活环境的特点，综合地作用于生物有机体。但各种生态因子对一种昆虫的作用并非同等重要，有一些是昆虫生活所必需的，如食物、热、水分等，这些是生存条件；另一些因子对昆虫虽然影响很大，但不是生存所必需的，称为作用因子，如天敌和人类活动的影响。

环境因子对于昆虫最重要的影响结果，是种群数量在时间和空间方面的变化。时间方面的数量变化表现在昆虫不同时期的发生情况，空间方面的数量变化表现在昆虫地理分布为害区域上。作为防治害虫理论基础的昆虫生态学，它所研究的对象，不限于某个种的单一个体，而是以昆虫的种群、群落和生态系统为对象。它的基本任务就是研究昆虫种群的数量变化问题，从而找出昆虫地理分布的规律，找出昆虫种群数量变化的原因，分析其中有利及不利的关键因素，揭示害虫与环境条件相互关系的规律。在此基础上，充分发挥人的主观能动性，有计划地采取各种有效措施，改变环境条件，使之不利于害虫，而有利于益虫和作物的生长，同时也可以预测害虫的发生规律，以便准确地控制害虫。

4.1 环境因素对昆虫的影响

昆虫生活的环境是一个错综复杂的总体，按环境本身的性质，可分为非生物因子和生物因子两大类。非生物因子主要是气候条件，即温度（热）、湿度（水）、光照和气流（风）等。生物因子主要是食物以及捕食性和寄生性天敌。土壤环境是一个独特的生活环境，既具有非生物因子的作用(如土温、土湿、土壤结构、土壤酸碱度等)，又具有生物因子的作用(如土壤微生物、土壤有机体等)，对害虫土栖阶段起着复杂的影响。另外，人类农业活动与昆虫种群、生物群落和农业生态系统都有着密切的关系，不可忽视。

错综复杂的环境因子，对不同种群所起的作用并不完全相同，其中某些因子可能起着主导作用。找出并研究主导因子对昆虫的影响，是搞好害虫测报和防治工作的重要环节。

4.1.1 气象因素

气候条件与昆虫生命活动的关系非常密切。各种气象因子对昆虫种群是综合起作用的，但所起的作用和对生命活动的意义各有特点。

4.1.1.1 温度

(1) 昆虫对温度的适应范围

昆虫是变温动物，对保持和调节体温的能力不强，环境温度的高低变化，直接对体温的高低变化发生作用，因此昆虫的体温随着环境温度的变化而改变。昆虫的生长发育和繁殖，都要求一定的温度范围，超过这一范围，其生长发育就会停滞，甚至死亡。根据温度对温带地区昆虫的影响，可将温度划分为5个温区(图4-1)。

①适温范围　在此范围内，昆虫能进行正常的生长发育，生命活动处于积极状态，一般为8~40℃，在适温范围内又可分为高适温范围、最适温范围和低适温范围3个温区。

高适温范围：一般为30~40℃，在此范围内，昆虫的发育速度随温度的升高而减慢，此范围的上限称最高有效温度，此时昆虫发育速度缓慢，寿命缩短，繁殖力降低。

最适温范围：一般为20~30℃，在此范围内，昆虫的能量消耗最少，发育速度快，繁殖力最大，死亡率最小。

低适温范围：一般为8~20℃，在此范围内，随温度的下降，昆虫发育速度减慢，繁殖力降低，甚至不能繁殖。此范围的下限为最低有效温度，此时昆虫代谢作用降至最低程度，发育停止，高于这一温度昆虫才开始发育，故称为发育起点温度。

②临界致死高温范围　一般为40~45℃，在此范围内，昆虫的同化和异化作用失去平衡，生长发育和繁殖不良，如果持续时间过长，则昏迷死亡，如果在短时间内温度恢复正常，昆虫仍可恢复正常状态。昆虫的死亡取决于高温的强度和持续的时间。

③致死高温范围　一般为45~60℃，昆虫在此范围内，酶系统破坏，部分蛋白质凝固，经过短时间后便昏迷死亡。

④临界致死低温范围　一般为-10~8℃，昆虫在此范围内，体内代谢作用急剧下降，体液开始结冰，处于冷昏迷状态。如果在短时间恢复适温，昆虫仍可复活，如持续时间长，亦可致死。

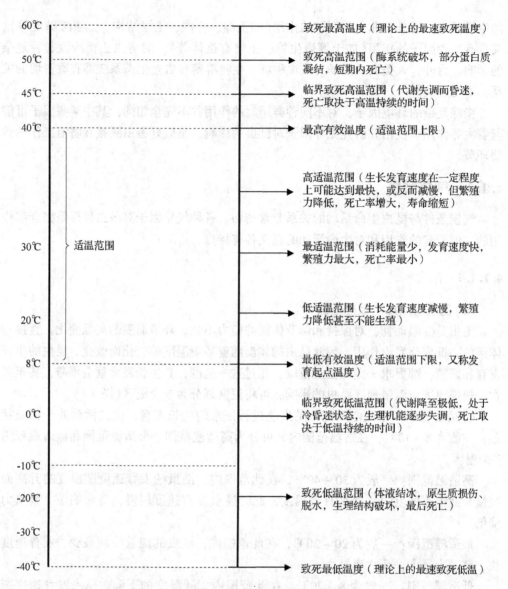

图4-1　温带昆虫对温度的适应范围(仿牟吉元)

⑤致死低温范围　一般为 -40 ～ -10℃，在此范围内，昆虫体液结冰，原生质受损伤，脱水而死亡，死亡后不能复苏。

(2)温度对昆虫生长发育的影响，有效积温法则及其应用

昆虫的体温基本上决定于环境温度，在有效温区内，发育速度与温度的高低往往呈"S"形曲线关系，即在高适温区或低适温区内发育速度均较缓慢，只是在最适温区内发育速度与温度呈正比关系。

昆虫完成某发育阶段(一个虫期或一个世代)需要一定热量的积累，发育所经时间与该时间内温度的乘积为一个常数，即：

$$K = NT \tag{1}$$

式中　K——积温常数(日度);

　　　N——发育历期(d);

　　　T——温度(℃)。

因昆虫必须在发育起点以上才能开始发育,因此式(1)中温度T应减去发育起点温度C,即:

$$K = N(T - C)$$

或

$$N = \frac{K}{T - C} \tag{2}$$

以上说明昆虫发育所经时间与该时间内有效温度$(T-C)$的乘积是一常数的法则,称有效积温法则(亦称生长发育热常数法则)。积温的单位常用"日度"表示,历期短的可用"时度"表示。

发育速度(V)是单位时间内完成发育的比值,亦即发育所需时间的倒数:

$$V = \frac{1}{N}$$

代入式(2):
$$V = \frac{T - C}{K}$$

或
$$T = C + KV \tag{3}$$

发育起点C可以由试验求得。将一种昆虫或某一虫期饲养在几种不同的温度下,观察其发育所需时间,根据$K = N(T - C)$,使之产生两个联立式:

第一种温度条件下　$K = N_1(T_1 - C)$　　　　　　　①

第二种温度条件下　$K = N_2(T_2 - C)$　　　　　　　②

于是① = ② = K,得

$$N_1(T_1 - C) = N_2(T_2 - C)$$

$$C = \frac{N_1 T_1 - N_2 T_2}{N_1 - N_2} \tag{4}$$

将计算的C代入①式或②式,可求得K。

例如,小地老虎卵放在18.7℃和27.2℃两种温度条件下观察,发育历期分别为8d和4.5d,计算发育起点温度:

$$C = \frac{8 \times 18.7 - 4.5 \times 27.2}{8 - 4.5} = 7.77(℃)$$

将计算出发育起点温度代入18.7℃条件下的积温中,求有效积温:

$$K = 8 \times (18.7 - 7.77) = 8 \times 10.93 = 87.44(日·度)$$

根据上述有效积温法则,在知道了一种害虫完成一个世代所需要的有效发育积温,在某地的常年温度记录后,就可以算出此虫在该地可能发生的世代数,即:

$$世代数 = \frac{某地一年的总有效发育积温(日·度)}{某虫完成一代所需的有效发育积温(日·度)}$$

例如,黏虫完成一个世代的有效积温为685.2日·度,发育起点温度为9.6℃,根据北京月平均温度超过9.6℃的积温为2286.4日·度,代入上式等于3.34(代)。

同理,已知一种害虫或一个虫期的有效积温与发育起点温度,便可根据下式进行发生期预测。

$$N = \frac{K}{T - C}$$

例如，东亚飞蝗卵的发育起点温度为 17℃，有效积温为 210 日·度，当卵产下时的平均气温为 29℃ 时，就可计算，预测 17.5d 就可孵化出幼虫，即：

$$N = \frac{210}{29 - 17} = \frac{210}{12} = 17.5(d)$$

同样根据有效积温法则，也可以运用于控制昆虫的发育进度。例如，在生产中利用寄生蜂消灭害虫，根据释放日期的需要，便可根据公式：$T = K/N + C$ 计算出室内饲养寄生蜂所需要的温度，通过调节温度来控制寄生蜂的发育速度，在合适的日期释放出去。例如，玉米螟赤眼蜂的发育起点温度为 5℃，有效积温为 235 日·度，根据放蜂时间，要求在 28d 后释放，则应放在温度 $T = 235/28 + 5 = 13.39(℃)$ 下饲养才能按时出蜂。

因此，有效积温法则可应用于以下几方面：

① 推测当地可能发生的世代数，估计该种昆虫能否在当地分布；

② 预测某种害虫下一虫态或下一世代的发生期；

③ 控制益虫的发育进度，及时提供释放的天敌。

必须指出，有效积温法则是有一定局限性的。因为影响昆虫生长发育速度的因子不仅是温度，其他因素如湿度、食料等也有很大的影响，有时甚至还是主导因素。其次，有滞育现象的昆虫，仅仅根据有效积温来计算发生世代或出现时期是不正确的，因为很多昆虫的滞育不是发育起点以下的低温引起的。再者，测报所利用的气象资料多来自气象站，大气候和小气候也有差异，况且气温超过适温区，有效积温法则就无法显示高温延续发育的影响。因此我们在应用此法则时，要注意纠正这种局限性。

(3) 低温和高温对昆虫的作用及昆虫的耐寒性和耐热性

各种昆虫对温度都有一定适应范围，因而某地的最低或最高温度常是限制某种昆虫分布的生态因子。

昆虫耐低温的能力常用"过冷却点"来表示，即昆虫在低温条件下，体温迅速下降至 0℃ 以下体液尚不结冰，这个过程叫作冷却现象。当体温继续下降至一定程度，体液开始结晶释放结晶热，引起体温突然回升，这一导致体温回升的温度叫作过冷却点。昆虫因种类、世代、虫期不同，过冷却点也有不同。在过冷却点下，若低温持续时间不长，昆虫仍可复苏。若低温持续期长甚至继续下降，则昆虫可能死亡。低温对于昆虫的致死作用，主要由于体液的冰冻和结晶，使原生质遭受机械损伤、脱水和生理结构破坏所引起。

昆虫的耐寒性和过冷却现象关系很密切，过冷却点越低的昆虫种类或虫期耐寒性越强。

高温对昆虫的影响主要表现在酶系统功能受阻以及蜡层分子被搅乱，失水过多，影响昆虫的生存、发育、寿命和生殖。高温持续时间不长时，昆虫还能恢复正常生活，持续时间过长则导致死亡。高温对昆虫的影响通常比低温显著，可逆性较小。昆虫耐高温性和耐寒性都因虫种、虫态、虫龄的生理状况、季节变化和环境湿度等条件而异。

4.1.1.2　湿度

湿度实质上是水的问题。一般昆虫身体的含水量为体重的46%~92%，水是昆虫发生积极生命活动所必须的条件之一。昆虫主要从环境中摄取水分，而且具有阻止体内水分生长发育散失的能力。但环境湿度、水分、食物含水量的变化，对昆虫起着极其重要的影响。

(1)昆虫获得水分的途径

①从食物中获得水分。例如，飞蝗在迁飞期间水分散失是相当大的，此期间飞蝗暴食在很大程度上是为了获得水分，其取食的植物仅有少量被消化吸收，大部分呈碎片随粪排出。②直接饮水或通过体壁渗透吸水，如许多蝶、蛾、蜂都有饮水习性。玉米螟越冬幼虫在越冬后，吸水才能进入积极的生命活动状态。水生或土栖昆虫，常可通过体壁渗透吸收水分。东亚飞蝗、金龟子的卵，在孵化过程的一定阶段，卵粒通过卵壁吸收土中的水分而膨大，其卵内的含水量明显地增加。③利用代谢水，如取食干物质的昆虫，代谢水是体内水分的重要来源。

(2)昆虫水分散失的途径及对失水的控制

昆虫体内的水可通过排泄、呼吸和体壁散失，也可通过直肠、马氏管的基部、气门、体壁的结构控制失水，同时也可以通过寻找栖息地来调节水分。

昆虫在孵化、蜕皮、化蛹、羽化期间，新形成的表皮保水能力甚低，如果环境湿度过低，容易造成大量失水，轻则产生畸形，重则引起死亡。

(3)昆虫对环境湿度要求的特点

不同生活方式的昆虫，对环境湿度的要求不完全相同。

①水生性昆虫可以通过体壁吸收水分，当离开水面时容易失水死亡。如水蝇、稻根叶甲的幼虫等。

②土栖性昆虫或生活于土中的虫期，如金龟子幼虫、叩头虫幼虫、一些土栖性的叶甲幼虫、一些土中化蛹的夜蛾蛹、蝗虫的卵等，如果放入相对湿度低的环境里，可以看到由于水分散失而体重下降，甚至由于失水而死亡。蝗虫卵、金龟子卵等在低于饱和湿度时引起干缩，只有通过体壁吸水后才能正常孵化。

③钻蛀于浆果内、茎内的昆虫，在钻蛀生活期，适于100%的相对湿度。

④裸露生活于植物上的昆虫，对环境湿度有一定的要求。例如，亚洲飞蝗，在温度30~35℃，相对湿度为35%时不能完成发育；相对湿度为45%时发育历期为36~43d；相对湿度100%时发育历期为25~31d，但成活率较低；相对湿度70%时为适宜湿度，发育历期为32~37d，但成活率较高。

(4)湿度对昆虫的影响

湿度能影响体内水分平衡，自然会对昆虫的体内代谢起作用，与代谢有关的繁殖、生长发育、成活率也会受到外界环境湿度的影响。

湿度对于昆虫成活率的影响，比之对于发育速度的影响要显著得多，黄地老虎幼虫在恒温20℃和40%、60%、80% 3 种相对湿度下的死亡率，以在40%湿度下最大，80%湿度下最小。在同样湿度下，幼龄与老龄幼虫比较，老龄幼虫对于干燥的忍受力高于幼龄幼虫。

昆虫生殖力的大小与湿度的关系更为密切，黏虫成虫在 16～30℃ 的范围内，湿度越大，产卵越多；温度25℃，相对湿度90%时，产卵量比在60%以下时约多 1 倍。飞蝗的产卵量以相对湿度为70%时最高。

刺吸式口器的昆虫，如蚜虫、叶螨等，都适宜较低的湿度（75%以下的相对湿度），因此往往在干燥的季节里大发生，但夏季多雨时，易造成大量死亡。

（5）降水对昆虫的影响

①降水显著提高空气湿度，从而对昆虫发生影响。

②降水影响土壤含水量，对土中生活的昆虫起着重要的作用，同时，土壤含水量对植物发生影响，从而作用于昆虫的食料，特别对取食植物汁液的昆虫影响更加明显。

③水是一些昆虫生命活动的必要条件。例如，附在植物上的水滴，常常对一些昆虫卵的孵化和初孵幼虫活动起着重要的作用。另外，降水与某些昆虫的入土和出土以及早春解除越冬幼虫的滞育状态有密切的关系。

④冬季以雪的形式降水，在北方形成地面覆盖，有利于保持土温，对土中土面越冬的昆虫起着保护的作用。

⑤降水也常常成为直接杀死昆虫的一个因素，中雨到大雨就能将蚜虫、红蜘蛛等击落在泥泞之中致死。在植物表面的卵和初孵化的幼虫也会被击落致死。所以下雨往往可以暂时抑制害虫大发生。

⑥降雨影响昆虫的活动。降雨时许多昆虫停止了飞翔活动，诱虫灯失去了诱虫作用。远距离迁移的昆虫常因降雨而被迫降落。

4.1.1.3　温湿度综合作用

在自然界中，温度和湿度总是同时存在，相互影响，综合作用的。对一种昆虫来说，所谓有利或不利的温度范围，是随着湿度条件而转移的，反之亦然。如墨西哥蝗（*Melanoplus mexicanus*）越冬卵的发育速度和湿度的关系，在两种相近的温度下迥然不同（表4-1）。

为了准确地说明温湿度组合与昆虫的关系，往往采用两者的比率来表示，在生态

表 4-1　温湿度对墨西哥蝗虫卵发育的综合作用

温　度 （℃）	相　对　湿　度（%）				
	60 以上	50	40	30	10～20
27	10 d	11 d	12 d	13 d	不能孵化
23～25	湿度越低，发育期越短				

学上称为温湿系数，一般用下列公式表示：

$$温湿系数 = \frac{相对湿度或年总降水量}{各月平均有效温度总和}$$

但必须指出，温湿系数的应用必须限制在一定的温度和湿度范围内，因为不同的温湿度组合可能得到相同的系数，但它们对昆虫的作用可能不同。

根据一年或数年中各月的温湿度组合，可以制成气候图，借以研究温湿度对昆虫数量变化及地理分布的影响。

绘制气候图时，以纵轴代表月平均温度，横轴代表月总降水量或平均相对湿度，将12个月的温湿度组合点用线连结起来，以数字表示月份，即得出代表温湿度状况的气候图。在气候图上，还可以用平行四边形画出对某种害虫发生有利的或较为有利的温湿度范围。

例：假设某地某年月平均温度和湿度见表4-2，又假设某害虫适生范围，制成昆虫气候图（图4-2），可以预知该虫在该地发生可能性和时间。

表4-2　某地某年月平均温度和湿度

月　份	1	2	3	4	5	6	7	8	9	10	11	12
平均温度（℃）	-5	2	10	15	20	25	30	28	20	12	8	3
平均湿度（%）	55	60	50	40	75	80	98	95	90	70	60	50

从图4-2中可以看出某虫在某地某年3、5、6、8、9、10等月可以发生，而以5、6、9三个月较适宜，6月发生最猖獗。

比较一种害虫的分布区和非分布区的气候图，或猖獗地区和非猖獗地区的气候图，或猖獗年和非猖獗年的气候图，往往可以找出该虫的生存条件，有利于或不利于该虫的温湿条件及其在一年中出现的时期。

考虑到气候图中不能表示出害虫各虫期的发生时期，绘制气候图时，可用不同符号代表不同虫期（如＋代表成虫，

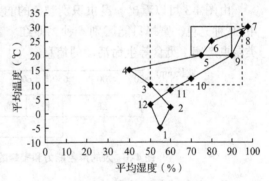

图4-2　昆虫气候图

	温度	湿度
可生范围	10～40℃	50%～95%
适生范围	20～30℃	70%～90%

〇代表卵，~代表幼虫，⊙代表蛹），用这些符号绘成连接各月的线，这样可以将12个月的温湿度状况和各个虫期联系起来，这种气候图也叫作生物气候图。

生物气候图可以帮助了解一种害虫在地理分布上或发生程度上（猖獗可能性）所要求的温湿度条件，这在害虫的预测预报上具有重要意义。

4.1.1.4　光

光是生态体系中能量的主要来源。虽然昆虫不能像植物那样直接吸收光能制造养

分，但从间接关系来说，光是不可缺少的生活条件。在昆虫的进化过程中形成了对辐射热、光的强度、光的波长和光的昼夜变化周期(光周期)的密切关系，昆虫的许多习性、行为都受到光的控制。

(1)辐射热

昆虫可以从太阳的辐射热中吸收热能，在高寒地带或寒带地区的昆虫往往颜色深暗，这样有利于吸收太阳的辐射热；在热带地区的昆虫往往色泽鲜艳而有强烈的金属反光，这也有利于反射太阳的辐射热而避免体温过高。

(2)光的强度

一般来说，生活在黑暗地方的昆虫，光度增加则躲入黑暗的缝隙中，许多蛀茎生活、地下生活和仓库内生活的昆虫具有这种习性；相反，裸露生活的许多昆虫，在光线较弱时，趋向光源或光线较强的地方。但对许多昆虫来说，在过强的光度下特别活跃，代谢加速而寿命缩短。昆虫有发达的感光器官——复眼和单眼，而且形成了对光强选择的趋性。

(3)光的波长

人眼所看到的光只限于光波的一部分，即800～400nm。昆虫的视觉光区同人的视觉光区是不同的，其偏于短波光，700～253nm是昆虫的视觉光区，因此昆虫可以看到人眼所不能见的紫外光(图4-3)。

由图4-3可以看出，昆虫识别颜色的能力与人眼很不相同。人类可区别可见光谱中60种光色，蜜蜂只能区别4种，即红、黄、绿、紫。不同颜色的光，成为不同种类昆虫产卵、觅食等生命活动的信息。

图4-3　人的辨色能力和蜜蜂的视觉光区的比较(仿Fisch)

昆虫的趋光性对光的波长有一定的选择性。昆虫对光波的反应不但因种类而异，而且同种的不同性别也有差别。例如，云斑鳃金龟的雄虫有强烈的趋光性，而雌虫没有趋光性。铜绿丽金龟则相反。

(4)光周期

光周期对昆虫活动或行为有明显影响。如昆虫的日出性和夜出性，趋光性和背光性。夜出性昆虫都在傍晚或夜间活动，它们不能在强光下活动，但对于灯光(特别是对于波长为365～400nm的黑光灯)具有不同程度的趋性。白天活动的昆虫，它们的活动程度与天气的晴阴以及云量的多少有密切的关系。如有些蝶类喜在强烈日光下活动，因此在多云的天气，甚至在暂时的云遮时也可能停止活动。大多数雌蛾的飞翔、取食、产卵活动都在前半夜进行，而交配则在清晨5:00～7:00为多。这是由于昼夜中的光、黑相互交替所形成的稳定的序列关系，即光周期的日变化所致。一年内每天光周期的日变化是不同的，但这种变化有较稳定的规律性，同四季气温变化规律相适应，这是光周期的年变化。光周期的年变化对许多昆虫的反应都非常明显，光照时间及其周期性的变化是引起昆虫滞育的重要因素，季节周期性影响着昆虫的年活动史的循环。昆虫的开始滞育，在温度和食料的配合下，主要是光照时间起着信息的作用。例如，短日照的来临预示着冬季即将到来，对昆虫起着越冬滞育的信息作用。在华东地区蚜虫到了秋季要产生两性蚜虫飞回越冬寄主去产卵越冬。因此，光周期的变化成为滞育越冬前生理上的准备和进入滞育的先兆，并且是部分昆虫解除滞育的生态条件之一。

4.1.1.5　风

风不仅直接影响到昆虫的垂直分布、水平分布以及昆虫在大气层中的活动范围，而且影响大气温湿度，从而间接影响昆虫的体温及体内水分平衡。风对昆虫垂直分布的影响，是由于地面受太阳辐射热的作用而发生对流现象。上升气流常把许多小型昆虫或无翅昆虫带到高空中去。例如，我国近两年来在1500m空中曾捕获稻褐飞虱、白背飞虱等多种昆虫。

风对昆虫水平分布的作用，视风力大小和性质而有不同，高速度风的作用最大。例如，曾有记载，一些蚊、蝇类可被风带到25～1680km以外；蚜虫可借风力迁移1220～1440km的距离。

风除了对昆虫迁移、传播具有明显的作用外，在强风的长期作用下，可使昆虫形态发生变化，一般表现在翅退化或翅特别大。例如，我国青藏高原多风地区的蝗虫多为无翅型，而生长在低处的均属有翅型。

暴风雨不但影响昆虫的活动，而且常常引起昆虫的死亡。

4.1.2　土壤环境

土壤是生物的一个特殊环境，也是生态系统的重要组成部分。昆虫与土壤的关系也是相当密切的。许多昆虫整个生长期在土中度过，如蝼蛄、金针虫、蛴螬等。有一些昆虫在土中化蛹，如草地螟、地老虎，还有一些昆虫在土中越冬，如蝗虫以卵在土中越冬。据估计，大致有95%的昆虫种类与土壤环境发生或多或少的直接关系。因此，土壤气候、土壤的理化性质、土壤生物都会对昆虫种群产生影响。

4.1.2.1　土壤气候

土壤气候主要组成因素是温湿度。土壤的温度和湿度有密切的关系，但也有其特殊性质。

(1)土壤温度

土温对昆虫生理上的作用与气温的作用基本上是一致的。但土温的变化与气温的变化不完全一致。而且不同土层深度的温度变化也不相同。

土温的日变化：一般白天土表受太阳辐射的影响而温度提高，热由外向内传导；

夜间则相反。因此土壤上层温度变化较气温还大。土层越深，温度的变化越小。在地下 1m 深处，昼夜几乎没有什么温差。在一年之中，土温的变化也是如此，从春暖到秋凉，气温渐高，离土表越浅，土温越高；与此相反，从秋季到翌年早春，气温渐降，离土表越浅，土温越低。

昆虫所受土温影响与大气温度基本相同，土温影响昆虫的生长发育和繁殖力。

土温在冬季较气温为高，因此有些在土中越冬的昆虫可以比较安全地渡过它所不能忍受的冬季最低气温。同时还可以扩大向北的分布界线。

土壤昆虫在土中的活动，往往随土壤适温层的变动而改变栖息深度。一般的规律是：秋末冬初，随着温度的下降，虫体逐渐向下移动，气温越低，潜土越深；春季天气渐暖，虫体向上升；夏季表土温度高时，虫体又下潜；秋季又往上升。

昆虫在土中的潜土深度，不仅在一年中随适温区的变化而不同，即使一天之中也有一定的移动规律。如蛴螬，夏季多在夜间及早晨上升土表为害，日中下降到土壤稍深处。

了解了土壤温度的变化和土中昆虫垂直迁移活动的规律，就能更好地测报和防治这类害虫。

（2）土壤湿度

土壤湿度主要取决于土壤含水量和土壤空隙内的空气湿度，主要来源于降水和灌溉。土壤中的湿度，除近表土层外，一般总是达到饱和状态，因此土壤昆虫不会因土壤湿度过低而死亡。很多昆虫的非活动期，如卵和蛹，常常利用土壤作为它们的栖息地，借以避免干燥大气的不良影响。长期生活在土内的许多昆虫的幼虫，如金龟子和金针虫等，已经适应于高湿的土壤环境，这些昆虫一旦暴露在土面，很容易因干燥而迅速死亡。

土壤的干湿程度，常常左右土壤昆虫的分布及其生长发育。如细胸金针虫、小地老虎主要栖息于含水量较多的低洼地；沟金针虫则适应于旱地平原；多种拟地甲适于荒漠草原的干旱砂土。

在土壤中产卵的昆虫，产卵时对土壤含水量有一定的要求，如东亚飞蝗能在含水量 8% ~22% 的土壤中产卵。一般砂土的适宜含水量是 10% ~20%，壤土是 15% ~18%，黏土是 18% ~20%。

土壤中导致昆虫疾病的微生物，一般要求较高的湿度。因此，土壤的干湿程度通过对致病微生物活动的影响，能使昆虫数量起着相应的变化。

4.1.2.2　土壤机械组成

土壤三态——固态、气态和液态，是构成土壤的特殊物理性质。固态是指土壤粒子的大小、结构。土壤依其组成颗粒的大小及其比例分为砂土、黏土、壤土等不同的类型。土壤机械组成主要影响昆虫在土壤中的生活。例如，蝼蛄喜含砂质较多而湿润的土壤，大蟋蟀喜在疏松的土中穴居。

4.1.2.3　土壤的化学性质

土壤酸碱度能够影响昆虫的分布。例如，沟金针虫喜生活在酸性土壤中，而华北蝼蛄多发生在青砂盐碱地里。

土壤含盐量的多少，对一些昆虫的分布亦有一定的影响。如东亚飞蝗在土壤含盐量 0.5% 以下的地区常年发生，含盐量 0.7%～1.2% 的地区是扩散区，含盐量 1.2%～2.5% 的地方则无东亚飞蝗的分布，这是因为蝗虫在土中产卵时，对土壤含盐量有选择性。

在田间施不同的肥料，对土壤害虫的数量和种类影响很大。一般施肥的土壤中，虫口密度比不施肥的多，施有机肥(尤其是没有腐熟的)的更多。如地下害虫蝼蛄、蛴螬、种蝇等虫口密度增加，这显然与食料及温湿度等的改变有关。田间直接施用氨水对地下害虫有一定的忌避作用，甚至杀伤作用。

4.1.3　生物因素

生物因素与昆虫有着密切的联系，对昆虫的生长、发育、生存、繁殖和种群数量起着重要作用，其中主要是食物和天敌。

4.1.3.1　食物

昆虫和其他动物一样，必须利用植物或其他动物所提供的有机物作为食料。在生活过程中，由于能量的消耗，不断地消费大量的有机物质。一种动物能否获得足以保证消耗所需的食物，是决定其能否生存繁衍的一个极为重要的因素。

(1) 昆虫的食性

昆虫种类繁多，不同的种类食性不同。按食物的性质，可分为以下几种类群：

①植食性类群　以植物为食，其中许多种类是农、林、牧业的害虫，少数可利用于消灭有害杂草或为人类提供工业原料或药物。

②肉食性类群　以动物为食，大多数是害虫的天敌，少数成为人畜卫生害虫，包括动物的外寄生或内寄生昆虫。

③腐食性、尸食性和粪食性类群　腐食性类群以腐败物质为食，包括的种类很广，其中一些蝇类成为传病的媒体；尸食性类群以动物尸体为食，如埋葬甲等，也可以认为是腐食性类群；粪食性类群以动物的粪便为食，典型的如粪金龟。这些类群起着清除家畜粪便、分解转换有机质的重要作用。

昆虫在长期演化过程中，形成了对食物条件的一定要求，称为食性的专门化(专化性)。各种昆虫食性专门化的程度不同，按专化程度可划分为：

①单食性　只取食一种植物或动物，或仅旁及一些近缘种。例如，澳洲瓢虫只取食吹绵蚧，旁及近缘的艮毛吹绵蚧、埃及吹绵蚧。

②寡食性　只取食一科或近缘科的一些种。例如，菜白蝶幼虫取食十字花科及其近缘的白花科的一些种。

③多食性   取食种类甚多，包括亲缘关系不同的许多科。例如，草地螟寄主植物有49种之多，为害多种作物和各类牧草。

单食性、寡食性和多食性，这些都是食性专门化的一般区别，说明了昆虫对食物的适应性及多样性。但是，当昆虫的外界环境条件起了变化，特别是当食料种类缺乏时，食料的选择会发生变化。

(2)食物对昆虫的影响

各种昆虫不但食性专门化的程度不同，而且不同食物对生长发育速度、成活率、生殖力都会发生影响。

一般地讲，昆虫取食最喜爱的植物时，发育较快，死亡率低，生殖力高。如东亚飞蝗的蝻期，饲以在自然界中它所嗜食的一些禾本科和莎草科植物时，发育期的长短和死亡率都差不多；饲以在自然界中它所不喜食的油菜，死亡率大为增加，发育期也延长了，但仍有一部分蝗蝻可以完成生活史；饲以豌豆、绿豆、洋麻、棉花、甘薯等植物时，则不能完成发育，如以棉花饲养的，至2龄时全部死亡(表4-3)。

表4-3   不同食物对蝗虫发育的影响(钦俊德等，1957)

科	食料	死亡率(%)	蝻期发育所需天数(d)
禾本科	稗草	24.0	40~59
	小麦	25.5	41~66
	芦苇	34.0	43~70
莎草科	三棱草	25.0	38~58
	莎草	28.0	38~64
双子叶植物	油菜	84.0	44~91
	豌豆、洋麻、棉花等	不能完成	—

蝗区野外笼中以不同食物饲养飞蝗观察生殖力结果，说明以禾本科植物饲养的飞蝗产卵量均高，莎草科次之，油菜等双子叶植物最差(表4-4)。

表4-4   不同食物对蝗虫生殖力的影响(钦俊德等，1957)

食料植物	每雌平均产卵块数(块)	每雌平均产卵总数(粒)	食料植物	每雌平均产卵块数(块)	每雌平均产卵总数(粒)
高粱	9.0	468	油菜	3.3	95
芦苇	7.5	428	大豆	1.0	34
稗草	6.3	391	小麦→大豆*	1.8	46
莎草	3.3	158	小麦→棉花*	0	0
三棱草	2.3	78	大豆→稗草*	2.3	117

*蝻期与成虫期饲以不同食料。

食物含水量和昆虫的生长发育及繁殖有密切关系。在干旱条件下，植物缺水，体内营养物质高，有利于一些害虫的繁殖，特别是对于刺吸式口器的害虫的繁殖。在氮肥过多的情况下，也会出现这种情况，而磷肥则对一些昆虫(如蚜虫、螨类)具有相反的效果。

植食性昆虫对取食植物的选择性和植物对害虫的抗虫性两者之间并不是孤立的，而是在历史发育过程中并列地进行进化和相互作用形成的。

①昆虫对植物的选择　昆虫选择取食的植物具有下面的特点：对产卵或觅食有招引作用；对取食有助长的作用；充分满足昆虫营养的需要；充分满足昆虫的特殊需要。

②植物的抗虫性　表现在以下 3 个方面：

不选择性　植物不具备引诱产卵或刺激取食的特殊化学物质或物理性状，因而昆虫不趋于产卵、少取食或不取食，或者植物具有忌避产卵或抗拒取食的特殊化学物质或物理性状，或者昆虫的发育期与植物的发育期不适应（物候期上不相配合）而不被为害。

抗生性　植物不能全面地满足昆虫营养上的需要，或含有对昆虫有毒的物质，或缺少一些对昆虫特殊需要的物质，因而昆虫取食后发育不良，寿命缩短，生殖力减弱，甚至死亡，或者由于昆虫的取食刺激而在伤害部位产生化学或组织上的变化而抗拒昆虫继续取食。

耐害性　有些植物在被昆虫为害后具有很强的补偿能力，以补偿由于为害而带来的损失。

③食物的联系和食物链　生物与生物之间通过食料关系（吃的和被吃的）建立了相对固定的联系。正如古谚所说的"螳螂捕蝉，黄雀在后"，这种关系称为食物链或称营养链。

食物链由植物或死的有机物开始，而终止于肉食性（捕食或寄生）动物。例如，苜蓿被苜蓿蚜为害，而苜蓿蚜又被瓢虫捕食，瓢虫可被某些寄生昆虫所寄生，后者往往为食虫的小鸟所食，鸟又被更大的肉食动物捕食，如下示：

$$（捕食）\qquad（捕食）\quad（捕食）$$

小麦←蚜虫←瓢虫←寄生昆虫←食虫小鸟←鸟类和兽类
　　　↖食蚜蝇←捕食性或寄生性昆虫←鸟

食物链不是单纯的直接关系，它还具有多数分支，这些分支往往是由捕食或寄生于食物链中某一成员的动物开始，不仅瓢虫可以捕食苜蓿蚜，食蚜蝇幼虫也可以捕食苜蓿蚜，食蚜蝇幼虫本身又被其他昆虫所寄生或捕食，从而造成了一个分支。由此可见，通过食物关系，各种生物有机体交错联系，形成复杂的群体。

食物的联系是形成自然界中生物组成的重要因素，其中任何一个环节的变动（增加或插入，减少或消失）必将引起整个群落组合的改变。这就是人为地改变作物或引用新的捕食性或寄生性昆虫以改变自然界动物群落的理论基础。所以在进行害虫防治的研究时，要考虑到任何一种害虫与其他生物的有机联系。

4.1.3.2　天敌

自然界生物之间存在着相互依存和相互制约的关系。有些生物以其他生物为食，作为自己的营养物质。以害虫作为营养物质的生物，称为害虫的天敌。

天敌是影响害虫数量变动的重要因子。利用天敌来消灭害虫是人类与害虫作斗争中的重要方式之一。

天敌种类很多，概括起来可以分为以下几个类别：

(1) 天敌昆虫

①捕食性天敌昆虫　这类天敌种类很多，分属于18个目近200个科，抑制害虫的作用十分明显。最常见的有螳螂、蜻蜓、猎蝽、草蛉、步甲、瓢虫、胡蜂、食虫虻、食蚜蝇等。

②寄生性天敌昆虫　这类天敌寄生在害虫体内，以其体液为食。种类很多，约占昆虫的2.4%，主要是寄生蜂和寄生蝇，在生物防治中的价值很大。例如，金小蜂防治草原毛虫已获得了初步成效。寄生性天敌昆虫根据其寄生习性，常见的有以下几种：

单寄生　一个寄主被一头寄生物所寄生。例如，姬蜂在一个寄主体内或体外只寄生1个幼虫。

多寄生　一个寄主体内可寄生2头或2头以上同种寄生物。例如，在赤眼蜂属中，在较大的寄主卵内可同时寄生十多个至上百个幼虫，育出十多个至上百个成虫。

重寄生　也是在寄主体内寄生2种以上的寄生物，但它们是食物链式的寄生，即第一种寄生物寄生于寄主体内，第二种寄生物又在第一种寄生物上寄生。这样，第一种寄生物称为寄生物或原寄生物，第二种寄生物称为重寄生物，如果重寄生物上还有寄生物则为第二重寄生物。这种现象称重寄生现象。重寄生现象是常见的。例如，次生大腿小蜂（*Brachymeria seeundaria*）同属的不少种，常重寄生于其他膜翅目或寄蝇的幼虫中。

共寄生　一个寄主体内有2种或2种以上的寄生物同时寄生。例如，欧洲玉米螟幼虫体内有时可以发现寄生在脂肪组织内的寄蝇（*Zenillia roseanae*）、寄生在气管系统的寄蝇（*Paraphoracera senilie*）和寄生于体内的姬蜂（*Angitia punetoria*）3种寄生物同时寄生。

寄生性天敌昆虫按其寄生部位，可分为以下2种：

体内寄生　内寄生昆虫把卵产在寄主体内或寄主附近，幼虫孵化后，就在寄主体内或钻入寄主体内取食。

体外寄生　外寄生昆虫幼虫生活于寄主体外，或附着于寄主所造成的覆盖物内取食。

寄生性天敌昆虫按被寄生的寄主的发育期，可分为以下几种：

卵寄生　该类昆虫的成虫把卵产入寄主卵内，其幼虫在卵内取食、发育、化蛹。至成虫才咬破寄主卵壳外出自由生活，如赤眼蜂科、缨小蜂科的大多数种类。

幼虫寄生　其昆虫成虫把卵产入寄主幼虫的体内或寄主体外，其幼虫在寄主幼虫体内或体外取食、发育，成熟幼虫在寄主幼虫体内或体外化蛹，羽化为成虫后自由生活。如小蜂总科、姬蜂总科、寄蝇和麻蝇等许多种类。

蛹寄生　其成虫把卵产于寄主蛹内或蛹外，其幼虫在寄生蛹内或蛹外取食，在寄主蛹内或蛹外化蛹，成虫期自由生活。如小蜂总科、姬蜂总科、寄蝇和麻蝇等许多种类。

成虫寄生 其昆虫把卵产于寄主的成虫体上或体内，其幼虫在寄主体内或附在寄主体上取食、发育，在寄主体内或离开寄主化蛹。如小蜂总科、姬蜂总科、寄蝇和麻蝇中的一些种属于这个类群。

跨期寄生 这是一种比较特殊的寄生现象，寄生昆虫其发育过程跨越 2 个或 3 个（如卵—幼虫、幼虫—蛹、卵—若虫—成虫等）虫态。如广黑点瘤姬蜂（*Xanthopimpla punctata*）和一些甲腹茧蜂（*Chelonus* spp.）具有这样的寄生习性。

(2) 其他捕食性天敌

捕食性天敌的种类甚多，除昆虫外还有其他节肢动物、两栖类、爬行类、鱼类、鸟类和兽类。

① 蜘蛛 是节肢动物中大量捕食昆虫的一个类群。在各类农作物上都有许多种蜘蛛，大都以昆虫为食。除蜘蛛外，与蜘蛛近缘的蜱螨类也有不少寄生于昆虫体上，或捕食昆虫，或捕食为害植物的其他节肢动物。特别是捕食螨对叶螨的抑制作用非常明显。

② 蟾蜍和蛙 两栖类中蟾蜍和蛙以昆虫和小动物为食，尤以昆虫为最多。例如，姬蛙的食物 97% 以上属于害虫。又如生活在池塘边、菜园里的蟾蜍，取食害虫及有害动物占食物总量的 90% 以上。

③ 蜥蜴 爬行动物中的蜥蜴主要以昆虫为食。在荒漠及半荒漠的草原上，蜥蜴种类多、数量大，是害虫的主要天敌。

④ 鸟类 对害虫的控制作用是显著的。一些主要以昆虫为食的绣眼鸟、白脸山雀等，一天内取食的昆虫相当于或超过本身的体重。绯椋鸟（*Paster roseus*）每天可捕食蝗虫 360g；燕子可以在 2min 内捕虫一次回巢育雏，草原上的百灵、云雀等，亦是草原害虫的主要天敌。

⑤ 兽类 哺乳类的刺猬、蝙蝠和一些鼠类是食虫兽的代表。蝙蝠捕食空中飞翔的昆虫。刺猬和某些鼠类（土拨鼠）也常捕食蝗虫及金龟子幼虫。

(3) 昆虫的病原生物

病原微生物是生物群落中的重要组成部分，可引起昆虫发生流行病，致使某些种群大量消亡。昆虫的致病微生物包括细菌、真菌、病毒、原生动物和线虫。其中前 3 类是当前发展微生物农药的 3 个主要方面。

① 细菌 致病的细菌大多是通过消化道侵入体腔而发病，死后虫体软化，内脏往往液化，带黏性而有臭味。

从昆虫体分离出来的细菌已经超过 90 个种和变种，其中已制成商品农药在田间使用的是芽孢杆菌中的金龟子乳白病菌和苏云金杆菌。苏云金杆菌是兼性寄生的，寄生对象很广，主要是鳞翅目和膜翅目的叶蜂类幼虫，如对玉米螟、菜粉蝶等害虫有良好的防治效果。

② 真菌 是通过昆虫体壁侵入体内的。当真菌孢子借风吹或水流接触到虫体后，

就在体壁上发芽，穿过体壁，在体腔内产生很多菌丝，穿入各组织，致使昆虫死亡。由于菌丝充满体腔，所以虫尸僵硬(通常称僵病)。虫死后菌丝穿出体壁，在体外产生孢子，外表可看到白色、绿色或其他颜色的绒毛状的菌丝，因此有的叫作白僵，有的叫作绿僵。国内外生产上利用白僵菌防治玉米螟、马铃薯甲虫、大豆食心虫等获得了一定成效。

③病毒　引起昆虫的病毒病与其他导致高等动物病毒病的病毒很相似。最重要的病毒为核多角病毒，其次还有颗粒病毒、质多角体病毒、多形体病毒和包涵病毒。在自然条件下，昆虫感染病毒病主要是由于取食了带有病毒的食物，接触了病虫尸体或其排泄物等。此外，寄生性和捕食性昆虫也是重要的媒介。

目前国内外，应用多角体病毒防治地老虎类和甜菜夜蛾等，都取得了良好的试验效果。应用病毒制剂防治害虫用量小，而且是专一性的，不会杀死害虫的天敌，优点是比较多的。

但到目前为止，只能用活体培养，增加了病毒制剂生产上的困难，同时，病毒在紫外光下容易被破坏而失去活性，这是应用病毒防治害虫的限制因子。

除上述几个主要生态因子影响昆虫外，人类活动对昆虫的影响是很显著的。由于人类的经济活动，农产品的交流，种子苗木的运输等，帮助昆虫传播或有害种类的蔓延；长期施用化学农药或不合理地施用，破坏了生物群落中天敌的抑制作用，而且使害虫产生抗药性，会使某些害虫的再增猖獗，并使原来次要的害虫上升为主要害虫。另外，人类有目的地进行生产活动，能够改造自然使其有利于人类。例如，人们向一个地区引进益虫，可以改变这个地区的昆虫种群组成和数量对比，有效地控制害虫。人们还可以通过一系列的农业技术措施，造成不利于害虫的生态条件，而有利于牧草生长和有益生物的繁殖。另外，人们通过对害虫的调查研究，掌握其发生规律，采取有效措施，可以直接消灭害虫。

4.2　昆虫种群及其变动

4.2.1　种群及其特征、结构

4.2.1.1　种群及其基本特征

在自然界，物种不是以个体分散地存在，而是以不同数量的个体集合形成有一定年龄、性比、遗传特性以及空间结构的许多组织单元存在的。这些组织单元即称为种群(或居群)。亦把种群简单地表述为在一定的时间与空间内，生活着的彼此密切关联的同一个物种的生物个体的集合。由此可以看出：① 种群由许多个体所组成；②同一种群中各个体之间的联系，较不同种群的个体更为密切；③ 种群占有一定的空间，而且随着时间的变化，种群亦发生不断的变化；④ 在自然条件下，种群是物种存在的基本单位，也是生物群落的基本组成。

种群具有与个体相类比的一般生物学性状。就某个体而论，具有出生(或死亡)、寿命、性别、年龄(虫态或虫期)、基因型,以及繁殖、滞育等性状。而种群具有出生率(或死亡率)、平均寿命、性比、年龄组配、基因频率、繁殖率或繁殖速率、迁移率、滞育百分率等性状,它是个体相应特征的一个统计量,充分反映了一个群体的概念。同时,种群作为一个群体结构单位,还具有一些个体所不具备的特征,如种群有密度(数量)和数量动态,以及因种群的扩散或聚集等习性而形成的种群的空间分布型。特别是种群因种间或种内个体间的相互联系状况和当时环境条件的影响,而具有调节其自身密度的规律(或称为"密度控制"机制)。所有这些都充分反映了种群水平的生物学特性。

在长期的地理隔离或寄主食物特化的情况下,也会使同种的种群之间在生活习性、生理、生态特性,甚至在形态结构或遗传上发生一定的变异。由于长期的地理隔离而形成的种群,称为"地理种群"或"地理宗"。由于以食物条件为主而引起的不同种群,称为食物种群或食物宗。

4.2.1.2 种群的结构

种群是由许多个体所组成的。个体的状况不同,种群的组成不同。种群的组成特征主要有:

(1) 性比

大多数昆虫的自然种群,雌性个体与雄性个体的比率通常是1:1。但有些昆虫一生能多次交配,1头雄虫常可与多头雌虫进行有效的交配,此时,种群中的雌性个体数量可能显著地大于雄性。此外,一些可营孤雌生殖的昆虫(如蚜虫、介壳虫,以及某些螨类与寄生蜂),在全年的大部分时间只有雌性个体存在,而雄虫只在短暂的有性生殖阶段出现。

(2) 年龄组配

表示种群内各年龄组(成虫期、虫龄等)的相对百分比。种群的年龄组配随着种群的发展而变化。对于连续增长并世代重叠的种群而论,其年龄组配状况是反映种群发育阶段并预示种群发展趋势的一个重要指标。同样,种群中成虫的性比、滞育个体的百分数与处在生殖时期的个体百分率,对于昆虫的数量动态也有重要的影响。

(3) 多型现象

对一些存在形态多型现象的昆虫,其各型个体的比例也常是种群结构的一个重要指标。例如,多数蚜虫种类有有翅和无翅两种类型,当营养与环境条件不利或种群密度过大时,有翅蚜比例明显增加。飞蝗在生活过程中,当蝗蝻密度高时,个体之间相互拥挤,饲料植物短缺,蝗蝻发育速率减慢,活动能力增强,新陈代谢旺盛,个体内含水量减少而脂肪量增多,体色棕色或灰棕色,群集而迁飞,产卵较少,呈群居型。相反,当发生地蝗蝻密度低,寄主植物丰富,蝗虫体色呈绿褐色,不活泼,含水量较多而脂肪量较少,产卵较多,不迁飞,呈散居型。因此,可以根据生物型的比例来预测其迁飞和未来发生数量。

4.2.2　种群的空间分布型

昆虫的空间分布型(也称田间分布型)是指昆虫种群在田间的分布形式。昆虫种群的空间分布型因昆虫种类、发育阶段、密度、栖息地环境、寄主植物种类和栽培方式等的不同而变化。了解种群的分布型,对确定调查的抽样方案,数据转换,以及了解昆虫的猖獗、扩散行为和种群管理等方面均有一定的意义。

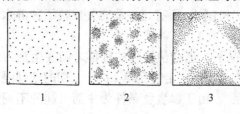

图4-4　昆虫种群空间分布型示意图
1. 随机分布型　2. 核心分布型　3. 嵌纹分布型

常见的昆虫种群空间分布型分为随机分布和聚集分布两大类(图4-4)。

(1)随机分布

随机分布亦称波松分布,种群内个体之间的距离不等,个体在空间的分布是随机的,个体具相对的独立性,每个个体占空间任何一点的概率是相等的,通常是稀疏的分布。如玉米螟、三化螟卵块在田间的分布。

(2)聚集分布

个体之间为非随机分布,且个体之间疏密不均匀。又可分为以下两类。

①核心分布型　亦称奈曼分布,个体在空间的分布呈现多个核心小集团,核心处密度大,自核心向四周作放射状蔓延。核心之间的关系是随机的。如玉米螟幼虫及其为害的植株;三化螟幼虫及其为害株,如枯心苗;棉铃虫卵、幼虫及其为害的蕾铃在空间的分布型,均属此类型。

②嵌纹分布型　又称负二项分布,个体在空间的分布为疏密相嵌,由多个不同密度的块或带混合而成。通常是浓密的分布。如三化螟幼虫在稻田虫口密度大时,多个核心相互接触,形成嵌纹分布。

判断昆虫的空间分布型可通过抽样调查、统计分析来完成,过去多用频次比较法,现在多采用分布型指数来判断种群的空间分布型,包含10多种方法,其中最简便的是利用方差(S^2)和平均数(X)的比值,即扩散系数(C)来判断分布型,如果$C = S^2/X = 1$,为随机分布;如果$C > 1$,即为聚集分布。此外,还可用K值法、扩散指标(I_δ)、Taylor幂函数法则、平均拥挤度、平均拥挤度与平均数的关系等分布型指数来判断昆虫的空间分布型。利用这些方法不仅可以判断种群分布型,而且能对种群中个体群的行为、种群扩散的时间序列变化进行分析。

4.2.3　种群的数量变动及消长类型

4.2.3.1　种群的数量变动

昆虫种群数量的变动主要取决于种群基数、繁殖速率、死亡率、迁移率。

(1)种群基数

种群基数(N_0)是指前一世代或前一时期某一发育阶段(卵、幼虫、蛹或成虫)在一定空间的平均数量，是估测其下一代或后一时期种群数量变动的基础数据。在种群基数调查工作中，应注意取样调查的准确性和代表性。

对一些扩散能力强或具有迁飞性的昆虫成虫，常以1支黑光灯诱集的上代总量作为下代的种群基数。也可在一定空间内，标记（如用喷涂颜料、示踪原子等方法）释放和回捕成虫，按释放和回捕的数量比来估计种群基数，其一般计算公式为：

种群基数 = （捕回成虫总量/捕回标记成虫量）× 释放标记成虫量

例如，释放标记成虫1000头，捕回成虫总量500头，其中捕回的标记成虫12头，则其种群基数为（500÷12）/1000 = 41 667头。

（2）繁殖速率

繁殖速率（R）是指一种昆虫种群在单位时间内增长的个体数量的最高理论倍数，它反映了种群个体数量增加的能力。繁殖速率的大小主要取决于种群的生殖力（出生率）、性比和一年发生代数。可以用下式表示：

$$R = \left(e \cdot \frac{f}{m+f}\right)^n$$

式中　e——单雌平均生殖力（产卵量）；

　　　m——雄虫数；

　　　f——雌虫数；

　　　n——一年发生代数。

例如，黄地老虎单雌平均产卵量为702粒，一年发生4代，性比按1:1计，代入上式得 $R = [702 \times 1/(1+1)]^4 = 15\ 178\ 486\ 400$（倍），即黄地老虎在上述情况下，一年中其种群个体数量增加的理论值为15 178 486 400倍。但在自然界中，实际情况绝不会如此，因为各代的生殖力（即生态生殖力）、性比均不相同，而且雌虫的产卵率（上式没有考虑，设为100%），特别是因环境因素的影响造成的死亡率（上式设为0）对种群变动的影响都很大，故实际繁殖速率要比理论值小得多。

（3）死亡率

死亡率（d）是指在一定时期内死亡的个体数，与种群在此时期初始时刻的个体数之比。也常分为最低死亡率和生态死亡率。最低死亡率是指种群在最适的环境条件下，种群中的个体都是活到生理寿命才死亡的。生态死亡率是指种群在特定环境条件下的实际死亡率。

与死亡相关而且相对的参数是存活率（S）：$S = 1 - d$。

（4）迁移率

昆虫种群的个体，尤以具翅成虫的活动性，常影响种群的数量变动，一般以迁移率（M）表示。迁移率是指种群在一定时间内迁出个体和迁入个体数量差占总体的百分率。一般情况下，种群无明显的扩散和迁移，其迁移率可视为零。

综上所述，昆虫种群数量变动的基本模式可以概括为：

$$N_n = N_0\left[\left(e \cdot \frac{f}{m+f}\right) \cdot (1-d) \cdot (1-M)\right]^n = N_0\left[R \cdot (1-d) \cdot (1-M)\right]^n$$

现以蝗螺为例加以说明。某地秋蝗残蝗密度为 450 头/hm²，雌虫占总虫数的 45%，雌虫产卵率为 90%，即每 100 头雌虫有 90 头能产卵，每头雌虫平均产卵 240 粒，越冬死亡率为 55%，预测来年夏蝗蝗螺密度。

夏蝗蝗螺密度：$450 \times 240 \times 45\% \times 90\% \times (1-55\%) = 19\ 683$（头/hm²）

4.2.3.2 种群数量的季节性消长类型

昆虫的种群密度随着自然界季节的演替而起伏波动。这种波动在一定空间内常有相对的稳定性，形成了种群的季节性消长类型。在一化性的昆虫中，季节消长比较简单，在一年内种群密度常只有一个增殖期，其余时期都呈减退状态。小麦吸浆虫，在长江流域，春季 4 月中旬至 5 月中旬为增殖期，其余时间生存数量均呈减退。一化性昆虫的这种季节性消长动态，常和滞育的特性密切关联。多化性昆虫的季节性消长就更复杂，且因地理条件不同而变化极大。常见的害虫种群数量季节性消长类型如下。

①斜坡型 种群数量仅在前期出现生长高峰，以后各代便直趋下降。如小地老虎、黏虫、豌豆潜叶蝇、稻小潜蝇、稻蓟马、麦叶蜂、芫青叶蜂等。

②阶梯上升型 即逐代逐季数量递增。如玉米螟、红铃虫、三化螟、棉大卷叶虫、棉铃虫等。

③马鞍型 常在春秋季出现数量高峰，夏季常下降。如棉蚜（夏季发生伏蚜的地区除外）、萝卜蚜、桃赤蚜、麦长管蚜、黍缢管蚜、菜粉蝶、麦蜘蛛等。

④抛物线型 常在生长季节中期出现高峰，前后两头发生均少。如大豆蚜、高粱蚜、斜纹夜蛾、甜菜夜蛾、稻苞虫、棉红叶螨等。

种群的季节性消长是由种的主要特性及其与栖息地生态系内气候、食物及天敌的季节性变动间的互相联系形成的。

4.2.4 生命表在昆虫种群动态研究中的应用

4.2.4.1 生命表的概念及常用参数、符号

生命表是一个种群的记录表，是按种群生长的时间，或按种群的年龄（发育阶段）的程序编制的，它系统地记述了种群的死亡率或生存率和生殖率，以便分析该种昆虫种群生活史过程中引起数量变动的原因，是研究昆虫种群数量动态的重要方法之一。最早是由 Graunt(1662) 提出，最初用于人类保险的研究。1921 年 Bearl 首先用于果蝇实验种群的研究，1954 年 Morris、Miller 最早研究了云杉卷叶蛾自然种群生命表。此后生命表广泛应用于农林害虫种群动态的研究，为预测预报和防治提供了理论依据。

最初，生命表仅作为一种种群死亡状况的系统记载表格，后来深入发展了关于生命表中各项目间关系的分析方法，目前生命表方法已成为研究种群数量变动机制和制定数量预测模型的一种重要方法。生命表技术的主要优点是：

系统性 记述了一个世代从开始到结尾整个过程的生存或生殖情况；

阶段性 分阶段地记述各阶段的生存或生殖情况；

综合性　记述了影响种群数量消长的各因素的作用状况；

关键性　通过关键因素的分析，找出在一定条件下综合因素中的主要因素和作用的主要阶段。

用生命表研究种群数量消长的步骤如下：

①设计　要根据研究对象的生活史、习性和空间分布行为，寄主植物、栖息地情况和有关的生物和非生物的各类环境因子的特点，周密地设计。确定接种或调查取样方案（包括研究对象和环境因子），以及有关环境因素的各项生态试验方案。

②取样调查　主要根据该种群的分布特点，确定取样方式和合理的取样单位及取样数。一般要求取样单位要比较稳定，从卵期开始到结尾时变化不大。为了保证调查或试验的精确度，要抽取足够的样本数，目前10%的标准误差已为多数研究者所接受，也可依此来确定取样数。

③有关环境因子的调查或实验生态测试　如天敌种类、密度、功能反应、天敌指数等，以及种群数量与气候、作物、地貌等因素的函数关系等。

④制表　根据一定规格制作生命表，每世代一份，并逐代逐年地累积多年的生命表，制成平均生命表。

⑤生命表数据的分析　计算生命表格中的各项数据，进行趋势指数(I)及关键因素分析。一般要累积 $5\sim6$ 个以上的历年同代生命表才能分析关键因素。

⑥建立预测模型　生命表数据进行模型化工作，制定最优预测式，为防治工作服务。

现在，生命表的表现形式和数据处理方法已有许多发展，并逐渐定型。

因此，生命表技术是昆虫生态和预测的一个很有用的研究方法。生命表中的数据来自对一个种群或者其样本的调查、统计。为了后面的一系列计算的方便，最好开始数目为固定的正数，一般为1000。组成一张表格需有下列各项目(Deevey, 1947)：

l_x：种群各年龄段存活的个体数；d_x：种群各年龄段死亡的个体数；x：种群所处的特定年龄或一定时间划分的单位时间期限；q_x：种群在特定年龄的死亡率，常以 $100q_x$ 或 $1000q_x$ 表示；S_x：种群在特定年龄的存活率；e_x：种群在 x 期开始时的平均生命期望数；L_x：在 x 到 $x+1$ 期间的平均存活数；T_x：在 x 期限后的平均存活数的累计数。

4.2.4.2　特定年龄和特定时间生命表的试验设计

用于昆虫种群动态研究的生命表通常有 2 种类型：特定年龄生命表，特定时间生命表。

(1)特定时间生命表

特定时间生命表又称为静态生命表或垂直生命表，是指昆虫种群是静止的(后一段时间的种群与前一时间的种群的比基本上为1)，而世代重叠、年龄组配稳定的前提下，在特定的时间单位内(如月、旬、周、日等)的一种生命表。这种生命表实际上是在一个短的时间段面上取样，其关键技术在于鉴别其中每个个体的年龄，然后估计种群中各个年龄的个体数。它可获得在特定时间该种群的存活率和出生率，适用于时代和年龄组配重叠的昆虫，可估算出种群在各时间内的死亡率、平均生命期望值和世代平均时间，但不能分析死亡的原因和关键因素。

特定时间生命表的适用条件：调查种群世代高度重叠，并且有稳定的或静态的年龄结构，这样就便于鉴定和估计各特定年龄死亡的个体数。根据假设，生存率和死亡率各年度之间保持恒定，是一个常数，则各特定年龄死亡率就可以根据这样的年龄结构来推导。某些动物寿命长，世代重叠，活动性强，隐蔽性高，往往难于跟踪它们的一群同年龄个体，这时可采用特定时间生命表。

①存活生命表　在特定时间内对种群随机抽样，检查各期的个体数，其个体数差即死亡数，推算出各期的死亡率、平均生命期望值。

②生殖力生命表　仅从种群死亡率(存活率)考虑种群的变化，如将种群出生率引入生命表，可在存活生命表的基础上制成生殖力生命表。

根据生殖力表可计算出种群净增殖率 R_0，并根据 R_0 的值预测昆虫种群未来发生趋势。

(2) 特定年龄生命表

特定年龄生命表是在特定时间生命表的基础上发展起来的，是以动物或昆虫的年龄阶段作为划分时间的标准，系统地记载不同年龄级或年龄间隔中真实的虫口变动情况和死亡原因。有时也称动态生命表或水平生命表。设计这种生命表的试验是跟踪某一种群的一部分个体，称为定群。开始跟踪时定群中的所有个体都处于同一发育起点，并且假定它们的发育是基本保持同步的。每隔一定时间（要求间隔相等），调查上述各个项目并进行统计，查到这部分样本全部死亡为止，这里划定的时间间隔便成为年龄，当时间间隔以"天"计时为日龄，有时也可以"小时"计（如蚜虫），但都可以泛称为年龄。

一般是以卵为起点，追踪其全代内各发育阶段的繁殖和死亡数，观察分析死亡原因，找出种群变动的关键虫期和关键因素，以及种群变动的趋势，并据此组建各种因素与种群数量变动相关模式，进行发生量预测。特定年龄生命表应有 5 年以上的观察资料，制作较为复杂，但效果较准确。

特定年龄生命表的适用条件：适合于世代分离较明显、种群年龄组配不很稳定、种群出生率与死亡率波动大的昆虫。

特定年龄生命表一般以卵开始观察至下一代卵为止，即一个世代的生命表。因数据获得的方法不同，可分为两种：即实验种群生命表(人工接种一定数量的卵开始观察)和自然种群生命表(在田间从自然种群的一定数量的卵开始观察)。

利用特定年龄生命表可将 5 年或 5 年以上的某一代（或全年各代）的生命表中的数据加以平均，可列表制成平均生命表，作为害虫发生量的预测预报依据，亦可利用 5 年或 5 年以上的同代次的生命表资料，进行关键虫期和关键因素的判断。

4.2.5　影响种群动态的因素

种群数量变动的原因，特别是害虫大发生的原因一直是昆虫生态和预测预报研究的中心课题，它和害虫的预测及生产都有密切关系。在自然情况下，对于种群数量的消长仍可看到两种基本现象。一种是种群数量的大发生是因地因时而异的，也就是说，在同一时间内的不同地点，或同一地点的不同时间，种群数量的发生程度可有不同。这决定于栖息地环境条件的适宜程度。另一种基本现象是，在任何地点没有一个种群会无限地增长。这样就给我们提出了一个问题：如何来分析这些现象并找出阻止种群的这种无限制增长的因素？

关于种群数量的原因分析，早在 19 世纪就有许多讨论。在达尔文以前，神学占有统治地位，如在《圣经》中记载蝗灾是由于神的惩罚，直至达尔文时代（1859 年后）方开始用自然平衡来解释这种现象。他把种固有的繁殖潜力与现实的种群增长的可能性间的巨大矛盾，归结为"繁殖过剩"的结果。

直到 20 世纪，才有比较详尽的研究和论证。尽管几乎所有的生态学家都承认，动物内在的繁殖倾向随时随地受到种种外界环境条件的制约，但对于"各类因素究竟如何影响与抑制着种群内在增殖倾向的"以及"是否存在着某类特殊的环境因素，起着调节种群密度的作用"等问题，各生态学家有许多不同的论证，展开了热烈的辩论。从争论的实质来看，基本可分为 5 种论点。

(1) 生物学派

Howard 与 Fiske(1911) 是生物学派的创始人，他们在研究舞毒蛾(*Prothetria dispar*)和棕尾毒蛾(*Nygmia phaeorrhae*)中将环境因子分为三大类：① 适应性因素，主要是寄生性天敌，它对种群的抑制作用常随种群密度增长而加大。② 灾变性因素，如高温、风暴或其他气候因素，它对种群的抑制作用与种群密度无关，不管种群密度大或小，总是可以杀死一定比例的个体，如种群数量为 100 时，可杀死 40 个，而当数量为 500 时，可杀死 200 个。③ 鸟和其他，如捕食性天敌，常每年保持一定的种群密度，从而每年可消灭相当恒定数量的寄主个体。所以，当寄主大发生时，其消灭的个体比例相对较小，而在寄主密度小时，其消灭的个体比例相对较高。

以后的 Nicholson (1933)、Smith (1935)、Lack (1956)、Solomon (1949、1957、1964)、Milne(1957)等学者的观点，基本上都属于生物学派的观点。但他们各有不同程度的发展。

Nicholson 主要增加了种间竞争的数学模型，他在 Lotka 和 Volterra 的捕食者与被捕食者模型的基础上，在数学模型中增加了时滞效应。并且认为种间或种内竞争常是控制种群密度的主要因素，包括种内为食物或居住地而竞争，以及寄主与天敌间的种间竞争。

Smith 则建议将 Howard 等的环境因素的分类，引用更有明确含义的术语：即将适应性因素改为密度制约因素，灾变性因素改为非密度制约因素。另外，他也承认有时气候因素也能成为一个决定因素，但只有当它也成为密度制约因素时才有可能。例如，当存在一种保护性避难场所时，因只能容纳一定数量的个体，当某一气候致死因素来临时，那些未进入庇护所的个体便被消灭了，因此，因这个气候因素而引起的死亡率，与当时的种群密度有关。

Solomon 的观点基本上与 Nicholson 相同。但他又认为：在处于较为稳定的和有利于该种群生存的条件下，生物因素（主要是寄生性和捕食性天敌）是控制种群密度的主要因素，而在较为不利或恶劣的气候条件下，气候因素似乎对种群密度起决定作用。

Milne 则把影响种群密度的因素分为三大类：完全密度制约因素和种内竞争；不完全密度制约因素，如天敌；非密度制约因素，如气候等。并按种群的数量动态，分为 3 个数量带：极高数量带、一般数量带和极低数量带。以上 3 类环境因素，在 3 个数量带中所起的作用是不同的。在极高数量带中，由天敌（指天敌作用减少时）和气候促进种群数量上升，而种内竞争则致使种群数量下降，并永不使种群密度高达最高毁灭程度。在一般数量带中，均由于天敌和气候间的综合作用而使种群密度上下波动。在极低数量带中，则均由气候因素促使种群密度上下波动，并永不使密度下降到最低毁灭程度。在自然界内，许多种昆虫的密度带处于一般数量带，因此，引起种群密度波动的最基本因素是气候和天敌的综合作用。

（2）气象学派

Bodenheimer（1928）最早提出昆虫种群密度的波动首先是由于天气条件对种群的发育速率和存活率的影响所致，并认为许多昆虫的幼期常由于气象因素的影响而死亡率达 85%～90%。Uvarov（1931）出版了《昆虫与气象》，总结了气象条件对昆虫生长、繁殖和死亡的影响，以及与种群数量波动间的相关关系。他将气象因素看作控制种群的首要因素，并且反对自然界存在稳定的平衡，着重指出大田种群的不稳定性。Thompson（1929、1956），Andrewatha 和 Birch（1954、1960）等也基本上属于此学派。Thompson 虽也认为种群栖息地内物理因素所引起的间断性和变异性是自然控制的最首要的外在因素，但是又认为影响一个种的综合外界环境是无时无刻不在变化的，因此，一种群的自然控制的原因既是多样的又是可变的。

Andrewatha 和 Birch，反对把环境条件分为生物的或物理的，或者分为密度制约因素或非密度制约因素，他们认为所有的因素都与种群密度有关，而主张把环境划分为 4 类：气候、食物、其他动物和寄生菌类、生活场所，并认为自然种群的数量可因 3 条途径而受到限制：资源（食物和栖息场所）不足；由于动物对这些资源的扩散与寻觅能力的限制；种群的增殖率（r）为正时的时间过短。在自然界中，第三种情况最为常见，而 r 值的变动，可因气候、捕食性天敌，或其他因素而引起。第一种情况是不常见的，任何一个自然种群数量的消长与上述 4 个环境条件都有关，只是在大多数情况下，其中一、两种可能起决定作用，至于哪一种因素起主要作用，则需作具体分析。

（3）综合学派

20 世纪 50 年代后，许多学者注意到单纯从生物因素或气象因素来解释种群波动机制是相当片面的。如 Виктороъ（1955）、Наумоъ（1955）等都倾向于以生物因子与非生物因子间复杂的组合作为种群波动机制的多因性，并因时间、地点而变化。对于不同的种群和在不同的情况下，都可能有一种或几种因子是起主要作用的。实际上，像 Andrewatha 等，最后也倾向于综合的论点。

（4）自动调节学派

上述的各学派大都着重研究外在因素控制种群的规律，他们首先假定组成种群的个体的特性是相同的，而在实际上忽略了种群内个体间的差异性。因此，另一些学者从另一角度研究了种群内在的变异性及其对控制种群的重要性。

种群个体的变异可有两种类型，即表现型（或表型）和基因型（或遗传型），与这两种类型相联系的调节机制也是不同的，但最终都与进化论有关。

英国遗传学家 Ford（1931）最早提出遗传变异对种群调节的重要性。他指出自然选择在环境条件适宜、种群密度增长时会缓和下来，使种群内的变异增强，以致许多劣等的基因型又因自然选择增强而被淘汰，造成种群数量下降，同时种群内的变异性也减弱。所以，种群数量的增长不可避免地会导致种群数量的下降，这可以说是一种内在的反馈机制。

Chitty（1955）提出了两个假设，即当种群在两个时间（i 和 n）内 n 时间的死亡率（D_n）大于 i 时间的死亡率（D_i）时，如果我们观察到两个时间的环境条件（M_i 及 M_n）有显著的差异，那么可以认为种群数量的这种差异主要是由外在因素造成的。相反，当我们发现两个时间的环境条件基本相同，则可认为这种种群数量的变异，主要是由种群内在个体的变异性造成的。

Chitty 在 1960 年提出了一种理论：种群密度的调节并不一定是由于外在的环境资源的破坏或天敌增多，或是恶劣的天气等原因，而是由于任何物种均具有调节它们本身的种群密度的内在能力。也就是说，在适宜的环境条件下，种群密度的无限增长可因种群种质的恶化（或退化）而受到控制。因此，可以认为非密度制约的因素如天气等的影响效应也是与种群密度有关的，当种群密度大、种质下降时，这种效应也增强。因此，数量和质量是种群研究中的两个重要方面。

（5）动态平衡学派

该学派认为昆虫种群数量能维持一定水平，是由于种群与生境之间建立了一种动态平衡关系，动态平衡是种群在长期波动中的表现。理查德等（Richards 等，1968）将种群调节分为 3 个过程，①调节过程：当种群密度达到平衡值以上时，个体数的增加受到抑制；当种群密度达到平衡值以下时，则存在促进个体数的增加的反馈机制。②变动（扰乱）过程：使种群密度偏离平衡值诸因素的作用过程，主要是非密度制约因素和逆密度制约因素所引起。③条件过程：规定种群平衡密度上下限或引起种群平衡水平变动的诸因素起作用的过程。

4.2.6　种群的生态对策

生态对策又称为生活史对策，是指昆虫适应环境并朝着有利于其繁殖的方向发展的过程，是昆虫在进化过程中，经自然选择获得的对不同生境的适应方式。生态对策是物种在不同栖息环境下长期演化的结果，是昆虫对其生态环境适应能力的体现，是种群的一种遗传学特性。

4.2.6.1　生态对策的类型

昆虫的生态对策反映在昆虫身体的大小、繁殖周期(世代数)、生殖力、寿命、躲避天敌能力、迁飞扩散能力、分布范围等方面，以使其最大限度地适应环境和合理地利用能量。昆虫和其他生物一样，在能量分配上有一定的协调性，如果在生殖上耗去的能量较多，则在生存机能上耗去的能量相对较少。如昆虫有很好的照顾后代的能力，其繁殖能力就相对较小；昆虫迁飞型个体具有远距离迁飞能力，其繁殖能力也相对较小。

昆虫种群的大小和变化速度主要取决于昆虫种群的内禀增长率(r)和环境容量(K)。种群的内禀增长率是指在特定的环境条件下，具有稳定年龄组配的种群的最大瞬间增长速率。环境容量是指在食物、天敌等各种环境因素的制约下，种群可能达到最大稳定的数量。r反映了昆虫种群的增长速率，K反映了昆虫种群发展的最大范围。所以，当K值保持一定时，r值越大，种群增长速率越快，种群越不稳定；当r值保持一定时，K值越大，种群发展的范围越大，种群愈趋向稳定。根据r值与K值的大小，可将昆虫种群基本上划分为两个生态对策类型。

①K对策者　K对策者类型的r值较小，而相应K值较大，种群数量比较稳定。属于此种类型的昆虫，一般个体较大，世代周期较长，一年发生代数较少，寿命较长，繁殖力较小，死亡率较低，食性较为专一，活动能力较弱，常以隐蔽性生活方式躲避天敌。其种群水平一般变幅不大，当种群数量一旦下降至平衡水平以下时，在短期内不易迅速恢复。其中典型的昆虫种类如金龟甲类、麦叶蜂、天牛类、十七年蝉等。

②r对策者　r对策者类型的r值较大，K值相应较小，种群数量经常处于不稳定状态，变幅较大，易于突然上升和突然下降。一般种群数量下降后，在短期内易于迅速恢复。属于此种类型的昆虫，一般个体较小，世代周期短，一年发生代数较多，寿命较短，繁殖力较大，死亡率较高，食性较广，特别是活动能力较强。其活动能力强(如扩散、迁飞)不仅有利于摆脱种群密度过大而造成食源不足，去寻找新的食源，而且有利于躲避天敌。其中较典型的如蚜虫类、棉铃虫、小地老虎、沙漠蝗、螨类等。

实际上生物的生态对策从K对策型到r对策型是一个连续的系统，称为r-K连续系统。在这个系统中，按照K类选择和r类选择的不同程度排列着各种各样的生物，除极端的K对策型和极端的r对策型外，存有许多过渡的中间型。所以这两种对策型的划分也是相对的。

4.2.6.2　昆虫的生态对策和防治策略

根据上述K对策型和r对策型的特点，可供制订害虫防治策略时参考。一般属r对策型的害虫繁殖力较大，大发生频率高，种群恢复能力强，许多种类扩散迁移能力强，常为暴发性害虫，虽有天敌侵袭，但在其大发生之前的控制作用常比较小。故对此类害虫的防治应采取以农业防治为基础，化学防治与生物防治并重的综合防治策略。单纯采取化学防治时，由于此类昆虫的繁殖能力强、种群易于在短期内迅速恢复，特别是容易产生抗药性，因而往往控害不显著。但在大发生的情况下，化学防治可迅速压低其种群数量。应研究保护利用和释放 r 对策型的天敌昆虫，充分发挥生物防治的控制效应。

对 K 对策型害虫，虽然其繁殖力低，种群密度一般较低，但常直接为害植物的花、果实、枝干，造成的经济损失大。故对其防治策略应为以农业防治为基础，重视化学防治，采用隐蔽性、局部性施药，坚持连年防治，以持续压低种群密度。因其种群密度一旦压低，不易在短期内恢复。当其种群密度处于相当低时，应重视保护利用天敌，或进行不育防治或遗传防治，以彻底控害。

对于一些属于中间过渡类型的害虫，利用生物防治往往可以收到良好的效果，而单纯依赖化学防治，很可能造成这些害虫再猖獗。

4.3　群落生态的基本概念

4.3.1　生境和小生境

(1) 生境
生境是指生态学中环境的概念，又称栖息地，指生物的个体、种群或群落生活地域的环境，包括必需的生存条件和其他对生物起作用的生态因素。生境是由生物和非生物因子综合形成的，而描述一个生物群落的生境时通常只包括非生物的环境。

(2) 小生境
小生境系指某种昆虫具体生活的场所，如小麦田、果园等。

4.3.2　生态位

生态位是指物种在群落或系统中的地位和作用。一个动物的生态位表明它在生物环境中的地位及它与食物、天敌的关系，应从空间、资源利用等多方面考虑物种的生态位。生态位分为基础生态位和实际生态位，前者指该物种能占据空间或利用资源的最大程度，后者指由于竞争者的存在，该物种实际占据的空间或利用的资源。

生态位常用生态位宽度和生态位重叠两项定量指标，比较群落中各物种占据空间的大小或利用资源的多少。如某物种对温度适应幅度广，或在寄主植物上分布范围大（即占据资源范围大），则该物种的生态位宽度指数就大；反之则小。如某物种与另一物种适应于同一温度范围，或分布于寄主植物的同一部位（即利用相同等级资源）的数量多，则这两个物种的生态位重叠指数就大；反之则小。

4.3.3　生物群落

4.3.3.1　群落的基本概念
群落是指一定时间内居住在一定空间范围内的生物种群的集合体。它包括了植物、动物和微生物等各个物种的种群，这些种群共同组成了生态系统中有生命的部分。每个群落有自己的分布区，且独立于邻近的群落。生物群落的范围可广可狭，如苜蓿田生物群落、苜蓿田昆虫群落、苜蓿田半翅目昆虫群落等。

4.3.3.2　优势种

在一个群落中所有物种的种群起的作用不都是完全相等的。对群落的结构和群落环境的形成有明显控制作用的物种称为优势种。假如在一个苜蓿田群落中，苜蓿占地 $3.2hm^2$，杂草占总地 $0.03hm^2$，每平方米的苜蓿面积上平均有叶象甲 3 头、籽象甲 1 头、盲蝽 64 头，其他动物如叶螨有 5 头，很明显，这个群落里的优势种是苜蓿和盲蝽。

4.3.3.3　食物链和食物网

食物链表示在生态系统中，植食性动物取食植物、肉食性动物取食植食性动物、另一种肉食性动物又取食该种肉食性动物之间的食物联系。如豌豆蚜为害苜蓿，七星瓢虫捕食豌豆蚜，麻雀捕食七星瓢虫，鹰又捕食麻雀等，一环接一环，形成一条以食物为联系的链。大多数昆虫都处于食物链的第 2 环(害虫)和第 3 环(天敌昆虫)上，通常是食物链的重要成员之一。

在自然界中，各种生物群落中不可能只存在一条食物链。例如，在小麦田内，为害小麦的害虫有蚜虫(麦长管蚜、麦二叉蚜、禾谷缢管蚜等)、小麦吸浆虫(麦红吸浆虫、麦黄吸浆虫)、麦蜘蛛(麦长腿蜘蛛、麦圆蜘蛛等)、黏虫、麦叶蜂、麦茎蜂、麦穗夜蛾等，它们各有其自己的天敌，各种天敌又各有自己的天敌，所以就以小麦为中心，形成了多条食物链，因而构成了复杂的食物网。

食物链的第 1 环多为绿色植物，但也可为死亡有机体，如植物的枯枝落叶、动物的尸体和排泄物、动植物的加工产品等。在一般情况下，食物链上的各种生物的数量保持着相对的动态平衡，如果其中一环发生变动，就会影响到整条食物链，甚至整个食物网上生物种类的重新配置和数量的变动。了解作为第 2 环的害虫和第 3 环的天敌在种类和数量上的变动规律，对其测报和综合防治等都有重要意义。

4.3.3.4　群落多样性和稳定性

(1)群落多样性

群落多样性是群落中物种数和各物种个体数构成群落结构特征的一种表示方法。一个群落中如有多个物种，而且各物种的数量较均匀，则该群落具有高的多样性；如果一个群落中的物种数少，而且各物种的数量不均匀，则该群落的多样性较低。

所以群落多样性是把物种数和均匀度结合起来考虑的统计量。但有时出现一个物种数少而均匀度高的群落，其多样性可能与另一物种数多而均匀度低的群落的多样性相似。群落多样性是比较群落稳定性的一种指标，在评价害虫综合治理的生态效益中有着重要的意义。

常用的群落多样性测定方法有以下两种。

①香农-维纳多样性指数　香农-维纳(Shannon-Wiener)多样性指数，是描述多样性常用的指标，其公式为：

$$H' = -\sum_{i=1}^{s} P_i \cdot \ln P_i$$

式中　H'——香农-维纳多样性指数；

P_i——第 i 个物种的重要值(个体数、生物量或能量)与全部物种总重要值的比值；

s——物种数；

$i = 1，2，\cdots，s$。

②辛普森多样性指数　辛普森(Simpson)多样性指数，是由概率论导出的测量多样性的计算式，其公式为：

$$D = 1 - \sum_{i=1}^{s} \frac{N_i(N_i - 1)}{N(N - 1)}$$

式中　D——辛普森多样性指数；

s——物种数；

N_i——群落中第 i 物种的个体数；

N——群落中物种的个体总数；

$i = 1，2，\cdots，s$。

(2)群落稳定性

群落稳定性是指群落抑制物种种群波动和从扰动中恢复平稳状态的能力。主要包括两种能力，即抵抗力和恢复力。所谓抵抗力即抗变能力，表示群落抵抗扰动、维持群落结构和功能、保持现状的能力。如森林与草原相比，前者更能忍受温度的剧烈变动，也较能抵抗干旱和病虫为害，而后者则受到低温、干旱、病虫等灾害扰动时，其结构和功能就容易遭到破坏。所谓恢复力表示群落在遭受扰动后恢复原状的能力。恢复得越快，群落也越稳定。故从恢复力考虑，草原的受扰动后恢复平稳的稳定性又较森林为高。群落稳定性这两个相互排斥的方面，表明具有高抵抗力稳定性的群落，其恢复力稳定性较低；具有高恢复力稳定性的群落，其抵抗力稳定性较低。在研究各种群落的稳定性时，应予以辩证分析。

一般认为群落的结构越复杂，多样性越高，群落也越为稳定，并把群落多样性作为其稳定性的一个重要尺度。如用香农-维纳多样性指数可以表示群落的稳定性。但部分学者认为从理论上讲，在更多样化的系统中，一个生态关系复杂的网络，可导致种群急剧波动，而不是更加稳定。但总的趋势仍然认为，高度多样性是稳定自然系统的特征之一。

4.3.4　生态系统和农业生态系统

生态系统是指在一定的空间内，生物的和非生物的成分通过物质的循环和能量的流动而互相作用、互相依存而构成的一个生态学功能单位。它是由许多生物组成的，这些生物之间靠物质的交换和能量的流动而联系成为一个完整的、相对独立的功能单位。在我们居住的地球上，有着许多大大小小的生态系统，大至生物圈、海洋、陆地、草原，小至一个池塘、一片森林、一块草地或农田等。

在人类农业活动参与下形成的生态系统叫"农业生态系统"，如森林、草地牧场、果园、苜蓿田等(图 4-5)。

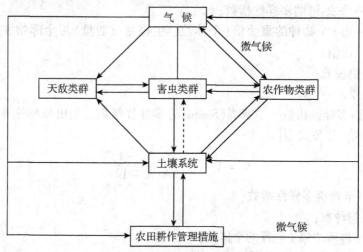

图 4-5   农业生态系统结构示意图

研究农业生态系统中动植物种类的组成和数量变化，及其与周围环境条件的依存关系，可能揭示农业害虫生活中的薄弱环节，为根治害虫提供理论依据。

复习思考题

1. 温带地区昆虫的温区是怎样划分的？昆虫在各温区中的反应怎样？
2. 什么叫有效积温法则？它有什么用途？
3. 昆虫获得水分的途径有哪些？
4. 光对昆虫有哪些影响？
5. 根据食性的不同，可以将昆虫分为哪几类？
6. 植物的抗虫性主要表现在哪几个方面？
7. 天敌昆虫包括哪几类？
8. 昆虫的种群数量变动主要受哪些因素影响？
9. 昆虫的空间分布型主要有哪几类？各有何特点？

第 5 章
害虫调查及预测技术

5.1 害虫调查一般原理

植物害虫的防治，首先必须掌握种群在时间上和空间上的数量变化，在虫情调查的基础上，对调查数据进行统计与分析，做出正确的虫情分析与判断，这是进行害虫预测预报和防治的基础。

5.1.1 调查方法

害虫因为种类或虫期不同，为害部位和分布型也有差异。在实际调查中，根据调查的目的、任务与对象，通常采用普查和详细调查相结合。

(1)普查

普查一般指在植物中选有代表性的路线用目测法边走边调查。调查时除记载害虫发生的生境外，还要着重调查影响害虫发生的生态因子以及害虫的生物学特性。同时，还必须访问当地农民，了解植物栽培和利用的管理技术水平、虫害发生情况和防治经验等。

(2)详细调查

在普查的基础上，为了进一步查清害虫的种类、发生及其为害情况，选择有代表性的地段，选定调查点，分别对食叶、蛀茎、花和果实以及根部害虫进行详细调查。其内容主要有害虫种类组成调查和害虫数量调查。

5.1.2 取样方法

取样就是从调查对象的群体中，抽取一定大小、形状和数量的单位(样本)，以用最少代价——人力和时间，来达到最大限度地代表这个全群或集团。取样方法的确定，要根据调查对象集团大小和集团的变异程度，用于调查的人力以及时间长短和要求准确程度的高低，随着这些条件的不同，采取不同的取样方法。

常用调查取样方法按组织方式的不同，一般可以分为下列几种。

(1)分级取样(或巢式抽样)

分级取样是一种一级级重复多次的随机取样。首先从集团中取样得样本，然后再从样本里取样得亚样本，依此类推，可以继续取样。例如，要调查某地为害苜蓿种子的苜蓿广肩小蜂时，可在各种子堆、种子包中选取一定样本的种子，然后将取得的种子混合，划成 4 等份，按对角取 2 份混合，再划分为 4 等份，再取其中 2 份，如此分取下去，直到所取种子数量便于检查时为止，检查后所得结果即可代表该地粮仓中苜蓿广肩小蜂发生情况。害虫预测预报工作中，每日分检黑光灯下诱集的害虫，如虫量太多，无法全部数点时，也可采用这种取样方法，选其中的 1/2 或 1/4，然后计算。

(2) 双重取样(间接取样)

双重取样法一般应用于调查某一种不易观察，或耗费甚大才能观察的性状。如不少钻蛀性螟虫(玉米螟)不易观察调查，不得不在作物生长期拔出大量玉米秆剖开进行调查。对于这些对象，我们可在较小的样本里，调查与所掌握的这一性状(如虫口密度等)有密切相关的另一简单性状(如玉米的蛀孔数或玉米螟的有卵株率等)，借着它们的相互关系，对我们所要掌握的性状作出估计。

双重取样的应用，必须有两个条件：一是两个性状必须具有较密切的相关关系；二是两个性状中必须有 1 个性状是比较易观察到的简单性状，而另一个性状也就是所要调查的对象，是比较难以直接查清的复杂性状。

(3) 典型取样(主观取样)

这是指在全群中主观选定一些能够代表全群的作为样本，这个方法带有主观性。但当已相当熟悉全群内的分布规律后进行应用，便较为节省人力和时间，但要小心避免人为主观因素带来的误差。

(4) 分段取样(阶层取样、分层取样)

当全群中某一部分与另一部分有明显差异时，通常采用分段取样法，从每一段里分别随机取样或顺次取样。如调查苜蓿害虫种类时，可分为根、茎、叶、花和果实等不同部位进行。

(5) 随机取样

随机取样不等于随便取样，它是按照一定的取样方式，选取一定的样点，并对样点全面计数。常用的取样方法有五点式、对角线式、棋盘式、"Z" 字形式和平行线式等(图 5-1)。

实际上，无论是分级取样、双重取样、典型取样、分层取样等，在具体落实到最基本单元时(如田块、一间仓库、大面积田中的一个地段等)，都要采用随机取样法做最后的抽样调查。

调查取样方式与害虫或其为害植物的分布型关系密切。五点式和

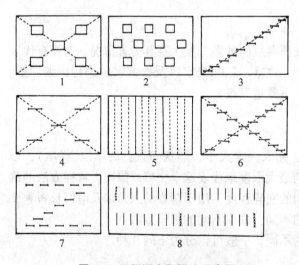

图 5-1　田间调查取样法示意图

1. 五点式(面积)　2. 棋盘式　3. 单对角线式　4. 五点式(长度)
5. 分行式　6. 双对角线式　7. "Z" 字形　8. 平行线式

对角线式取样适于随机分布型的昆虫，棋盘式取样适于随机分布型或核心分布型的昆虫，平行线式取样适于核心分布型的昆虫，"Z"字形取样适于嵌纹分布型的昆虫。

5.1.3 取样单位

取样所用单位，应随着昆虫的种类，不同虫期活动栖息的方式，以及各类植物生长情况不同而灵活运用。一般常用的单位如下。

(1) 长度

常用于调查密集条播植物害虫的调查统计。统计一定长度(如1m)内的害虫数和有虫株数。

(2) 面积

常用于调查统计地面害虫、密集或密植植物的害虫，以及体小不甚活跃、栖居植株表面的害虫。统计时一般采用$1m^2$的面积，查其虫数、有虫株数。在虫口密度大，不太活动的情况下，面积可缩小至$1/4m^2$。

(3) 体积(或容积)

用于调查贮藏害虫。

(4) 重量

用于调查粮食、种子中的害虫。

(5) 时间

用于调查活动性大的害虫。观察统计单位时间内经过、起飞或捕获的虫数。

(6) 植株或植株上部分器官或部位

统计虫体小、密度大的蚜虫、蓟马等时，常以寄主植物部分如叶片、花蕾、果实等为单位。

(7) 器械

根据各种害虫的特性，设计特殊的调查统计器械。如捕虫网扫捕一定的网数，统计叶蝉、粉虱及幼虫的百网虫数。灯光诱蛾，以一定光度的灯，在一定时间内诱获的虫数(虫头/台)。糖、酒、醋液诱集地老虎，黄色盘诱集蚜虫和飞虱，以每盘计数(虫头/盘)。谷草把诱卵，杨柳枝把诱蛾等，则以单位面积内设置一定大小规格的诱集物为单位，如百把卵块数、百把蛾数等。

5.1.4 调查时间

调查工作应根据目的、对象选择适当的方法和时间。调查害虫种类组成时，由于植物不同，发育阶段与季节中发生的种类也不同，必须在植物的各个发育阶段进行。调查害虫分布时，应选择发生最盛期进行，尤其是尽量在易于发现和认识的虫期进行。同样，调查害虫发生期与发生量时，亦应按虫期和生活习性不同而异，损失率的调查多在受害已表现时进行。

5.1.5　统计与计算

在田间进行实地调查，必须根据调查的目的要求和具体内容设计调查统计表格，实地检查，认真记载，获得一系列的数据资料，对所获得的各种材料（应包括标本）要及时登记、整理、计算，以便将调查结果进行比较和综合分析，概括地说明害虫数量和为害程度。资料分析整理中常用的一些统计计算方法如下：

（1）平均数计算法

这是调查统计分析上用得最多，而且很重要的一个数量指标。它集中代表了样本的归纳特征。计算法是把各个取样单位的数量直接加在一起，除以取样单位的个数所得的商，即为平均数。计算公式如下：

$$\bar{x} = \frac{x_1 + x_2 + x_3 \cdots + x_n}{n} = \frac{\sum x}{n} \tag{1}$$

式中　$\bar{x}$——均数；

　　　n——取样单位个数；

　　　x——变数。

计算平均数时，应注意代表性，变数中有的太大或太小，常影响均数的代表性。为了表示均数中各样本的变异幅度，常附加一个标准差。

标准差的计算公式为：

$$S = \sqrt{\frac{\sum (x - \bar{x})^2}{n - 1}} \tag{2}$$

$$S = \sqrt{\frac{\sum fx^2 - n\bar{x}^2}{n - 1}} \tag{3}$$

式中　S——标准差；

　　　f——次数；

　　　$n-1$——自由度。当 $n > 30$ 时，则不用 $n-1$，可改用 n 作除数。

例如，在田间调查地下害虫（蛴螬、金针虫等）的数量，采用五点取样法，每样点面积为 $1\mathrm{m}^2$。统计虫数分别为 8，5，3，4，2 头，每平方米虫口密度平均数为：

$$(\bar{x})每平方米平均虫数 = \frac{8+5+3+4+2}{5} = 4.4（头）$$

$$S = \sqrt{\frac{(8-4.4)^2 + (3-4.4)^2 + (4-4.4)^2 + (2-4.4)^2 + (5-4.4)^2}{5-1}}$$

$$= \sqrt{\frac{22.8}{4}} = \pm 2.4$$

因此，每平方米虫口密度为 4.4 ± 2.4 头，即在调查的样本中：多数在 $2 \sim 6.8$ 头之间。

（2）加权平均

如果在调查资料中，变数较多，样本在 20 个以上，相同的数字有几个，在计算时，可用乘方代替加法，这种计算平均数的方法，称为加权平均。其中数值相同的次数为权数，用 f 代表，用加权计算的平均数叫作加权平均数。公式如下：

$$\bar{x} = \frac{f_1 x_1 + f_2 x_2 + \cdots + f_n x_n}{\sum f} = \frac{\sum fx}{\sum f} \tag{4}$$

例如，在苜蓿地中，调查苜蓿叶象甲数量，用双对角线取样 20 点，每个样点面积为 1 m^2，各样点检查虫数结果为：

$$1 \quad 3 \quad 2 \quad 6 \quad 5 \quad 2 \quad 3 \quad 3 \quad 3 \quad 0$$
$$4 \quad 2 \quad 0 \quad 2 \quad 2 \quad 4 \quad 2 \quad 5 \quad 1 \quad 2$$

加权平均时，先整理出次数(权数)分布表见表 5-1。

表 5-1　次数分布表

变数(x)	0	1	2	3	4	5	6
次数(f)	2	2	7	4	2	2	1

代人加权平均公式：

$$\bar{x} = \frac{2 \times 0 + 2 \times 1 + 7 \times 2 + 4 \times 3 + 2 \times 4 + 2 \times 5 + 1 \times 6}{2 + 2 + 7 + 4 + 2 + 2 + 1} = \frac{52}{20} = 2.6(头)$$

加权平均法对于各变数所占比重不同的资料亦可适用。例如，不同类型田中害虫发育进度、不同受害程度的虫害率等，都应考虑各类型田所占面积的比例，即以各类型田面积百分数为权数，求出加权平均数，才符合客观实际。

(3) 百分率的计算

为了便于比较不同地区、不同时期或不同环境因素影响下的害虫或益虫发生情况，一般需计算出百分率，样本数至少要有 20 ~ 30 个以上，常用下列公式计算：

$$P = \frac{n}{N} \times 100\% \tag{5}$$

式中　P——受害株百分率(有虫样本百分率)；

　　　n——有虫或受虫害样本数；

　　　N——检查样本总数。

表示样本不匀程度的标准差公式为：

$$S = P(1 - P) \tag{6}$$

(4) 损失估计

作物因害虫所造成的损失程度，直接决定于害虫数量的多少，但并不完全一致，为了可靠地估计害虫所造成的损失，需要进行损失估计调查。

产量损失可以用损失百分率来表示，也可以用实际损失的数量来表示。这种调查往往包括 3 个方面：调查计算损失系数，调查计算作物被害株率，计算损失百分率或实际损失数量。

求损失系数的公式为：

$$Q = \frac{a - e}{a} \times 100\% \tag{7}$$

式中　Q——损失系数；

　　　a——未受害植株单株平均产量(g)；

　　　e——受害植株单株平均产量(g)。

产量损失的大小不仅决定于损失系数，而且决定于被害株率，根据上面资料可算出产量损失百分率：

$$C(\%) = \frac{Q \times P}{100} \qquad (8)$$

式中　C——产量损失百分率(%)；

　　　Q——损失系数；

　　　P——受害株百分率(%)。

进一步可以求出单位面积作物实际损失产量：

$$Z = \frac{a \times M \times C}{100} \qquad (9)$$

式中　Z——单位面积实际损失产量(kg)；

　　　a——未受害株单株平均产量(g)；

　　　M——单位面积总植株数(株)；

　　　C——产量损失百分率(%)。

5.2　害虫的调查

根据目前作物生产的实际情况，昆虫的调查一般在内容上应考虑两个大的相互联系的方面，某一地区或生境中昆虫区系的调查，在此基础上，对该地区或生境中一至数个灾害性种群进行的重点调查。

5.2.1　昆虫区系调查

昆虫区系是在一定的时间、空间内，昆虫种类生存的总体。在各历史地质年代中有石炭纪、二叠纪昆虫区系。当前存在一定区域的昆虫，有华南昆虫区系、华北昆虫区系、中亚细亚昆虫区系等。区系内种的存在并不永恒静止，是随着生活环境的变更而不断地在变动着。

5.2.1.1　调查内容

(1) 生境调查

对害虫生活有影响的生活条件进行调查，包括地形、土壤、气候和其他动物。

(2) 害虫调查

调查害虫种类、分布、发育阶段、虫口密度、生活世代等。

(3) 天敌调查

调查天敌昆虫种类和寄主以及感染率。

(4)害情调查

调查害虫的发生面积，寄主植物受虫害的损失程度。

昆虫区系调查的重点是种类组成(分类鉴定这些种类，提出害虫的名录，编制其检索表，区分优势种、普通种和稀有种)与地理分布(在标明景观特征，确定分布区和数量对比的基础上绘制分布图)。

5.2.1.2　调查的一般方法

区系调查一般都是实地调查，主要是观察、记载和采集等方面的工作。

(1)组织领导

区系调查应和有关单位协作，必须要有统一领导、统一组织、统一区划，有计划有步骤地逐步进行，调查中最好重点建站，点、面结合进行调查和采集。

(2)标本采集

边采集、边制作，编号登记，有条件还应饲养。每号标本应标志签条，记明采集地点、日期、寄主、海拔、采集人、编号。应注意干燥、消毒、保存等工作，同种标本一般需要雌、雄个体30份以上。

(3)标本制作与鉴定

所采集标本经整理、制作、编号后，有条件的要进行学名鉴定(或送有关研究单位鉴定)。鉴定的标本要精心保存，或送有保藏条件的标本馆或自然博物馆。

(4)编写调查报告

本书不再详述。

5.2.2　灾害性害虫的重点调查

在昆虫区系调查查明某一地区或生境中优势种群的基础上，根据这些种群的为害情况与当时的经济允许水准，确定一至数个急需研究和重点防治的对象，进行重点调查。

5.2.2.1　重点调查的目的任务

根据昆虫区系调查的资料，全面深入调查，了解一至数个害虫种群在某一地区或生境的为害情况、生物学特性等内容，为预测预报与防治提供科学依据。

重点调查的中心是害虫发生期、为害期以及种群数量的变化规律。一般根据某一地区或生境的自然环境类型，在有代表性的区域或选择面积较小的地点(不小于$1hm^2$)设点，进行细致深入而经常性的定点调查。

5.2.2.2　害情调查

(1)为害程度与损失调查

通过实地取样调查取得虫口密度等资料，统计测定、计算植物受害损失程度在产量和质量上的数据，以便从经济上估计开展防治与否以及提出必须防治的数量标准。

产量损失的计算详见 5.1 节。质量损失可按植物受害轻重，依一定标准进行分级来确定。分级的标准应视害虫种类及被害作物而不同，一般分为：

一级：受害轻，害虫为害不明显。

二级：受害中等，害虫数量较多，为害明显。

三级：受害严重。

四级：植物全部或近乎全部无收获。

上述调查主要是靠实地取样、统计测定、计算来完成。

(2) 为害面积调查

通过本调查，要取得某害虫在分布区内，其为害程度已超过当时经济允许水平的为害区，尤其是严重为害的面积数据，为确定防治面积，提供可靠依据。

上述调查除靠一般的实地观察记载外，有关量的实际测定与资料的整理分析是其主要手段。

5.2.2.3　生物学特性调查

(1) 寄主与为害方式调查

通过调查，可查明某害虫各虫态为害植物的种类，按其喜食程度对此情况分列名录。其次还要查明各虫态为害植株的部位（暴露或钻蛀，地上或地下部分等）、被害状（包括采集标本）以及植株受害后的反应等。为制订防治措施、计划引种与实施检疫提供依据。

上述调查主要靠实地观察记载、调查统计、被害标本的采集鉴定来完成。

(2) 害虫生活史与生活习性调查

此项工作内容很多，观察得越深入、越全面、就越能抓住害虫的弱点，从而制订出有力的防治措施。具体调查内容应视各地具体条件，但应包括对预测、防治及其鉴定有重要意义的项目。

生活史的观察应包括：越冬（虫态、场所）、各虫态的发生期及其虫期、发生世代数等。一种害虫的生活史可以用文字记述，也可按各虫态出现的时期、历期用图来表示。

生活习性的观察应包括：交配产卵、越冬、食性、趋性、假死性、活动的昼夜节律、生长蜕皮等。

上述调查以定点观察记载和饲养观察记载为主，依不同项目采用诱测、试验、统计测定、资料分析等方法。

表 5-2 仅代表一种比较常见的调查表格式，可以作为参考。

表 5-2　昆虫调查表

寄主植物		时间	地点：	省（自治区、直辖市）	县	乡
虫名	学名		目		科	
	中名		俗名：			
为害虫期：			为害程度：			

（续）

为害方式：																		

其他寄主植物：

发生时期	月	1			2			3			4			5			6		
	旬	上	中	下	上	中	下	上	中	下	上	中	下	上	中	下	上	中	下
	虫态																		

寄主植物生育期

发生时期	月	7			8			9			10			11			12		
	旬	上	中	下	上	中	下	上	中	下	上	中	下	上	中	下	上	中	下
	虫态																		

寄主植物生育期

天敌	种类	编号	侵袭时期	主要发生期	标本保存

标本保存情况	卵	幼虫	蛹	成虫	被害状	其他

备注	

调查者：　　　　　　　　　　鉴定者：

5.3　害虫的预测预报

5.3.1　预测预报的目的和内容

害虫的预测预报工作，就是观察害虫发生的动态，把所得的资料，结合当地的气候和植物生长发育状况，加以综合分析，将害虫未来的动态趋势作出正确的判断，把结果及时发布出去，为防治做好准备。

害虫预测预报的基本内容，就是预测害虫数量的变动即数量在时间和空间上的变化规律。预测预报的具体内容是：首先掌握害虫发生期、为害期，确定防治的有利时机。其次是掌握害虫发生量，视害虫发生量的多少和为害性的大小，决定防治与否。最后要掌握害虫发生地和扩散蔓延的动向，确定防治区域、对象田地及其他应对的组织和措施。

5.3.2　预测预报的类别

5.3.2.1　按预测时间长短分

（1）短期测报

一般仅测报几天至十多天的虫期动态。根据害虫的前一虫期推测下一虫期的发生期和数量，作为当前防治措施的依据。例如，从产卵高峰期预测孵化盛期；从诱虫灯诱集发蛾量预测为害程度等。

(2) 中期测报

一般都是跨世代的，即根据前一代的虫情推测下一代各虫期的发生动态，作为部署下一代的防治依据。期限往往在 1 个月以上。但视害虫种类不同，期限的长短可有很大差别。一年只发生 1 代的害虫，一个测报可长达 1 年；发生周期短的害虫(全年2~5 代的种类)，可测报半年或一季，有的甚至不足 1 个月。

(3) 长期测报

这是对 2 个世代以后的虫情测报，在期限上一般达数月，甚至跨年。在发生量预测上，通常由年初展望全年，或对一些生活史长、周期性发生的害虫，分析在今后几年内的消长动态，都属于长期趋势测报。此项工作需要多年的系统资料累积。

5.3.2.2　按预测内容分

可分为发生期预测、发生量预测和分布蔓延预测。

(1) 发生期预测

发生期预测是指昆虫某一虫态出现时间的预测。也就是预测害虫侵入植物的时间，或是害虫某一虫态在植物上大量出现或猖獗为害的时期。如何时化蛹、产卵、飞迁等。

发生期的预测在害虫防治上十分重要。因为对许多害虫来讲，防治时间是否抓得准，是个关键性的问题。例如，钻蛀性害虫(玉米螟)必须消灭在幼虫孵化之后、蛀入植物组织之前，否则一旦蛀入植物组织内部，即无法防治。有些食叶的暴食性害虫，必须消灭在 3 龄以前，如地老虎、黏虫等，否则后期食量大增，为害严重，同时抗药性增强，毒杀比较困难。为了更好地开展害虫的综合防治，不仅要注意害虫的发生时期，而且还要预测益虫的发生时期及其动向，以便及时地引入天敌或调整药剂的使用。

(2) 发生量预测

发生量预测就是预测未来害虫数量的变化。对常发型害虫，它的数量变化在不同年份虽有差异，但波动幅度不大。对于那些暴发型害虫，数量预测十分重要。因为这些害虫的发生特点是：数量变动幅度极大，有的年份它们销声匿迹，不见为害；有的年份却大肆猖獗，为害严重。

害虫数量的增减，是害虫各个虫期在生活过程中所受各种外界环境因子综合影响的结果，在这个过程中不仅有非生物(特别是降水量、温度)因子和生物(尤其是天敌)因子影响，而且人类活动等有着更大的影响。但是各个因子的作用是不相同的，只要全面地掌握害虫的发生发展规律，就可以从影响害虫数量变化过程中的多种因子中，抓住其中的主导因子，以这个主导因子的动态作为害虫数量变化预测的指标。

(3) 分布蔓延预测

害虫在分布区内，有一定的发生基地，而且有一定的扩散蔓延和迁移习性。因此害虫的发生都有从点蔓延成片，或迁移到别的地方的发展趋向。

害虫在一定时间内扩散迁移的范围，决定于迁移的速度，其影响害虫蔓延迁移速度的因素主要是：害虫的活动能力，种群数量大小，地形限制条件和气象条件。只要掌握了一种害虫的生活习性，参考害虫的食料和寄主植物的分布，根据当地当时气象要素的具体变化，就能分析找出这种扩散蔓延的动向，计算出某一定时间内可能蔓延到的地区，或是根据面积和距离预测迁移到某地所需的时间，做好防治的准备工作。

另外，若已知一种害虫的生活条件后，就可以预测它们可能分布的地区。因为一种害虫迁入新的地区后，该地的环境条件超出了此虫可能的生存条件，此虫在未经长期的适应以前，则不可能在这个地区生存。

5.3.3 预测预报的方法

害虫的预测预报方法很多，有些方法既可用于发生期预测，也可用于发生量预测。有的方法既可用于发生量预测，又可以用于分布蔓延预测。

5.3.3.1 发生期预测

发生期预测是对害虫某一虫态出现时期的预测。例如，该害虫什么时候孵化、化蛹、羽化、迁飞等。发生期预测的准确性对于害虫的防治至关重要。发生期预报是以害虫虫态历期在一定条件下需经历一定时间的资料为依据。在掌握虫态历期资料的基础上，只要知道前一虫期出现时间，同时结合近期的环境条件(如温度)，就可以推断后一虫期出现的时期。发生期预测的方法很多，常用以下几种方法。

(1)期距(历期)预测法

期距是指有规律且带必然性的两种现象之间的时间间隔，如前后两虫态之间的时间间隔，或上、下两个世代同一虫态之间的时间间隔。历期是指各虫态发育所经历的时间。期距一般不等于害虫各虫态的历期。因为后者多是通过单个饲养观察，再求其平均值得到。期距则常采用自然种群间的时间间隔，如害虫第 1 代灯下蛾高峰日与第 2 代灯下蛾高峰日之间的期距，是集若干年的或若干地区记录材料统计分析而得来的时间间隔。根据多年或多次积累的资料，进行统计计算，求出某两个现象之间的期距。期距不限于世代与世代之间，虫期与虫期之间，两个始盛日之间，两个高峰日之间，始盛期与高峰期或盛末期之间，它还可以在一个世代内或相邻两个世代间，或跨越世代或虫期，或为某种自然现象与害虫的某一时期之间的期距，等等。既可整理成多年或多次的平均期距和标准差，也可整理成相似年或相似情况下的平均期距及标准差。这里必须注意某种昆虫的各虫态历期资料都有地区、季节、世代的限制，不能各地、各代通用。另外，期距分短期期距和中期期距。中期期距受环境因素变化的干扰较大，所以准确性稍差。了解虫态历期或期距的方法有：

①饲养法 从田间采集一定数量害虫的成虫，使之在人工饲养或接近自然条件下产卵繁殖，然后观察记载卵、幼虫、蛹和成虫的历期，根据各虫态历期分别求出平均数，这种平均历期可以作为期距资料用于期距预测。饲养时应注明当时的温、湿度条件，饲养环境条件尽量接近自然条件。

②田间调查法 从某一虫态出现前开始田间调查，每隔 1～5 d(或逐日)进行一次，系统调查统计各虫态的百分比，从中可以看出其发育进度的变化规律。一般将某虫态出现数量达 20% 时定为始盛期，达到 50% 时定为盛发高峰期，达到 80% 时定为盛发末期。根据前一虫态与后一虫态盛发高峰期相隔的时间，即可定为盛发高峰期期

距。其他类推。例如，鳞翅目害虫化蛹百分率和羽化百分率可按下列公式统计：

$$化蛹百分率 = \frac{活蛹数 + 蛹壳数}{活幼虫数 + 活蛹数 + 蛹壳数} \times 100\%$$

$$羽化百分率 = \frac{蛹壳数}{活幼虫数 + 活蛹数 + 蛹壳数} \times 100\%$$

田间害虫发育进度调查还可按各虫态分级标准进行发生期预测。如根据田间总卵量，将卵按其发育进度不同而表现出的色泽变化进行分级，然后统计各级卵的百分率。或根据田间幼虫总量及各龄幼虫所占百分率，或根据田间蛹总量及各级蛹百分率(将蛹按其发育进度不同而呈现的色泽不同进行分级)，然后分别按各虫态或各级(龄)历期预测发生期，其准确度较高。

③诱集法　利用害虫的趋光性、趋化性、觅食、潜伏等生物学特性进行预测。如用黑光灯诱测各种夜蛾、螟蛾、金龟子、蝼蛄等，用糖醋酒液诱测小地老虎，用黄板诱测蚜虫等。在害虫发生之前开始诱测，逐日统计所获虫量，据此可以看出当地当年各代成虫的始见期、盛发期、高峰期和终见期。然后比较上、下两代的始见、盛发、高峰、终见日期分别求出期距，就可用于期距预测。

④收集资料　可以从文献资料中收集有关害虫的历期与温度之间的关系，然后做出发育历期与温度关系曲线，或分析计算出直线回归或曲线回归式备用。在预测时应注意结合当地、当时的气温预告值，求出所需的适合历期资料。

(2) 积温法

积温法就是利用有效积温法则进行测报的方法。有关内容及方法见 5.2 节。

(3) 物候预测法

物候学是研究自然界的生物与气候等环境条件的周期性变化之间相互关系的科学。应用物候学知识预测害虫的发生期，这种方法叫物候预测法。许多害虫生长发育的阶段性经常与寄主植物的生育期相吻合。如河南省对小地老虎的研究观察发现"桃花一片红，发蛾到高峰；榆钱落，幼虫多"的现象。陕西武功地区小地老虎越冬代成虫盛发期总是与连翘盛花期相吻合。因此，可以根据当地的一些物候现象来预测某些害虫的发生期和发生趋势。

在野外一般应选择观察显著易见，分布普遍的多年生植物的发芽、开花、果熟、枯黄等不同发育标志的出现期，或者当地季节动物的出没、鸣叫、迁飞等生活规律。同时也要观察同一环境中害虫的孵化、化蛹、羽化、交尾、产卵等不同发育阶段出现的一致性。在进行观察时，必须把观察的重点放在害虫出现以前的物候上，找出其间的期距。例如，从飞蝗的物候观察上可以看出，如在野外田间调查到苦菜孕蕾时，就预示夏蝗即将出土；看到马齿苋开花时，即知秋蝗出土。

5.3.3.2　发生量预测

预测害虫发生数量对于指导害虫防治具有现实意义。但害虫发生数量的增减是一个比较复杂的问题，一方面取决于害虫的虫口基数、繁殖力和存活率等内在因素；另一方面受气候、天敌和食料条件等外在因素所影响。

害虫的数量预测有多种方法，如根据田间虫口密度调查或诱虫器捕获虫量资料，与历史资料进行对比分析，判断害虫发生数量的趋势，以及为害程度的大小。另外也可采用相关分析方法，以害虫发生量与单因子或多因子的相关分析结果制订预测式。还可以根据历年的资料作出生物气候图或坐标图，将当年气象预报的条件与生物气象图相比较，作出害虫发生数量趋势的估计。采用害虫生命表，根据当地当代或某虫态因各种原因所致的害虫死亡率和存活率，同时结合害虫的繁殖力情况，预报下一代或下一虫态的发生量。

（1）有效基数预测

根据害虫前一代的有效虫口基数推算后一代的发生量。见 5.2 节。

（2）气候图法

可用于害虫的分布预测和数量预测。见 5.1 节。

（3）形态指示法

根据生物有机体与生活条件统一的原理，外界环境条件对昆虫的有利或不利，在一定程度上反映在形态和生理状态上，因此可以利用昆虫的形态或生理状态，作为指标来预测昆虫未来数量的多少，如昆虫的大小、质量、脂肪组织及其他器官的变化等，都可作为预测的指标。例如，蚜虫在有利条件下，主要产生无翅蚜；反之，则出现有翅蚜。因此这种类型的变化就可作为数量预测的指标，也可作为预测迁飞扩散的指标。

（4）生命表分析法

生命表是分析昆虫种群动态的重要方法。生命表以昆虫的产卵数或预期产卵数为起点，分别调查由于各种不同原因对种群不同虫期所造成的死亡率，逐项列入表中，最后求出一个世代中所能存活下来的数量，再根据雌雄性比及雌虫平均产卵量，求得下一代的发生量。如发生量与起点发生量相似，说明种群数量稳定无增减；如大于起点发生量，表明种群数量将要增加；如低于起点发生量，表明种群数量将趋于下降。生命表中应记载：虫期或虫龄（x），该虫期或虫龄的起始存活数（lx），在该虫期或虫龄的死亡因素（dxF）及死亡数（dx），折合该虫期的死亡率（$100qx$），折合成全世代（N_1）的死亡率（$100dx/N_1$），在本世代及下世代的卵数（N_1 及 N_2）。以某虫（每雌产卵量为 100，性比为 50∶50）作生命表为例（表5-3）。

表5-3　某害虫的生命表

虫期 （x）	该虫期开始时存活的数量 （lx）	死亡原因 （dxF）	该虫期的死亡 数量（dx）	死亡百分率 （$100qx$）
卵（N_1）	100	寄生性天敌	30	30
		捕食性天敌	10	10
幼虫	60	霜	55	92
蛹	5	寄生性天敌	3	60
成虫	2	♀∶♂ = 1∶1		
		每雌平均产卵 100 粒		
卵（N_2）	100			

种群消长趋势指数：$I = \dfrac{N_1}{N_2} = 1$。

种群消长趋势指数 $I = 1$ 时，说明种群数量无增减；$I > 1$ 时，表明种群数量将增长；$I < 1$ 时，种群数量将减少。

从表 5-3 可以看出，幼虫因霜冻死亡 92%，折合种群起始总量（N_1）的 55%，可以说对该虫种群消长起着关键的作用。幼虫期是影响种群消长的关键虫期，而使关键虫期致死的主要因素为霜冻，霜冻则成为决定因素，这是数量预测的重要依据。

（5）回归分析预测

回归分析是现代应用统计学的一个重要分支，是研究事物间量变规律的一种科学方法。通过回归分析建立回归模型可以预报害虫的发生数量，也可以预报发生时期，是目前害虫测报工作中用得最多的一种方法。

①根据预报量选取预报因子　常用的有资料分布图和相关系数两种方法。

资料分布图方法　将预报量（y）作 y 轴，预报因子（x）作 x 轴，将历年的 x，y 数值一一对应在坐标纸上描点，如果散点密集在一条狭长的带内，接近一条直线（不与 x 轴平行）或一条曲线，说明二者相关性比较密切，该因子可选作预报因子。散点排列接近直线者，称为有"线性相关"；排列接近一条曲线者，称为有"非线性相关"，或称有"曲线相关"；如果点很分散，不在一条狭长的带内，表示二者相关性不强，不宜选作预报因子；如果散点排成圆形，或排成平行于 x 轴的矩形，则表示二者无相关性。

相关系数方法　衡量两变量相关的最好方法是求相关系数，然后查相关系数检验表，检验相关是否达到一定的显著水平，如果达到，则可选作预报因子。

相关系数（r）的值越接近 ±1，则 x 和 y 的线性关系越好；如果相关系数（r）为正值，表示 x 和 y 为正相关关系；如果 r 为负值，表示 x 和 y 为负相关关系；如果 r 接近 0，就可认为 x 与 y 没有线性关系。

②相关系数的计算及其显著性检验

相关系数的计算　在害虫测报工作中，通过多年系统观测，便可得到一系列预报量（y）与预报因子（x）的数据，用以计算二者的相关系数（r）。其计算公式为：

$$r = \frac{\sum (x - \bar{x})(y - \bar{y})}{\sqrt{\sum (x - \bar{x})^2 \cdot \sum (y - \bar{y})^2}} = \frac{l_{xy}}{\sqrt{l_{xx} \cdot l_{yy}}}$$

现以湖北省汉阳县历年越冬代二化螟发蛾始盛期与当年 3 月上旬平均气温的数据为例，计算其相关系数。原始资料及计算表见表 5-4。

表 5-4　湖北省汉阳县 1961—1970 年各年越冬代二化螟发蛾始盛期
与当年 3 月上旬平均气温的相关分析统计

年份	3 月上旬平均温度（℃）（x）	越冬代发蛾始盛期（y）（4 月 30 日为 0）	x^2	y^2	xy
1961	8.6	3	73.96	9	25.8
1962	8.3	5	68.89	25	41.5

（续）

年份	3月上旬平均温度 （℃）（x）	越冬代发蛾始盛期 （y）（4月30日为0）	x^2	y^2	xy
1963	9.7	3	94.09	9	29.1
1964	8.5	1	72.25	1	8.5
1965	7.5	4	56.25	16	30.0
1966	8.4	4	70.56	16	33.6
1967	7.3	5	53.29	25	36.5
1968	9.7	2	94.09	4	19.4
1969	5.4	7	29.16	49	37.8
1970	5.5	5	30.25	25	27.5
Σ	78.9	39	642.79	179	289.7

$$l_{xx} = \sum x^2 - \left(\sum x\right)^2 / n = 642.79 - 622.521 = 20.269$$

$$l_{yy} = \sum y^2 - \left(\sum y\right)^2 / n = 179 - 152.1 = 26.9$$

$$l_{xy} = \sum xy - \left(\sum x\right)\left(\sum y\right) / n = 289.7 - 307.71 = -18.01$$

$$r = \frac{\sum (x - \bar{x})(y - \bar{y})}{\sqrt{\sum (x - \bar{x})^2 \cdot \sum (y - \bar{y})^2}} = \frac{l_{xy}}{\sqrt{l_{xx} \cdot l_{yy}}} = -0.7713$$

相关系数的显著性检验 对于一对变量，只有当它们之间的相关系数的绝对值大到一定程度时，才说其相关关系是显著的。两变量之间是否有显著的相关性，也可以用回归直线来近似地描述。然而，由于抽样误差的影响，即相关系数（r）达到显著值与抽样或观测的数目有关，统计学书给出了不同自由度（$N-2$）下 $P_{0.05}$ 和 $P_{0.01}$ 两个水平相关系数检验表，所计算 r 的绝对值若大于表中 $P_{0.05}$ 水平的 r 值，则称两变量间有显著的相关性；若大于表中 $P_{0.01}$ 水平的 r 值，则称两变量间有极显著的相关性。一般只有相关系数显著时，才有意义进行回归分析。上例 $r = -0.7713$，查相关系数检验表，自由度 $= n - 2 = 8$，现所求得 r 的绝对值大于表中 0.01 水平时的 r 值（0.765），所以二者相关极显著。即3月上旬的平均气温可以选作二化螟越冬代发蛾始盛期的预报因子。

③一元线性回归预测式的建立

求回归方程 对于任何一组资料，经相关分析得出预报量与预报因子呈显著线性相关之后，两个变量之间的统计关系便可用以下 y 对 x 的回归方程，模型描述：

$$\hat{y} = a + bx$$

式中 $\hat{y}$——和 x 的量相对应的点估计值；

　　　a——$x = 0$ 时的 $\hat{y}$ 值，即回归直线在 y 轴上的截距（回归截距）；

　　　b——x 每增加一个单位数时，$\hat{y}$ 平均将要增加（$b > 0$）或减少（$b < 0$）的单位数，即回归直线的斜率，称为回归系数。

要使 $\hat{y} = a + bx$ 能够最好地代表 y 和 x 在数量上的相互关系，数学上常用最小二

乘方法来确定参数 a 和 b 的值。利用前面计算数据，根据最小二乘方法得：

$$b = \frac{l_{xy}}{l_{xx}} = \frac{-18.01}{20.269} = -0.8885$$

$$a = \bar{y} - b\bar{x} = 3.9 - (-0.8885) \times 7.89 = 10.9103$$

得回归方程式为

$$\hat{y} = 10.9103 - 0.8885x$$

直线回归的估计标准误 得到回归预测式以后，每给定一个 x 值，计算出来的 y 值与实测值并不吻合，这是因为 x 与 y 两个变量之间的关系不是确定性的。实际上，在这里每给予一个 x 值，所预测的是 y 的平均估计值 $\hat{y}$，那么，实际的 y 值离 $\hat{y}$ 相差多少呢？这就要进行直线回归估计标准误的分析，即估计回归线的精度。

由于直线回归方程是由 $Q = \sum (y - \hat{y})^2 =$ 最小而得来的，所以称 Q 为离回归平方和或剩余平方和。因为回归方程中有 a 和 b 两个参数，所以 Q 的自由度为 $n-2$。因此，可以定义回归的估计标准误（或称剩余标准差）$S_剩$ 为：

$$S_剩 = \sqrt{\frac{Q}{n-2}} = \sqrt{\frac{\sum (y - \hat{y})^2}{n-2}} = \sqrt{\frac{l_{yy} - bl_{xy}}{n-2}} = \sqrt{\frac{(1-r^2)l_{yy}}{n-2}}$$

由公式可以看出，各个实测点越靠近回归线，$S_剩$ 的值就越小，反之，$S_剩$ 的值就越大。根据统计学的原理，散点落在以估计值为中点的 $\pm 2S_剩$ 范围内的概率是 95.4%，因此若在回归线的两旁作平行于回归直线 $y' = a + bx + 2S_剩$、$y'' = a + bx - 2S_剩$，则可以预料有 95.4% 的 y 值落在这两条直线之间。

将上例有关值代入公式求 $S_剩$

$$S_剩 = \sqrt{\frac{(1-(-0.7713)^2) \times 26.9}{10-2}} = 1.167$$

故该例的直线回归预测式为：$\hat{y} = 10.9103 - 0.8885x \pm 2.3$

④曲线回归预测式的建立 在实际问题中遇到的因变量 y 与自变量 x 之间的关系不一定都是线性关系，例如，昆虫发育速率与温度的关系，只有在最适宜的温度范围内，其发育速率才随温度的上升而加快，高于或低于这个范围时，随着温度的上升其发育速率增加缓慢（过高过低的温度条件还会引起昆虫的发育停滞甚至死亡），呈现出"S"型曲线的关系。这时就不能用直线回归式描述昆虫发育速率与温度之间的相互关系，而应该用曲线回归模型来描述。要建立曲线回归模型，关键问题是要找出这种曲线的类型，即选配适当的曲线方程式，然后通过一定的变量代换，将原来的曲线回归模型化为一元线性回归模型，即可按一元线性回归求参数的方法进行参数估计。

5.3.3.3 分布蔓延预测

害虫分布蔓延预测具有两方面的意义，其一是知道了某种害虫各虫态所要求的生存条件后，便可根据不同地域是否具备这些条件来预测害虫的分布区域。如应用有效积温预测某害虫的分布时，某地区如果具有完成某害虫的一个世代以上的有效积温，从温度条件来看，这种害虫可能在该地区分布。其二是对于某些具有迁移习性的害虫，可根据害虫的种群数量、种型变化、地形及气象资料等因素，综合分析这种害虫在某一时期内可能扩散蔓延的范围。对于某些迁飞性害虫的分布蔓延预测，需要较大范围内的协作，如省际间的协作，地区之间的协作，甚至国际合作。这是因为迁出地的发生期和发生量经常会影响迁入地的发生期和发生量，而单纯依靠本地的调查资料不可能准确地进行预测。

随着计算机技术在害虫调查和预测预报中的应用水平不断提高，害虫的调查和预测预报技术也将会有一个更大的飞跃。

复习思考题

1. 在害虫的调查中，常用哪些取样方法？害虫的空间分布型与取样方法有什么联系？
2. 害虫的预测预报类别是如何划分的？
3. 害虫的预测预报主要有哪些方法？

第 6 章

害虫防治方法和策略

害虫的防治策略与技术是植物害虫研究的核心。害虫防治的目的是对植食性害虫实行有效控制，即在认识和掌握害虫发生规律的基础上，按照人类的愿望采取与环境相协调的综合措施，把害虫的数量和为害控制在经济损失允许水平以下。由于不同历史阶段人类对自然界的认识程度和科技发展水平不同，对植物害虫的认知和防治方法及策略也在不断地变化。

6.1 植物害虫防治方法

植物害虫防治方法是控制植物害虫，避免或减轻害虫对农作物、经济作物和花卉为害的技术。具体措施种类很多，按照防治措施的性质可以分为植物检疫、农业防治（包括抗虫品种的利用）、生物防治、物理机械防治和化学防治5类。

6.1.1 植物检疫

植物检疫，就是根据国家法令设立专门机构，采用各种检疫措施，禁止或限制危险性有害生物（害虫、病、杂草）人为地从外国或外地传入或从本地传出。植物检疫的目的在于既要防止从别国传入新的害虫种类，还要采取措施，控制其发源地，或缩小某些害虫的活动地区。在签订对外贸易合同时，一定要考虑进口物品可能传带危险有害生物的问题，认真做好植物检疫。

自然界里的许多害虫，分布往往都有一定区域性，在原产地由于各种生物的和非生物因素的综合影响，往往处于不被人们注意的状态，但害虫也存在向外传播扩大分布的可能性。一旦进入环境条件适宜的新地区后，便逐渐增殖、蔓延，而成为引人注目的危险性害虫。特别是由于各国间商贸范围的扩大，交通运输所需时间的缩短，某些害虫随种子、苗木、农产品及包装材料传入各地，增加了害虫新种类输入的危险性。在引进害虫寄生性和捕食性天敌时，也有可能把有害生物同时引来，所以植物检疫在大多数国家越来越重视。

6.1.1.1 植物检疫的范围

（1）对内检疫

对内检疫亦称国内检疫。为了防止和消灭通过国内各地区之间的物资交流、调运种子、苗木及其他农产品等而传播的危险病、虫及杂草，由各省、自治区、直辖市检疫机关会同邮局、铁路、公路、民航等有关部门，根据各地政府公布的对内检疫条例和检疫对象，执行检验，采取措施，以防止局部地区危险性病虫、杂草向内外传播蔓延。

（2）对外检疫

对外检疫又称国际检疫。国家在沿海港口、国际机场，以及国际交通要道等处设立检疫机关和商品检疫站，对出入口岸及过境的农产品等进行检验和处理，防止有害生物随植物或植物产品由国外输入国内，或由国内输入国外。

6.1.1.2　植物检疫对象的确定

（1）调查研究和情报资料的收集

这是开展植物检疫的基础。不摸清各地有害生物分布和为害情况，就无从确定该地区的检疫对象。因此，必须有计划地对各地有害生物进行普查、抽查或专门调查，了解当地有害生物发生的种类、分布范围和为害情况。

（2）确定检疫对象

为了使检疫工作在技术上、经济上变得切实可行，在确定检疫对象时，要十分慎重，目的要明确，要充分掌握有关的资料。确定检疫对象的原则是：国内尚未发现或虽已发现而分布不广，仅限于局部地区的；在各国或传播地区，对农牧业生产确有严重威胁而防治又很困难的；必须是人为传播的，即容易随同种子、栽植材料、农牧产品等运往各地的。

6.1.1.3　植物检疫的执行步骤

（1）划定和宣布疫区、保护区

在确定检疫对象之后，根据检疫对象分布范围，划分疫区及保护区。一旦划为疫区就要严格执行检疫措施，并由政府订出法规共同遵守。

（2）组织力量，进行消灭

划定疫区后，对该地区检疫对象，进行封锁隔离并彻底消灭。

（3）检疫及处理

对植物及其产品的检验，可分为产地检验、抽样检验及试种检验。经植物检疫部门检验后，如不带检疫对象，即可签证放行。如果发现检疫对象后，应根据情况进行处理。如禁止调运，退回，销毁，禁止播种，指定地点消灭，责令改变运输路线，限定使用地点及使用方法，就地加工或限制使用期等。在检疫工作中研究迅速发现害虫和迅速消灭害虫的技术是十分重要的内容。

6.1.2　农业防治法

植物害虫的农业防治法，就是利用农业生产经营管理中一系列耕作栽培管理技术，有目的地管理环境，培育健壮植物，增强植物抗害、耐害和自身补偿能力，以抑制害虫种群或降低其增殖速率和可能造成的损失。

6.1.2.1　农业防治的特点

农业防治的最大优点是不需要过多地额外投入，且易与其他措施相配套。此外，推广有效的农业防治措施，常可在大范围内减轻植物害虫的发生程度。农业防治也具有很大的局限性，首先，农业防治必须服从生产要求，不能单独从植物害虫防治的角度去考虑问题。第二，农业防治措施往往在控制一些虫害的同时，引发另外一些虫害，因此，实施时必须针对当地主要虫害综合考虑，权衡利弊，因地制宜。第三，农业防治具有较强的地域性和季节性，且多为预防性措施，在虫害已经大发生时，防治效果不佳。但如果很好地加以利用，则会成为综合治理有效的一环，在不增加额外投入的情况下，压低植物害虫的种群数量，甚至可以持续控制某些植物害虫的大发生。

6.1.2.2　农业防治的技术

(1) 改进耕作栽培制度

①合理作物布局　农作物的合理布局，可影响害虫的发生数量，减少虫源。如在北京地区，甘蓝夜蛾常集中发生在菠菜留种地，大发生年份常向周围菜地成群转移，造成严重损失，因此，菠菜留种地宜安排在距有关菜地较远的地方。再如，在建立新果园时，应避免桃、梨、苹果、杏等树种混栽或近距离栽植，否则，易引起梨小食心虫的严重为害。

②合理轮作和间作套种　合理轮作倒茬对单食性或寡食性害虫起恶化营养条件的作用。轮作使土壤环境条件发生变化，对地下害虫的生存不利，如对金针虫、地老虎、蛴螬等有显著的影响。如大豆与禾本科作物的大面积轮作，能明显抑制单食性害虫大豆食心虫的发生。避免十字花科蔬菜周年连作或相近邻作，可减轻菜蛾等十字花科蔬菜害虫为害。莴笋或芹菜与瓜类间作，可减轻黄守瓜的为害；大蒜与油菜间作，可驱避菜蛾。间作套种也能防治害虫，如玉米与豆科作物混播，金针虫和瑞典秆蝇对玉米的为害很小。

(2) 合理施肥

施肥对植物害虫的影响是多方面的。施肥在防治虫害中的作用主要表现在 3 个方面：一是改善植物的营养条件，提高作物的抗害和耐害能力，加速虫伤的愈合；二是改变土壤的性状和土壤微生物群落结构，恶化土壤中害虫的生存条件；三是直接杀死害虫。如果施肥不当，也能造成害虫发生和繁殖的条件。如施肥不深或把未经腐熟的有机肥直接施于田间，常招致种蝇、蛴螬、葱蝇等地下害虫为害加重。

(3) 科学播种

①调整播种期　由于长期的适应性进化，在特定地区害虫发生期往往形成与其寄主植物的生长发育相吻合的状况，如果在不影响作物产量和品质的情况下，适当提前或推迟播种期，将害虫发生期与作物的易受害期或危险期错开，即可避免或减轻害虫的为害。该技术适用于作物播种期伸缩范围较大而易受虫害的危险期又较短，以及

害虫食性专一、为害期短、生活史又整齐的情况。

②调整播种密度 种植密度影响田间温度、湿度、光、风等小气候，从而影响作物和害虫。一般来说，种植密度大，影响通风透光，田间荫蔽，湿度大，植物木质化速度慢，有利于喜阴好湿性害虫的发生为害。而种植过稀，植物分枝多，生育期不一致，也会增加害虫的发生为害。因而合理密植，不仅能充分利用土地、阳光等自然资源，提高单产，同时可提高作物对害虫的耐害性。

③精选良种 调整播种深度，促进作物壮苗快发，可减轻虫害。如大蒜选用饱满无霉无破伤的蒜瓣剥皮种植，出苗快，蒜瓣腐烂时间晚，可避免招致根蛆成虫产卵，且耐虫害。

(4) 耕翻整地

耕翻整地可改变土壤的生态条件，恶化害虫的生活环境和潜伏场所。翻耕可将土壤深层的害虫翻至土表，通过天敌啄食、日光暴晒或冷冻致死，或将地表和土壤表层的害虫深埋，使其不能出土而死，或通过机械损伤直接杀死一部分害虫。耕翻整地对地下害虫和在土壤中越冬或越夏的害虫具有较好的防治效果。

(5) 合理灌溉

合理排灌，可控制一些害虫的发生为害。如菜田或果园实行喷灌，可冲刷大量蚜虫，减轻为害；而适时进行大水漫灌，可有效地控制地下害虫的为害。

(6) 加强田间管理

①清洁田园 田间的枯枝落叶、落果、遗株等各种农作物残余物中，往往潜伏着大量害虫，在冬季又常是某些害虫的越冬场所。因此，及时将田间枯枝、落叶、落果等清除与集中处理，可消灭大量潜伏的多种害虫，降低虫源基数。

②铲除杂草 田间及地头附近的杂草是某些害虫的野生寄主和越冬场所，也是某些害虫在作物出苗前和收获后的重要食料来源，因此铲除杂草可有效防治某些害虫。

③植株管理 适时间苗定苗、拔除虫苗，及时整枝打杈，对于防治蚜虫、螨类等有显著效果。

(7) 抗虫品种的选育

抗虫品种的选育与利用是害虫综合防治中的一项重要措施，在国内外日益受到人们的重视。选育抗虫品种的方法很多，包括选种、引种、杂交、诱发突变等。最常用的是品种间杂交，现在的品种很多是用这种方法选育出来的。随着现代生物技术的发展，国内外都在开展抗虫基因工程的研究。目前国际上抗虫性研究的特点是在单项抗性研究的基础上，大力开展综合抗性的研究，以选育能抗多种病虫，少受地域或环境的影响的品种。抗虫品种的选育工作应重视优良品种的搜集，抗性鉴定标准和方法的研究，这就需要昆虫学工作者和育种工作者密切合作。

抗虫品种的选育首先应该确定育种的目标，再根据具体目标搜集抗源材料，通过适宜的育种方法和抗性鉴定技术进行抗虫品种的选育。确定抗虫育种目标主要是为了提高育种的投入效益，解决生产上的重大问题，减少植物保护对环境的副作用。因此，抗虫育种首先要选择重要的作物种类；其二要选择在相当大范围内持续大发生，已成为某一作物栽培生产限制因素的重要虫害；第三，是其他植物保护措施难以控制，不能承担较昂贵的植物保护投入或现有植物保护措施对环境和农产品安全生产副作用较大的农业虫害。以解决这类问题为目标育成的抗虫品种，作用大，效益高，易于推广应用。此外，有时还要根据植物害虫的分布范围和迁移能力，确定选育垂直抗性品种或水平抗性品种。抗源材料主要是指转入作物体内可以遗传，并能产生抗性表现的基因或遗传物质。包括同种或近缘种植物的抗性基因，不同生物体内可以表达产生抗性物质的基因，甚至植物害虫体内的遗传物质。采用不同的育种技术可以选用不同的抗源材料，传统抗虫育种大多利用同种或近缘种的抗性基因，而现代生物技术育种则可将远缘生物体内的抗性基因和有害生物体内的遗传物质，转入目标作物体内使之产生抗性。由于利用抗虫品种防治害虫具有与环境协调性好、不污染环境、对人畜安全且不杀伤天敌、与其他防治协调性好、防治作用持久、潜在经济效益大等众多优点，所以利用丰产抗虫品种防治害虫是最经济有效的措施。

6.1.3　物理及机械防治法

物理机械防治是指利用各种物理因子、人工和器械防治害虫的植物保护措施。常用方法有人工和简单机械捕杀、温度控制、诱杀、阻隔分离、微波辐射等。物理防治见效快，常可把害虫消灭在盛发期前，也可作为害虫大量发生时的一种应急措施。这种技术通常比较费工，效率较低，一般作为一种辅助防治措施，但对于一些用其他方法难以解决的虫害，尤其是当害虫大发生时，往往是一种有效的应急防治手段。

6.1.3.1　器械捕杀

根据害虫的栖息或活动习性，设计比较简单的人工器械或简单器具进行直接捕杀害虫。例如，人工采卵、摘除虫果，利用灭蝗机灭蝗、黏虫网捕杀黏虫等。

6.1.3.2　诱集和诱杀

利用害虫的趋性或其他习性，如潜藏、产卵、越冬等对环境有一定的要求，采取适当的方法或适当的器械加以诱杀。

(1) 利用趋光性

大部分在夜间活动的昆虫都有趋光性，如多数的夜蛾，部分金龟子、蝼蛄、叶蝉、飞虱等。利用电灯、汽灯或油灯作光源诱杀害虫，通常灯下置水盆，水面上滴少量石油，可直接杀死害虫。利用黑光灯诱集已成为害虫测报和防治的一项措施。在黑光灯上加高压电网，使诱来害虫触电而死。黑光灯诱集害虫的效果受天气的影响较大，一般在闷热、无风、无雨、无月光之夜诱虫最多。不同种类的害虫活动趋光性最盛时间也不同，应根据诱集对象掌握开灯时间。

利用灯光诱杀害虫必须大面积进行，效果才显著。诱集具体面积的大小还应根据诱杀对象在田间的分布、活动规律及其他习性来确定。

(2) 食饵诱杀

利用害虫的趋化性，在其所喜欢的食物中掺入适量毒剂来诱杀害虫的方法叫毒饵诱杀。如蝼蛄、地老虎等地下害虫，可用麦麸、谷糠等作饵料，掺入适量敌百虫、辛硫磷等药剂制成毒饵来诱杀；用糖、醋、酒、水、10％吡虫啉按6:3:1:10:1的比例混合配成毒饵液可以诱杀地老虎、黏虫等。

（3）利用颜色趋性

美洲斑潜蝇、蚜虫、粉虱等对黄色有趋性，可设置黄板诱杀。蓟马对蓝色反射光敏感，可用蓝色板进行诱杀。

6.1.3.3　温湿度的应用

植物害虫对环境温度有一定要求，在适宜生长发育温度范围以外过高或过低的温度均会导致其失活或死亡。同时，某些寄主植物比植物害虫对温度具有更高忍耐能力。根据这一特性，可利用高温或低温来控制或杀死有害生物。从理论上讲，过高或过低的湿度也会导致植物害虫失活或死亡，但在实践中用湿度控制害虫的实例却极少。

（1）日光暴晒

饲料充分干燥，可以避免储藏期害虫的发生和为害，在夏季太阳直射下，温度可达50℃左右，几乎对所有储粮害虫都有致死作用。暴晒必须彻底，否则粮食中含有过多的水分，将为害虫猖獗发生提供有利条件。

（2）烘干杀虫

一般可以利用烘干机加热在50℃经30min，或60℃经10min，进行烘干处理，即能杀死种子或材料中害虫。

（3）蒸汽杀虫

感染仓库害虫的各种包装器材和仓库用具，可根据器材、用具的性质应用蒸汽消灭害虫。用温度为90℃的蒸汽处理，经10～20min可杀死各种害虫。

（4）沸水杀虫

对于豌豆和蚕豆种子中的豌豆象和蚕豆象，可以用沸水处理，烫种时间是豌豆25s、蚕豆30s，烫后应及时取出在冷水中浸过，再摊开晾干，可将豆象全部杀死而不影响种子的品质和发芽。

6.1.3.4　微波辐射杀虫

微波控制技术是借助微波加热快和加热均匀的特点，通过高温来杀灭害虫。此法是利用小型的微波炉来处理某些植物种子中的害虫。辐射法是利用电波、γ射线、X射线、红外线、紫外线、超声波等电磁辐射进行害虫的物理控制技术，可达到直接杀灭害虫或使其不育的目的。这种处理方法具有穿透力强、杀虫效果好、无污染、成本低和快速等特点。

6.1.4　生物防治法

生物防治是利用有益生物及其产物控制有害生物种群数量的一种防治方法。对于生物防治的范畴，从广义来说，生物防治包括利用有益生物的生物体及其产物。生物产物的含义很广泛，如植物的抗害性、杀生性植物、激素、信息素、抗生素等都可认为是生物产物，因此，均可列入生物控制的范畴。而传统狭义的生物防治主要是利用有益生物活体进行有害生物的种群数量控制。随着科技的发展，人类已从直接利用生物活体防治有害生物，发展到利用生物产物，以致将生物产物进行分子改造，进行工厂化合成，用来防治有害生物。但活体生物、生物产物和人工改造后的化合物具有明显的差异。活体生物不仅是天然存在的，在野外可以自行繁衍传播，而且由于生物的协同进化，一般不会产生抗性。生物产物也是天然的，但不具自行繁衍传播的能力。而生物产物经过分子改造、工厂化合成后，已非天然，无论从其性质、毒性，还是从其对环境的影响上看，均更接近化学农药。所以，后者属于化学农药范畴。

6.1.4.1　生物防治的生态学基础

生物与生物之间存在着相互促进、相互制约的关系。在自然界中，为害植物的有害生物种类很多，但真正对植物造成严重损失的有害生物种类并不多，95%以上是潜在或间接的。这说明大量的有害生物受到自然的控制，而其中最重要的自然控制力量就是天敌因素，这就是所谓的"自然生物控制"。必须指出，自然生物控制仅仅是启示了人们发掘和利用有益生物来控制有害生物这一重要途径，而不能被认为依靠天敌的自然发生发展就能解决有害生物的问题。因为在自然状况下，天敌充分发挥其显著控制效果常在有害生物产生大量为害之后。有害生物是天敌的营养来源，其大量发生又是天敌大量繁殖的重要条件。生物间的这种相互促进、相互制约的食物链，是生物防治的生态学基础。

6.1.4.2　生物防治的特点

从保护生态环境和可持续发展的角度讲，生物防治是最好的有害生物防治方法之一，表现在：①生物防治对人、畜安全，对环境影响极小。尤其是利用活体生物防治植物害虫等有害生物，由于天敌的寄主专化性，不仅对人、畜安全，而且也不存在残留和环境污染问题。②活体生物防治对有害生物可以达到长期控制的目的，而且不易产生抗性问题。③生物防治的自然资源丰富，易于开发。此外，生物防治成本相对较低。

但从有害生物治理和植物生产的角度看，生物防治仍具有很大的局限性，尚无法满足植物生产和有害生物治理的需要，还存在以下问题：①生物防治的作用效果慢，在有害生物大发生后常无法控制。②生物防治受气候和地域生态环境的限制，防治效果不稳定。③目前可用于大批量生产使用的有益生物种类还太少，通过生物防治达到有效控制的有害生物数量仍有限。④生物防治通常只能将有害生物控制在一定的为害水平，对于一向防治要求高的有害生物，较难实施种群整体治理。因此，它不能完全代替其他的控制方法，必须与其他的控制方法相结合，综合地应用于有害生物的控制中。

6.1.4.3　害虫生物防治的途径

(1) 保护利用自然天敌

保护利用昆虫天敌是害虫生物防治的一个重要途径，其目的在于提高天敌对害虫种群的制约作用，将害虫种群控制在经济损失允许水平以下。害虫的自然天敌种类很多，主要包括捕食性天敌和寄生性天敌两大类。

捕食性天敌包括捕食性昆虫和捕食性其他动物。

捕食性昆虫(predator)　主要有蜻蜓、螳螂、猎蝽、姬猎蝽、花蝽、草蛉、粉蛉、褐蛉、瓢虫、步甲、虎甲、食虫虻、食蚜蝇、胡蜂、泥蜂、土蜂等。

捕食性其他动物　主要有农田蜘蛛、捕食螨、食虫鸟类、家禽、青蛙、蛇、蟾蜍等。

寄生性昆虫(parasitoid)　主要包括寄生蜂类、寄生蝇和捻翅虫类等。

但在自然界中，由于气候、食料、栖息场所或农事操作等因素的影响，尤其是食料充足与否，则引起害虫天敌种群数量消长总是依附于害虫的种群数量之后作上下波动，即天敌的跟随现象。由于自然天敌种群盛发期滞后，往往不足以达到控制害虫为害的程度。因此，通过采取各种措施保护和利用天敌，促进自然天敌的繁殖，增加天敌的数量，无疑对控制害虫的发生与为害具有重要意义。保护利用自然天敌有以下几种主要途径。

①保护天敌越冬　在寒冷的冬季，天敌死亡率很高。为了提高天敌的越冬存活率，可创造有利于天敌的越冬场所，保护其越冬。如束草诱集，引进室内蛰伏，或采集寄生性天敌的寄主保护过冬等。

②直接保护天敌　例如，我国长江流域稻区在群众性人工摘除三化螟卵块防治三化螟时，常采用卵寄生蜂保护器，使三化螟卵块中的天敌黑卵蜂能够安全羽化并飞回田间。一些地区还使用蛹寄生昆虫保护笼保护天敌；在果园附近，定期悬挂人工鸟巢箱，可以招引某些食虫鸟定居下来；向群众宣传青蛙捕虫的益处，禁止捕捉青蛙等。这些措施都可以提高田间害虫天敌的密度。同时，及时补充天敌的食料和寄主，促进天敌的存活和繁殖，具有保护和增殖天敌的作用。

③应用农业技术措施保护天敌　农事活动和农业技术措施与天敌的栖境、生存和食料有密切关系。合理的间作套种可招引和繁殖天敌，如实行麦棉间套、油菜与棉花邻作、棉田间种油菜等措施，可招引天敌，对棉蚜、棉铃虫有较好的控制作用。果园周围种植防护林带，有利于小型天敌昆虫的活动，并对益鸟提供有利的栖息环境。

④合理使用农药　使用农药既要保护作物不受虫害为害造成损失，又要达到尽力保护天敌的目的。合理使用农药，第一要科学地确定每种主要害虫的经济损失允许水平，避免无效防治；第二要做到逐田了解虫情，以便只在局部田块施药或进行挑治，避免同期全面施药；第三是对于农药品种、剂型、用量、使用时间和使用次数等都应考虑其对天敌影响程度，要选用对害虫高效、残效期短、选择性强，且对天敌低毒的品种和剂型，控制农药用量、次数和使用范围，采取尽量减少杀伤天敌的施药方

法。如杀虫剂采用种子处理、土壤处理、植株涂扎或打吊瓶等隐蔽施药，对地上天敌昆虫的不利影响可以减轻或避免；施用毒饵对寄生性天敌也比较安全。避免在大量释放天敌时期前后施药，选择天敌昆虫抗药性较强的虫期(蛹期或卵期)施用农药，采用高效、低毒、低残留的选择性农药，都有利于保护天敌。

(2) 天敌人工繁殖与释放

人工繁殖释放天敌是增加自然界害虫天敌数量的有效途径。在田间天敌数量较少而不足以控制害虫种群数量，且害虫可能大发生时，或从国外及外地输引少量天敌时，都需要进行人工繁殖补充数量，然后再进行释放。释放通常有两种方式，即接种释放(inoculative release)和淹没释放(inundative release)。前者仅释放少量人工饲养的天敌，使释放的天敌通过田间繁殖达到较长期控制害虫的目的；而后者则是以造成害虫种群间接或直接死亡为目的，不指望长期控制害虫，是把它作为一种生物杀虫剂来使用，在防治的关键时期释放。如用蓖麻蚕卵、柞蚕卵在室内大量繁殖赤眼蜂，防治玉米螟、棉铃虫、松毛虫、烟青虫、甘蔗螟、稻螟等多种害虫。

某种害虫天敌是否值得通过人工大量繁殖，首先要明确其对害虫有无控制为害的能力，能否适应当地的生态环境。其次要明确这种天敌的生物学特性，它的寄主范围、生活历期、对温湿度条件的要求、繁殖力等。最后要明确人工繁殖的条件，特别要明确适宜寄主的选择或者人工饲料的配制和效能等。一种较理想的寄主应具备以下条件：①这种寄主是天敌所喜寄生或捕食的；②天敌通过寄主能够顺利完成生长发育；③寄主所含营养物质较为丰富；④寄主较易获得，花费较少；⑤寄主繁殖量大、世代数多；⑥易于饲养管理。此外，在人工繁殖天敌时，应注意使繁殖出的天敌能保持较高的生活力，并能适应田间的生活环境，以便发挥天敌的效能。

(3) 天敌的引进与移植

有些害虫在当地缺少有效天敌，在这种情况下，可以考虑从国外引进或从国内不同地区移植害虫有效天敌，并进行人工繁殖和驯化适应，让其在当地扎根立足。这种从国外引进或从国内不同地区移植害虫天敌的办法，目的在于改变当地昆虫群落的结构，改变某种害虫与天敌种群密度不平衡现象，在外来天敌种群的影响下达到新的平衡状态。

从国外引进天敌或国内移植天敌成功的例子有很多。例如，美国为解决加利福尼亚州柑橘吹绵蚧严重为害问题，于1988年从原产地大洋洲引进澳洲瓢虫129只，引进后第2年就控制了为害。此后，俄罗斯、新西兰、中国等40多个国家相继引进，均获得成功。我国为了控制外来害虫温室白粉虱的为害，于1978年从英国温室作物研究所引进丽蚜小蜂，控制温室白粉虱的作用十分明显。大红瓢虫在我国从浙江移植至湖北后又移植至四川，成功地防治了柑橘吹绵蚧。

引进天敌昆虫应当首先做好深入调查研究工作，主要是：①确定要防治害虫的原产地，尽量在原产地寻找有效天敌；②在要防治的害虫对象发生数量少的地区搜集有效天敌；③充分了解引进天敌在原产地或害虫轻发生地的气候、生态等情况；④引进天敌昆虫运输时应妥善包装，尽可能缩短运输时间，如需时较长应存放于

4.5～7℃的冷藏器中；最好以休眠期运输；运回后还要进行驯化再释放田间。引进的天敌昆虫应具备繁殖力强、繁殖速度快、生活周期短、雌雄比大、适应能力强，寻找寄主的活动能力强，并同害虫的生活习性比较相近，控害作用大等条件。

6.1.5　化学防治法

化学防治是利用化学药剂防治有害生物的一种防治方法。主要是通过开发适宜的农药品种，并加工成适当的剂型，利用适当的机械和方法处理作物植株、种子、土壤等，来杀死有害生物或阻止其侵染为害。"农药"是"农用药剂"的简称。根据 1997 年 5 月 8 日国务院发布的《农药管理条例》，我国对农药的定义为：农药是指用于预防、消灭或者控制为害农业、林业的病、虫、草和其他有害生物以及有目的地调节植物、昆虫生长的化学合成或者来源于生物、其他天然物质的一种或几种物质的混合物及其制剂。

化学防治虽然有很多缺点(非靶标生物的直接毒害、对环境的污染、导致害虫产生抗药性)，但目前仍然是国内害虫综合防治措施中的主要手段。与其他防治方法比较，它的突出优点是高效、速效、方便、适应性广、经济效益显著等。所以在植物害虫防治中，应该从生态系统的全局出发，正确合理地应用化学防治方法。

6.1.5.1　农药基础知识

农药是指用于防治农林作物及其产品等免受有害生物为害，具有直接杀灭作用的化学药剂。根据作用对象，农药可分为杀虫剂、杀螨剂、杀菌剂、除草剂、杀线虫剂、杀鼠剂及植物生长调节剂等。杀虫剂是农药中的一大类，按其化学结构可分为无机杀虫剂(如磷化铝等)和有机杀虫剂两大类。有机杀虫剂按其来源又可分为天然有机杀虫剂(包括植物性杀虫剂如烟草、鱼藤、除虫菊、印楝素等和矿物油杀虫剂如石油乳剂等)、微生物杀虫剂(如 Bt 乳剂、白僵菌粉剂等)和人工合成有机杀虫剂(如有机氯、有机磷、有机氮、有机硫等杀虫剂)。

(1)农药的毒力与药效

毒力是衡量药剂对有害生物毒性作用大小的指标之一，是药剂对有害生物所具有的内在致死能力。一般是在相对严格控制的条件下，用精密测试方法，即采取标准化饲养的试虫或菌种及杂草而给予药剂的一个量度，作为评价或比较标准。药效也是衡量药剂效力大小的指标之一，是药剂在各种环境因素下，对有害生物综合作用的结果。不同剂型，不同施药技术，不同寄生植物，不同靶标生物以及各种田间环境条件等，都与药剂作用的效应有密切关系。杀虫剂的毒力一般用死亡率(校正死亡率)、致死中量(LD_{50})、致死中浓度(LC_{50})、相对毒力指数等表示，杀虫剂药效一般用虫口减退率、被害率等表示。

(2)农药的毒性和选择性

农药的毒性是指农药对非靶标生物有机体器质性或功能性损害的能力，尤其指杀虫剂的毒性。毒性大小常以大白鼠急性致死中量 LD_{50} 表示，单位为 mg(药剂)/kg(体重）。杀虫剂的口服 LD_{50} 值越小，毒性越大；LD_{50} 值越大，则越安全。根据大白鼠口服急性 LD_{50} 值的大小，可将杀虫剂分成以下几类：特毒杀虫剂（LD_{50} 小于或等于 1mg/kg）、高毒杀虫剂（LD_{50} 在 1～50mg/kg 之间）、中等毒性杀虫剂（LD_{50} 在 50～500mg/kg 之间）、低毒杀虫剂（LD_{50} 在 500～5000mg/kg 之间）、微毒杀虫剂（LD_{50} 在 5000～10 000mg/kg 之间）、无毒杀虫剂（LD_{50} 大于 10 000mg/kg）。毒性是农药安全评估的主要内容，也是新农药能否商品化应用的重要依据。一般高毒农药使用会受到许多限制，而具有致癌、致畸、致突变（"三致"）作用的活性化合物不能商品化。

选择性是指农药对不同生物的毒性差异。农药开发必须注意农药对目标有害生物和非目标生物之间的毒性差异。一般来说，选择性差的农药容易引起作物药害，以及蜂、蚕、鱼、畜、禽和人的中毒事故，使用安全较低。药效是农药在特定环境下对某种有害生物的防治效果，它是化合物的毒力与多种因素综合作用的结果，包括农药的剂型、防治对象、寄主作物、使用方法和时间，以及田间环境因素等。药效通常在田间或接近田间的条件下测定，主要用来评价不同制剂和使用技术及其在不同环境下的应用效果，防治有害生物的范围，对天敌等其他生物的影响和应用前景。因此，药效好坏，是一种农药能否推广应用的依据。

（3）杀虫剂的作用方式

①胃毒剂 药剂通过害虫的取食，从口腔进入消化道，在中肠被吸收，引起中毒死亡。

②触杀剂 药剂接触虫体透过体壁或气门进入体内使昆虫中毒或窒息死亡。

③内吸剂 农药施用到植物上或土壤中，被植物的枝叶或根系所吸收，并在植物体内传导至各个部位，害虫（主要是刺吸式口器害虫）吸取含毒的植物汁液而引起中毒死亡。

④拒食剂 引起害虫取食停止的植物保护剂类型。

⑤驱避剂 引起害虫的取食、趋向行为逆向转变的植物保护剂类型。

⑥熏蒸剂 药剂由液体或固体气化，以气体状态通过害虫的呼吸系统进入虫体而中毒死亡。

⑦性诱剂 模拟昆虫性信息素合成的化学药剂，可用来诱杀雄虫或采用迷向法，减少与雌虫交配授精机会，从而实现控制害虫种群数量的目的。

⑧不育剂 指作用于昆虫生殖系统，引起昆虫不育的药剂类型。

⑨特异性杀虫剂 包括保幼激素类似物、蜕皮激素类似物、抗蜕皮激素类似物等昆虫生长调节剂，以及拒食剂、驱避剂、性诱剂、不育剂等药剂。

6.1.5.2 农药的名称和剂型

（1）农药的名称

农药的名称是指农药活性有效成分及商品的称谓，包括化学名称、通用名称、商品名称和其他名称。

①化学名称 按有效成分的化学结构，根据化学命名原则，定出化合物的名称。

化学名称的优点在于明确地表达了化合物的结构，根据名称可以写出化合物的结构式。因化学名称专业性强，且不少农药化合物结构复杂，故一般不必采用。

②通用名称　标准化机构规定的农药活性成分的名称，简称通称。由于化学名称使用不便，同一活性成分的农药往往有多种代号或简易名称，因而出现了名称的混乱现象。为使农药名称规范化，国际标准化组织（International Standard Organization，简称ISO）为农药活性成分制定了国际通用名称。如敌百虫的ISO通称为trichlorfon。

③商品名称　农药生产厂为其产品在工商管理机构登记注册所用的名称。同一种农药活性成分可以加工成多种制剂，以不同的名称售市。如敌百虫在国际市场上有Dipteral、Dylox、Neguvon等多种商品。商品名称是受法律保护的，某厂的产品不能以另一厂的名称出售，即使活性成分、含量、剂型完全相同。商品名称的第一个字母应为大写。在使用农药名称时，凡有中国名称的，应采用中国通称；无中国通称的应注明国际通称；当用商品做药效试验时，应注明商品名称，因为同一种活性成分的农药，由于活性成分含量、剂型、加工方式、助剂等的不同，其药效是有差异的。英文商品名称书面上首个字母大写，右上角注R，表示已注册。

(2) 农药加工

工厂生产未加工的农药其一般固体的叫作原粉，液体的叫作原油。在加工过程中加入填充剂或其他辅助剂，制成含有一定有效成分和一定规格的各种不同剂型。未经加工的农药原产物称为原药。产品在常温下是固体的，称为原粉，如抗蚜威原粉；是液体的，称为原油，如对硫磷原油。原药应保证有一定的有效物质含量（即纯度），限制杂质含量，不应超标。FAO和WHO规定，纯度应在90%以上。纯度过高会使制剂加工方法困难，而过高的杂质也可能对植物、人、畜发生为害，或影响制剂在储存期间的稳定性。原药变成使用形态的过程称为农药加工或农药制剂化。原药经过加工之后，成为可用适当的器械应用的制成品。具有一定组分和规格的农药加工形态，称为农药剂型。一种剂型可以制成不同用途、不同含量的产品，称为农药制剂。农药原药品种数量与加工制剂之比是衡量一个国家农药科研与农药工业发展水平高低的重要指标之一。

(3) 农药助剂

农药助剂是农药加工剂型中除有效成分之外人为添加到农药产品中的各种辅助成分的总称。农药助剂本身一般并无生物活性，但是能增强农药的防治效果，是农药加工使用中不可缺少的添加物，在某些情况下，助剂对药效的发挥甚至起决定性作用。农药有效成分只有与有害生物或被保护对象接触、摄取或吸收后才可以发挥作用，达到保护作物、控制有害生物为害的目的。但大部分农药原药难溶于水而无法直接加水稀释喷雾或以其他方式均匀分散撒布于被保护的作物或防治对象上，必须添加助剂加工成各种不同的剂型后才可使用。常用的辅助剂有：

①填料　农药加工时，为调节成品含量和改善物理状态而配加的固态物质，使原药便于机械粉碎，增加原药的分散性，是制造粉剂或可湿性粉剂的填充物质。如黏土、陶土、高岭土、硅藻土、叶蜡石、滑石粉。

②溶剂　农药乳油或其他剂型加工时，用于溶解农药原药与其他助剂的有机溶剂。农药加工中常用的溶剂有：二甲苯、甲苯、轻柴油芳烃、石油烷烃（煤油、柴油、机油、石蜡油等）、其他溶剂（松节油、樟脑油等香精油，CI 化烷烃、酮类、醚类及酯类等化合物）。

③乳化剂　能使两种不相溶的液体形成稳定分散体系的表面活性物质。即使其中一相液体以极小的液珠稳定分散在另一相液体中，形成不透明或半透明乳浊液的物质。乳浊液分两种类型，水包油型（O/W）和油包水型（W/O）。农业上应用的多是O/W 型，是将油状原药或固态原药在有机溶剂中的溶液，混入一定量的乳化剂后与水混合而成。如烷基苯磺酸钙、聚氧乙基脂肪酸酯等。

④润湿剂　润湿作用是指固体表面被液体覆盖的过程。能降低液/固界面张力，增加液体对固体表面的接触，使其能润湿或加速润湿过程的物质称为润湿剂。常用的润湿剂有皂角、纸浆废液、洗衣粉、木质素磺酸盐、烷基苯磺酸盐、非离子型乳化剂、拉开粉等。

⑤分散剂　能降低分散体系中固体或液体粒子聚集，提高和改善药剂分散性能的助剂。在多种农药剂型加工中，或由于原药本身的黏性，或由于粉剂的絮结性，或由于油水两界的界面张力太大，使原药难以分散而不能加工成为分散良好的稳定制剂。除了加工机械的性能外，良好的分散助剂往往起决定作用。

(4) 常用的农药剂型

①粉剂　将原药、大量的填料及适当的稳定剂一起混合粉碎，所得到的一种干剂型称为粉剂，一般由原粉、载体、助剂经混合—粉碎—混合而成。粉剂不易被水湿润，不能兑水喷雾。一般高浓度的粉剂（有效成分含量大于 10%）用作拌种、制作毒饵或土壤处理，低浓度的粉剂用作喷粉。该剂型具有使用方便、易喷撒、工效高等优点。缺点是随风飘失多，浪费药量，污染环境。

②可湿性粉剂　易被水润湿并能在水中分散悬浮的粉状剂型，是专门供加水调制成悬液使用的粉粒。由不溶于水的农药原药与润湿剂、分散剂、填料混合、粉碎而成。如乐果可湿性粉剂。可湿性粉剂不须使用溶剂和乳化剂，并且用纸袋或塑料袋包装，因而生产成本较低，运输过程中也较安全，用完后的包装材料易于处理。

③乳油　入水后可分散成乳剂的油状相液体的农药剂型，是由农药原药、溶剂、乳化剂经溶解、混合而成。如 50% 辛硫磷乳油、50% 乐果乳油等。乳油是在早期使用油乳剂（矿物油和植物油）的基础上，将现配现用改为预先配制贮存备用而发展起来的一种剂型。具有药效高、施用方便、性质稳定、加工容易，不产生"三废"、有利于安全生产等特点。

④粒剂　由原药、载体、助剂加工成的粒状农药剂型，是固体剂型中粒径最大的，如 3% 呋喃丹微粒剂、1.5% 辛硫磷微粒剂。粒剂具有使高毒品种低毒化，可控制有效成分释放速度、延长持效期、使液态药剂固态化，减少环境污染、减轻药害风险、避免伤害天敌等，使用方便，可提高劳动效率等优点。粒剂按颗粒大小可分为：大粒剂，粒径 5000～9000μm；颗粒剂，10～60 筛目，粒径 297～1680μm；微粒剂，

60～200 筛目，粒径 74～297μm。另外，现在也有可溶性粒剂、水分散粒剂等。

⑤悬浮剂　借助于各种助剂，通过研磨或高速搅拌，使原药均匀地分散于分散介质中，形成一种颗粒极细、高悬浮、可流动的液体制剂。即将不溶于水的固体原药经湿式粉碎分散在水介质中而形成一种高分散、高悬浮的分散体系。悬浮剂的优点：药效好；生产、使用安全，成本低，易于推广；施用方便，与可湿性粉剂相比，允许选用不同粒径的原药，以便使制剂的生物效果和物理稳定性达到最佳；比重大，包装体积小。

⑥可溶性粉剂　可直接加水溶解使用的粉状农药剂型，又称水溶性粉剂。即在使用浓度下，有效成分能迅速分散而完全溶解于水中的一种新型剂型。其外观大多呈流动性的粉粒体，如 80% 敌百虫可溶性粉剂。制剂中的填料细度必须 98% 通过 320目筛。这样，在用水稀释时能迅速分散并悬浮于水中，喷雾时不致堵塞喷头。可溶性粉剂的优点：浓度高，贮存时化学性质稳定，加工和贮运成本相对较低；不含有机溶剂，不会因溶剂而产生药害和带来环境污染。

⑦水分散粒剂　将农药有效成分、分散剂、润湿剂、崩解剂、消泡剂、黏结剂、防结块剂等助剂以及少量填料，通过湿法或干法粉碎，使之微细化后，再通过喷雾干燥，流动床挤压、盘式造粒等工艺造粒，便可制得水分散性粒剂，如 70% 啶虫脒水分散粒剂。水分散粒剂是在可湿性粉剂和悬浮剂基础上发展起来的新型剂型，又叫干悬浮剂或粒形可湿性粉剂，它遇水能迅速崩解形成高悬浮的分散体系。水分散粒剂的优点：使用过程中没有粉尘飞扬，对作业者安全，减少了对环境的污染；与可湿性粉剂和悬浮剂相比，有效成分含量高(可达 90% 以上)，产品相对密度大，体积小，给包装和贮存、运输带来很大的经济效益和社会效益；物理化学性质稳定性好，特别是在水中表现出不稳定的农药，加工成水分散性粒剂比悬浮剂更有利；在水中分散性好，悬浮率高，稀释液存放后经搅动仍可重新悬浮成均一的悬浮液；产品流动性好，易包装、易计量，不粘壁，包装物易处理；剧毒品种低毒化，提高了对作业人员的安全性。

⑧熏蒸剂　在常温下易挥发，汽化、升华或与空气中的水、二氧化碳反应生成具有生物活性的分子态物质的药剂称为熏蒸剂。它与烟雾剂有几乎相同的优点，区别是不用外界热源，而是靠自身的挥发、汽化、升华放出有效成分而发挥药效。熏蒸剂可分为化学型(如磷化锌、重亚硫酸盐等)、物理型(敌敌畏蜡块、樟脑丸等)。

⑨缓施剂　将原药贮存于一种高分子物质中，控制药剂按必要剂量，在特定时间内，持续稳定地到达需要防治的目标物上，这种技术称为控制释放技术。缓施剂是利用控制释放技术加工的农药新剂型，是由原药、高分子化合物及其他助剂组成的，可以控制农药有效成分从加工品中缓慢释放的农药剂型。缓施剂采用物理、化学手段，将药剂贮存于农药加工产品中，使之有控制地缓慢释放，以延长药效期，如4.5% 高效氯氰菊酯微胶囊剂。

⑩种衣剂　是由农药原药(杀菌剂、杀虫剂、杀线虫剂等)、肥料(主要是微肥，如锌、铁、钼、锰等)、植物生长高节剂(激素)、成膜剂及配套助剂经特定工艺流程加工制成的，可直接或加水稀释后包覆于种子表面，形成具有一定强度和通透性的保

护层膜的农药剂型。作用机理包括保护驱避作用、内吸传导作用、缓慢释放作用。其主要特点是具有成膜性能，当种子被包衣后能立即固化成膜成为种衣，在土壤中只能吸涨而几乎不会被溶解，从而使药肥等缓慢释放，达到省种、省药、省工及减少对环境污染的目的。包衣的种子进入土壤后，种衣剂在种子周围形成防治有害生物的保护屏障。包衣的种子透水、透气，能保证种子正常发芽生长和药肥缓慢释放。种衣剂用于良种包衣，使种子标准化、商品化。种子遇水种衣只能吸水膨胀，种子发芽出土后，有效成分被植物吸收并向未施药的根部和地上部传导，继续起防治有害生物的作用，持效期可达 45～60d。具有高效、经济、安全、药力集中、不污染环境、药效期长、促进种苗健康生长、功能多等特点。

6.1.5.3　农药的使用方法

为把农药施用到作物上或目标场所，所采用的各种施药技术措施称为施药方法。施药方法种类很多，主要依据农药的特性、剂型特点、防治对象和保护对象的生物学特性以及环境条件而定，目的是提高施药效率和农药的使用效率，减少浪费、飘移污染以及对非靶标生物的毒害。使用农药防治害虫的效果，是由使用技术、药械、防治对象、环境条件 4 个方面的因素综合作用的结果，为了取得满意的防治效果，必须因地制宜采用不同的施药方法。常用的施药方法有下列几种：

(1) 喷粉法

喷粉法是利用鼓风机械产生的气流把农药粉剂吹散后，再沉积到作物和防治对象上的施药方法。喷粉法的主要特点是：使用方便，工效高，不占用水资源，在作物上的沉积分布好。喷粉法曾是农药使用的主要方法，虽然由于喷粉飘移强，容易污染环境，使用量受到限制，但在干旱、缺水地区仍具有一定的使用价值。喷粉法按施药手段可分为手动喷粉法、机动喷粉法和飞机喷粉法 3 类。

(2) 喷雾法

用手动、机动、电动喷雾机具将药液分散成细小雾滴，分散到作物或靶标生物上的一种施药方法，是农药使用中最普遍、最重要的施药技术之一，常见的农药剂型都适合喷雾法使用。在我国，喷雾法通常又分为常量喷雾、低容量喷雾、超低容量喷雾 3 种。

① 常量喷雾　又称高容量喷雾。采用液力雾化进行喷雾，常用压力在 0.3～0.4 MPa，施药液量一般在 450～1500 L/hm^2，雾滴直径在 150～1200μm 之间。我国普遍使用的手动喷雾器、压缩式喷雾器等，均采用常量喷雾技术。常量喷雾技术具有目标性强、穿透性好、农药覆盖性好、受环境因素影响小等优点，但单位面积上施用药液量多、农药利用率低、药液易流失浪费、污染土壤和环境。

② 低容量喷雾　采用高速气流把药液雾化成雾滴进行喷雾，称为弥雾喷雾。雾滴直径在 100～200μm 之间，施药液量一般在 15～150 L/hm^2，使用药械如东方红 18 型及类似型号背负式机动弥雾机。手动喷雾器上可采用小于 0.7 mm 喷片孔径，采用液力雾化进行低容量喷雾。由于是小孔径喷片，配药液时必须进行过滤，以防喷孔堵

塞。低容量喷雾特点是：节水、省工、省药，工效高，防治效果较好。

③超低容量喷雾　是以极少的喷雾量、极细小的雾滴进行喷雾的方法，雾滴直径在 $70\mu m$ 左右，施药液量一般 $\leqslant 7.5\ L/hm^2$。由于超低容量喷雾是油质小雾滴，不易蒸发，在植株中的穿透性好，防治效果好。静电喷雾机、常温烟雾机等均属超低容量喷雾。此法的优点是用水少或不用水，节省药，功效高，防治效果好。缺点是受风力影响很大，风速超过 $1\sim3m/s$ 不能作业，植物下部着药少。

(3)种苗处理法

种苗处理法是用农药处理种子和苗木使之在播种或栽植后不受土传性害虫为害的施药方法。其主要特点是经济、省药、省工、操作比较安全，用少量药剂处理种子表面使种子表面带药播入土中就能直接保护种子健壮萌发，并防止幼苗受害；有些药剂能进入植物体内并在幼苗出土后仍保持较长时间的药效。现代化的种子公司把种子的药剂处理作为一项常规措施，来保证种子的播种质量。常用方法有拌种法、浸种法、湿拌种法和种衣法。

(4)土壤处理

将药剂和细土按一定比例配成毒土，撒在播种沟里或撒在地面上并翻入土壤中，用来防治地下害虫和苗期害虫。

(5)毒饵法

毒饵法是用有害动物喜食的食物为饵料，加入适口性较好的农药配制成毒饵，让有害动物取食中毒的防治方法。此法用药集中，相对浓度高，对环境污染少，常用于一些其他方法较难防治的有害动物，如地下害虫。

(6)熏蒸与熏烟法

熏烟法是利用烟剂农药产生的烟雾来防治有害生物的施药方法。熏蒸法与熏烟法一样，施药不需要水，工效高，农药覆盖好，渗透力强，可用于仓库等害虫防治。

6.1.5.4　常用杀虫剂

(1)有机磷杀虫剂

有机磷类杀虫剂是世界传统杀虫剂市场的三大支柱之一，在杀虫剂市场中独占鳌头。有机磷杀虫剂大多数不溶或微溶于水，遇碱性物质分解失效。这类农药对昆虫的致毒作用是抑制乙酰胆碱酯酶的活性。由于它的品种多，杀虫力强，杀虫作用多种多样，有的具一定的选择性，所以使用范围广泛。有机磷杀虫剂突出的优点是，易于在自然环境中或植物体内降解，在高等动物体内无累积毒性，正确使用时残留问题小，不致污染环境。

①辛硫磷　通用名称为辛硫磷(phoxim)，化学名称为 O,O - 二乙基 - O - (对 - 苯基氰基甲醛肟) - 硫代磷酸酯。纯品为无臭浅黄色液体，在中性或酸性条件下稳定，在碱性条件下不稳定，阳光照射下不稳定。不溶于水，可溶于大多数有机溶剂。辛硫磷是高效、低毒、低残留的杀虫剂，对害虫具有胃毒和触杀作用，也有一定的熏蒸作用。由于易光解而失效，一般茎叶喷洒的持效期只有 $2\sim3d$，因此适用于防治地

下害虫、仓库害虫和近期采摘作物上的害虫。施药方法有拌种、土壤处理和喷雾。

②敌百虫　通用名称为敌百虫(trichlorphon)，化学名称为 O，O – 二甲基 – (2,2，2 – 三氯 –1 – 羟基乙基)磷酸酯。纯品为白色结晶粉末，具有较好嗅的气味。在中性或弱酸性介质中较稳定，在碱性介质中可迅速脱去氯化氢而转化为毒性更大的敌敌畏，碱性强、温度高时转化加快。敌百虫是一种毒性低、杀虫谱广的有机磷酸酯类杀虫剂，对害虫有很强的胃毒作用，兼具触杀作用，对植物具有渗透性，但无内吸传导作用，对多种害虫都有很好的防治效果。

③杀螟硫磷　通用名称为杀螟硫磷(fenitrothion)，商品名称杀螟松，化学名称为 O，O – 二甲基 – O – (3 – 甲基 –4 – 硝基苯基)硫代磷酸酯，原油为黄褐色油状液体，微有蒜臭味。属中毒、广诺性有机磷杀虫剂。有触杀、胃毒作用，无内吸和熏蒸作用，残效期中等，杀虫谱广，可用于防治果树、蔬菜及大田作物上的鳞翅目、半翅目、鞘翅目害虫。常见剂型为50%乳油、25%超低量油剂。

④乐斯本　通用名称为毒死蜱(chlorpyrifos)，商品名称为乐斯本，化学名称为 O，O – 二乙基 – O – (3,5,6 – 三氯 –2 – 吡啶基)硫代磷酸酯。原药为白色颗粒状结晶，具有轻微的硫醇臭味。在中性及酸性条件下稳定，在碱性条件下或无机盐含量高的水溶液中会分解。乐斯本是极广谱杀虫剂，对害虫具有胃毒和触杀、熏蒸作用。对多数植物安全，适用于防治多种害虫、害螨和地下害虫。

⑤马拉硫磷　通用名称为马拉硫磷(malathon)，化学名称为 O，O – 二甲基 – S – [1,2 – 二(乙氧基羰基)乙基]二硫代磷酸酯。纯品为浅黄色液体，挥发性小。在碱性和强酸性介质中迅速分解，在中性或微酸性介质中较稳定。具有强烈的大蒜气味，对光照稳定，对热稳定性差，铁等重金属会促进分解。马拉硫磷非内吸的广谱性杀虫剂，低毒，残效期短，有良好的触杀和一定的熏蒸作用。进入虫体后首先被氧化成毒力更高的马拉氧磷，从而发挥强大的毒杀作用。可用于防治多种咀嚼式和刺吸式口器害虫害螨。

⑥杀扑磷　通用名称为杀扑磷(methidathion)，商品名称为速扑杀、速蚧克，化学名称为 O，O – 二甲基 – S – (2,3 – 二氢 –5 – 甲氧基 –2 – 氧代 –1,3,4 – 硫二氮茂 –3 – 基甲基)二硫代磷酸酯。纯品为无色结晶。不易燃，不易爆炸。常温下贮存稳定性约2 年。杀扑磷是一种广谱的有机磷杀虫剂，具有触杀、胃毒和渗透作用，能渗入植物组织内，对咀嚼式和刺吸式口器害虫均有杀灭效力。

⑦乐果　通用名称为乐果(dimethoate)，化学名称为 O，O – 二甲基 – S – (N – 甲基氨基甲酰甲基)二硫代磷酸酯。纯品为无色结晶，在酸性介质中稳定，碱性介质中易分解。属高效、低毒、低残留、广谱性有机磷酸酯类杀虫杀螨剂，对害虫和螨类有强烈的触杀和内吸胃毒作用。

(2)拟除虫菊酯杀虫剂

拟除虫菊酯杀虫剂是一类结构或生物活性类似天然除虫菊酯的仿生合成杀虫剂。它是在天然除虫菊花有效成分及其化学结构研究的基础上发展起来的高效安全新型杀虫剂。拟除虫菊酯杀虫剂按其对光的稳定性可分为光敏性和光稳定性两种。光敏性的品种对光不稳定，只能在室内防治卫生害虫使用。如丙炔菊酯、胺菊酯等。光稳定性拟除虫菊酯杀虫剂，因为可以在田间防治农业害虫，有称为农用拟除虫菊酯。这类杀虫剂高效、广谱，具触杀和杀卵作用，并兼有驱避和一定的胃毒作用，为神经毒剂。

①氯菊酯　通用名称为氯菊酯（permethrin），商品名称为除虫精。原药为黄棕色至棕色的液体，难溶于水，可溶于丙酮、乙醇、甲醇及二甲苯等有机溶剂。具有强的触杀和胃毒作用；无内吸作用，渗透性小，对钻蛀性害虫、螨类及介壳虫的防治效果较差。

②溴氰菊酯　通用名称为溴氰菊酯（deltamethrin），商品名称为敌杀死、凯素灵。纯品为白色无味结晶，水中溶解度极低，易溶于丙酮、苯、二甲苯等。溴氰菊酯是触杀活性最高的拟除虫菊酯杀虫剂，有很强的触杀作用，有一定的胃毒作用和拒避活性，无内吸及熏蒸作用，田间用量极低。溴氰菊酯可防治近140种害虫，但对螨类等效果差。

③氯氰菊酯　通用名称为氯氰菊酯（cypermethrin）和顺式氯氰菊酯（alpha-cypermethrin）。商品名称为灭百可、兴棉宝、安绿宝、韩乐宝、阿锐克、赛波凯、倍力撒、博杀特。原药为黄色或棕色黏稠半固体物质，水溶性差，可溶于丙酮、氯仿、二甲苯等有机溶剂。对光和热稳定，在酸性介质中稳定。为高效广谱触杀和胃毒作用的杀虫剂，主要用于防治鳞翅目、鞘翅目、半翅目和双翅目害虫。

④三氟氯氰菊酯　通用名称为三氟氯氰菊酯（cyhalothrin），商品名称为功夫。蒸汽压低，水溶性差，可溶于多数有机溶剂。对光热稳定，在酸性介质中稳定。由于引入了氟原子，对螨类具有良好的防治效果。三氟氯氰菊酯用于防治大多数害虫和害螨，但无内吸作用，对钻蛀性害虫防效差。

⑤氰戊菊酯　通用名称为氰戊菊酯（fenvalerate），商品名称杀为杀灭菊酯，速灭杀丁，敌虫菊酯，异戊氰菊酯，戊酸氰醚酯，来福灵。原药为黄色至褐色透明黏稠油状液体，难溶于水，可溶于大多数有机溶剂。对热和光稳定，在弱酸性和中性介质中稳定，碱性介质中易分解。氰戊菊酯是高效广谱性杀虫剂，具有强的触杀作用，有一定的胃毒和驱避作用，无内吸和熏蒸作用，还具有一定的杀卵能力。氰戊菊酯对鳞翅目、直翅目、半翅目等多种害虫有效，对螨类无效，在茶树上禁止使用。

⑥甲氰菊酯　通用名称为甲氰菊酯（fenpropathrin），商品名称为灭扫利。纯品为白色结晶，难溶于水，易溶于一般有机溶剂。对热和光稳定，在弱酸性和中性介质中稳定，碱性介质中易分解。甲氰菊酯是一种高效、广谱杀虫、杀螨剂，有触杀和驱避作用。持效期较长，对防治对象有过度刺激作用，驱避其取食和产卵。甲氰菊酯对鳞翅目、直翅目、半翅目等多种害虫有效，对多种害螨的成螨若螨和螨卵有一定的防治效果。

⑦联苯菊酯　通用名称为联苯菊酯（bifenthrin），商品名称为天王星、虫螨灵。纯品为浅褐色固体。难溶于水，溶于丙酮、氯仿、二氯甲烷、乙醚甲苯等有机溶剂。对光稳定，酸性介质中较稳定，碱性介质中易分解。联苯菊酯是一种高效杀虫杀螨剂，具触杀和胃毒作用。杀虫作用迅速，持效期较长，在土壤中不移动，对环境较安全。联苯菊酯杀虫谱广，对鳞翅目、半翅目、鞘翅目、缨翅目等多种害虫有效，对螨类也有一定的防治效果。

（3）氨基甲酸酯类杀虫剂

氨基甲酸酯类杀虫剂起源于天然植物毒扁豆，是在其杀虫活性成分毒扁豆碱的基础上通过人工仿生合成的一类高效、广谱的杀虫剂。与有机磷杀虫剂有着相同的作用靶标，即抑制乙酰胆碱酯酶的活性，使昆虫中毒死亡。其特点是：对害虫的毒力选择性强，除有胃毒、触杀作用外，不少品种还有很强的内吸性、忌避作用。对人、畜毒性较低，使用较安全。可防治对有机磷和有机氯产生抗药性的害虫。

①唑蚜威　通用名称唑蚜威（triaguron），商品名称为灭蚜灵、灭蚜唑，属于中等毒性、氨基甲酸酯类杀虫剂。唑蚜威具有高效触杀和内吸作用的专性杀蚜剂，对多种蚜虫有很好的防效。剂型为15%、25%乳油。

②丙硫克百威　通用名称为丙硫克百威（benfuracarb），商品名称为安克力。纯品为红棕色黏稠液体，难溶于水，溶于大多数有机溶剂，对光不稳定。丙硫克百威是具有触杀和胃毒作用的氨基甲酸酯类内吸性杀虫剂，对高等动物中毒。主要用于防治叶甲、金针虫和小菜蛾等鞘翅目、鳞翅目和双翅目害虫。

③丁硫克百威　通用名称为丁硫克百威（carbsulfan），商品名称为好安威、好年冬。纯品为褐色黏稠液体，不溶于水，与丙酮、二氯甲烷、乙醇、二甲苯互溶，酸性介质中易分解。丁硫克百威系克百威低毒化衍生物，杀虫谱广，有内吸性。对高等动物中毒。丁硫克百威可防治蚜虫、螨类、介壳虫、鞘翅目和鳞翅目害虫。

④双氧威　通用名称为双氧威（fenoxycarb）。双氧威对高等动物低毒，但对兔眼睛有轻度刺激作用。双氧威可用于防治许多鳞翅目害虫、介壳虫和仓储害虫，并且有调节昆虫生长的作用，影响昆虫的蜕皮过程。

⑤抗蚜威　通用名称为抗蚜威（pirimicarb），商品名称为辟蚜雾。纯品为无色无嗅固体，难溶于水，易溶于醇、酮、酯等，一般条件下稳定，但遇强酸强碱或在酸碱中煮沸时易于分解。对紫外光不稳定。能与酸形成结晶，并易溶于水。抗蚜威对害虫有内吸、触杀和熏蒸作用，主要用于防治蚜虫，持效期短，对环境友好。

（4）氯化烟酰类杀虫剂

氯化烟酰类杀虫剂是一类硝基甲撑、硝基胍及其开链类似物，植物性杀虫剂烟碱属于此类化合物。吡虫啉和吡虫清是其中已被商品化的品种。

①吡虫啉　通用名称为吡虫啉（imidacloprid），商品名称为高巧、艾美乐、康福多、咪蚜胺、蚜虱净、扑虱蚜、比丹等，化学名称为1-（6-氯吡啶-3-基甲基）-N-硝基亚咪唑烷-2-基胺。纯品为白色结晶，难溶于水和有机溶剂。吡虫啉是一种高效内吸性广谱型杀虫剂，具有胃毒和触杀作用，持效期较长，对刺吸食口器害虫有较好的防治效果，对鞘翅目害虫也有效，但对鳞翅目幼虫效果差。

②吡虫清　通用名称为啶虫脒（acetaniprid），商品名称为乙虫脒、莫比朗、吡虫清，化学名称为N-[（6-氯-3-吡啶）甲基]N-氰基-N-甲基乙脒。吡虫清原药微溶于水，能溶于丙酮、甲醇、乙醇、氯仿等有机溶剂。在酸性或中性介质中稳定，在碱性介质中逐渐分解。吡虫清对半翅目（尤其是蚜虫）、缨翅目和鳞翅目害虫有高效。对抗有机磷、氨基甲酸酯和拟除虫菊酯等的害虫也有效。

(5) 其他杀虫剂

①苏云金杆菌　通用名称为苏云金杆菌(bacillus thuringiensis, Bt)。苏云金杆菌是一种细菌性杀虫剂，可产生内、外两种毒素：内毒素能破坏昆虫肠道内膜，使细菌的营养细胞进入血淋巴，昆虫会因饥饿和败血症而死；外毒素能抑制依赖于 DNA 的 RNA 聚合酶。适用于防治鳞翅目、直翅目、鞘翅目等多种害虫，对人、畜无毒，对作物无药害，对天敌安全。但对蚕有毒害。

②阿维菌素　通用名称为阿维菌素(avermectins)，商品名称为齐螨索、虫螨克等。对昆虫具有胃毒和触杀作用，可广泛用于防治鳞翅目、双翅目、鞘翅目的多种害虫。对抗性害虫有较好的防效，与其他农药无交叉抗性。

(6) 杀螨剂

①克螨特　通用名称为炔螨特(propargine)，化学名称为 2 – (4 – 特丁基苯氧基)环己基丙 2 – 炔基亚硫酸酯。原药为深赫色黏性液体，微溶于水，易溶于甲醇等大多数有机溶剂。易燃，碱性条件下易分解。为低毒、广谱性有机硫类杀虫剂，具有触杀和胃毒作用，无内吸作用。对成螨和若螨活性高，杀卵活性差。

②三氯杀螨醇　通用名称为三氯杀螨醇(dicofol)，化学名称为 2,2,2 – 三氯 – 1,1 – 双 (4 – 氯苯基)乙醇。纯品为白色固体，工业品为棕色黏稠油状液体。几乎不溶于与水，溶于大多数脂肪族和芳香族溶剂。遇碱分解成二氯二苯甲酮和氯仿。对成螨、螨卵、若螨都有很强的触杀作用，速效性好，持效期长，略有杀虫活性。

③达螨酮　通用名称为哒螨酮(pyridaben)，商品名称为速螨酮、达螨灵、扫螨净，化学名称为 2 – 特丁基 – 5 – (4 – 特丁基苄硫基) – 4 – 氯哒嗪 – 3 – (2H) – 酮。纯品为白色结晶，微溶于水，溶于大多数有机溶剂，对光不稳定。达螨酮为高效广谱杀螨剂，触杀性强，无内吸作用，持效期较长，与常用杀螨剂无交互抗性。

④四螨嗪　通用名称为四螨嗪(clofentezine)，商品名称为螨死净、阿波罗，化学名称为 3,6 – 双 (2 – 氯苯基) – 1,2,4,5 – 四嗪。纯品为品红色结晶，难溶于水，微溶于丙酮、苯、氯仿、乙醇等有机溶剂。对光、空气、热稳定。四螨嗪为特效杀螨剂，主要对螨卵表现高的生物活性，对幼螨有一定的效果，对成螨无效。

⑤噻螨酮　通用名称为噻嗪酮(hexythiazox)，商品名称为尼索朗，化学名称为 5 – (4 – 氯苯基) – 3 – (N – 环己基氨基甲酰) – 4 – 甲基噻唑烷 – 2 – 酮。纯品为白色无味结晶，微溶于水，在酸、碱性介质中稳定，耐光耐热性好。噻螨酮为非内吸性杀螨剂，对螨类的各发育阶段都有效。对叶螨防效好，对锈螨、瘿螨防效差。速效性好，持效期长。

6.2　植物害虫的防治策略

害虫的防治策略是指人类防治害虫的指导思想和基本对策。不同历史时期，由于科技发展水平及人们对自然的认识和控制能力等不同，人类对害虫采取的防治策略也不同。如古代农业以"修德减灾"为害虫的主导防治策略；近代农业以"化学防治为主，彻底消灭害虫"为主导策略；现代农业以害虫"综合防治"为主导策略。害虫防治策略影响害虫防治理论体系的构建和防治措施的制订。当前，我国实行"预防为主、综合防治"的植保方针。

6.2.1　植物害虫综合治理的内容

植物作为初级生产者在生态系统中具有重要地位。在自然生态系统中有大量的节肢动物栖息，不仅有蜜蜂、蝴蝶等大量的传粉昆虫，还有蜘蛛、瓢虫、姬蜂和茧蜂等许多捕食性和寄生性的天敌，以及临时栖息的许多无为害的种类，如一些腐生蝇类、蚊类等。种类少而为害性大的植物害虫，只占所有种类的5%～10%，在天敌不能有效控制害虫的条件下，常常会引起严重的经济损失，成为防治的对象。植物害虫防治就是通过人为干预，改变作物、害虫与环境的相互关系，减少害虫数量，削弱其对植物的为害，保持与提高植物的抗虫性，优化生态环境，以达到控制虫害的目的，从而减少虫害大发生而造成的损害。为了使植物长期有效地得以持续发展，应综合考虑人类、植物、害虫、环境条件和天敌等各组分之间存在的复杂关系，最大限度地减少影响整个植物生态系统。因此，植物害虫的治理策略应以"预防为主，综合防治"的原则进行。

"预防为主"就是在虫害发生之前采取措施，将虫害消灭在发生前或初发阶段。"综合防治"就是从植物生产的全局和生态平衡的总体观点出发，以预防为主，充分利用自然界抑制害虫的各种因素和创造不利于害虫发生为害的条件，有机地使用各种必要的防治措施，即以改善植物生态环境为基础，根据虫害的发生发展规律，因时、因地制宜，合理应用生物防治、物理防治、化学防治等措施，经济、安全、有效地控制虫害，把可能产生的副作用减少到最低程度。这种综合防治策略，是从生态系统总体观点出发，把植物害虫作为植物生态系统中的一个重要组成部分，进行综合治理。把害虫纳入植物生态系统中，用系统内种群间的相互制约关系抑制害虫种群数量，使之在允许范围内活动。在防治害虫时根据需要再进行科学合理的人为调控生物链的某些环节，如增加害虫天敌数量等来压低害虫的种群数量。

6.2.2　综合治理体系的管理目标

综合防治的管理目标是获得最佳的经济效益、环境效益和社会效益。综合防治首先引进经济损失允许水平和经济阈值来确保防治的经济效益。

经济损失允许水平又称经济损害允许水平，是靶标植物能够容忍害虫为害的界限所对应的害虫种群密度，在此种群密度下，防治收益等于防治成本。经济为害允许水平是一个动态指标，它随着受害靶标植物的品种、补偿能力、产量、价格、所用防治方法的成本变化而变动。一般可以先根据防治费用和可能的防治收益确定允许经济损失率，而后再根据不同害虫在不同密度情况下可能造成的损失率，最后确定经济为害允许水平。

经济阈值又称防治指标，是为了防止害虫种群增加到造成靶标植物经济损失而必须防治时的种群密度临界值。确定经济阈值除需考虑经济为害允许水平所要考虑的因素外，还需要考虑防治措施的速效性和害虫种群的动态趋势。经济阈值与经济为害水平密切相关，两者的关系取决于具体的防治方法。如采用的防治措施可以立即制止为害，经济阈值和经济为害允许水平相同。如采用的防治措施不能立即制止害虫的为害，或防治准备需要一定的时间，而种群密度处于持续上升时，经济阈值要小于经济为害允许水平。经济为害允许水平可以指导确定经济阈值，而经济阈值需要根据经济为害允许水平和具体防治情况而定。

利用经济损失允许水平和经济阈值指导害虫防治是综合防治的基本原则，它不要求彻底消灭害虫，而是将其控制在经济为害允许水平以下。因此，它不仅可以保证防治的经济效益，同时可以取得良好的生态效益和社会效益。首先据此进行害虫防治，不会造成防治上的浪费，也不会使害虫为害植物生态系统的自然控制能力。同时，在此基本原则指导下的防治有利于充分发挥非化学防治措施的作用，减少用药量和用药次数，减少残留污染，延缓害虫抗药性的发生和发展。

6.2.3 构建综合治理体系的基本原则

(1)树立生态系统的整体观

农业生态系的观点，是害虫综合治理思想的核心。在特定生态系统内，非生物因子的自然环境和生物因子的各种植物、各种动物和微生物构成一个整体，各个组成部分都不是孤立而是相互依存、相互制约的。任何一个组成部分的变动，都会直接或间接影响整个生态系统的变动，从而影响植物害虫的数量消长，甚至害虫种类组成的变动。综合治理是从生态系统整体观点出发，制订措施首先要在了解害虫及优势天敌依存制约的动态规律基础上，明确主要控制对象的发生规律和控制关键，尽可能谋求综合协调控制措施，并考虑兼治，能持续降低植物害虫发生数量，力求达到全面控制多种害虫为害的目的，取得最佳效益。

(2)充分发挥自然控制因素的作用

在 21 世纪，人类面临着环境和资源问题的挑战更为严重。生物多样性受到严重破坏，不少地区环境状况在恶化，一些原有植物害虫的猖獗回升，新的植物害虫在局部地区暴发，使越来越多的人认识到"预防为主，综合防治"保护方针的立足点需要加以巩固和提高，预防性的措施需要继续巩固和加强，可持续的植物保护既要考虑到控制对象和被保护对象，需要考虑到环境保护和资源的再利用，又要考虑到整个生态体系的相互关系，充分利用自然控制作用。如在农业生态系统中，当寄主或猎物多时，寄生昆虫和捕食动物的营养就比较充足，此时，寄生昆虫或捕食动物就会大量繁殖，急剧增加种群数量。在寄生或捕食性动物数量增长后又会捕食大量的寄主或猎物，寄主或猎物的种群又因为天敌的控制而逐渐减少，随后，寄生与捕食种类也会因为食物减少，营养不良而减少种群数量。这种相互制约，使生态系统可以自我调节，才能使整个生态系统维持相对稳定。植物害虫的综合治理不排斥化学控制，而是要求按照害虫与植物、天敌、环境之间的自然关系进行科学合理地使用化学农药，尽可能保护天敌和环境。

（3）协调运用各种控制措施

协调的观点是讲究相辅相成，控制方法上多种多样。任何一种方法并非万能，因此必须综合应用。有些控制措施的功能常相互矛盾，有的对一种植物害虫有效，而对另一种害虫的控制不利。综合协调绝非是各种控制措施的机械相加，也不是越多越好，必须根据具体的植物生态系，针对性地选择必要的控制措施，辩证地结合运用，取长补短、相辅相成。需要进一步认识的是要把植物害虫的综合治理纳入到植物持续发展的总方针之下。从事植物害虫治理的部门需要与其他部门如农业生产、农业经济、环境保护部门综合协调，在保护环境、持续发展的共识之下，在对主要植物害虫治理中，合理运用农业、化学、生物、物理的方法，以及其他有效的生态学手段，找出合理的配合。如果配套的措施协调，不仅能充分发挥每项措施应有的效果，而且还能在控制其他植物有害生物上发挥作用，收到协调治理的整体效果和最大的经济效益、社会效益和环境效益。

（4）加强组织领导，完善机制

植物害虫防治工作要进一步贯彻"公共植保、绿色植保"的理念，依靠各级政府的高度重视和强有力的组织领导，积极研究探索害虫防治的新机制，增加资金投入，调动广大农牧民的积极性和各级业务部门的主观能动性，依靠科技进步，建立完善的科技服务体系。

复习思考题

1. 名词概念：综合治理，经济阈值，植物检疫，生物防治，农药，农药助剂，农药剂型，毒力，药效，毒性，选择性。
2. 在植物害虫的综合治理中，经济为害允许水平和经济阈值之间的关系是什么？
3. 为什么在植物害虫综合治理中，要特别强调自然因素的控制作用？
4. 简述确定植物检疫对象的原则。
5. 植物害虫的农业防治有哪些具体的措施？
6. 举例说明植物害虫的生物防治。
7. 简述害虫物理及机械防治的措施。
8. 常用的农药剂型有哪些？各有什么特点？
9. 喷雾法可分为哪几类？
10. 杀虫剂的作用方式有哪些？
11. 列举 5 种常用的杀虫剂，并说明其作用方式和防治对象。

地下害虫是指生活史的全部或大部分时间在土壤中生活，为害植物的地下部分（种子、根茎）和地面部分的一类害虫，亦称土壤害虫。

地下害虫长期生活在土壤中，受环境条件的影响和制约，是农业害虫中的一个特殊生态类群。在长期适应进化的过程中，形成了一些不同于其他害虫的发生为害的特点：

①寄主范围广　各种农作物、蔬菜、果树、林木、牧草的幼苗及种子均可受害。

②生活周期长　少数种类一年发生一代，如金龟甲、叩头甲等；多数种类则多年发生一代，如蝼蛄。

③与土壤关系密切　土壤作为地下害虫主要栖息和取食生活的场所，其理化性质对地下害虫的分布和生活有直接影响。

④为害时间长，防治困难　地下害虫从春季到秋季，播种到收获，作物生长季节均可受害，加上在土中潜伏为害不易被发现，因而增加了防治困难。

地下害虫的发生遍及全国各地，是我国一大类重要的农业害虫。从全国发生为害的情况来看，北方重于南方，旱地重于水地，优势种群则应地而异。我国地下害虫计有8目38科320余种，主要种类有蛴螬、金针虫、蝼蛄、地老虎、叶甲、根蛆等，其中以蛴螬为害最重，全国各地均较突出。金针虫主要分布于华北、西北、东北及内蒙古、新疆等地。蝼蛄则主要以南方为主，且近年来为害已基本得到控制，地老虎在许多地区仍发生严重，且有上升的趋势。

7.1 蛴螬类

7.1.1 种类、分布与为害

7.1.1.1 种类

蛴螬是鞘翅目金龟甲幼虫的总称，其种类多、分布广、为害重。全世界已知种类35 000多种，我国1500多种，其中为害农、林、牧草的蛴螬有110多种，主要种类有大黑鳃金龟（*Holotrichia oblita* Faldermann）、暗黑鳃金龟（*Holotrichia parallela* Motschalsky）、铜绿丽金龟（*Anomala corpulenta* Motschalsky）。

另外，黑皱鳃金龟（*Trematodes tenebrioides* Pallas）、棕色鳃金龟（*Holotrichia titanis*

Reitter）、云斑鳃金龟（*Polyphylla laticollis* Lewis）、黑绒鳃金龟（*Maladera orientalis* Motschalsky）、黄褐丽金龟（*Anonmala exoleta* Faldermann）、阔胸禾犀金龟（*Pentodon patruelis* Frivaldszky）、苹毛丽金龟（*Proagopertha lucidula* Faldermann）、白星花金龟［*Potosia brevitarsis*（Lewis）］、小青花金龟［*Oxycetonia jucunda*（Faldermann）］、中华弧丽金龟［*Popillia quadriguttata*（Fabricius）］等种类在我国北方也有分布，常在局部地区为害猖獗。

7.1.1.2　分布

（1）大黑鳃金龟

国外分布于蒙古、俄罗斯、朝鲜、日本；国内除西藏尚未报道外，各省、自治区、直辖市都有发生与为害。本种有几个近缘种，根据其在国内分布区域来命名，有东北大黑鳃金龟（*Holotrichia diomphalia* Bates），是东北旱粮耕作区的重要地下害虫；华北大黑鳃金龟（*Holotrichia oblita* Faldermann），是黄淮地区的重要地下害虫；华南大黑鳃金龟（*Holotrichia sauteri* Moser）是东南沿海地区常见的地下害虫；江南大黑鳃金龟［*Holotrichia gebleri*（Faldermann）］及四川大黑鳃金龟（*Holotrichia szechuanensis* Chang）。它们的生活史和发生规律很相似。

（2）暗黑鳃金龟

国外分布于俄罗斯、朝鲜和日本；国内除新疆、西藏尚未报道外，其余各省（自治区、直辖市）均有分布，为长江流域及其以北旱作地区的重要地下害虫。

（3）铜绿丽金龟

国外主要分布于俄罗斯、朝鲜和日本；国内除新疆、西藏尚未报道外，其余各省（自治区、直辖市）均有，但以气候较湿润且多果树、林木的地区发生较多，是我国黄淮海平原粮棉区的重要地下害虫。

7.1.1.3　为害

蛴螬类食性颇杂，可以为害多种农作物、牧草及果树和林木的幼苗。如大黑鳃金龟为害豆科、禾本科、薯类、麻类、蔬菜和野生植物等达31科78种。取食萌发的种子，咬断幼苗的根、茎，轻则缺苗断垄，重则毁种绝收。蛴螬为害幼苗的根茎，断口整齐平截。许多成虫还喜食作物、果树等的叶片、花蕾，造成损失。

7.1.2　形态特征

（1）大黑鳃金龟

①成虫　体长16～22mm，宽8～11mm。黑色或黑褐色，具光泽，鞘翅长椭圆形，其长度为前胸背板宽的2倍，每侧有4条纵肋。前足胫节外齿3个，内方距1根；中后足胫节末端距2根。臀节外露，背板向下包卷，与腹板会合。雄虫臀节腹板中间具明显的三角形凹坑，雌虫则无三角形凹坑，但具一横向的枣红色棱形隆起骨片（图7-1）。

②卵　初产时长椭圆形，长约2.5mm，宽约1.5mm，白色略带黄绿色光泽；发育后期近圆球形，长约2.7mm，宽约 2.2mm，洁白色有光泽。

③幼虫　3 龄幼虫体长 35 ~ 45mm，头宽4.9~5.3mm，头部前顶刚毛每侧 3 根，其中冠缝两侧各 2 根，额缝上方近中部各 1 根，内唇端感区刺多为14 ~ 16 根，在感区刺与感前片之间除具 6 个较大的圆形感觉器外，还有 6 个小圆形感觉器。肛门孔呈三射裂缝状。肛腹板后覆毛区无刺毛列，钩状毛散乱排列，多为70 ~ 80 根。

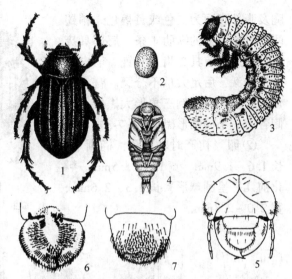

图7-1　大黑鳃金龟(仿刘绍友)
1. 成虫　2. 卵　3. 幼虫　4. 蛹　5. 幼虫头部
6. 幼虫内唇　7. 幼虫肛腹板

④蛹　长 21 ~ 23mm，宽 11 ~ 12mm。化蛹初期为白色，以后变为黄褐色至红褐色。尾节瘦长三角形，端部具 1 对尾角，呈钝角向后岔开。

(2)暗黑鳃金龟

①成虫　体长 17 ~ 22mm，宽9.0~11.5mm。暗黑色或红褐色，无光泽。前胸背板前缘有成列的褐色长毛。鞘翅两侧缘几乎平行，每侧 4 条纵肋不明显。前足胫节外齿 3 个，中齿明显靠近顶齿。腹部臀板不向下包卷，与肛腹板会合于腹末(图7-2)。

②卵　初产时长椭圆形，长2.5mm，宽1.5mm，发育后期近圆球形，长2.7mm，宽2.2mm。

③幼虫　3 龄幼虫体长 35 ~ 45mm，头宽 5.6 ~ 6.1mm，头部前顶刚毛每侧 1 根，位于冠缝侧。内唇端感区刺多为 12 ~ 14 根，在感区刺与感前片之间除具 6 个较大的圆形感觉器外，还有 9 ~ 11 个小圆形感觉器。肛门孔呈三射裂缝状。肛腹板后覆毛区无刺毛列，只有 70 ~ 80 根钩状毛散乱排列。

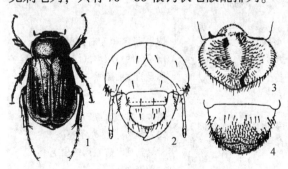

图7-2　暗黑鳃金龟(仿刘绍友)
1. 成虫　2. 幼虫头部　3. 幼虫内唇　4. 幼虫肛腹板

④蛹　长 20 ~ 25mm，宽 10 ~ 12mm。腹部背面具发音器 2 对，分别位于腹部 4、5 节和 5、6 节交界处的背面中央。尾节三角形，2 尾角呈钝角岔开。

(3)铜绿丽金龟

①成虫　体长 19 ~ 21mm，宽10 ~ 11.3mm。体有金属光泽，背面铜绿色，前胸背板两侧缘、鞘翅的侧缘、

胸及腹部腹面为褐色或黄褐色。鞘翅两侧具不明显的纵肋 4 条，肩部具疣突。前足胫节具 2 齿，较钝。前中足大爪分叉，后足大爪不分叉。臀板三角形，基部有一倒三角形大黑板，两侧各有一小椭圆形黑斑(图 7-3)。

②卵　初产时乳白色，椭圆形，长 1.6~1.9mm，宽 1.3~1.5mm。孵化前几乎呈圆球形，长 2.3~2.6mm，宽 2.0~2.3mm。

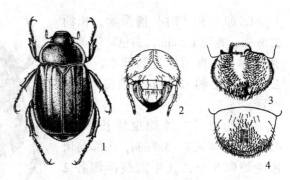

图 7-3　铜绿丽金龟(仿刘绍友)
1. 成虫　2. 幼虫头部　3. 幼虫内唇　4. 幼虫肛腹板

③幼虫　3 龄幼虫体长 30~33mm，头宽 4.9~5.3mm。头顶刚毛每侧 6~8 根，排成 1 纵列。内唇端感区刺多为 3~4 根，在感区刺与感前片之间有 9~11 个圆形感觉器，其中 3~5 个较大。肛门孔呈横裂状。肛腹板后覆毛区刺毛列长针状，每侧多为 15~18 根，两列刺毛尖端大多彼此相遇或交叉，仅后端稍许岔开些，刺毛列的前端远没有达到钩状刚毛群的前部边缘。

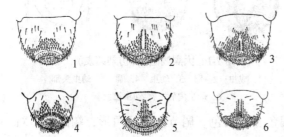

图 7-4　几种金龟甲幼虫腹部末端毛列的比较
(仿西北农学院)

1. 黑皱鳃金龟　2. 棕色鳃金龟　3. 云斑鳃金龟
4. 黑绒鳃金龟　5. 黄褐丽金龟　6. 苹毛丽金龟

④蛹　长 18~22mm，宽 9~11mm。体稍弯曲，腹部背面具发音器 6 对。

常见的其他金龟甲成幼虫特征及区别参见图 7-4 和表 7-1。

表 7-1　其他常见金龟甲成、幼虫的形态区别

虫名	成虫			幼虫			
	体长(mm)	体色	主要特征	体长(mm)	前顶刚毛	肛侧板刺毛列	肛背板骨化环
黑皱鳃金龟	13~16	黑色无光泽	鞘翅有粗大刻点，形成皱纹，后翅退化成三角形翅芽状	24~32	6 根，冠缝两侧 4 根，额缝上方 2 根	钩状毛 38 根左右，粗壮，刚毛群的后端与肛门孔有明显的无毛裸区	无
棕色鳃金龟	21~26	棕褐至茶褐色	前胸背板有一光滑纵脊线，侧缘中部各有一小黑点	45~50	每侧 3~5 根，排成一纵列	短锥刺排成 2 纵行，每行 20~24 根，排列不整齐，常具副刺，刺毛列突出毛区前缘之外	无

（续）

虫 名	成　虫				幼　虫			
	体长（mm）	体色	主要特征	体长（mm）	前顶刚毛	肛侧板刺毛列	肛背板骨化环
云斑鳃金龟	31～41	棕色，体被短毛	前胸背板无毛，前足胫节外缘雄2齿，雌3齿。鞘翅具由白短毛构成的白色斑，触角鳃叶部7节，雄虫鳃片特大呈波状弯曲	60～65	每侧6～8根，排成纵列或不规则排列	2行，几乎平行，每行由10～12根短刺组成，前后端略靠近或接近；略呈椭圆形	无
黑绒鳃金龟	6～9	黑、栗褐、棕褐色，有天鹅绒般光泽	唇基中央有一微凸的小丘突，两鞘翅各具3条纵沟纹；触角9节，后足胫节狭厚	14～16	2根，额侧毛2根，棕褐色伪单眼	位于近后缘处，由18～20根锥状刺毛组成弧状横带，带中央处明显断开	无
黄褐丽金龟	15～18	淡黄褐色，有光泽	前胸背板隆起，最宽处在小盾片前，侧缘中段外扩，其前是直的，中段后则微呈弧形，前、中足大爪分叉，足和腹部密生细毛	25～31		纵列两行，前段（3/4）平行排列由17～18根短锥状刺组成。后段（1/4）向后呈八字形岔开，由11～13根长针状刺组成	有
阔胸禾犀金龟	21～25	黑色有强光泽	头顶中央有2个小突起，前胸背板发达，长约为鞘翅长度之半，宽10～11.4mm	50～60	每侧13～15根，排列散乱，头部有粗大刻点	散乱，钩状刚毛群分布成三角形	骨化环的两端向肛门孔边角延伸

7.1.3　生活史及习性

7.1.3.1　生活史

金龟甲的生活史，因种类和地区差异很大，世代历期最长达6年，最短的一年可发生2代，多数种类则1～2年完成1代。以成、幼虫在土中越冬。

（1）大黑鳃金龟

我国仅华南地区1年1代，以成虫在土中越冬，其他地区2年1代，成、幼虫均可越冬，但存在局部世代现象，即部分个体1年可完成1代。

我国北方属2年1代区，越冬成虫春季10cm土温上升到14～15℃时开始出土，土温达17℃时成虫盛发，5月中、下旬日均温达21.7℃时田间产卵。6月上旬至7月上旬日均温24～27℃时为产卵盛期，6月上中旬开始孵化。孵化后幼虫除极少数当年化蛹羽化，1年完成1代外，大部分当秋季10cm土温低于10℃时，即向深土层移动，低于5℃时全部进入越冬状态。

大黑鳃金龟种群以幼虫越冬为主的年份，次年春季麦田和作物受害重，而夏秋作物受害轻；以成虫越冬为主的年份，次年春季作物受害轻，夏秋作物受害重。

（2）暗黑鳃金龟

我国大部分地区1年1代，多数以3龄幼虫筑土室越冬，少数以成虫越冬。以成虫越冬的，成为第二年 5 月出土的虫源。以幼虫越冬的，一般春季不为害，于 4 月初至 5 月初开始化蛹，5 月中旬为化蛹盛期。蛹期 15～20d，6 月上旬成虫开始羽化出土，7 月中旬至 8 月上旬为成虫活动盛期。7 月初田间产卵，卵期 8～10d，7 月中旬开始孵化，下旬为孵化盛期。初孵幼虫即可为害，8 月中、下旬为为害盛期。

(3) 铜绿丽金龟

1 年 1 代，以幼虫越冬。越冬幼虫 10cm 土温高于 6℃时开始活动，并造成短时间为害。5 月中旬至 6 月下旬化蛹，5 月下旬成虫出现，6 月下旬至 7 月上旬为产卵盛期，7 月中旬卵开始孵化，为害至 10 月中旬，进入 2～3 龄期，10cm 土温低于 10℃开始下潜越冬。

7.1.3.2　习性

①成虫　绝大多数金龟甲昼伏夜出，白天潜伏在土中或作物根际，杂草丛中，傍晚出来活动，21:00 是出土、取食、交尾高峰，22:00 以后活动减弱，午夜以后相继入土潜伏。夜出种类多具趋光性，特别是对黑光灯的趋性更强，但不同种类及雌雄间差异较大。金龟甲有假死性。牲畜类、腐烂的有机物有招引成虫产卵的作用。成虫大多需补充营养，喜食榆、杨、桑、核桃、苹果、梨等林木，果树及大豆、豌豆、花生等作物叶片。

②幼虫　幼虫共 3 龄，在土壤中度过，一年四季随土壤温度变化而上下迁移，其中以第 3 龄历期最长，为害最重。

7.2　金针虫类

7.2.1　种类、分布与为害

7.2.1.1　种类

金针虫是鞘翅目，叩头甲科的幼虫，世界各地均有分布。全世界已知约 8000 种。我国 600～700 种，主要种类有 4 种：①沟金针虫(*Pleonomus canaliculatus* Faldermann)；②细胸金针虫(*Agriotes fuscicollis* Miwa)；③褐纹金针虫(*Melanotus caudex* Lewis)；④宽背金针虫(*Selatosomus latus* Fabricius)。

7.2.1.2　分布

(1) 沟金针虫

国外仅分布于蒙古；国内自北纬 32°～44°，东经 106°～123°均有分布，具体有辽宁、内蒙古、山东、山西、河南、河北、北京、天津、江苏、湖北、安徽、陕西、甘肃等 13 省(自治区、直辖市)。其中以旱作区域中有机质较为缺乏而土质较为疏松的砂壤土和砂黏壤土发生较重，是我国中部、北部旱区重要地下害虫。

(2) 细胸金针虫

国内分布于北纬 33°~50°，东经 98°~134° 的广大地区，黑龙江、宁夏、甘肃、陕西、内蒙古、河北、山西、山东、河南等 9 省(自治区)均有分布。其中以水浇地，较湿的低洼水地，黄河沿岸的淤地及有机质丰富的黏土地区为害较重。

7.2.1.3 为害

金针虫食性杂，成虫在地面上活动时间不长，只取食一些禾谷类或豆类作物的嫩叶，为害不严重。幼虫在土中生活，为害各种农作物、蔬菜和林木，咬食播下的种子，食害胚乳使之不能发芽，咬食幼苗根部和地下茎，使之不能正常生长而死亡。一般受害主根很少被咬断，被害部位不整齐，呈丝状，这是金针虫为害后最主要的特征之一。

7.2.2 形态特征

(1) 沟金针虫

① 成虫 雌虫体长 14~17mm，宽 4~5mm；雄虫体长 14~18mm，宽 3.5~5mm。身体栗褐色，密被褐色细毛。雌虫触角 11 节，黑色，锯齿形，长约前胸的 2 倍；前胸发达，背面为半球形隆起，密布刻点，中央有微细纵沟；鞘翅长约为前胸长度之 4 倍，后翅退化。雄虫触角 12 节，丝状，长达鞘翅末端；鞘翅长约为前胸长度之 5 倍，有后翅(图 7-5)。

② 卵 椭圆形，长约 0.7mm，宽约 0.6mm，乳白色。

③ 幼虫 老熟幼虫体长 20~30mm，宽约 4mm，金黄色，宽而扁平。体节宽大于长，从头部至第 9 腹节渐宽，胸背至第 10 腹节背面中央有一长略凹纵沟。尾节两侧缘隆起，各有 3 个小齿突，尾端二分叉，并稍向上翘弯，各叉内侧有一小齿。

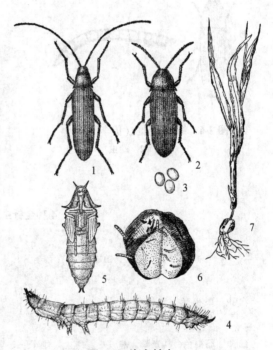

图 7-5 沟金针虫
1. 雄成虫 2. 雌成虫 3. 卵 4. 幼虫
5. 蛹 6、7. 马铃薯、玉米被害状

④ 蛹 纺锤形，长 15~20mm，宽 3.5~4.5mm。前胸背板隆起呈圆形，尾端自中间裂开，有刺状突起。化蛹初期体淡绿色，后渐变深色。

(2) 细胸金针虫

① 成虫 体长 8~9mm，宽 2.5mm。体细长，暗褐色，略具光泽。触角红褐色，第 2 节球形。前胸背板略呈圆形，长大于宽，后缘角伸向后方。鞘翅长约为前胸长度

之2倍，上有9条纵列的点刻。足红褐色(图7-6)。

②卵 圆形，直径0.5~1.0mm，乳白色。

③幼虫 老熟幼虫体长约23mm，宽约1.3mm，体细长，圆筒形，淡黄色，有光泽。体节长大于宽，尾节圆锥形，背面近基部两侧各有一褐色圆斑，并有4条褐色纵向细纹(图7-6)。

④蛹 纺锤形，长8~9mm。化蛹初期乳白色，后渐变黄，羽化前复眼黑色，口器淡褐色，翅芽灰黑色。

几种叩头甲成幼虫形态区别参见图7-7和表7-2。

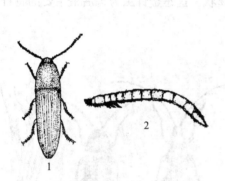

图7-6 细胸金针虫(仿李照会)

1. 成虫 2. 幼虫

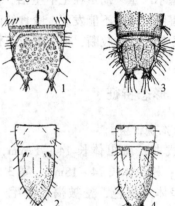

图7-7 4种金针虫尾节特征比较

(3仿张履鸿、谭贵忠 余仿西北农学院)

1. 沟金针虫 2. 细胸金针虫 3. 宽背金针虫

4. 褐纹金针虫

表7-2 4种金针虫成幼虫形态区别

虫名	成虫		幼虫			
	体 色	鞘翅/前胸长	体色	体 形	体节	尾节
沟叩头甲	栗褐色，密被褐色刚毛	5倍	金黄	宽而扁	宽大于长，中央有一细纵沟	末端二分叉端部上翘，各叉内侧一小齿，外侧3齿突
细胸叩头甲	暗褐色，具光泽，密背灰色短毛，爪简单	2倍	淡黄	细而长，圆筒形，锥状	长大于宽	弹头状，背面近基部两侧各有一圆斑，只有一个突起
褐纹叩头甲	黑褐色，具光泽，有点刻及稀疏的灰色短毛。爪梳状	2.5倍	茶褐	细长略扁，第二胸节至第八腹节有半月形褐斑	长大于宽	近圆锥形，末端有3个齿突，基部两侧各有一半月形褐斑
宽背叩头甲	黑色，前胸和鞘翅有时略带青铜色或蓝色		棕褐	宽而扁	宽大于长	端部窄，每侧有3个齿状结，末端二分叉，缺口深，左右二分叉大，每叉下方各有大结，内肢向上弯，外肢向上钩

7.2.3　生活史及习性

7.2.3.1　生活史

金针虫的生活史很长，一般需 2~5 年完成 1 代。以各龄幼虫或成虫在地下越冬，越冬深度因地区和虫态而异，一般 15~40cm，最深可达 100cm 左右。

(1) 沟金针虫

一般 3 年 1 代，少数 2 年 1 代。越冬成虫春季 10cm 土温 10℃左右时开始出土活动，3 月中旬至 4 月上旬，10cm 土温稳定在 10~15℃时为出土活动高峰。3 月下旬至 6 月上旬为产卵期，卵经 35~42d 孵化为幼虫，为害作物至 6 月底下潜越夏。9 月中、下旬为害秋作物至 11 月上、中旬，在土壤深层越冬。第二年 3 月初活动为害，3 月下旬至 5 月上旬为害最重，随后越夏，秋季为害，越冬。第三年 8~9 月，老熟幼虫在 15~20cm 土中做土室化蛹。幼虫期长达 1150d 左右，蛹期 12~20d，9 月初开始羽化为成虫，当年不出土，在土室中栖息越冬。第 4 年春季出土交配、产卵，寿命约 200d。

(2) 细胸金针虫

大多 2 年 1 代，甘肃、内蒙古、黑龙江等地大多 3 年 1 代，以成虫越冬。在陕西，越冬成虫于 3 月上、中旬 10cm 土温 7.6~11.6℃，气温 5.3℃时开始出蛰活动，4 月中、下旬 10cm 土温 15.6℃，气温 13℃时达活动高峰。4 月下旬开始产卵，5 月上旬为产卵盛期。卵期 26~32d，5 月中旬卵开始孵化，并开始为害夏秋播作物。当平均气温降至 1.3℃，10cm 地温 3.5℃时，下移越冬。次年春季 3~5 月活动为害，6 月下旬幼虫陆续老熟并化蛹，7 月中、下旬为化蛹盛期，8 月是成虫羽化盛期，羽化成虫在土室中潜伏、越冬，至第 3 年春季出土活动。

7.2.3.2　习性

成虫昼伏夜出，白天潜伏在杂草或土缝中，晚上出来活动。喜食小麦叶片，尤其喜欢吮吸折断麦茎或其他禾本科杂草茎干中的汁液。沟金针虫雄虫有趋光性，雌虫后翅退化，不能飞翔，无趋光性。细胸金针虫有假死性、弱趋光性，并对新鲜而略带萎蔫的杂草及作物枯枝落叶等腐烂发酵气味有极强趋性，常群集于草堆下，可利用此习性进行诱杀。宽背金针虫有取糖、蜜的习性。

7.3　蝼蛄类

7.3.1　种类、分布与为害

7.3.1.1　种类

蝼蛄属直翅目蝼蛄科。全世界约 40 种；我国记载有 6 种，为害严重的主要有 2 种：华北蝼蛄(*Gryllotalpa unispina* Saussure)和东方蝼蛄(*Gryllotalpa orientalis* Golm)。

另外，普通蝼蛄（*G. gryllotalpa* L.）和台湾蝼蛄（*G. formosana* Shiraki）分别在台湾、广东、广西、新疆局部地区发生分布。

7.3.1.2　分布

华北蝼蛄国外主要分布于俄罗斯西伯利亚、土耳其等；国内分布于北纬32°以北地区，北方各地受害较重。如山东、山西、河南、河北、江苏、陕西、内蒙古等地区。东方蝼蛄则是世界性害虫，在亚、非、欧洲普遍发生，在我国属全国性害虫。各省（自治区、直辖市）均有分布。以前在南方发生较重，近年来北方水浇地亦为优势种群。

7.3.1.3　为害

蝼蛄是最活跃的地下害虫，成若虫均可取食为害，咬食各种作物种子和幼苗，特别喜食刚发芽的种子，造成严重断垄缺苗，也咬食根、幼嫩茎，扒成乱麻状或丝状，使幼苗生长不良，甚至死亡。蝼蛄在表土层活动时，来往穿行造成纵横隧道，种子架空，幼苗掉根，导致种子不能发芽，幼苗失水枯死，故有俗言"不怕蝼蛄咬，就怕蝼蛄跑"。

7.3.2　形态特征

（1）华北蝼蛄

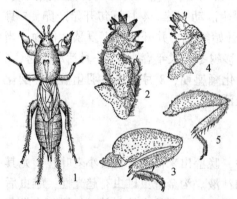

图 7-8　华北蝼蛄和东方蝼蛄（仿南京农学院）
1. 华北蝼蛄成虫　2. 华北蝼蛄前足　3. 华北蝼蛄后足　4. 东方蝼蛄前足　5. 东方蝼蛄后足

①成虫　体长 40～50mm，体黑褐色，密被细毛，腹部近圆筒形，前足腿节下缘呈"S"形弯曲，后足胫节内上方有刺 1～2 根（或无刺）（图 7-8）。

②卵　椭圆形，初产时长 1.6～1.8mm，宽 1.3～1.8mm，以后逐渐膨大，孵化前长 2.4～3mm，宽 1.5～1.7mm。卵色初产黄白色，后变为黄褐色，孵化前呈深灰色。

③若虫　初孵化头、胸特别细，腹部肥大，全身乳白色，只复眼淡红色，以后颜色逐渐加深，5～6 龄后基本与成虫体色相似。若虫共 13 龄，初龄体长 3.6～4.0mm，末龄体长 36～40mm。

（2）东方蝼蛄

①成虫　体长 30～35mm，体黄褐色，密被细毛，腹部近纺锤形，前足腿节下缘平直，后足胫节内上方有刺 3～4 个。

②卵　椭圆形，初产时长约 2.8mm，宽约 1.5mm，孵化前长约 4mm，宽约 2.3mm。卵色初产时乳白色，渐变为黄褐色，孵化前为暗紫色。

③若虫　初孵化头胸特别细，腹部肥大，全身乳白色，复眼淡红色，腹部红色或棕色，以后后头、胸、足逐渐变为灰褐色，腹部淡黄色。2～3 龄后与成虫体色相似。初龄体长 4.0mm，末龄体长 25mm。

7.3.3 生活史及习性

7.3.3.1 生活史

蝼蛄类生活史较长，一般1~3年1代，以成虫、若虫在土中越冬。

(1) 华北蝼蛄

各地均是3年1代，越冬成虫6月上旬、中旬开始产卵，7月初孵化，为害到秋季达8~9龄入土中越冬；次年越冬若虫恢复活动继续为害，秋季以12~13龄若虫越冬；第三年8月以后若虫陆续羽化为成虫，新羽化成虫当年不交配，为害一段时间后，进入越冬，第四年5月交配产卵。据河南郑州室内饲养观察，华北蝼蛄完成1代需1131d，其中卵期、若虫期及成虫期平均分别为17d、736d、378d。

(2) 东方蝼蛄

华中、长江流域及其以南各地1年1代，华北、东北及西北2年1代。在黄淮地区，越冬成虫5月开始产卵，盛期为6、7月，卵期15~28d。当年孵化的若虫发育至4~7龄后，在40~60cm的深土中越冬。次年春季恢复活动，为害至8月化蛹羽化为成虫。若虫期长达400d以上。当年羽化的成虫少数可产卵，大部分越冬后，至第3年才产卵。

两种蝼蛄一年中有两次在土中上升或下移过程，出现两次为害高峰，一次为5月上旬(旬平均气温16.5℃，20cm土温15.4℃)至6月中旬(旬平均气温19.8℃，20cm土温19.6℃)，此时正值春播作物苗期和冬小麦返青期；第二次在9月上旬(旬平均气温18℃，20cm土温19.9℃)至下旬(旬平均气温12.5℃，20cm土温15.2℃)，此时正值秋作物播种和幼苗阶段。其上下移动主要受温度的影响，一般来说，春季气温达8℃时，开始为害活动；秋季气温低于8℃时，停止活动。秋末或冬季温度过低及夏季温度过高，均潜入深土层，春秋气温适宜，都在地表取食为害。

7.3.3.2 习性

蝼蛄喜欢昼伏夜出，21：00~23：00为活动取食高峰。蝼蛄对产卵地点有严格选择性。华北蝼蛄多在轻盐碱地内的缺苗断垄，无植被覆盖的干燥向阳、地埂畦堰附近或路边，渠边和松软的油渍状土中产卵，而禾苗茂密、郁蔽之处产卵少。在山坡干旱地区，多集中在水沟旁、过水道和雨后积水处。适宜于产卵的土壤pH值约为7.5，土壤湿度(10~15cm)18%左右。产卵前先作卵窝，呈螺旋形向下，内分3室，上部距地表8~16cm处为运动室或玩耍室；中间距地表9~25cm处为圆形卵室；最下面为隐蔽室，距地表13~63cm，一般约24cm。1头雌虫通常挖1~2个卵室。产卵量少则数十粒，多则上千粒，平均300~400粒。而东方蝼蛄则喜欢在潮湿的河岸边、地塘和沟渠附近产卵。适宜于产卵的土壤pH值为6.8~8.1，土壤湿度(10~15cm)约22%。产卵前先在5~20cm深处作卵窝，窝中仅有1个长椭圆形卵室，雌虫在卵室30cm左右处另作窝隐蔽，单雌产卵60~80粒。

初孵若虫有群集性。华北蝼蛄3龄后才散开，东方蝼蛄在3~6d后分散为害。蝼蛄对光、马粪和香甜味等有较强的趋性。

7.4　地老虎类

7.4.1　种类、分布与为害

7.4.1.1　种类

地老虎是为害农作物的重要地下害虫之一，也是世界性大害虫。隶属鳞翅目，夜蛾科，切根夜蛾亚科。全国已发现170余种，已知为害农作物大约有20种，其中以小地老虎(*Agrotis ypsilon* Rottemberg)和黄地老虎(*Euxoa segetum* Schiffermuller)分布最广、为害最重，在全国各地普遍发生。除此以外，白边地老虎(*Euxoa oberthuri* Leech)、警纹地老虎(*Euxoa exclamationis* L.)、大地老虎(*Agrotis tokionis* Butler)、显纹地老虎[*Euxoa conspicua*(Hubner)]和八字地老虎[*Amathes cnigrum*(L.)]常在局部地区猖獗成灾。

7.4.1.2　分布

(1)小地老虎

遍及世界六大洲和大洋中的很多岛屿，国内各省(自治区、直辖市)均有分布。尤以雨量充沛、气候湿润的长江流域与东南沿海各地如四川、贵州、江苏、浙江、福建等地发生最多，特别是沿海、沿湖、沿河及低洼内涝、土壤湿润杂草多的杂谷区和粮棉夹种地区发生最重。

(2)黄地老虎

国外分布于欧、亚、非各地；国内分布于东北、内蒙古、河北、山东、河南、山西、陕西、甘肃、青海、贵州、江苏、浙江、安徽、湖北、湖南、四川、西藏、台湾等省(自治区)。过去以西北高原年降水量250mm以下的干旱地区发生严重，但近年来，在河南、山东、北京和江苏等地，发生日趋严重。

7.4.1.3　为害

地老虎是多食性害虫，寄主范围十分广泛，不仅为害各种栽培作物和蔬菜等，而且为害多种野生杂草。如小地老虎寄主植物达106种之多，其中北方主要为害玉米、高粱、棉花、烟草、马铃薯和蔬菜；长江流域主要为害棉花和蔬菜；南方主要为害玉米、马铃薯和蔬菜。1、2龄幼虫为害作物的心叶或嫩叶，3龄以后幼虫切断作物的幼茎、叶柄，严重时造成缺苗断垄，甚至毁种重播。

7.4.2 形态特征

(1) 小地老虎

① 成虫 体长 16~23mm，翅展 42~52mm，体暗褐色。触角雌蛾丝状，雄蛾双栉齿状，栉齿仅达触角之半，端半部为丝状。前翅暗褐色，前翅前缘颜色较深，亚基线、内横线与外横线均为暗色双线夹一白线组成双波线，前端部白线特别明显；肾状纹与环状纹暗褐色，有黑色轮廓线，肾形纹外侧凹陷处有一尖端向外的楔状纹；亚缘线白色，锯齿状，其内侧有 2 个尖端向内的黑色楔形纹，与前一楔形纹尖端相对，是其最显著特征，后翅背面灰白色，前缘附近黄褐色(图 7-9)。

② 卵 半球形，高 0.5mm，宽 0.61mm。表面有纵横交叉的隆起脊。初产时乳白色，孵化前灰褐色。

③ 幼虫 老熟幼虫体长 37~47mm，头宽 3.0~3.5mm，体形稍扁平，黄褐色至黑褐色。体表粗糙，密布大小颗粒，腹部第 1~8 节背面各有 4 个毛片，后 2 个比前 2 个大 1 倍以上。腹末臀板黄褐色，有对称的 2 条深褐色纵带。

④ 蛹 体长 18~24mm，宽 9mm。红褐色或暗褐色，腹部第 4~7 节基部有一圈点刻，在背面的大而深，腹端具臀棘 1 对。

(2) 黄地老虎

① 成虫 体长 14~19mm，翅展 32~43mm。触角雌蛾丝状，雄蛾双栉齿状，栉齿基部长端部渐短，仅达触角的 2/3 处，端部为丝状。前翅黄褐色，散布小黑点，横线不明显，肾状纹、环状纹及楔状纹很明显，各具黑褐色边而充以暗褐色。后翅灰白色，外缘淡褐色(图 7-9)。

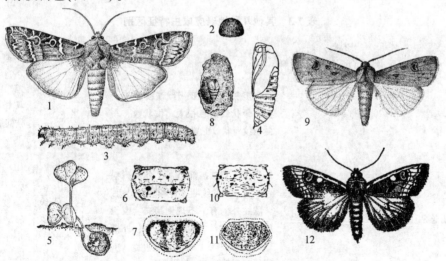

图 7-9　小地老虎、黄地老虎和白边地老虎

小地老虎：1. 成虫　2. 卵　3. 幼虫　4. 蛹　5. 被害状　6. 幼虫第 4 腹节背面　7. 幼虫臀板　8. 土室

黄地老虎：9. 成虫　10. 幼虫第 4 腹节背面　11. 幼虫臀板

白边地老虎：12. 成虫

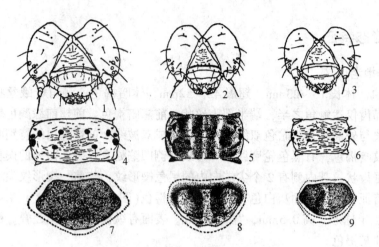

图 7-10　三种地老虎幼虫的鉴定特征

(仿西北农学院)

头部、第 4 腹节背面和臀板：1、4、7. 大地老虎　2、5、8. 小地老虎　3、6、9. 黄地老虎

②卵　半球形，宽 0.5mm。表面有纵脊纹 16～20 条。

③幼虫　老熟幼虫体长 33～43mm，头宽 2.8～3.0mm，黄褐色，表皮多皱纹，但无明显颗粒。腹部背面毛片 4 个，前后 2 个大小相似。腹末臀板中央有一黄色纵纹，将臀板划分为两块黄褐色大斑(图 7-10)。

④蛹　体长 15～20mm。腹部第 4 节背面中央有稀小不明显的颗粒，第 5～7 节点刻小而多，背面和侧面的刻点大小相同，腹端具臀棘 1 对。

其余常见地老虎成幼虫特征区别参见图 7-10、表 7-3、表 7-4。

表 7-3　其他几种地老虎成虫特征区别

虫　名	体长(mm)	翅展(mm)	体色	前　翅	后　翅	触　角
警纹地老虎	16～20	33～37	黄褐	灰色至灰褐色，亚缘线淡褐色不明显，肾状纹黑色很大。楔状纹，与剑状纹肾状纹配置似一惊叹号	淡灰白色	双栉状分枝甚短
大地老虎	20～23	52～62	暗褐	暗褐，前缘自基部至 2/3 外呈黑褐色，肾、环状纹明显且各围以黑边。肾状纹外侧有一不规则黑斑，亚缘线上无剑状纹，亚基线，内、外横线都是双曲线，有时不太明显，中横线，亚外缘线、极不明显	灰褐，外缘浓黑翅脉不明显	双栉状，分枝向端部渐短小，几乎达顶端

（续）

虫 名	体长（mm）	翅展（mm）	体色	前 翅	后 翅	触 角
白边地老虎	16～20	34～43	灰褐至暗红色	①白边型：灰褐至红褐色，前缘有明显灰白色宽边，楔状纹黑色，环、肾状纹灰白色，中室在环状纹两侧，全为黑色 ②暗化型：黑褐至暗红褐色，前缘无黑白边，楔状纹不明显，环、肾状纹黑褐至暗红，周围环绕白边 ③淡色型：灰褐色，楔状纹灰褐色，有黑边、肾、环状纹边缘环绕黑黄相间的线条，环状纹灰色，肾状纹上半部灰色，下半部黑褐色	淡灰白色	纤毛状
八字地老虎	16～20	40～49	灰褐至紫褐	前翅灰褐至紫褐色，肾状纹青紫色内有紫褐色细长的环，环纹向前开展，在前缘线形成一倒三角形的淡褐色斑，斑后的中室为黑色，内横线为双曲线，外线为一列黑点，亚缘线较宽，色暗，前端有一黑斑，亚端线外方色较暗	灰白色，外缘带褐色	丝状

表 7-4 几种地老虎幼虫形态特征区别

虫 名	体 长（mm）	色 泽	体 表	腹部第1～3节背面中部毛片	臀 板	额 区	唇 基
警纹地老虎	38～42	灰褐，无光泽	密布大小颗粒，头部有一对呈"八"字形的黑褐色条纹	4个毛片，后2个比前2个大1倍	有明显的皱纹		
大地老虎	40～60	黄褐色	多皱纹，光滑，颗粒不明显	4个毛片，前2个稍小	几乎全部是深褐色，密被龟裂状皱纹	顶端为双峰相连	底边大于斜边不达颅顶
白边地老虎	35～40	灰褐至淡褐色	体表光滑，无微小颗粒	4个毛片，前2个稍小	黄褐色，前缘及两侧深褐色有形斑		
八字地老虎	40	灰黄带红，有时为灰绿色	背线、亚背线黄色	腹部第5～9节有倒八字形黑色斑，以第9节上的最大			

7.4.3　生活史及习性

7.4.3.1　生活史

（1）小地老虎

无滞育现象，只要条件适宜可连续繁殖，年发生世代数和发生期因地区、气候条件而异，在我国从北到南一年发生 1～7 代，黑龙江 1 年 2 代，山西及内蒙古 1 年 3 代，甘肃、宁夏、陕西、北京等地 1 年 4 代，江苏 1 年 5 代。越冬情况随各地冬季气温不同而异，在南岭以南，1 月平均气温高于 8℃ 的地区，冬季也能持续繁殖为害；南岭以北，北纬 33°以南地区，有少量幼虫和蛹越冬；在北纬 33°以北，1 月平均气温 0℃ 以下的地区，尚未查到越冬虫源。

根据近年来各地调查研究和标记释放回收证明，小地老虎是一种迁飞性害虫。我国北方小地老虎越冬代蛾都是由南方迁入的，属越冬代蛾与 1 代幼虫多型型。小地老虎在 25℃ 条件下卵期 5d，幼虫期 20d，蛹期 13d，成虫期 12d，全世代历期约 50d。

（2）黄地老虎

一年发生 2～4 代，黑龙江龙江地区 1 年 2 代，新疆、陕西关中地区 1 年 3 代，山东、江苏、北京等地 1 年 4 代。越冬虫态因地而异，我国西部地区，多以老熟幼虫越冬，少数以 3、4 龄幼虫越冬；在东部地区则无严格的越冬虫态，常随各年气候和发育进度而异。越冬场所主要是麦田、绿肥田、菜田及杂草等地的土中。大多数地区均以第 1 代幼虫为害棉花、玉米、高粱、烟草、麻、蔬菜等春播作物幼苗，其他世代发生较少。

7.4.3.2　习性

地老虎成虫白天潜伏于土缝、杂草丛、屋檐下或其他隐蔽处，取食、飞翔、交配和产卵等活动多发生在夜晚，对黑光灯和糖醋液有强烈的趋性。先后有 3 次活动高峰，第 1 次在天黑前后数小时内；第 2 次在午夜前后；第 3 次在凌晨前，有的一直延续到上午，其中以第 3 次高峰期活动虫量最多。一般交配 1～2 次，少数交配 3～4 次，如大地老虎交配 1～2 次的占 90% 以上。有滞育习性的种类如显纹地老虎，越夏以后才进行交配。

地老虎雌蛾在交配后即可产卵，产卵历期一般 4～6d，产卵量数百粒甚至上千粒，如小地老虎越冬代、第 1 代、第 2 代的单雌平均产卵量分别为 1024、2088 和 2113 粒；黄地老虎越冬代、第 1 代、第 2 代、第 3 代的单雌平均产卵量分别为 608、478、460 和 308 粒。卵一般散产，极少数数粒聚在一起。产卵场所因季节或地貌不同而异。如小地老虎在杂草或作物未出苗前，很大一部分产在土块或枯草棒上；黄地老虎在新疆地区，由于地面杂草少，卵大量产在潮湿的土面上，在别的地方则喜在芝麻叶或野麻叶的背面产卵。卵的孵化率与交配次数有密切关系，未经交配产下的卵一般都不能孵化。

小地老虎在我国存在季节性迁飞现象，我国北方小地老虎的越冬代蛾都是由南方迁入的。小地老虎不仅存在南北方向或东西方向的水平迁飞，而且还存在垂直迁飞。

地老虎幼虫一般 6 龄，个别种类或少数个体 7~8 龄。具假死性，在活动时受惊或被触动，立即卷缩呈"C"形。各种地老虎幼虫 1~2 龄时都对光不敏感，栖息在表土或寄主的叶背和心叶里，昼夜活动；3 龄以后则逐渐发生变化，4~6 龄幼虫表现出明显的负趋光性，白天潜入土中，晚上出来为害。据调查，小地老虎 3 龄以后的幼虫以 21:00、24:00 及清晨 5:00 活动最盛。此外，小地老虎和黄地老虎幼虫对泡桐叶或花有一定的趋性，在田间放置新鲜潮湿的泡桐叶，可以诱集到幼虫，而取食泡桐叶的小地老虎幼虫表现出生长不良，羽化不正常和存活率下降等趋势。

地老虎类幼虫具有较强的耐饥饿能力，如小地老虎幼虫的耐饥力，3 龄以前为 3~4d，3 龄以后可达 15d；黄地老虎幼虫可饿 4~5d；白边地老虎幼虫在无饲料时可存活 6~21d。受饥饿而濒死的幼虫一旦获得食料，仍可恢复活动，但饥饿时间稍长或种群密度过大时，常出现同种个体间的自残现象。

地老虎幼虫老熟后，选择比较干燥的土壤筑土室化蛹。小地老虎老龄幼虫常迁移到田埂、田边、杂草根际等较干燥的土内深 6~10cm 处筑土室化蛹。蛹有一定的耐淹能力，在前期即使水浸数日，也不窒息而死，但进入预成虫期，则易因水淹而死亡。

7.5 种蝇类

7.5.1 种类、分布与为害

7.5.1.1 种类

为害农作物地下部的双翅目花蝇科幼虫统称为地蛆，也叫根蛆。主要种类有：灰地种蝇（又名种蝇）[*Delia platura*（Meigen）= *Hylemyia platura*]，葱地种蝇（又名葱蝇）[*Delia antiqua*（Meigen）= *Hylemyia antiqua*]，萝卜地种蝇（又名萝卜蝇）[*Delia floralis*（Fallen）= *Hylemyia floralis*]，毛尾地种蝇（又名小萝卜蝇）[*Delia pilipyga*（Villeneuva）= *Hylemyia pilipyga*]。其中以灰地种蝇分布广，为害重。

7.5.1.2 分布

灰地种蝇是全世界分布的种类，国内各地如辽宁、内蒙古、河北、山西、陕西、山东、河南、湖北、四川等地都有分布。葱地种蝇和萝卜地种蝇在国内分布很广，但以北方地区如东北、内蒙古、河北、甘肃等地发生较多。毛尾地种蝇主要分布于东北、内蒙古。

7.5.1.3 为害

灰地种蝇为多食性，几乎能为害所有的农作物，可为害豆类、瓜类幼苗、菠菜、葱、蒜及十字花科蔬菜、玉米等。主要以幼虫为害播种后的种子和幼茎，使种子不能发芽，幼苗死亡。为害大白菜主要钻蛀根部。

葱地种蝇是寡食性害虫，只为害百合科蔬菜，圆葱、大葱、大蒜、韭菜都可受害。幼虫为害时蛀入葱、蒜的鳞茎或幼苗，引起腐烂，叶片枯黄、萎蔫，造成缺苗断垄，甚至成片死亡。

萝卜地种蝇和毛尾地种蝇则以十字花科蔬菜为主，尤其是萝卜、白菜受害最重。

由于根蛆的为害，北方白菜、萝卜、葱、蒜等常造成损失，黄河及长江流域棉区，棉花播种季节，常招致种蝇为害，造成缺苗、断垄。

7.5.2　形态特征

以灰地种蝇为代表，形态特征叙述如下(图7-11)。

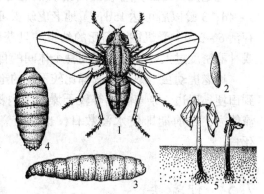

①雌成虫　体长4～6mm，灰色或灰黄色，复眼间距离约等于头宽的1/3。胸背面有3条褐色纵线，中刺毛显著二列。前翅基背毛极短小，尚不及盾间沟后背中毛的1/2长。中足胫节外上方有1根刚毛。

②雄成虫　体长4～6mm。复眼暗褐色，在单眼三角区的前方几乎相接。头部银灰色，触角黑色，触角芒比触角长。胸部灰褐色或黄褐色，胸背稍后方有3条纵

图7-11　灰地种蝇(仿华南农学院)
1. 成虫　2. 卵　3. 幼虫　4. 蛹　5. 被害状

线。腹部背中央有1条黑色纵纹，各腹节均有1条黑色横纹。后足胫节内下方生有1列稠密约等长、末端弯曲的短毛。

③卵　长约1.6mm，白色透明，长椭圆形。

④幼虫　老熟幼虫体长8～10mm，蛆状，乳白色略带淡黄色，头尖尾钝，似截断状。腹部末端有7对肉质突起，均匀不分叉，第1、2对的位置等高，第5、6对突起等长，第7对很小。

⑤蛹　长椭圆形，长4～5mm，红褐色或黄褐色，尾端可见7对突起。

几种花蝇科根蛆成幼虫主要特征及区别参见图7-12、表7-5。

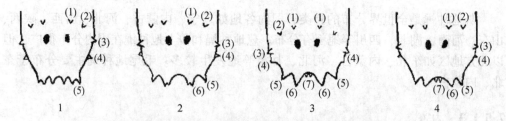

图7-12　4种花蝇科根蛆幼虫腹端形态区别(仿管致和)
1. 萝卜地种蝇　2. 毛尾地种蝇　3. 葱地种蝇　4. 灰地种蝇
(1)～(7)表示各肉质突起的所在位置和形态

表7-5 4种种蝇的主要形态特征比较

	主要特征	灰地种蝇	葱地种蝇	萝卜地种蝇	毛尾地种蝇
雄成虫	前翅基背毛	极短,不到盾间沟后的背中毛长的1/2		很长,几乎与盾间沟后的背中毛等长	
	复眼间额带的最狭部分	不明显,因两复眼几乎相接	存在,但较中单眼宽度为狭	等于中单眼宽度的2倍或更大	小于中单眼宽度的2倍
	后足刚毛	胫节的内下方密生成列的等长短毛,末端稍向下弯	胫节内下方中央1/3~1/2处疏生约等长的短毛	腿节的外下方全生有一列稀疏的长毛	腿节的外下方只在近末端处有显著的长毛
	中足胫节	外上方有1根刚毛	外上方有2根刚毛		
雌成虫	体长(mm)	3左右	6左右	6.5	5.5左右
	前翅基背毛	很短	很短	很长	很长
卵	长度(mm)	1.6	1.2	1	2
老熟幼虫	体长(mm)	7	8	9	7.5
	腹部突起数(对)	7	7	6	6
	第1对突起	高于第2对	与第2对等高		
	第5对突起	不分叉	不分叉	特大,分为2叉	不分叉
	第6对突起	与第5对等长,不分叉	比第5对稍长,不分叉	虽短小,但仍显著突出,不分叉	分成很小的2叉
	长及宽(mm)	长约4~5,宽约1.6	长约6.5,宽约2.1	长约7,宽约2.3	长约6,宽约2

7.5.3 生活史及习性

7.5.3.1 生活史

灰地种蝇在辽宁省一年发生3~4代,越往南世代数越多。在北方一般以蛹在土壤中越冬,在温室内各虫态都可越冬并能连续为害。在山西越冬代成虫于4月下旬至5月上旬羽化、交配产卵。第1代幼虫发生于5月上旬至6月中旬,主要为害甘蓝、白菜等十字花科蔬菜的留种株、苗床的瓜类幼苗和豆类发芽的种子等。第2代幼虫发生于6月下旬至7月中旬,主要为害洋葱、韭菜、蒜等。第3代幼虫发生于9月下旬至10月中旬,主要为害洋葱、韭菜、大白菜、秋萝卜等。在25℃下,卵期1.5d,幼虫期7d,蛹期10d。

葱地种蝇在东北、内蒙古等地1年发生2~3代,华北地区3~4代,在北方地区均以滞育蛹在韭菜、葱、蒜根际附近5~10cm深的土壤中越冬。在山东,越冬蛹4月上旬羽化,5月上中旬、6月上旬末至中旬、10月上中旬为第1~3代幼虫盛发期,至11月上旬以第3代幼虫化蛹越冬。有明显的世代重叠现象。卵期4~6d,幼虫期11~27d,非越冬蛹历期9~70d,成虫期8~15d。

7.5.3.2 习性

成虫多在晴天活动,对腐败物、糖醋和葱蒜味有趋性。产卵趋向未腐熟的粪肥、发酵的饼肥以及植株根部附近潮湿土壤里产卵。地蛆喜潮湿，故新翻耕的潮湿土壤易招引成虫产卵。葱地种蝇成虫对葱蒜气味有强烈的趋性，因而在大蒜烂母子期，为害最为严重。

7.6 地下害虫的发生与环境的关系

地下害虫的发生为害受寄主、气候、天敌、地势、栽培管理措施等多种环境因素的影响。

7.6.1 寄主植被

①非耕地的虫口密度明显高于耕地的。由于非耕地长期未经耕种，杂草丛生，有机质丰富，受农事活动影响小，有利于地下害虫的栖息与为害。

②在耕地中，不同农作物田地下害虫的虫口密度不同。大豆、花生、甘薯等作物田，利于金龟甲隐蔽、补充营养、交配和卵的孵化，蛴螬密度大；小麦等禾本科作物田，金针虫喜食禾本科作物根系，发生数量多；苗床、蔬菜田土壤湿润，疏松，适合蝼蛄栖息取食。

③植树造林，农田林网化，给金龟甲提供了丰富的食科，利于大发生。

④蜜源植物的多少对地老虎的产卵量影响很大。研究表明，小地老虎在蜜源植物丰富的情况下，每雌产卵量达 1000 ~ 4000 粒，在蜜源植物稀少或缺的情况下，只产卵几十粒甚至不产卵。

7.6.2 气候条件

气候条件主要影响地下害虫成虫的出土活动，同时通过影响土壤理化性质来影响地下害虫的分布、活动与为害。高温不利于小地老虎的生长发育和繁殖。研究证明在温度 30℃、相对湿度 100% 时，1 ~ 3 龄幼虫会大量死亡；当平均温度高于 30℃ 时，成虫寿命缩短，不能产卵。故在各地猖獗为害的多为第 1 代幼虫，其后各代数量骤减，为害很轻。在南方高温过后，秋季种群数量尚可回升。小地老虎冬季亦不耐低温，在温度 5℃ 时，幼虫经 2h 即全部死亡。

7.6.3 土壤因素

(1) 土壤温度

主要影响地下害虫的垂直分布，从而影响地下害虫的为害程度。如蝼蛄、蛴螬、金针虫大多喜中等偏低的温度环境，在土中为害活动的最适温度为 10 ~ 20cm 土层 15 ~ 20℃。因此，地下害虫 1 年中在春秋两季出现 2 次发生高峰，为害严重，而夏季则为害轻。

(2) 土壤湿度

不仅影响地下害虫的活动，而且影响其分布。从全国来看，地下害虫发生种类北方多于南方，为害程度旱地重于水地，多数地下害虫活动的最适土壤含水量为15%～18%。从小地老虎在国内的分布情况可以看出，在西部年降水量小于250mm的地区，种群数量极低。在东部，凡地势低湿、内涝或沿河、邻湖及雨量充沛的地方，发生较多，在长江流域各地雨量较多，常年土壤湿度较大，为害偏重。在北方各地，则以沿江、沿湖的河川、滩地、内涝区及常年灌溉区发生严重，丘陵旱地发生少。但黄地老虎则在年降雨少、气候干燥的地区发生重。

土壤含水量的多少，与地老虎的发生也有密切关系。据测定，小地老虎在土壤含水量15%～20%的地区为害较重，但土壤含水量过大，会增加小地老虎寄生性病菌的流行。在成虫发生期，凡灌水时间与成虫产卵盛期相吻合或接近的田块，着卵量大，幼虫发生为害重。

（3）地势、地貌及土壤类型

蛴螬类的发生 背风向阳地高于迎风背阳地，坡岗地高于平地，淤泥地高于壤土地，砂土地最少；沟金针虫喜生于有机质较为缺乏而土质较为疏松的粉砂壤土和粉砂黏土中，而细胸金针虫则以有机质丰富的黏土为害严重；蝼蛄类以盐碱地虫口密度最大，壤土次之，黏土地最小。一般地势高、地下水位低、土壤板结、碱性大的地区，小地老虎发生轻，重黏土或砂土，对小地老虎亦不利。地势低洼、地下水位高（夜潮地）、土壤比较疏松的砂质土，易透水，排水快，适于小地老虎的繁殖。

7.6.4 栽培管理和农田环境

（1）轮作和间作套种

禾本科作物是地下害虫嗜食的作物，其连作田的虫口密度明显高于轮作田（尤以小麦、玉米、高粱为重）。而前茬为棉花、油菜、豌豆、水稻等作物，虫口密度小。凡水旱轮作地区，地老虎类发生较轻，旱作地区较重。许多杂草是地老虎适宜的食料，杂草丛生有利于地老虎的发生。作物茎秆硬化后，地老虎的为害明显减轻，故可以通过调节作物播种期来减轻或避免地老虎的为害。此外，前茬是绿肥或套作绿肥的棉田、玉米田，小地老虎虫口密度大，为害重；前茬是小麦的棉田受害轻，麦套棉的棉田比一般棉田受害也轻。

（2）精耕细作，深翻改土

深耕（翻）土壤，一方面对地下害虫有机械杀伤作用，另一方面可将土中害虫翻至地表晒死或因其他因素致死。

（3）施肥

凡是未经腐熟的有机肥料的田块，地下害虫发生较重，所以施用有机肥料要注意腐熟和深施，既有利于作物吸收，又限制害虫生存。

（4）农田环境

农作物田周围多邻果园、菜田及村庄，受灯光、树木的招引，地下害虫发生较重。

7.6.5　天敌因素

地下害虫天敌种类较多，捕食性的如蚂蚁、步甲、食虫虻、草蛉、鸟类、蜘蛛等；寄生性的如寄生蝇、姬蜂、线虫和多种病原细菌、病毒等。

7.7　地下害虫的调查与测报

7.7.1　调查内容和方法

7.7.1.1　种类和虫口密度调查

查清当地地下害虫种类、虫量、虫态，为分析发生趋势及为害程度，制订防治措施提供理论依据。

①挖土调查法　最常用的方法，样点面积一般33.3cm×33.3cm，深度根据调查时间而定，取样方式取决于种类及田间分布型。

②灯光诱测法　对有趋光性的地下害虫，可从越冬成虫出土活动开始到秋末越冬止用黑光灯诱测。

③食物诱集法　利用地下害虫的趋性，采取"穴播食物诱集法"，于冬(春)播前，每隔50cm穴播小麦或玉米，发现幼苗受害后，挖土检查。

④直接目测法　在蝼蛄活动期(10:00前)，查看地表隧道条数，确定虫量，一般地表2条隧道，土中有1条蝼蛄，隧道宽3cm为若虫，3~5.5cm为成虫。

7.7.1.2　为害情况调查

掌握地下害虫的为害情况，是实施田间补救的依据，春播作物在苗后和定苗期各查1次，冬小麦在越冬前和返青、拔节期各查1次。选择不同土壤类型田块，根据主要地下害虫种类的分布型，每次调查10~20个点。条播小麦每点1行，长1~2m；撒播小麦每点调查1m²。

7.7.2　地下害虫的预测预报

①剖查雌虫卵巢发育进度，预测成虫防治适期　从成虫出土活动开始，隔日1次，每次剖查20~30头雌虫，检查卵巢发育进度，将成虫消灭在产卵以前。

②观察卵发育历期，预测幼虫防治适期　根据卵的发育历期，推测幼虫孵化时间，确保在幼虫防治适期进行防治。

③查害虫活动情况，预测防治适期　春季蝼蛄上升到20cm左右，蛴螬和金针虫上升到10cm左右，田间发现被害苗时，需及时防治。

④根据物候预测防治适期　利用寄主作物或其他植物的物候学特点预测地下害虫的发生期，确定其防治适期，来指导防治。如在山东，当夏大豆即将开花时，暗黑鳃金龟进入2龄期，是防治的最佳时期。

7.8　地下害虫综合防治

7.8.1　防治原则

地下害虫的防治应贯彻"预防为主，综合防治"的植保方针，根据虫情因地因时制宜，在"三查三定"（查大小、密度、深浅，确定防治面积、时间、方法）的基础上，协调应用各种措施，做到地上地下防治相结合，成虫和幼虫防治相结合，田内和田外防治相结合，把地下害虫的为害控制在经济允许水平以下。

7.8.2　防治指标

地下害虫的防治指标，因种类、地区不同而异。一般来说，蝼蛄 1200 头/hm^2、蛴螬 30 000 头/hm^2、金针虫 45 000 头/hm^2、地老虎 7500 头/hm^2；混合发生以 22 500 ~ 30 000 头/ hm^2 为宜。

7.8.3　综合防治措施

7.8.3.1　农业防治

①改造农田环境　结合农田基本建设，平整土地，深翻改土，铲平沟坎荒坡，植树种草等，杜绝滋生地下害虫的策源地，创造不利于地下害虫发生的环境。实践证明，改造环境是消灭蝼蛄的基本方法。

②合理轮作、间作套种　地下害虫最喜食禾谷类和块茎、块根类大田作物，对棉花、芝麻、油菜、麻类等直根系作物不喜取食，因此，合理地轮作或间作，可以减轻其为害。

③耕翻土壤　深耕土壤和夏闲地伏耕，通过机械杀伤、曝晒、鸟类啄食等，一般可消灭蛴螬、金针虫 50% ~ 70%，若秋播前机耕翻地后，只多 1 次圆盘耙耙地，即可消灭蛴螬 40% 左右。

④合理施肥　猪粪厩肥等农家有机肥料，必须经过充分腐熟后方可施用，否则易招引金龟甲、蝼蛄等取食产卵。碳酸氢铵、氨水等化学肥料应深施土中，既能提高肥效，又能因腐蚀、熏蒸起到一定的杀伤地下害虫的作用。

⑤适时灌水　春季和夏季作物生长期间适时灌水，因表土层湿度太大，不适宜地下害虫活动，迫使其下潜或死亡，可以减轻为害。

7.8.3.2　生物防治

地下害虫的天敌种类很多，目前生产上常用甲型日本金龟甲乳状菌（*Bacillus popilliae*）、乙型日本金龟甲乳状菌（*Bacillus lentimobus*）22.5kg/hm^2 菌粉，防效可达60% ~ 80%。卵孢白僵菌（*Beauveria brongniartii*）在花生田 150 万亿孢子/hm^2 加 40% 甲基异柳磷 EC 1.2kg/hm^2 制成毒土撒施，对蛴螬防治效果达 80%。另据报道，用线虫、寄生蜂等天敌，均可有效控制地下害虫的发生与为害。

7.8.3.3　物理防治

①灯光诱杀　根据多种地下害虫具有趋光性的特点，利用黑光灯诱杀，效果显著。

②鲜草诱杀　在田间堆积鲜草堆，每日早晨翻草捕杀。

③人工捕捉　利用金龟甲的假死性，振动树干，将坠地的成虫捡拾杀死。或在蝼蛄产卵盛期，结合夏锄挖窝毁卵，防治蝼蛄。

7.8.3.4　化学防治

在预防为主、综合防治的前提下，科学合理施用化学农药，进行种子处理、土壤处理、毒饵诱杀等方法，消灭地下害虫。

(1)种子处理

种子处理方法简便，用药量低，对环境安全，是保护种子和幼苗免遭地下害虫为害的理想方法。药剂以辛硫磷和甲基异柳磷为主，其次是辛硫磷和对硫磷微胶囊剂，亦可根据各地农药供应情况和习惯，适当选用乐果、对硫磷等。在小麦黄矮病流行区，仍可沿用甲拌磷拌种，以兼防传病媒虫(麦蚜、叶蝉)，但非病毒病流行区不宜提倡。用药量为种子量的 0.1% ~ 0.2%。40%甲基异柳磷乳油的用药量为种子量的 0.1% ~ 0.125%。处理方法是将药剂先用种子重量 10% 的水稀释后，均匀喷拌于待处理的种子上，堆闷 12 ~ 24h，使药液充分渗吸到种子内即可播种。

(2)土壤处理

土壤处理方法有多种：①将药均匀撒施或喷雾于地面，然后犁入土中；②施用颗粒剂；③将药剂与肥料混合施下，即施用农药肥料复合剂；④条施、沟施或穴施等。目前，为减少污染和避免杀伤天敌，提倡局部施药和施用颗粒剂，近年用 3% 甲基异柳磷颗粒剂、5% 乙基异柳磷颗粒剂剂等进行试验，证明效果良好，而且药效较长。用 50% 辛硫磷乳油或 40% 甲基异柳磷乳剂 3750 ~ 4500mL/hm² ，结合灌水施入土中或加细土 375 ~ 450kg 拌成毒土，顺垄条施，施药后随即浅锄或浅耕。

(3)毒饵诱杀

毒饵诱杀是防治蝼蛄和蟋蟀的理想方法之一。利用适量水将 40% 甲基异柳磷乳油或 40% 乐果乳油稀释，用药量分别为饵料量的 0.5% ~ 1% ，然后拌入炒香的谷子、麦麸、豆饼、米糠、玉米碎粒等饵料中，施用 35 ~ 50kg/hm² 。当田间发现蝼蛄为害后，于傍晚撒施田间，防效较好。

另外，国内外还对地下害虫的拒食剂、引诱剂、性诱剂等方面，进行了研究探讨，并取得了一定的进展。遗传防治、声诱蝼蛄等在国外也有报道。

复习思考题

1. 什么叫地下害虫？
2. 我国地下害虫的种类有哪些？
3. 地下害虫的发生为害特点是什么？
4. 蛴螬类、金针虫类、蝼蛄在小麦玉米等作物苗期的被害状各有何特征？
5. 保苗的主要措施是什么？
6. 简述鲜草诱杀的理论依据和方法。
7. 小地老虎、黄地老虎和警纹地老虎的区别特征是什么？
8. 如何区分华北蝼蛄和东方蝼蛄？
9. 4种金针虫幼虫的体节与尾节各有何特征？
10. 小地老虎、黄地老虎的幼虫如何区分？
11. 结合地下害虫的生活史，分析可用于防治的各个薄弱环节，制订出综合防治方案。

第 *8* 章

粮食作物害虫

粮食安全一直是社会各界关注的焦点问题。小麦、玉米、马铃薯是全世界的主要粮食作物，也是我国北方的主要栽培作物。粮食安全关系到我国 13 亿人口的吃饭问题。全世界现已知小麦害虫 400 多种，玉米害虫 200 多种，马铃薯害虫 60 多种。据统计，每年全世界约 20% 的粮食在产前和产后被害虫直接所毁。因此，加强对农作物害虫防治是提高粮食产量和保障粮食安全的重要措施之一。

8.1 小麦害虫

小麦(*Triticum aestivum* L.)是世界主要粮食作物，是我国仅次于水稻的第二大粮食作物，全国播种面积为 $2800 \times 10^4 \ hm^2$，是我国北方地区最重要的粮食作物之一。据统计，全国已知小麦害虫(包括螨类)237 种，分属于 11 目 57 科。其中对小麦生产影响较大的 20 余种，一般导致小麦减产损失 10%~20%，为害严重的达 30%~50%，甚至绝产。因此，有效防治小麦害虫的为害对于稳定我国粮食生产有着举足轻重的作用。由于小麦产区地域辽阔，各地自然地理、农业生态、种植制度各不相同，形成了不同的麦类害虫区系。

①黄淮流域川地冬麦虫害区　主要包括陕西关中、晋南、河南中部和北部，山东、皖北等地的广大平原灌区，既是小麦吸浆虫的易发区，又是春季黏虫增殖的中转地，麦长管蚜、麦圆叶爪螨常年发生且为害严重。其他主要害虫尚有禾谷缢管蚜、沟金针虫、东方蝼蛄、大黑鳃金龟、暗黑鳃金龟等；次要害虫有麦叶蜂、灰飞虱等。

②北方旱作冬麦虫害区　主要包括陇东、陇南、陕西渭北、晋中、河北、山东北部等地，为旱作农业区，是地下害虫、蚜虫等刺吸式口器害虫的为害区。其中旱塬、丘陵地区主要害虫有沟金针虫、麦二叉蚜、麦长管蚜、麦岩螨、条斑叶蝉等，灌区及平原地区主要害虫为东方蝼蛄、大黑鳃金龟、麦长管蚜、条斑叶蝉、灰飞虱等。

③西北冬春麦混种虫害区　主要包括新疆、甘肃中部和西部、青海、宁夏、陕北、雁北、冀北等地。主要害虫有麦二叉蚜、大黑鳃金龟、宽背金针虫、麦秆蝇、麦鞘毛眼水蝇等，其次为灰飞虱、条斑叶蝉、西北麦蝽、小麦皮蓟马、冬麦沁夜蛾、谷黏虫、麦穗金龟子等。

④北方春麦虫害区　主要包括内蒙古、辽宁、吉林、黑龙江等地。主要害虫有大黑鳃金龟、暗黑鳃金龟、黏虫、绿麦秆绳、麦长管蚜、宽背金针虫、麦尖头蝽、条斑叶蝉等。

⑤南方冬麦虫害区　主要指秦岭、淮河以南的长江流域和西南地区小麦产区。主要害虫有暗黑鳃金龟、大黑鳃金龟、麦长管蚜、禾谷缢管蚜、麦圆叶爪螨、麦鞘毛眼水蝇、黏虫等，其次还有灰飞虱、小麦沟牙甲、红背麦叶蜂等。

8.1.1　小麦吸浆虫

小麦吸浆虫属于双翅目瘿蚊科，是世界性害虫。亚、欧、美三大洲主要小麦产区均有分布。为害小麦的吸浆虫主要有麦红吸浆虫(*Sitodiplosis mosellana* Gehin)和麦黄吸浆虫(*Contarinia tritici* Kirby)两种，除美洲只有麦红吸浆虫外，在欧亚大陆都是红黄两种吸浆虫的混发区。我国两种吸浆虫主要分布在北纬 27°~40°之间的黄河、长江流域小麦主产区，以麦红吸浆虫发生最普遍，为害最严重。一般麦红吸浆虫多发生在沿江、沿河平原低湿地区，如陕西渭河流域，河南伊、洛河流域，淮河两岸，长江、汉水和嘉陵江沿岸的旱作区；麦黄吸浆虫主要分布在高原地区和高山地带，如贵州、四川西部、青海、宁夏等地。两种吸浆虫的并发区则多分布在西部高原地区的河谷地带，甘肃省小麦吸浆虫主要分布于渭河、洮河、大夏河及黄河流域两岸的川水地及部分较阴湿的山塬区。川水地以麦红吸浆虫为主，阴湿高寒地区以麦黄吸浆虫发生为主。

小麦吸浆虫主要为害小麦，以幼虫为害小麦花器和吸食正在灌浆的小麦子粒的浆液，造成瘪粒而减产，受害严重时几乎绝收。此外，亦可为害大麦、青稞、黑麦、燕麦等作物及鹅冠草等杂草。历史上小麦吸浆虫曾多次酿成灾害。21 世纪以来，受全球气候变化、耕作制度改变、小麦品种更换、人类活动及其他因素的影响，小麦吸浆虫在世界上多个国家的发生为害有显著回升的趋势，而在我国的发生情况变化更加明显，很多地区的麦红吸浆虫发生为害已从点片发生、局部严重发生发展到普遍严重发生。1998 年小麦吸浆虫在甘肃省河西的武威川区、古浪川区和兰州的皋兰等灌溉区春麦田爆发成灾，有的单个麦穗上幼虫高达 259 头，造成小麦大面积减产，有的地方绝收。2001 年在河北南和县出现麦红吸浆虫较大范围内严重成灾的田块。2004 年在北京房山县和河北徐水县等地区，麦红吸浆虫发生严重的田块中，其虫口密度达到平均每样方 130~670 头，最高达 1000 余头。2013 年麦红吸浆虫在陕西关中地区、河南黄河以北 5 个地市以及河北中南部大面积发生，3 省的发生面积高达 220×10^4 hm²，再次对我国小麦主产区的生产造成严重威胁。

研究认为，造成近年来小麦吸浆虫在我国的种群数量变动、发生范围扩大和为害情况加重的原因，一是与灌溉条件改善、作物结构、品种结构、耕作制度变化、小麦栽培水平提高、感虫品种大面积推广有直接联系；二是对小麦吸浆虫的预测预报系统不健全，对其发生为害认识不足，防治不及时等；三是麦红吸浆虫成虫可借助气流进行较远距离扩散传播，幼虫和蛹可以随水流、联合收割机的跨区作业和种子调运等扩散，这些因素都加速了其传播和在不同地区种群间的基因交流和遗传变异，进而加速了其进化和对环境的适应能力。

8.1.1.1　形态特征

(1) 麦红吸浆虫 (图 8-1)

①成虫　体长 2.0~2.5mm,翅展约 5mm,体橘红色。头小,复眼大,黑色,两复眼在上方愈合。触角 14 节,各节呈长圆形膨大,上面环生 2 圈刚毛。前翅呈宽卵形,薄而透明,有紫色闪光,翅脉 4 条。腹部 9 节,第 9 节细长,形成伪产卵管。雄虫体稍小,触角较雌虫长,亦为 14 节,每两节 2 个球形膨大部分,每个球体除环生 1 圈刚毛外,还有 1 圈环状毛。腹部末端略向上弯曲,交尾器中的抱握器基节内缘和端节均有齿,腹瓣末端稍凹入,阳茎长。

②卵　长椭圆形,淡红色透明,表面光滑。长 0.32mm,约为宽的 4 倍,肉眼不易看清。

③幼虫　老熟幼虫体长 2.0~2.5mm。扁纺锤形,橙黄色,前尖后钝,蛆状。头小,前胸腹面有"Y"形剑骨片,其前端凹陷呈锐角,腹末有 2 对尖形突起。

④蛹　离蛹,长约 2mm,橘红色,头前部有 2 根白色短毛和 1 对长呼吸管。蛹色因发育阶段不同而有明显变化,初化蛹时与幼虫体色相同,临羽化前复眼呈黑褐色,翅芽深褐,复部浅褐。

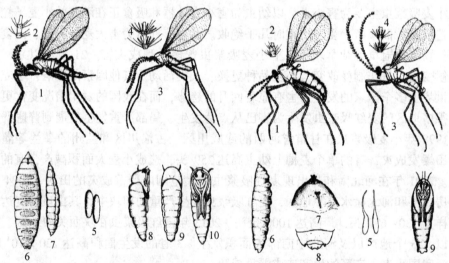

图 8-1　麦红吸浆虫(仿西北农学院)　　**图 8-2　麦黄吸浆虫**(仿西北农学院)
1. 雌成虫　2. 雌成虫触角的 1 节　3. 雄成虫　　1. 雌成虫　2. 雌成虫触角的 1 节　3. 雄成虫
4. 雄成虫触角的 1 节　5. 卵　6. 幼虫腹面　　4. 雄成虫触角的 1 节　5. 卵　6. 幼虫侧面
7. 幼虫侧面　8. 蛹侧面　9. 蛹背面　10. 蛹腹面　　7. 幼虫体躯前端　8. 幼虫腹部末端　9. 蛹腹面

(2) 麦黄吸浆虫 (图 8-2)

形态与麦红吸浆虫极似,其主要区别如下:

①成虫　姜黄色。雌成虫伪产卵器极长,伸出时约与腹部等长,末端呈针状。雄虫抱握器光滑无齿,腹瓣明显凹入,裂为两瓣,阳茎短。

②卵　香蕉形。前端略弯,末端有细长的卵柄附属物。

③幼虫　姜黄色。前胸腹面"Y"形剑骨片，中间呈弧形凹陷。腹部末端有1对圆形突起。

④蛹　淡黄色，头部前端有1对毛比呼吸管长。

8.1.1.2　生活史及习性

(1) 生活史

小麦吸浆虫一年发生1代。以3龄老熟幼虫在土壤中结圆茧越夏、越冬。翌年早春气候适宜时，破茧为活动幼虫，上升土表化蛹、羽化。由于幼虫有多年休眠习性，部分幼虫仍继续处于休眠状态，以致有隔年或多年羽化现象。据报道，麦黄吸浆虫越冬幼虫在土中存活不超过4~5年，但麦红吸浆虫可达7年以上，甚至12年仍能化蛹、羽化。

麦红吸浆虫的发生期因地区和气候而异。在同一地区也因年而异。与当地小麦生育期有密切的物候联系。在黄淮地区，越冬幼虫翌年春季10cm土温上升到7℃左右，小麦进入返青拔节期开始破茧上升。4月中旬10cm土温达15℃左右时，小麦进入孕穗期，幼虫陆续在约3cm的土层中做土室化蛹。蛹期8~12d，4月下旬10cm土温达20℃左右，正值小麦抽穗期，成虫盛发，产卵于抽穗但尚未扬花的麦穗上。卵期3~5d，小麦扬花灌浆期往往与幼虫孵化为害期相吻合。幼虫期20d左右，至小麦渐近黄熟，吸浆虫幼虫陆续老熟。遇降雨离穗落地入土，在6~10cm深处经3~10d结圆茧休眠。多地多年的历史资料表明，麦红吸浆虫成虫发生盛期常年相对稳定在4月下旬至5月上旬。

(2) 主要习性

麦红吸浆虫成虫以7:00~10:00和15:00~18:00羽化最盛。羽化后爬至麦叶背面或杂草上隐蔽栖息。成虫畏强光，怕高温，故以早晨和傍晚活动最盛，大风大雨或晴天中午常藏匿于植株下部。雄虫多在麦株下部活动，而雌虫多在高出麦株10cm左右处飞舞，并可借助风力扩散蔓延。成虫羽化的当天即可交尾产卵，白天不产卵，多在傍晚选择抽穗而未扬花的麦穗产卵，已扬花的麦穗上不产卵。这种对小麦生育阶段有严格选择的产卵习性，常是构成同一地区不同田块和品种间为害轻重之别的主要原因。就品种而言，颖壳扣合紧密、籽粒灌浆快、种皮厚的品种即不利于产卵，也不利于幼虫入侵和为害。卵多散产于麦穗中部外颖背上方，单雌每次产卵1~3粒，一生可产卵50~90粒。成虫寿命3~6d，因成虫羽化不集中，故产卵期可延续15~20d。雌雄性比一般雌稍多于雄，但雄蛹常比雌蛹早羽化1d。

幼虫孵化后从内外颖缝隙间侵入，以刺吸式口器刺破正在灌浆麦粒的种皮吸食汁液，多集中在麦穗中部为害。幼虫3龄，第2次蜕皮后幼虫老熟呈休眠状态停留在蜕皮内，遇雨露从蜕皮内爬出多随水滴入土，在6~10cm土中经3~10d结圆茧越夏、越冬，至翌年春季在近地面1~3cm处化蛹，蛹期8~12d。越冬幼虫破茧上升后，遇上长期干旱，仍可入土结茧潜伏，抗旱力较强。

麦黄吸浆虫的生活习性与麦红吸浆虫大致相似，唯成虫发生较麦红吸浆虫稍早，在春麦区为害青稞较重。雌虫主要选择初抽麦穗上产卵，卵产在内外颖间，一般每次产卵 5~8 粒，一生可产卵 100 粒左右。卵期 7~9d，幼虫侵入后主要为害花器，后吸食子房和灌浆的麦粒。幼虫期约 15d，老熟幼虫不停留在第 2 次的蜕皮内，所以离穗时间较早，抗旱力也较弱。

8.1.1.3　发生与环境的关系

（1）虫口基数

麦田小麦吸浆虫虫口数量的有无和多少是决定其会不会猖獗发生的基础。小麦吸浆虫具有隔年羽化和多年休眠的特点。经多年虫口的积累，达到一定密度时，遇到适宜的发生条件就会暴发成灾。在适宜条件下，虫口基数是小麦吸浆虫发生的决定性因素，故可根据虫口基数来预测损失（表 8-1）。

表 8-1　小麦吸浆虫产量损失与虫口基数的关系

级　别	1	2	3	4	5	6
虫口基数（万头/hm²）	150	300	450	750	1500	4500
产量损失（%）	2.17	4.83	8.88	15.98	24.94	54.20

（2）气候条件

①温度　早春气温高低影响吸浆虫发生的迟早。早春气温回升早，土温上升快，发生就早，若遇寒流侵袭，则发生期推迟。但小麦的生育期亦同样受到温度的影响，故只要有适合小麦生长发育的温度，就能满足吸浆虫生长发育的要求。但幼虫耐低温而不耐高温。夏季由于高温干旱，越夏死亡率往往高于越冬死亡率。所以，温度对小麦吸浆虫种群数量的影响主要通过影响越夏死亡率而起作用。

②湿度　小麦吸浆虫喜湿怕干，雨量或土壤湿度是影响种群数量变动的关键因子。据试验，幼虫浸入水中 20d 仍能存活，但把它混入麦粒中经 10 多天就死亡。春季少雨干旱，土壤含水量在 10% 以下，幼虫不化蛹，继续处于休眠状态；土壤含水量低于 15%，成虫很少羽化；土壤含水量 22%~25% 时，成虫大量发生。同样，成虫产卵、幼虫孵化和入侵均需较高的湿度。5 月下旬至 6 月初降雨对老熟幼虫离穗入土有利，否则老熟幼虫被带到麦场，经过日晒碾压，难以生存。据多年资料分析，4 月中、下旬的降雨量与当年虫害的发生程度呈明显的正相关，即雨量充沛，雨日多，常猖獗发生；否则，不利其发生。

（3）小麦品种和生育期

小麦品种对麦红吸浆虫抗感性差异很大。抗虫性能主要表现在穗形结构和生育期不利于成虫产卵和幼虫侵入。一般芒长多刺、挺直、小穗排列紧密、颖壳厚或护颖大能将外颖脊背遮着，内外颖结合紧密及子房或子粒的表皮组织较厚的品种，具有明显的抗虫性。由于成虫产卵对小麦生育阶段有严格的选择性，故抽穗整齐灌浆快、抽穗盛期与成虫盛发期不遇的品种受害轻；反之受害则重。近期的研究结果表明，扬花时内外颖张开角度与害虫量呈极显著的负相关，即随着张开角度增加，害虫量减少。

（4）轮作与栽培措施

小麦连作和小麦与玉米轮作的麦田受害重，水旱轮作或两年三熟（小麦—大豆—

棉花)的地区受害轻。冬小麦收获后随即播种作物,因地面有覆盖,能保持一定的湿度,并降低了土壤温度,幼虫越夏死亡率低。麦收后耕翻暴晒,则幼虫死亡率高。撒播麦田郁闭,田间湿度比条播麦田高,温差常比条播麦田小,吸浆虫发生数量多、受害重。

(5)土壤与地势

壤土因团粒结构好,土质松软,有相当的保水力和透水性,而且温差小,有利于小麦吸浆虫的生活,因此发生比黏土和砂土为重。低地麦红吸浆虫发生常比坡地多,阴坡发生又比阳坡多。在土壤酸碱度方面,麦红吸浆虫适于碱性土壤,而麦黄吸浆虫则较喜酸性土壤。

(6)天敌

小麦吸浆虫天敌种类较多,以寄生性天敌控制作用较大。目前已知天敌10多种。其中宽腹姬小蜂(*Tetrastichus* sp.)、尖腹黑蜂(*Platygaster error* Fitch)寄生率可达75%。1头寄生蜂足够控制1.5头吸浆虫所产的卵,即虫蜂比达1.5∶1时,下年度不致造成严重为害。幼虫期寄生真菌在高温高湿条件下,容易在幼虫体上寄生致其死亡。捕食成虫的天敌主要有蚂蚁、蜘蛛、蓟马及舞虻等。这些天敌对小麦吸浆虫的发生具有一定的抑制作用。

8.1.1.4　虫情调查与测报

(1)预测预报

按照《小麦吸浆虫测报调查规范》(NY/T 616—2002),小麦吸浆虫的发生预测主要依靠淘土方法,辅助以成虫网捕监测。近些年来,我国在小麦吸浆虫的预测预报上取得了一些研究成果,如模拟人工神经网络对麦红吸浆虫发生程度进行预测。随着预测预报方法的改进,今后还有望利用性信息素诱捕器或黏虫板来预测麦红吸浆虫成虫的发生期和发生量。

小麦吸浆虫的预测预报分为:①发生程度趋势预报:即通过调查麦吸浆虫的基数,对其发生基数与为害程度的关系进行预测;②中期防治适期预报:即通过调查其蛹的发育进度来掌握其成虫的羽化盛期;③成虫发生期的短期预报:即根据成虫发生量、发生时期预报成虫发生盛期、确定防治田块;④为害程度调查与产量损失测定:主要包括剥穗调查和产量损失测定。根据调查结果,可以预测小麦吸浆虫发生程度,见表8-2。

表8-2　小麦吸浆虫发生程度分级指标

级　别	1	2	3	4	5
样方虫量(头, X)	$X \leqslant 5$	$5 < X \leqslant 15$	$15 < X \leqslant 40$	$40 < X \leqslant 90$	$X > 90$
10复网虫量(头, Y)	$Y \leqslant 30$	$30 < Y \leqslant 90$	$90 < Y \leqslant 180$	$180 < Y \leqslant 360$	$Y > 360$
百穗虫量(头, Z)	$Z \leqslant 200$	$200 < Z \leqslant 500$	$500 < Z \leqslant 1500$	$1500 < Z \leqslant 3000$	$Z > 3000$

(2)虫口密度调查

麦红吸浆虫幼虫在土壤中呈聚集分布。根据抽样理论,虫口密度调查控制抽样误差在 10%，则最少抽样数为 38 个。目前，实际工作中一般采用 5 点或 10 点对角线或 Z 字形取样，样方大小为 10cm×10cm×20cm，或用直径 11.28cm、高 13cm 的取样器进行取样。每样点装入 50 目尼龙纱袋中封口，冲洗至无泥土后倒入白瓷盘中检查、计数。根据每样方平均虫口密度，可将小麦吸浆虫的发生区划分为 5 级；5 头/样方以下为轻发生区；5~15 头/样方为中等偏轻发生区；15~40 头/样方为中等发生区；40~90 头/样方为中等偏重发生区；90 头/样方以上为大发生区。每样方 5 头以上即需进行防治，依据虫口密度拟定防治计划和防治对策。

（3）剥穗查幼虫

小麦黄熟期吸浆虫老熟幼虫脱穗入土前，每块田 5 点取样，每点随机取 10 穗置于尼龙纱袋中带回室内逐穗逐粒剥查，计数麦粒数及每个子粒上虫数，估算为害损失及防治效果。

（4）幼虫动态及化蛹进度调查

从 3 月中、下旬小麦返青拔节后开始，选择当地有代表性麦田，每 5d 进行 1 次系统调查。取样方法及样方大小同前，但分 3 层（0~7cm，7~14cm，14~20cm）分别检查，以确定幼虫上升动态。当淘土时见预蛹时，每隔 1d 淘土 1 次，不分层，每次调查的总虫数不少于 30 头。当查到的蛹量占总虫数 50% 时，立即开始喷药防治。同时，采用历期法预测成虫发生盛期（表 8-3），预报成虫防治适期。

表 8-3　小麦红吸浆虫各级蛹变化特征及历期表

发育阶段	特　征	至羽化历期(d)
前蛹期	幼虫准备化蛹，头缩入体内，体形缩短不活跃，胸部白色透明	8~10
初蛹期	蛹已化成，体色橘黄，有翅和足，翅芽短且淡黄色，仅及腹部第一节，前胸背面 1 对呼吸管显著伸出	5~8
中蛹期	化蛹后 2~3d，复眼变红，翅芽由淡黄变红色	3~4
后蛹期	复眼、翅、足和呼吸管变为黑色，腹部变为橘红色	1~2

引自 NY/T 616—2002，附录 A。

（5）成虫期调查

成虫期调查方法主要有 3 种：①网捕：每天 18:00~20:00，用捕虫网田间网捕，计数捕获虫数。②观察笼黏捕：在系统观察田内按对角线设置 5 个观测笼黏捕成虫。笼的面积为 30cm×30cm、高 10cm，笼架用 10 号铁丝焊接，笼罩用普通纱布缝制，使用时笼顶内侧纱布涂一薄层凡士林。笼架入土 3cm，四周压实，每日下午定时检查记载羽化成虫数。③目测：成虫期用手轻轻将麦株向两侧分开，目测检查起飞虫量。当平均网捕 10 复次有成虫 10~25 头，或观察笼黏捕成虫累计达 5 头或目测有 2~3 头成虫起飞时，即为药剂防治适期。

8.1.1.5　防治技术

小麦吸浆虫属 K 型生态对策的害虫，其生活史历期长，在土壤中隐蔽生活达 11 个月之久，对不良环境适应性强，并有隔年羽化或多年休眠的特性。因此，防治小麦吸浆虫的策略，从长远考虑应以选育抗虫品种和改进耕作栽培技术为基本措施，辅以必要的化学药剂防治，实行综合治理。但目前处于虫口数量较大的严重为害期，又缺乏良好的抗虫品种，则应以化学药剂防治为主，同时尽可能选用抗虫品种和改进新作栽培技术，使其有机地结合起来。

(1) 栽培防治

麦田连年深翻，小麦与油菜、豆类和水稻等作物轮作，对压低虫口数量有明显的作用。小麦吸浆虫以幼虫在土中结茧越夏和越冬，因此翻耕暴晒，可破坏虫蛹，压低虫口发生基数。灌区小麦在冬灌后，尽量减少春灌，可抑制吸浆虫的发生，特别是3月至4月上旬，应严格控制浇水。麦田尽可能施足底肥，避免春季晚施氮肥，促进小麦生长，减轻小麦吸浆虫为害。

(2) 推广抗虫品种

小麦品种不同，特征特性各异，如抽穗期的迟早，开花时间的长短，颖壳扣合的松紧，子房皮部的薄厚，均与麦红吸浆虫的产卵、孵化、入侵为害有着密切的关系，对吸浆虫的抗虫或感虫影响差异很大。一般芒长多刺，口紧，小穗密集，扬花期短而整齐，种皮厚的品种，对吸浆虫成虫的产卵、幼虫入侵和为害均不利，抗虫性能好，受害轻，反之则重。因此要因地制宜进行小麦品种抗虫性鉴定，选择适合当地的抗虫、高产、优质品种，选用穗形紧密，内外颖毛长而密，麦粒皮厚，浆液不易外流的小麦品种。经多年筛选鉴定，较抗虫的品种如安徽淮北种植的'徐州211'、'马场2号'、'烟农128'；河南种植的'徐州21'、'洛阳851'、'新乡5809'、'许06号'、'偃农7664'；陕西种植的'咸农151'、'武农99'等。各地可因地制宜地加以引种和推广。

(3) 生物防治

小麦吸浆虫卵寄生蜂有宽腹姬小蜂、尖腹黑蜂，寄生率可达75%；幼虫期天敌有真菌寄生，致其死亡；捕食成虫的天敌有蚂蚁、蜘蛛、蓟马等。国外研究表明，膜翅目寄生蜂对麦黄吸浆虫和麦红吸浆虫寄生率分别为1%~41%、9%~24%。我国陕西、河南等地吸浆虫自然被寄生率为25%左右，最高的地块可达50%~60%。有报道指出，寄生于麦红吸浆虫滞育幼虫体内的寄生蜂，在土壤中可以存活6年左右，因此可作为麦红吸浆虫发生延迟的密度制约因子，在控制其种群增长中发挥作用。另外，微生物对麦红吸浆虫数量也有重要的控制作用，特别是在高温高湿条件下，真菌很容易在其幼虫体内寄生，使其致死。

(4) 药剂防治

药剂防治仍是目前防治吸浆虫的重要手段。

①防治指标　但根据近年来的防治经验，当虫口密度小于450万头/hm²时，对产量的影响似乎不明显，再结合国外对小麦吸浆虫防治指标的研究和实施状况，在生产实践中，一般以450万头/hm²作为参考指标。

②防治适期　各地试验结果表明，小麦吸浆虫化蛹盛期和成虫羽化期施药防治，对吸浆虫的防治效果最好。为了使防治工作处于主动地位，首先抓住蛹盛期施药，在成虫羽化期做必要的补充防治。

③适宜药剂及施药方法　蛹盛期防治施药方法以撒毒土为主，宜选用50%辛硫磷乳油、50%"1605"乳油、40%甲基异柳磷乳油、80%敌敌畏乳油等，每公顷1500mL加水15~30kg，喷拌于300kg细土中制成毒土，于16:00以后均匀撒于麦田。成虫期防治除可采用撒毒土外，也可喷粉、喷雾和熏蒸。喷粉常用药剂有甲敌粉或乙敌粉等每公顷22.5~30kg。喷雾可用40%乐果乳油、50%辛硫磷乳油、80%敌敌畏乳油、48%乐斯本乳油等1500~2000倍液；2.5%敌杀死乳油、20%杀灭菊酯乳油3000~4000倍液等。熏蒸选用敌敌畏乳油拌麦糠撒施或堆放于田间。

8.1.2　麦蚜

小麦蚜虫是我国乃至世界上小麦生产中的主要害虫。据统计，为害麦类作物的蚜虫有30余种。麦蚜属半翅目蚜科，在我国为害小麦作物的蚜虫主要有下列4种：麦长管蚜 [*Macrosiphum avenae* (Fabricius)]、麦二叉蚜 [*Schizaphis graminum* (Rondani)]、禾谷缢管蚜 [*Rhopalosiphum padi* (L.)]和麦无网长管蚜 [*Metopolophium dirhodum* (Walker)]。上述几种蚜虫分布极广，均为全球性种类，在国内除无网长管蚜分布北方地区外，其余3种蚜虫在各地区普遍发生。一般禾谷缢管蚜主要发生在南方，而二叉蚜主要发生在西北和华北地区。

蚜虫为多型性昆虫，在其生活史过程中，一般都历经卵、干母、干雌、有翅胎生雌蚜、无翅胎生雌蚜、性蚜等不同蚜型。但以无翅和有翅胎生雌蚜发生数量最多，出现历期最长，是主要为害蚜型。麦蚜多属寡食性害虫，寄主范围均系禾本科植物，除主要为害麦类作物外，也为害水稻、玉米、高粱以及禾本科杂草等。麦蚜为害小麦，一方面由于群集在植株茎、叶、穗部刺吸组织的营养和水分，影响小麦的生长发育直接造成减产；另一方面可传播植物病毒引起黄矮病、黄叶病等流行。

在小麦苗期，麦蚜多群集在麦叶背面、叶鞘及心叶处；小麦拔节、抽穗后，麦蚜多集中在茎、叶和穗部为害，排泄大量的蜜露影响植株的呼吸和光合作用。被害处呈浅黄色斑点，严重时叶片发黄，甚至整株枯死。穗期为害，造成小麦灌浆不足，籽粒干瘪，千粒重下降，引起严重减产。以乳熟期为害最重、损失最大。每穗有10~60头蚜虫，可使小麦减产5.1%~16.5%，大发生年份可超过30%。同时可严重影响小麦的品质，使面粉粗蛋白减少15.59%~28.85%，赖氨酸和苏氨酸含量减少15.59%~28.85%，维生素 B_1 含量下降48.06%。麦蚜又是传播植物病毒的重要昆虫媒介，以传播小麦黄矮病毒为害最大。

8.1.2.1　形态特征

(1)麦长管蚜(图8-3)

①无翅胎生雌蚜　长卵形，体淡绿至深绿，体长2.3~2.9 mm，额瘤明显外倾，腹部两侧常有褐斑。复眼红色，触角6节，全长不及体长，第3节基部具1~4个次生感觉圈。腹部第6节至第8节及腹面具横网纹，无缘瘤。腹管长筒形，黑色，端部具网状纹。

②有翅胎生雌蚜　黄绿色，体长2.4~2.8 mm，额瘤明显，腹部两侧有褐斑4~5

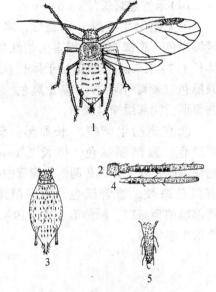 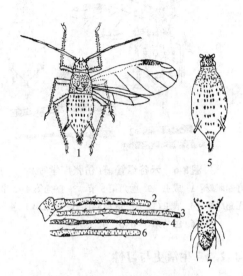

图8-3 麦长管蚜(仿张广学等)

有翅雌蚜：1. 成虫　2. 触角第1~3节
无翅雌蚜：3. 成虫(除去触角及足)　4. 触角
第3节　5. 尾片

图8-4 麦无网长管蚜(仿张广学等)

有翅雌蚜：1. 成虫　2~4. 触角第1~6节
无翅雌蚜：5. 成虫(除去触角及足)　6. 触角第3节
7. 尾片

个。前翅中脉3分叉。腹管黑色，长筒形，端部具网状纹。触角黑色，第3节有感觉圈6~18个排成1行。

（2）麦无网长管蚜（图8-4）

①无翅胎生雌蚜　体淡绿色，体长2.0~2.4 mm，额瘤明显，腹背中央有黄绿至深绿纵线。复眼紫黑色，触角6节长。腹管长筒形，淡绿色，端部无网状纹。

②有翅胎生雌蚜　黄绿色。前翅中脉3分叉。触角第3节有次生感觉圈40个以上。

（3）麦二叉蚜（图8-5）

①无翅胎生雌蚜　体淡绿至黄绿，体长1.4~2.0mm。触角6节，复眼紫黑色，额瘤不明显。腹背中央有深绿色纵线。腹管淡黄绿色，顶端黑色，短圆筒形，多不超过腹末。

②有翅胎生雌蚜　长卵形，背中线深绿色，头、胸黑色，腹部浅绿色。前翅中脉2分叉，腹背中央有深绿色纵线。腹管绿色，端部色暗。触角黑色，全长超过体长之半，触角第3节具4~10个次生感觉圈，排成1列。

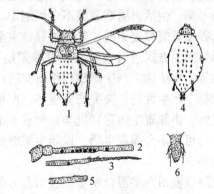

图8-5 麦二叉蚜(仿张广学等)

有翅雌蚜：1. 成虫　2. 触角第1~4节　3. 触角第5~6节
无翅雌蚜：4. 成虫(除去触角及足)　5. 触角第3节
6. 尾片

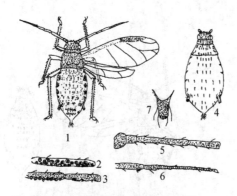

图8-6　禾谷缢管蚜(仿张广学等)

有翅雌蚜：1. 成虫　2. 触角第3节　3. 触角第4~5节
无翅雌蚜：4. 成虫(除去触角及足)　5. 触角第1~4节
6. 触角第5~6节　7. 尾片

（4）禾谷缢管蚜(图8-6)

①无翅胎生雌蚜　卵圆形，暗绿至黑绿色，腹部腹管周围多为暗红色。体长1.7~1.9mm。触角短于体长，复眼黑色，额瘤不明显。腹管黑色，短圆筒形，端部缢缩呈瓶口。

②有翅胎生雌蚜　长卵形，头、胸黑色，腹部深绿色。体长2.1mm。前翅中脉3分叉，腹背两侧及腹管中央有黑色斑纹。腹管黑色，短圆筒形，端部缢缩呈瓶口。触角第3节具19~28个次生感觉圈。

8.1.2.2　生活史与习性

（1）生活史

麦蚜的生活周期可分不全周期和全周期两种类型。4种常见麦蚜在温暖地区可全年进行孤雌生殖，不发生性蚜世代，表现为不全周期型；在北方寒冷地区，则表现为全周期型。年发生代数因地而异，一般可发生10~30代。

麦长管蚜是一种迁飞性害虫，春、夏季(3~6月)随小麦生育期逐渐推迟，由南向北逐渐迁飞。北方麦收后在禾本科杂草上繁殖，秋季(8~9月)再南迁。在1月0℃等温线(大致沿淮河)以北不能越冬，淮河流域以南以成蚜、若蚜在麦田越冬。华南地区冬季可继续繁殖。在南北各麦区，其生活史属于不全周期型。

麦二叉蚜在北纬36°以北较冷的麦区多以卵在麦苗枯叶上、土缝内或多年生禾本科杂草上越冬，越向北以卵越冬率越高，为同寄主全周期型。在南方则以无翅成蚜、若蚜在麦苗基部叶鞘、心叶内或附近土缝中越冬，天暖时仍能活动取食；华南地区冬季无越冬期，生活史周期型属不全周期型。

禾谷缢管蚜和麦无网长管蚜为异寄主全周期型，春、夏季均在禾本科植物上生活和以孤雌胎生方式进行繁殖，小麦灌浆期是全年繁殖高峰期。秋末，禾谷缢管蚜在李、桃等木本植物上产生雌雄两性蚜交尾产卵，以卵在北方越冬；麦无网长管蚜在蔷薇属植物上产生性蚜，交配产卵越冬。两种蚜虫的越冬卵，春季孵化为干母，干母产生侨迁蚜，由原寄主转移到麦类作物或禾本科等杂草上生存和繁殖。在南方地区，两种麦蚜均可营不全周期生活，以胎生雌蚜的成蚜、若蚜在麦苗根部、近地面叶鞘或土缝内越冬。

麦蚜在麦田内多混合发生。我国北方冬麦区秋播麦苗出土后，麦蚜以有翅蚜陆续迁入麦田建立群落。由于气温逐渐下降，种群密度上升缓慢，温度下降到发育临界点后便进入越冬阶段。翌年2~3月小麦返青后麦蚜开始活动为害，以后随气温升高和小麦进入旺盛生长期，繁殖力逐渐增强，种群数量大增。至抽穗前后，麦长管蚜大量迁入，麦蚜进入繁殖盛期，蚜量显著上升，乳熟期达到高峰。因此，小麦从播种至收获的整个生育期虽遭麦蚜为害，但穗期（抽穗至乳熟）是麦蚜的为害的关键时期。小麦成熟前陆续产生有翅蚜分离麦田。

(2) 习性

麦蚜种类不同，其习性也有差异。麦长管蚜喜光照，较耐氮素肥料和潮湿，多分布在植株上部，叶片正面，特嗜穗部。小麦抽穗后，蚜量急剧上升，并大多集中穗部为害。成蚜、若蚜均易受振动而坠落逃散。

麦二叉蚜喜干旱，怕光照，不喜氮素肥料；多分布在植株下部和叶片背面，最喜幼嫩组织或生长衰弱、叶色发黄的叶片；成、若蚜在振动时有假死现象而坠落；初期群集为害，后期分散，小麦灌浆后多迁离麦田。麦长管蚜及麦二叉蚜可传播病毒，特别是小麦黄矮病毒。

禾谷缢管蚜喜温畏光，喜食茎秆、叶鞘，故多分布于植株下部的叶鞘、叶背，甚至根茎部分，密度大时亦上穗为害；喜氮素肥料和植株密集的高肥田，在湿度充足情况下，较耐高温；其成蚜、若蚜较不易受惊动，其最适温 30℃ 左右。

麦无网长管蚜的嗜食性介于麦长管蚜和麦二叉蚜之间，以为害叶片为主，常分布于植株中下部，最不耐高温，一般密植丰产田的蚜量较多。成蚜、若蚜也易受振动而坠落。

8.1.2.3　发生与环境的关系

(1) 气候条件

①温度　麦蚜种类不同，对温度要求各异。麦二叉蚜抗低温能力强，其卵在旬平均气温 3℃ 左右开始发育，5℃ 左右孵化，13℃ 可产生有翅蚜。胎生雌蚜在 5℃ 时发育和大量繁殖。最适温区 15~22℃，气温超过 33℃ 则生育受阻。麦长管蚜适温为 12~20℃，不耐高温和低温，在 7 月 26℃ 等温线以南地区不能越夏，在 1 月 0℃ 以下的地区不能越冬。无网长管蚜适温范围又低于麦长管蚜，最不耐高温，26℃ 以上生育即受抑制；在 7 月平均气温超过 26℃ 的地区不能越夏。而禾谷缢管蚜最耐高温，在湿度适合的情况下，30℃ 左右生育速度最快，但最不耐低温，在 1 月年平均气温为 -2℃ 的地区不能越冬。

②湿度　麦二叉蚜喜干燥，适宜的相对湿度为 35%~67%，大发生地区都分布于年降水量 500mm 以下的地区。麦长管蚜比较喜湿，适宜湿范围为 40%~80%，多发生在年降水量 500~750mm 的地区。麦无网长管蚜则与麦长管蚜相似。禾谷缢管蚜则最喜湿，不耐干旱，在年降水量少于 250mm 的地区不利于其发生，最适湿度为 68%~80%，特别是高湿高温麦区发生最重。

③风雨　降雨除直接影响大气湿度而间接影响蚜量消长外，暴风雨对麦蚜有直接的杀伤作用，主要是损伤蚜虫口器，淹溺及泥土粘连，使蚜虫死亡。例如 1 h 降雨 30mm，风速 9 m/s，雨后蚜量下降 98.7%。暴风雨的杀伤作用强度因蚜种和虫期不同而有差异。麦长管蚜因多分布在植株上部和叶片正面，且易受惊动，故受风雨影响较突出。禾谷缢管蚜由于生活习性与其不同，而受风雨杀伤率较低。低龄若蚜口针嫩弱，且逃逸能力较成虫差，故受风雨影响大。有翅成蚜易被泥水粘连，而易受雨水杀

伤。但小雨与清风相对杀伤作用较小。

（2）寄主营养条件

麦蚜的发生和消长与小麦等寄主生育期关系非常密切。秋季冬小麦出苗后，各种麦蚜皆从夏寄主迁入麦田定居、繁殖，建立种群并传播病毒和为害。一般到小麦分蘖期出现蚜量小高峰，以后随气温下降，数量渐减。在苗期因营养及温度不适，蚜量较低，为害亦轻。来年春季小麦返青后，随着气温升高及寄主营养条件的不断改善，麦蚜种群密度逐渐增加。小麦抽穗扬花后，田间蚜量激增，到灌浆期麦蚜种群达到最高峰，也是麦蚜为害最严重时期。小麦乳熟期开始，寄主营养条件逐渐恶化，麦蚜密度亦随之下降。群体中有翅蚜比例上升，于小麦收获前大量有翅蚜向越夏寄主迁飞转移，使麦田内蚜虫种群密度骤减。

小麦长势不同的麦田，麦蚜混合种群发生程度有很大差异。长势好的麦田麦蚜密度最大；长势一般的麦田，麦蚜量是好麦田的 70%；长势差的麦田，其蚜量仅是长势好麦田的 5%~10%，而且长势好的麦田蚜虫发生为害早于其他两类麦田。

由于各种麦蚜所需的生态条件不同，因而适宜发生的麦田类型也不一致。麦二叉蚜早春在长势差的麦田发生最多；麦长管蚜以长势一般的麦田发生最重；禾谷缢管蚜的蚜量及为害程度均以长势好的麦田严重。

（3）作物布局

麦蚜的寄主虽然很多，但对不同寄主的喜好程度有差异，而且不同季节又有不同的寄主。麦类作物是麦蚜的主要寄主，其次为大麦、燕麦、黑麦，秋作物中的糜子为麦蚜的夏寄主。作物布局与蚜害的关系主要表现在：夏寄主糜子与小麦的栽培情况决定蚜害与病害的发生程度；冬、春麦混播区，冬麦生育期长，冬麦田是各种麦蚜的越冬场所，成为春麦的蚜源，加重了对春麦的为害。

（4）栽培条件

麦蚜种群数量变动与小麦播期、整地、浇水等栽培条件有密切关系。秋季早播麦田蚜量多于晚播麦田，春季则晚播麦田蚜量多于早播麦田。原因是晚播麦田生育期晚，茎叶鲜嫩，蚜虫喜食，繁殖量大。同时，耕作细致的秋灌麦田上蚜虫不易潜伏，易冻死，因而虫口密度较低。但春季则相反，水浇田蚜量多于旱田，因水浇麦苗生长旺盛，生育期推迟，有利于麦蚜发生。

（5）天敌

麦蚜的天敌种类很多，常见的有 50 余种，主要有瓢虫、食蚜蝇、草蛉、蜘蛛、蚜茧蜂、绒螨等。对麦蚜控制作用较强的天敌主要有瓢虫科的七星瓢虫（*Coccinella septempunctata* L.）、异色瓢虫［*Leis axyridis*（Pallas）］、龟纹瓢虫［*Propylaea japomica*（Thunberg）］，食蚜蝇科的大灰食蚜蝇（*Syrphus corollae* Fabricius）、斜斑鼓额食蚜蝇［*Lasiopticus pyrastri*（L.）和黑带食蚜蝇（*Epistrophe baloteara* De Geer），草蛉科的中华草蛉（*Chrisopa sinica* Tjeder）、大草蛉（*C. septempunctata* Wesmael）和丽草蛉（*C. formssa* Brauer），蚜茧蜂科的烟蚜茧蜂（*Aphidius gifuensis* Ashmead）和燕麦蚜茧蜂（*A. avenae* Haliday）以及草间小黑蛛［*Erigonidium graminicola*（Sundevall）］与三突花蛛（*Misumenopos tricuspidata* Fabricius）等，其中以瓢虫和蚜茧蜂最为重要。

天敌对麦蚜发生的影响主要是天敌捕食和寄生。据田间测定，七星瓢虫成虫日捕食量 56~150 头，3~4 龄幼虫日捕食 64~78 头。大灰食蚜蝇 2~3 龄幼虫日捕食量 47~69 头。在麦田益害比 1:80 以下，麦蚜数量即可被控制在经济损害允许水平以下。大草蛉幼虫期食蚜量 300~750 头，成虫期为 1300~2900 头；蚜茧蜂单雌产卵寄生蚜虫 34~59 头，麦蚜被寄生率为 30% 时能有效控制麦蚜的发展。

在田间，天敌与麦蚜自然种群的变化规律为：天敌种群的波动趋势与麦蚜种群数量的消长有明显的跟随关系，天敌的高峰往往比麦蚜高峰晚 5~7d 出现；天敌与麦蚜种群数量之间的关系，随着时间的延长可出现周期循环的现象，二者之比为 1:90 左右为平衡状态。

8.1.2.4　虫情调查与测报

根据我国农业行业标准《NY/T 612—2002 小麦蚜虫测报调查规范》及《农作物主要病虫测报办法》，小麦蚜虫田间调查和预测内容及方法如下：

（1）系统调查

小麦返青拔节期至乳熟期止，开始每 5d 调查 1 次，当日增蚜量超过 300 头时，每 3d 调查 1 次。调查田块应选择当地肥水条件好、生长均匀一致的早熟品种麦田 2~3 块作为系统观测田，每块田面积不少于 0.15hm^2。采用单对角线 5 点取样，每点固定 50 株，当百株蚜量超过 500 头时，每点可减少至 20 株。调查有蚜株数、蚜虫种类及其数量。

（2）大田普查

在小麦秋苗期、拔节期、孕穗期、抽穗扬花期、灌浆期进行 5 次普查，同一地区每年调查时间应大致相同。普查田块应根据当地栽培情况，选择有代表性的麦田 10 块以上。每块田单对角线 5 点取样，秋苗期和拔节期每点调查 50 株，孕穗期、抽穗扬花期和灌浆期每点调查 20 株，调查有蚜株数和有翅、无翅蚜量。小麦蚜虫发生程度分级指标见表 8-4。

表 8-4　小麦蚜虫发生程度分级指标

级　别	1	2	3	4	5
百株蚜量(头，Y)	$Y \leqslant 500$	$500 < Y \leqslant 1500$	$1500 < Y \leqslant 2500$	$2500 < Y \leqslant 3500$	$Y > 3500$

（3）天敌调查

在每次系统调查小麦蚜虫的同时，进行其天敌种类和数量调查。寄生性天敌以僵蚜表示，僵蚜取样点和取样方法同蚜虫相同，每次查完后抹掉；瓢虫类、食蚜蝇幼虫和蜘蛛类随机取 5 点，每点查 0.5m^2，用目测、拍打方法调查。将调查天敌的数量分别折算成百株天敌单位。

（4）预测方法

发生趋势预测：根据温湿度、天敌及小麦生育期综合分析预测。

防治适期预测：麦二叉蚜防治适期为寄主秋苗 20 头/百株，有蚜株率 10%~15%；拔节期 30~50 头/百株，有蚜株率 10%~20%；孕穗期逾 100 头/百株，有蚜株率30%~40%。麦长管蚜防治适期为寄主孕穗期200~250头/百株，有蚜株率50%，灌浆期百穗平均500头以上，有蚜株率70%左右。

8.1.2.5　防治方法

(1)调整作物布局

在西北地区麦二叉蚜和黄矮病发生流行区，如甘肃冬春麦混种区，缩减冬麦面积，扩种春播小麦，从而可削弱麦蚜和黄矮病的寄主作物链，使之不能递增，是控制蚜、病发生的一种重要手段。在南方禾谷缢管蚜发生严重地区，减少秋玉米播种面积，切断其中间寄主植物，蚜源相应减少，可减轻禾谷缢管蚜的发生。在华北地区推行冬麦与油菜、绿肥(苜蓿)间作，对保护利用麦蚜天敌资源，控制蚜害有较好效果。

(2)控制和改变麦田适蚜生境

针对麦蚜要求的生态环境，改良生产条件，加强栽培管理是提高作物产量，控制麦蚜发生为害的重要途径。干旱、瘠薄、稀植的麦田利于麦二叉蚜发生。因此，在黄矮病流行区，提高栽培水平，改旱地为水地，深翻，增施氮肥，合理密植可较好地控制麦二叉蚜和黄矮病。清除田间杂草与自生麦苗，可减少麦蚜的适生地和越复寄主。冬麦适期晚播与旱地麦田冬前冬后镇压，可减少越冬虫源，保墒护根，有利小麦生长。

(3)选用抗虫品种

利用抗性品种是防治麦蚜安全、有效、经济、简便的措施。研究表明，抗性品种产生的次生代谢化合物如总酚、吲哚生物碱对麦蚜具有重要的抗生性，影响麦蚜的生长发育和繁殖。因此，各地在小麦育种目标中应该注重抗蚜、耐病毒品种的筛选，并应用于生产。

(4)生物防治

保护和利用好麦蚜的自然天敌，不仅可较好地控制麦蚜为害，而且对春作田及后茬作物田的害虫也能起到一定控制作用。生产上利用麦蚜复合天敌当量系统，能统一多种天敌的标准食蚜单位和计算法，准确测定复合天敌发生时综合控蚜能力是采用其他措施的依据。测定天敌控蚜指标，把该指标与化防指标、当量系统结合起来，为充分发挥天敌作用提供保证。必要时可人工繁殖释放或助迁天敌，使其有效地控制蚜虫。

保护麦蚜天敌除改善繁衍场所与条件外，特别要改进施药技术，应用对天敌安全的选择性药剂，减少用药次数和数量，改进施药方法，保护天敌免受伤害。当天敌与麦蚜比大于1:20时，天敌控制麦蚜效果较好，不必进行化学防治；当益害虫比在1:150以上，但此时天敌呈明显上升趋势，也可不用药防治。当防治适期遇风雨天气时，可推迟或不进行化学防治。

(5)药剂防治

药剂防治是突击控制蚜害的有效措施。当麦蚜发生数量大，为害严重，农业和生物防治不能控制时，则需要使用化学农药防治。但要搞好测报，掌握防治适期及防治指标，选择好农药种类和采用合适的施用方法。

常用杀蚜药剂有 1.5% 乐果粉，用量为 22.5~30kg/hm²；50% 灭蚜松 1000 倍液；40% 乐果乳油 1000~3000 倍液；50% 辛硫磷 1000 倍液；80% 敌敌畏 1500~2000 倍液；烟草石灰水 1:1:50 倍液或鱼藤精(含鱼藤酮 2.5%)600~800 倍液。

药剂虽然对麦蚜有较好的防治效果，但对麦田害虫天敌也有一定杀伤力。因此，防治麦蚜应注意采用有效低浓度或进行低容量、超低容量喷雾。

8.2 玉米害虫

玉米是世界种植范围最广、产量最高的粮食作物，为保证世界粮食安全做出了重要贡献。玉米、高粱和谷子是 3 种主要的禾本科作物，俗称杂粮、旱粮。其中以玉米的栽培面积最大，为北方重要农作物之一，南方丘陵地区也广为栽培。

由于这 3 种作物分类地位相近，且种植区均集中在东北、华北、西北和黄河流域等温带地区。因此，主要害虫的发生为害情况也有很多相同之处。如在播种期和苗期，它们普遍受到蝼蛄、蛴螬、金针虫、拟地甲等地下害虫的为害；地老虎在不少地区严重为害春玉米和春高粱的幼苗。在生长季节，玉米螟和玉米蚜对 3 种作物的为害均比较严重；条螟和桃蛀野螟则常与玉米螟混合发生，为害高粱和玉米；黏虫、蝗虫、棉铃虫、叶螨等多食性害虫也是这 3 种作物的重要害虫；二点螟、粟穗螟和粟凹胫跳甲主要为害谷子，也可为害高粱和玉米。高粱蚜主要为害高粱，也可为害玉米。该部分主要介绍玉米螟和黏虫。

8.2.1 玉米螟

玉米螟包括亚洲玉米螟[*Ostrinia furnacalis* (Guenée)]和欧洲玉米螟[*Ostrinia nubilalis* (Hübner)] 2 种。亚洲玉米螟和欧洲玉米螟别称玉米钻心虫、钻茎虫，为世界性的玉米害虫。均属鳞翅目螟蛾科。

亚洲玉米螟分布于亚洲温带和热带、澳大利亚和大洋洲克罗尼西亚；欧洲玉米螟分布于欧洲、北美洲、西北非及亚洲西部。国内除西藏未见报道外，各地均有玉米螟分布，但 2 种玉米螟存在地理分布差异，欧洲玉米螟主要分布于新疆。我国东部从东北到华南，西至内蒙古南部、山西中部、宁夏、甘肃南部以及四川盆地，其优势种为亚洲玉米螟；但不少地区也不同程度存在亚洲玉米螟和欧洲玉米螟混合发生，如宁夏永宁、内蒙古的呼和浩特及河北张家口等。

玉米螟食性广，欧洲玉米螟的寄主植物在 200 种以上，亚洲玉米螟的寄主植物也达 17 种。本书只介绍亚洲玉米螟。在栽培作物中，主要为害玉米，其次为高粱和谷子、棉、麻、向日葵、稻、甘蔗、甜菜、豆类、麦类等农作物及多种禾本科牧草也可受害。在野生寄主中，主要有艾蒿、苍耳、水稗、野苋和野蓼等。

在玉米、高粱上，除根部外，其他部位均可为害。初孵幼虫喜食嫩叶、心叶、花丝，蛀食雄穗、雌穗和茎秆。心叶期在心叶内啃食，并横穿紧裹的卷叶，心叶展开后呈现半透明不规则的花斑或整齐的横排圆孔；为害打苞的玉米雄穗和高粱穗时，受害严重的穗不能抽出；玉米雄穗抽出后，主要为害茎秆、雌穗，导致雌穗发育不全，易

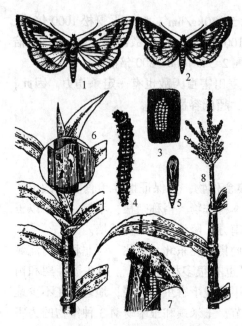

图 8-7　亚洲玉米螟(仿吴福桢等)

1. 雌成虫　2. 雄成虫　3. 卵块　4. 幼虫

5. 蛹　6. 幼虫为害玉米幼嫩梢心叶状

7. 幼虫为害果穗　8. 幼虫为害玉米茎

受风折，引起霉烂，降低产量和品质。为害谷子及糜子时，主要为害茎部，引起幼苗枯心，抽穗前被害则多数穗不能抽出，即使抽出也不能成熟，抽穗后受害则易受风吹折断。

8.2.1.1　形态特征(图8-7)

①成虫　雄蛾体长 10~14mm，翅展 20~26mm，褐黄色。前翅内横线为暗褐色波状纹，两线之间有 2 个褐色斑。外缘线与外横线间有 1 条宽大的褐色带。后翅浅褐色，亦有褐色横线，当翅展开时，与前翅内外横线正好相接。雌蛾体长 13~15mm，翅展 25~34mm，前翅淡黄色，不及雄蛾鲜艳，内、外横线及斑纹不明显，后翅黄白色，腹部较肥大，末端圆钝。

②卵　扁椭圆形，长约 1mm，宽 0.8mm。一般 20~60 粒黏在一起，排列成鱼鳞状，边缘不整齐。初产时乳白色，后变为黄白色、半透明，临孵化前颜色灰黄。卵粒中央呈现黑点，称为"黑点卵块"，表示即将孵化，而被赤眼蜂寄生的卵块则整个漆黑。

③幼虫　老熟幼虫体长 20~30mm，淡褐色。头壳及前胸背板深褐色，有光泽，体背灰黄或微褐色，背板明显，暗褐色。中、后胸毛片每节 4 个，腹部 1~8 节每节 6 个，前排 4 个较大，后排 2 个较小。腹足趾钩 3 序缺环。

④蛹　体长 15~18mm，纺锤形，红褐色或黄褐色。腹部背面 1~7 节有横皱纹，3~7 节具褐色小齿，横列，5~6 节腹面各有腹足遗迹 1 对。尾端臀棘黑褐色，尖端有 5~8 根钩刺，缠连于丝上，黏附于虫道蛹室内壁。

8.2.1.2　生活史与习性

(1)生活史

亚洲玉米螟在我国自北向南每年发生 1~7 代，同一地区，又因海拔高度不同，发生代数不同。黑龙江和吉林长白山区 1 年发生 1 代；辽宁、吉林、内蒙古、河北北部、山西大部、陕西、宁夏、甘肃东南部 1 年 2 代；长江以北的陕西南部、河南和四川北部 1 年 3 代；长江以南的江西、浙江、苏南、湖南及四川部分地区 1 年 4 代，广东、广西及台湾 1 年 5~6 代，广西南部及海南岛 1 年发生 6~7 代。

无论年发生代数如何，各地均以老熟幼虫在寄主茎秆、穗轴、根茬或棉花枯铃内越冬，翌年化蛹、羽化。

越冬代成虫发生期因地而异。1 代区的黑龙江 6 月中下旬出现越冬代成虫；2 代区的陕西 5 月中下旬开始化蛹，5 月下旬至 6 月中旬成虫羽化，宁夏 5 月下旬出现越冬代成虫；3代区5月上旬成虫开始羽化，5月下旬、6月上旬盛发；4代区4月中旬始发，5月下旬盛发；5代以上的多代区如广东越冬代成虫3月下旬始发。在重庆，各代发蛾盛期分别是：越冬代在4月下旬至5月中旬，第1代在6月下旬至7月上旬，第2代在7月下旬至8月上旬，第3代在8月下旬至9月上旬。第1代幼虫为害春玉米、第2代幼虫为害夏玉米、第3、4代幼虫为害秋玉米，其中以秋玉米受害最重、夏玉米次之、春玉米较轻。在北京，第1代幼虫在6月上旬开始发生，陕西和宁夏在7月上旬开始发生。

(2) 习性

成虫通常在夜间羽化和活动，飞翔力较强，有趋光性，对性诱剂也有较强趋性。白天隐藏于杂草及茂密的豆、麦、苜蓿等寄主作物枝叶丛间及其他隐蔽处。成虫羽化后1～2d即产卵，成虫产卵对玉米植株的高度有一定的选择性，通常产卵植株高度在50cm以上，卵多产于玉米、谷子、高粱叶背靠中脉处，常20～30粒排列成鱼鳞状卵块。每雌平均产卵量500多粒，多者达1000粒以上。

幼虫多在上午孵化，初孵幼虫先群集原处咬食卵壳，约1h后开始爬行分散，部分吐丝下垂随风飘至邻近植株，部分沿叶爬行。幼虫一般选择含糖量最高，潮湿而又易潜藏的部位为害，在玉米心叶期，初孵幼虫爬入心叶丛，取食叶肉，残留表皮，或横穿纵卷的心叶丛。当心叶展开后，叶片呈现半透明的花斑或成横排的圆孔；抽雄后蛀害雄穗苞、雄穗柄和雌穗着生节以上的茎秆；玉米雌穗抽花丝时，幼虫在雌穗顶端花丝基部取食为害，易引起霉烂，严重影响品质。

在高粱上，玉米螟发生规律同在玉米上基本相似，幼虫大多从穗柄或其下1节或2节蛀入，被害部位茎秆发红，节间缩短，质地变脆，遇风易折断。为害谷子时，幼虫孵化后一部分进入心叶丛内，另一部分潜入茎秆基部叶鞘内取食，随后分散蛀入茎内，并可转株为害。

幼虫一般5龄，少数6龄。幼虫期的长短受温度和食料的影响较大，第1代25～30d，其余世代15～25d，越冬代幼虫期长达200d以上。

老熟后多在为害部位化蛹，或在叶鞘、叶背或穗柄处化蛹。蛹期6～30d，以越冬代最长，且受温度影响较大。

8.2.1.3 发生与环境的关系

(1) 越冬基数

越冬虫源基数可直接影响翌年，特别是第1代玉米螟的发生量和为害程度。一般越冬基数大的年份，田间第1代卵量和被害株率高，幼虫为害程度也高。据河南南阳调查，越冬虫量低于50头/百株，春玉米被害率为35%；越冬虫量为50～100头/百株，被害株率为50%～70%；越冬虫量高于300头/百株，被害株率最高达100%。

(2) 光周期

亚洲玉米螟属于长日照发育型昆虫，短光照是诱导滞育的主要因素。25℃时，诱发滞育的临界光周期在北纬32°～33°的南京种群为13.5h，在北纬35°～36°的山西沁水种群为14.5h。高温对短光照诱导滞育有抑制作用，而低温有促进作用。在20℃条件下，吉林农安种群的临界光周期为 14h 3min、衡水种群为 13h 59min、广州种群为 13h 32min、海口种群为 13h 7min，而在 27℃ 条件下，吉林农安种群的临界光周期为 13h 32min、衡水种群为 13h 8min、广州种群为 13h 6min、海口种群为 12h 26min。在 30℃ 时，则在任何光周期条件下滞育率都很低。表明诱导滞育的临界光周期随种群所处地理纬度升高而延长。

（3）温度和湿度

玉米螟喜中温高湿，温度和湿度也是影响玉米螟种群数量变动的主要因素。各虫态生长发育的适宜温度为 15～30℃，相对湿度高于 60%。冬季温暖，春季气温回升早，越冬幼虫化蛹时间提前，但必须取食潮湿的秸秆或直接吸食雨水、露滴后才能化蛹。成虫产卵前需饮水。成虫产卵、卵的孵化和幼虫的存活也需要高湿环境，相对湿度低于 25%，成虫常不产卵，80% 时产卵达高峰。一般春季气候温暖，6～8 月降雨均匀，相对湿度 70% 以上，发生则重。但大雨会造成幼虫和成虫死亡，雨日数过多会造成蛹的大量腐烂。另外，最新研究表明，大气 CO_2 升高能延长玉米螟发育历期，导致玉米螟取适量增加，为害加重。

（4）寄主

寄主品种、生育期、长势和栽培制度均影响玉米螟的发生量和为害程度，不同玉米品种、同一品种不同的生育期受害程度不一样。玉米植株含有对玉米螟有毒的重要抗虫素，其中以丁布(dimboa，即 2,4 - 二羟基 - 7 - 甲氧基 - (2H) - 1,4 - 苯并恶嗪 -3(4H) - 酮)最重要，不同玉米品种丁布含量不一样，其抗螟性也就不一样。同一品种随生育期后延，丁布含量降低，其抗螟性降低。栽培制度对玉米螟种群数量有较大影响，如玉米、高粱、谷子等混栽，各代均有适宜的寄主，发生和为害则重于单作地区。在有的地区，玉米螟还为害棉花。因此，在进行种植结构调整时，须合理规划，以控制玉米螟的发生和为害。

（5）天敌

玉米螟的天敌种类很多，国内已发现逾 70 种。重要的寄生蜂有玉米螟赤眼蜂、大螟瘦姬蜂及螟虫长距茧蜂等，其中前 2 种的自然寄生率颇高；寄生蝇主要为玉米螟厉寄蝇。寄生菌中以白僵菌、苏云金杆菌对玉米螟幼虫的寄生率最高。属于原生动物的玉米微孢子虫是玉米螟的专性寄生物。捕食性天敌主要有草蛉、瓢虫、步甲和蜘蛛等。

8.2.1.4　虫情调查与测报

（1）越冬基数调查

在玉米螟越冬后幼虫死亡基本稳定时进行有效越冬基数调查。选取有代表性的寄主秸秆或玉米穗轴若干处，随机抽样，每处剥查 100～200 株（穗），检查活虫数。分别统计百秆（或百穗、百茬）平均活虫数，并根据秸秆存量，计算越冬基数，预测当年可能发生的程度。

（2）越冬幼虫化蛹及羽化进度调查

越冬幼虫化蛹前，每 3～5d 剥查秸秆 1 次，每次剥查活虫 20～50 头，记载幼虫化蛹数量，直至羽化结束。当化蛹率达16%时，表明进入化蛹始盛期；当化蛹率达50%时，表明进入化蛹高峰期。根据化蛹始盛期、高峰期和蛹发育日数，结合当地历史资料和气象预报，利用期距法推算成虫发生始盛期和高峰期，以及越冬代成虫产卵和卵孵化的始盛期和高峰期。

(3)查成虫

在始见成虫前1周，用黑光灯或性引诱剂诱蛾，每天检查1次，记载成虫发生的始盛期和高峰期，推算越冬代成虫产卵和卵孵化的始盛期和高峰期。

(4)查田间卵量

在化蛹进度调查中出现新鲜蛹皮或黑光灯下出现成虫时，选择不同播期、有代表性的玉米、高粱地2块，5点取样，每点20株，3d调查1次，计算百株卵量、卵株率。每次将查到的卵块用蜡笔进行标记，或记载后用手抹去，以免下次重复记载。

(5)玉米生育期调查

玉米心叶末期和抽丝盛期是防治玉米螟的适期。心叶末期的确定可采用"数叶片法"。当差4~5片心叶抽雄时为心叶中期，2~3片叶时为心叶末期。抽丝盛期的确定是从抽丝开始，每2d调查1次，当抽丝率达到60%时即为盛期。

(6)查幼虫为害

选有代表性的玉米、高粱田若干块，在心叶中期和心叶末期，调查花叶株率；在玉米穗期，调查有虫雌穗率。采用5点取样，调查100~200株，记载被害株率、花叶株率、虫穗率和百穗幼虫数。

8.2.1.5 防治方法

玉米螟的防治应贯彻综合防治的指导思想，以农业防治为基础，协调利用生物防治、化学防治和物理防治等多种措施。

(1)农业防治

①压低越冬虫口基数　玉米收获后至越冬幼虫化蛹羽化前，对越冬寄主秸秆采用高温沤肥、铡碎作饲料、白僵菌封垛存放及作燃料等形式进行处理，尽可能减少越冬场所和越冬基数。

②搞好作物布局，种植玉米抗虫品种　避免在一个地区种植的主要寄主作物生育期前后交错，为玉米螟选择寄主提供适宜条件。种植抗螟品种是控制螟害的根本措施，在目前推广的品种中，有一些品种具有一定程度的抗虫性，各地应根据具体情况选用抗螟品种。

③种植早播诱集田或诱集带　利用雌蛾产卵的选择性，有计划种植小面积的早播玉米或谷子，诱蛾产卵，并及时消除卵块。

(2)诱杀成虫

利用玉米螟成虫的趋光性，田间设置黑光灯可诱杀大量的成虫。

采用人工合成的玉米螟性引诱剂黏胶诱捕器诱杀雄蛾，诱捕器距地面高度1.4~1.6m，设置场所以禾本科草地、玉米田周围等捕蛾效果最好。性引诱剂每20~30d更换1次。

（3）生物防治

①释放赤眼蜂　松毛虫赤眼蜂和玉米螟赤眼蜂在控制玉米螟害取得了显著效果，一般于各代成虫产卵始期、初盛期、盛期各放蜂一次，每公顷设放蜂点150个，每次每公顷放蜂15万~30万头。

②以菌治螟　在玉米心叶中期，以含孢子50亿~100亿个/g的白僵菌粉与过筛炉渣颗粒按1:10的比例混合拌匀，施于心叶内，每株2g左右。或在玉米心叶末期前施用 BT 颗粒剂于心叶内，10.5kg/hm^2，防治效果达90%以上。

（4）化学防治

玉米螟的防治应抓心叶期和穗期进行。心叶末期花叶率达10%，应集中防治1次。当心叶中期花叶率超过20%时，除心叶末期防治外，还需在心叶中期加治1次。玉米穗期虫穗率达10%或百穗花丝有幼虫50头时应施药防治。在抽丝盛期，如虫穗率超过30%，除抽丝盛期防治1次外，6~8d后应再防治1次。

①心叶期撒施颗粒剂　用每公顷施用1%辛硫磷颗粒剂15~30kg，以心叶末期施用效果最好。施用部位以心叶丛4~5片叶的叶鞘处最佳，为了便于撒施，可掺入45~60kg河砂混合后使用。也可用50%辛硫磷乳油750mL，加水300~750mL灌心叶，每株10mL。还可用1.8%爱福丁乳油喷雾。

②穗期药剂防治　可用1%辛硫磷颗粒剂撒施于雌穗着生节叶腋及其上2叶和下1叶的叶腋、雌穗顶的花丝上。

8.2.2　黏虫

黏虫[*Mythimna separata*（Walker）]、劳氏黏虫[*Leucania loreyi*（Duponchel）]、谷黏虫[*Pseudaletis*（*Leucania*）*zeae* Dup.]均属鳞翅目，夜蛾科。

黏虫在我国的分布除西藏无记载外，各地均有发生为害，是世界性禾本科作物的重要害虫。劳氏黏虫分布于广东、福建、四川、江西、湖南、湖北、浙江、江苏、山东、河南等地。谷黏虫分布于新疆。

黏虫的幼虫食性很杂，可取食多种植物，尤其喜食禾本科植物，主要为害的牧草有苏丹草、羊草、披碱草、黑麦草、冰草、狗尾草等，以及麦类、水稻等作物。幼虫咬食叶片，1~2龄幼虫仅食叶肉，形成小圆孔，3龄后形成缺刻，5~6龄达暴食期。为害严重时将叶片吃光，使植株形成光秆。

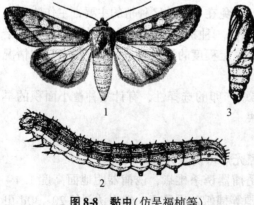

图8-8　黏虫（仿吴福桢等）
1. 成虫　2. 幼虫　3. 蛹

8.2.2.1　形态特征（图8-8）

①成虫　淡黄色、或淡灰褐色，体长17~20mm，翅展35~45mm，前翅中央近前缘有2个淡黄色圆斑，外侧圆斑较大，其下方有一小白点，白点两侧各

有 1 个小黑点。由翅尖向后方有 1 条暗色条纹。雄蛾稍小，体色较深，其尾端经压挤后，可伸出 1 对鳃盖形的抱握器，其顶端具 1 长刺，这一特征是区别于其他近似种的可靠特征。雌蛾腹部末端有一尖形的产卵器。

②卵 很小，呈馒头形，初产时乳白色，卵表面有网状脊纹，孵化前呈黄褐色至黑褐色。

③幼虫 体长 39mm，沿脱裂线有褐色"八"字纹。背中线白色，边缘有细黑线；背中线两侧有 2 条红褐色至黑褐色、上下镶有灰白色细线的宽带。幼虫 6 龄，各龄区别见表 8-5。

表 8-5 黏虫各龄幼虫的区别

龄 期	1	2	3	4	5	6
头部花纹	无	无	无	有	有	有
腹足对数	只有后 2 对	前 2 对仅发育一半	前 1 对仅发育一半	4 对腹足发育完全	4 对腹足发育完全	4 对腹足发育完全
爬行姿势	体背拱成弓形	体背拱成弓形	稍成弓形	蠕动行走	蠕动行走	蠕动行走
被害状	吃叶肉呈麻布眼状	吃叶肉呈长条状	吃叶肉呈宽条状	吃成缺刻	缺刻	缺刻
体长（mm）	1.5~3.4	3.4~3.6	6.4~9.4	9.4~14	14~24	24~40
头宽（mm）	0.32	0.55	0.90	1.40	2.40	3.50

④蛹 红褐色，体长 19~23mm，腹部第 5~7 节背面近前缘处有横列的马蹄形刻点，中央刻点大而密，两侧渐稀，尾端具 1 对粗大的刺，刺的两旁各有短而弯曲的细刺 2 对。雄蛹生殖孔在腹部第 9 节，雌蛹生殖孔在第 8 节。

8.2.2.2 生活史与习性

（1）生活史

黏虫在发育过程中无滞育现象，条件适合时终年可以繁殖，因此在我国各地发生的世代数因地区的纬度而异，纬度越高，世代越少。黑龙江、吉林、内蒙古 1 年发生 2 代，甘肃、河北东部及北部、山西中北部、宁夏等地 1 年发生 2~3 代，河北南部、山西南部、河南北部和东部 1 年发生 3~4 代，江苏、安徽、陕西等地区为 4~5 代，浙江、江西、湖南为 5~6 代，福建 6~7 代，广东和广西为 7~8 代。

黏虫发育一代所需要的天数以及各虫态的历期，主要受温度的影响，因之各代历期不同。在自然情况下，第 1 代卵期 6~15d，以后各代 3~6d；幼虫期 14~28d；前蛹期 1~3d，蛹期 10~14d；成虫产卵前期 3~7d；完成一代需 40~50d。

（2）习性

①成虫 昼伏夜出；傍晚开始活动、取食、交配、产卵。白天隐藏在草丛、灌木林、棚舍、土缝等处。在夜间有明显的 2 次活动高峰，第一次在 20:00~21:00 左右，另一次则在黎明前。成虫羽化后，必须取食花蜜补充营养，在适宜温湿度条件下，才

能正常发育产卵。主要蜜源植物有桃、李、杏、苹果、刺槐、油菜、苜蓿等。腐烂果实、酒槽、发酵液等也能吸引黏虫蛾取食。对糖、酒混合液的趋性甚为强烈。但成虫产卵后趋化性减弱而趋光性加强。

黏虫繁殖力极强，在适宜条件每头雌蛾能产卵1000~2000粒，一般为500~1600粒，少的数十粒。产卵的部位有一定的选择性，在谷子上多产在谷苗上部三四叶片的尖端，或枯心苗、白发病株的枯叶缝间或叶鞘里。在小麦上多产于中、下部干叶卷缝中或上部枯叶尖上。在玉米、高粱上则产于叶尖和穗子的苞叶上。卵常排列成行，上有胶质物互相黏结成块，每一卵块有卵粒20~40粒，多的可达200~300粒。

②幼虫　幼虫孵化后，群集在裹叶里，食去卵壳后爬出叶面。1~2龄幼虫白天多隐蔽在作物心叶或叶鞘中，晚间活动取食叶肉，留下表皮呈半透明的小斑点。3~4龄幼虫蚕食叶缘，咬成缺刻；5~6龄达暴食期，咬食叶片，啃食穗轴，其食量占整个幼虫期的90%以上。

幼虫有潜土习性，4龄以上幼虫常潜伏作物根旁的松土里，深度达1~2cm。幼虫还有假死性，1~2龄幼虫受惊后常吐丝下垂，悬在半空，随风飘散。3龄以后受惊后则立即落地，身体卷曲成环状不动，片刻再爬上作物或钻入松土里。

幼虫老熟后，停止取食，排尽粪，钻入作物根部附近的松土里，在1~2cm深处作一土茧，在其内化蛹。

③越冬及迁飞习性　黏虫在北方地区不能越冬，在华南不能越夏，在我国东部地区具有季节性南北迁移为害的特点，即从春季开始，从南向北逐渐发生，夏季以后又从北向南发生。黏虫成虫的飞翔能力很强，其飞行速度为20~40km/h，并能持续飞行7~8h。据调查研究和对各地气象资料的分析结果，基本明确了黏虫在我国东部地区的越冬分界线，北纬33°，或1月0℃等温线可作为黏虫能否越冬的分界线，此线以北，各地冬季日平均温≤0℃的天数在30d以上，甚至多达100d，黏虫不能越冬。在此线以南各地，冬季气候比较温暖，月平均温度≤0℃的天数多在30d以下，黏虫可以越冬。

8.2.2.3　发生与环境的关系

黏虫发生的数量与为害程度，受气候条件、食物营养、人的生产活动及天敌的影响很大。如环境条件合适，发生就会严重，反之，为害减轻。

(1)气候条件

黏虫对温湿度要求比较严格，雨水多的年份黏虫往往大发生。成虫产卵适温为15~30℃，最适温为19~25℃，相对湿度为90%左右。温度高于25℃或低于15℃时，产卵量减少，在35℃条件下任何相对湿度均不能产卵。如温度在21℃、相对湿度40%左右时，则卵不能孵化。因此，高温低湿是黏虫产卵重要的抑制条件。不同温湿度对幼虫的成活和发育影响也很大，特别是4龄幼虫更为明显。在23~30℃之间随湿度的降低，死亡率增大。在18%相对湿度下无一存活。在35℃下，任何相对湿度死亡率均为100%。在32℃下，相对湿度为40%时，幼虫亦不能成活。老熟的6龄幼虫在35℃条件下是半麻痹状态，不能钻土化蛹。

蛹在 34~35℃条件下，能够羽化，但不能展翅。幼虫的正常化蛹率，与相对湿度呈正相关。土壤过于干燥常引起蛹体死亡。暴雨会使初龄幼虫大量死亡。

（2）食物营养

食料是黏虫发育过程中所必需的营养和水分的物质来源。据试验，以小麦、鸡脚草和芦苇等禾本科植物饲养的幼虫发育较好，发育快、成活率高、成虫繁殖力强；平均幼虫期仅 17.7d，蛹重在 0.4g 以上，每头雌蛾平均产卵 1700 粒左右。而用小蓟和苜蓿饲养的幼虫，发育较慢，幼虫历期长达 30d。蛹重不到 0.3g，成虫的繁殖力很低，甚至不能产卵。

不同的补充营养，对成虫的发育与繁殖机能的影响也很大。如以小蓟花和苜蓿花饲养的成虫，产卵前期分别为 7d 和 9d，每雌平均产卵量分别为 1747 粒和 645 粒。用 3% 的蜂蜜水饲养成虫，产卵前期为 8.4d，平均 1 头雌蛾产卵 1400 粒，而饲以清水的成虫，产卵前期为 10.4d，平均 1 头雌蛾产卵 367 粒。

（3）天敌

黏虫的天敌种类很多，如蛙类、捕食性蜘蛛、寄生蜂、寄生蝇、蚂蚁、金星步行虫、菌类等。卵期天敌有黑卵蜂、赤眼蜂和蚂蚁。幼虫期天敌有寄生蜂，常见的有绒茧蜂、悬茧姬蜂、黏虫白星姬蜂、黑点瘤姬蜂等。寄蝇种类很多，约有 14 种，主要有黏虫缺须寄蝇、饰额短须寄蝇等。这些天敌在田间黏虫数量少的情况下，能起到一定的抑制作用；但在大发生时，很难依靠它们控制为害。

8.2.2.4　虫情调查与测报

黏虫是间歇性猖獗的害虫，在气候条件合适的情况下，能迅速暴发成灾。因此，做好预报工作，掌握黏虫田间动态是主动消灭黏虫为害的重要措施。对黏虫的预报主要靠做好"三查"工作，即查成虫、查卵和查幼虫。

（1）诱测成虫

春季用糖蜜诱蛾器，并辅以谷草把诱测越冬代和 1 代成虫蛾。夏季由于田间蜜源丰富，糖蜜诱蛾器失效，改用杨树枝扎把诱蛾，或用黑光灯诱蛾。诱测成虫，发现成虫激增之日，就是进入蛾盛期。诱蛾最多的一天，就是发蛾高峰日，根据诱蛾数量与历史资料的对比，参考气象预报资料，预报可能发生量，发蛾始、盛、末期，指导田间查卵、查幼虫。

（2）田间查卵

普遍采用的方法是用 3 根谷草秸扎成草把诱卵和田间实际调查。田间实际调查，选有代表性的地块，进行固定地块调查，每 3d 查卵一次。卵盛期可进行游动调查，酌情普查。查得卵盛期，可根据当地气象资料、卵和 1~2 龄幼虫历期，推算 3 龄盛期，做到事前准备，防治及时。

（3）幼虫调查

在查卵的基础上，选定有代表性的主要被害作物地和草地各 2~3 块，每块约 5 亩，进行定期定地调查，初期每 3 天查一次，幼虫盛期隔 1 天查一次，幼虫进入 2~3 龄期组织大面积普查，以确定防治地块。东北地区一般密植作物平均每米垄长有卵块

0.5 块，或幼虫 10 头以上；山东、山西、内蒙古的防治指标在密植作物上，则为每平方米有幼虫 5~10 头时即应进行防治。

8.2.2.5   防治技术

(1)诱杀成虫

从成虫数量上升时起，用糖醋酒液或其他发酵有酸甜味的食物配成诱杀剂盛于盆、碗等容器内，每 0.3~0.6hm² 放一盆，盆要高出作物 30cm 左右，诱剂保持 3cm 深左右，每天早晨取出蛾子，白天将盆盖好，傍晚开盖。5~7d 换诱剂一次，连续 16~20d。糖醋酒液的配方是：糖 3 份、酒 1 份、醋 4 份、水 2 份，调匀后加 1 份 2.5% 敌百虫粉剂。

(2)诱蛾采卵

从产卵初期开始直到盛末期止，在田间插设小谷草把，150 把/hm²，采卵间隔时间 3~5d 为宜，最好把谷草把上的卵块带出田外消灭，再更换新谷草把。

(3)药剂防治

①喷粉　以下各种粉剂，用量为 22.5~30kg/hm²：2.5% 敌百虫粉剂，5% 马拉硫磷粉剂，3% 乙基稻丰散粉剂。

②喷雾　以下各种药液用量为 900kg/hm²：50% 辛硫磷乳油 5000~7000 倍液，50% 乙基稻丰散乳油 2000 倍液，20% 杀虫畏乳油 250 倍液，90% 敌百虫 1000~1500 倍液，50% 西维因可湿性粉剂 300~400 倍液。

③地面超低量喷雾　用东方红 18 型超低容量喷雾机喷雾，30% 敌百虫水剂喷 2.2L/hm²。

④飞机超低容量喷雾　25%~30% 敌百虫油剂或 20% 辛硫磷油剂，用量 1.5~2.2L/hm²。

8.3   马铃薯害虫

马铃薯(*Solaanum tuberosum*)为一年生草本块茎植物，在中国俗称土豆、洋芋、山药蛋、荷兰薯等。马铃薯具有高产、早熟、用途多、适应性强、分布广的特点，既可作粮食又可作蔬菜，具有较高的经济重要性。此外，马铃薯还是轻工业、食品工业和医药制造业不可缺少的重要原料。全世界有 150 多个国家种植马铃薯，马铃薯种植面积约 2500×10⁴hm²，在全球主要粮食作物中仅在小麦、玉米、水稻之后位居第四。我国是马铃薯生产、消费和出口大国，种植面积和产量居世界首位，2013 年我国马铃薯种植面积接近 666.7×10⁴hm²，面积和总产仅次于水稻、玉米和小麦，为我国第四大粮食作物，其中 70% 以上的马铃薯种植面积分布于我国西北和西南的贫困地区。文献记载的马铃薯害虫有 66 种，以食叶害虫马铃薯瓢虫、马铃薯甲虫，马铃薯块茎蛾为害最重，蚜虫、芫菁也能造成一定为害，影响薯类光合作用；蛴螬、蝼蛄等地下害虫为害块茎，造成许多孔洞，影响品质和产量。

8.3.1　马铃薯瓢虫

为害马铃薯的瓢虫主要有马铃薯瓢虫(*Henosepilachna vigintioctomaculata* Motschulsky)和酸浆瓢虫(*H. sparsa*)两种。前者又名马铃薯二十八星瓢虫、大二十八星瓢虫,后者又名茄二十八星瓢虫、小二十八星瓢虫,属鞘翅目瓢虫科。马铃薯瓢虫是古北区的常见种,主要在我国北方分布。酸浆瓢虫属印度—马来西亚区的常见种,在我国长江以南各地分布普遍。2种瓢虫主要为害茄科植物,还为害豆科、葫芦科、十字花科、藜科等20多种植物。成虫、幼虫在叶背剥食叶肉,仅留表皮,形成许多不规则半透明的细凹纹,状如笙底。也能将叶吃成孔状,甚至仅存叶脉。严重时受害叶片干枯、变褐,全株死亡。果实被啃食处常常破裂、组织变硬而粗糙、有苦味,失去食用价值。

8.3.1.1　形态特征(图8-9)

①成虫　雌成虫体长7~8mm,宽5~6.5mm,雄虫较小。体半球形,体背及鞘翅红褐色,表面密生黄褐色细绒毛,并有白色反光。头扁而小,藏在前胸下。触角球杆状,11节,末3节膨大。前胸背板前缘凹入,前缘角突出,中央有一纵行剑状黑斑,两侧各有2个小黑斑。每个鞘翅各有6个基斑和8个变斑,共14个黑色斑,2个鞘翅共28个黑斑,故名二十八星瓢虫。鞘翅基部3个黑斑后面的4个黑斑不在一条直线上;两鞘翅合缝处有1~2对黑斑相连。

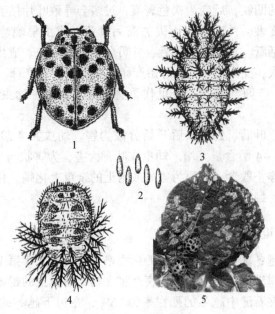

图8-9　马铃薯瓢虫

(1~4仿华南农业大学　5魏敏摄)

1. 成虫　2. 卵　3. 幼虫　4. 蛹　5. 为害状

②卵　长 1.3~1.5mm，纺锤形。初产时淡黄色，后变黄褐色，常 20~30 粒堆在一起成卵块排列于叶背，卵块中卵粒排列较松散。

③幼虫　末龄幼虫体长约 7.5mm，淡黄色，纺锤形。头部淡黄色，口器和单眼黑色。中央膨大，背面隆起，体背各节有整齐粗大的黑色枝刺，枝刺基部有淡黑色环状纹。前胸和第 8~9 腹节背面各有枝刺 4 根，其余各节为 6 根，各枝刺上有 6~8 个小刺。

④蛹　体长 6~8mm，椭圆形，淡黄色，尾端包着末龄幼虫的蜕皮。背面隆起有稀疏细毛及淡黑色斑纹。

8.3.1.2　生活史与习性

马铃薯瓢虫主要分布于我国的北方，包括东北、华北和西北等地。马铃薯瓢虫在东北、华北地区一般每年发生 2 代，少数发生 1 代。以成虫在背风向阳的各种缝隙或隐蔽处群集越冬。越冬代成虫于 5 月中下旬气温回升到 16℃以上出蛰活动，6 月上中旬为产卵盛期，6 月下旬至 7 月上旬为第 1 代幼虫为害盛期，7 月下旬至 8 月上旬为第 1 代成虫发生期。8 月中旬为第 2 代幼虫为害盛期，8 月下旬为化蛹盛期，9 月中旬出现第 2 代成虫并开始迁移越冬，10 月上旬进入越冬状态。越冬前，大部分成虫交尾但不产卵，随后逐渐向越冬场所转移。越冬代成虫寿命可达 250d 左右，最长可达 320d，第 1 代成虫寿命 45d 左右。

成虫和幼虫取食叶片背面的叶肉、果实和嫩茎，被害叶片仅残留叶脉及表皮，形成许多不规则透明的凹纹，后变为褐色斑痕，过多会导致叶片枯萎；被害果上被啃食成许多凹纹，逐渐变硬，并有苦味而失去商品价值。成虫早晚静伏，日中活动，以 10:00~16:00 最为活跃。成虫有假死性，并可分泌黄色黏液。成虫羽化后 3~4d 开始交配，一生交配多次，交配后 2~3d 开始产卵。成虫于叶背产卵，每雌可产卵 300 粒左右，卵期 5~7d，产卵期较长，有世代重叠现象。成虫、幼虫都有残食同种卵的习性。

初孵幼虫群集于叶背，2 龄以后开始分散为害。幼虫共 4 龄，幼虫期 13~30d。1~2 龄食量较小，3~4 龄食量大增。幼虫在叶背为害，为害状与成虫相同。

幼虫老熟后，停止取食，在原为害处或附近的杂草上化蛹。化蛹时将腹部末端粘附于叶上蜕皮化蛹。蛹期平均 6.3d。

8.3.1.3　发生与环境的关系

①越冬基数　越冬基数及越冬成虫的死亡率直接决定来年第 1 代发生轻重。越冬基数大、越冬死亡率越低，来年发生为害严重。马铃薯瓢虫的越冬死亡率与越冬场所和环境密切相关。在石缝中越冬的死亡率为 26%，在树下越冬的死亡率为 12.25%，土壤湿度较大的比湿度小的死亡率低，入土不足 3cm 的死亡率比入土 3~7cm 的高出 1.5 倍。冬季过冷、土壤湿度过低、积雪较薄都直接增加越冬死亡率。

②气候条件　马铃薯瓢虫喜温暖湿润的气候。初冬干燥寒冷，导致越冬成虫大量死亡。越冬成虫一般在日平均气温达 16℃以上时即开始活动，20℃则进入活动盛期，

初活动成虫，一般不飞翔，只在附近杂草上取食，到5~6d才开始飞翔到周围马铃薯田间。适宜的温度为22~28℃，低于16℃成虫不能产卵，夏季高温也限制其发生；28℃以上幼虫不能发育到成虫，30℃以上卵不能孵化，35℃以上成虫不能正常产卵。天气干旱也影响成虫产卵、卵的孵化和幼虫存活，暴雨显著压低虫口基数。

③寄主植物　马铃薯瓢虫喜欢取食马铃薯和茄子叶，甜椒、番茄、大豆、豇豆田也有发生，但虫量较少。经研究表明，马铃薯田间食料植物至少有13科29种，其中，马铃薯、茄子、龙葵、曼陀罗、枸杞等植物为其适宜寄主，成虫取食后可以正常产卵繁殖。菜豆、南瓜、番茄、白菜、泡桐等植物可被该虫取食，但产卵量明显下降；这些植物为马铃薯收获后成虫越冬前提供了食物，保证了该虫越冬的营养来源。另外，马铃薯田块周围寄主植物种类多则发生重，连作田重于轮作田。

④天敌　马铃薯瓢虫的捕食性天敌有草蛉、胡蜂和蜘蛛等，寄生性天敌主要是瓢虫双脊姬小蜂[*Pediobius foveolatus* (Crawford)]。成虫还可被白僵菌和绿僵菌寄生，幼虫和蛹可被寄生蜂寄生，对其发生有一定抑制作用。

8.3.1.4　虫情调查与测报

(1)监测方法

①田间系统调查　选择出苗最早、地势向阳、历年发生最早的马铃薯地为调查田。有代表性的不同生态区的马铃薯田3块。一般早、迟播马铃薯田各2块。每块田不小于667 m²，5点取样，每点调查20株(虫口大时，每点可减为10株)，从马铃薯出苗(大约在5月中下旬)到收获的整个生育期，每5d(最好逢五逢十)调查1次，记载有虫株数及卵、幼虫、蛹和成虫等各虫态的发生量，结果填入马铃薯瓢虫田间系统调查表。

②大田普查　结合田间系统调查，在越冬代成虫、一代幼虫和一代成虫盛发期(即6月中下旬、7月中下旬、8月中下旬)，选择不同类型田(分早、中、晚播田，或水地、旱地，或山地、平地，或阳坡、阴坡等)进行普查，每块地5点取样，每点10株，调查记载虫田率、有虫株数及各虫态发生数量，以确定当年的发生程度，结果填入马铃薯瓢虫田间普查表。

(2)发生期预测

根据长期观察和资料积累，马铃薯播期不同，越冬代成虫发生为害盛期也不相同，一般田在6月中、下旬，晚播田推后10~15 d。越冬代成虫盛期为第一次防治适期；成虫盛期也就是产卵盛期，大约10 d以后为低龄幼虫盛期，此时为第二次防治适期。这两次防治并非依次进行，一般早播田以防治成虫为主，如果成虫防治得好，就不需要进行初卵幼虫的防治；晚播田以防治幼虫为主，由于马铃薯出苗迟，成虫迁入时间不集中，分布较为零散。

(3)发生量预测

①长期预报　根据多年的观察研究，马铃薯瓢虫虽然受多种因素的影响，但起主导因素的是越冬存活量和6、7月的温、湿度。越冬存活量的多少，决定于上年8月的一代成虫量与冬季的温、湿度，若一代成虫数量大，冬暖不干燥，6、7月温度正

常，降雨较多，则当年马铃薯瓢虫发生严重，反之则轻。

②短期预报　主要需勤查勤看，根据田间发生实况，结合短期气象预报和气候实况来决定。在卵盛期如出现连续多天的高温干旱天气，田间卵的干瘪率会明显增大，或者是化蛹期间，蛹的寄生率比较多，对幼虫密度或一代成虫数量都有一定的影响。

马铃薯瓢虫的发生程度级别应主要依据各虫态盛发期的虫口密度来划分，分平地和山地两个类型，大致划分出以下 3 个级别(表8-6)。

表8-6　马铃薯瓢虫发生程度级别划分

类　型	发生程度			备　注
	轻	中	重	
平　地	成虫 < 30	30 ≤ 成虫 ≤ 100	成虫 > 100	虫口密度指百株成虫、幼虫头数和卵粒数
	卵 < 2000	2000 ≤ 卵 ≤ 5000	卵 > 5000	
	幼虫 < 200	200 ≤ 幼虫 ≤ 500	幼虫 > 500	
山　地	成虫 < 7	7 ≤ 成虫 ≤ 15	成虫 > 15	
	卵 < 200	200 ≤ 卵 ≤ 500	卵 > 500	
	幼虫 < 50	50 ≤ 幼虫 ≤ 150	幼虫 > 150	

8.3.1.5　防治方法

马铃薯瓢虫的防治目前多采用农业防治与药剂防治相结合的方法。

(1)农业防治

① 及时处理收获后的马铃薯、茄子等残株，降低越冬虫源基数。

② 避免在马铃薯地附近种植茄科植物，推广马铃薯与甘蓝等非寄主作物轮作。

③ 春季提前种植小面积马铃薯作为诱虫田，引诱越冬代成虫聚集产卵，进行集中防治。

④ 根据成虫的假死性，可以折打植株捕捉成虫；用人工摘除叶背上的卵块和植株上的蛹，并集中杀灭。

(2)生物防治

在湿度条件较好的地区，可用白僵菌、绿僵菌和苏云金杆菌等微生物杀虫剂防治幼虫或成虫，或用小卷蛾线虫防治马铃薯瓢虫。捕食性天敌有草蛉、胡蜂和蜘蛛等，以及幼虫和蛹可被瓢虫双脊姬小蜂寄生，这些天敌对其发生有一定抑制作用。

(3)药剂防治

马铃薯瓢虫的防治应在控制越冬代成虫发生期至第 1 代幼虫孵化盛期喷药，在马铃薯瓢虫幼虫分散之前用药，效果最好。因马铃薯瓢虫白天飞翔能力强，施药时间最好在早晨或下午施药，施药时尽量喷在叶背上，对杀卵和幼虫有较好防治效果。在成虫发生期、第 1 代卵孵化期，可用90%晶体敌百虫 1000 倍液，1.8% 阿维菌素乳油 1000 倍液，40% 辛硫磷乳油 1000 倍液，40% 甲基异柳磷 1500 倍液，20% 杀灭菊酯乳油，2.5% 高效氯氟氰菊酯乳油 3000 倍液，喷雾防治。

8.3.2　马铃薯甲虫

　　马铃薯甲虫(*Leptinotarsa decemlineata* Say)属鞘翅目叶甲科，又称科罗拉多马铃薯甲虫，是世界有名的毁灭性检疫害虫，被我国列为一类进境检疫性有害生物。原发生于北美落基山区，为害茄科的一种野生植物刺萼龙葵(*Solanum rostratum*)。随着美洲大陆的开发，该虫开始在美洲传播，此后又迅速向东扩散。目前马铃薯甲虫分布于欧洲、非洲北部、亚洲和北美洲的 40 多个国家和地区。在世界上主要分布于美洲北纬 15°~55°，以及欧亚大陆北纬 33°~60°。马铃薯甲虫在中国主要分布于新疆，于 1993 年从哈萨克斯坦传入新疆后，2013 年已在新疆伊犁、塔城、乌鲁木齐、石河子、博尔塔拉蒙古自治州等天山以北准噶尔盆地 7 个地州市 35 个县市，约 30×10^4 km^2 的区域发现。目前马铃薯甲虫在新疆分布的最东端在我国新疆天山以北昌吉回族自治州木垒县博斯坦乡，距新疆与甘肃省交界处 550km。除新疆天山以北的大部分区域外，2013 年 7 月在我国吉林省延边朝鲜族自治州珲春市春化镇发生马铃薯甲虫疫情。

　　马铃薯甲虫寄主主要是茄科植物，其中栽培的马铃薯是最适寄主，其次为茄子和番茄。马铃薯甲虫的为害通常是毁灭性的。成虫、幼虫为害马铃薯叶片和嫩尖，可把马铃薯叶片吃光，尤其是马铃薯始花期至薯块形成期受害，对产量影响最大；也可为害块茎(图 8-10)。同时还可传播马铃薯褐斑病、环腐病等。因该虫为害造成马铃薯产量一般损失为 30%~50%，严重者可达 90% 以上，甚至绝产。

8.3.2.1　形态特征(图 8-10)

　　①成虫　体长 9~12mm，体宽 6~7mm，短卵圆形，淡黄色至红褐色，体色鲜亮、

图 8-10　马铃薯甲虫(3、4 郭文超等摄　余罗进仓等摄)

1. 地上部被害状　2. 薯块被害状　3. 成虫　4. 幼虫　5. 蛹　6. 卵

有光泽，多数具黑色条纹和斑。头部具 3 个斑点，头顶的黑斑多呈三角形，复眼后方有 1 个黑斑，通常被前胸背板遮盖。触角 11 节，第 1 节粗而长，第 2 节很短，第 5、6 节约等长，触角基部 6 节黄色，端部 5 节膨大，色暗。上唇显著横宽，前缘着生刚毛，上颚具 4 齿，其中 3 齿明显。前胸背板隆起，宽为长的 2 倍，顶部中央有一"U"形斑纹或 2 条黑色纵纹，每侧又有 5 个黑斑，有时侧方的黑斑相互连接。小盾片光滑，黄色至近黑色。鞘翅卵圆形，显著隆起，每个翅上有 5 条黑色纵纹，全部由翅基部伸达翅端，两翅结合处构成 1 条黑色斑纹。鞘翅刻点粗大，沿条纹排成不规则的刻点行。足短，转节呈三角形，腿节稍粗而侧扁；胫节向端部渐宽。跗节隐 5 节，两爪相互接近，基部无附齿。腹部第 1 至第 5 节腹板两侧具黑斑，第 1 至第 4 节腹板的中央两侧另有长椭圆形黑斑。雄虫外生殖器的阳茎呈圆筒状，显著弯曲，端部扁平，长为宽的 3.5 倍。雌虫个体稍大，雌雄两性外形差别在于雄虫末腹板具一纵凹线，雌虫无此凹线。

②卵　椭圆形，有光泽，顶部钝尖，初产时鲜黄色，后变为橙黄色或橘红色。卵长 1.5～1.8mm，卵宽 0.7～0.8mm。卵主要产于叶片背面，多聚集呈卵块，平均每块卵粒数为 30 粒。卵粒与叶面多呈垂直状态。

③幼虫　共 4 个龄期，1 龄、2 龄幼虫体色红褐色，无光泽；3 龄后逐渐变为鲜黄色、橙红色或红褐色。1 龄、2 龄幼虫头、前胸背板为黑色，胸、腹部的气门片暗褐色；3 龄、4 龄幼虫色淡，背部明显隆起，腹部两侧各有 2 排黑色斑点。幼虫头黑色发亮，头两侧各具瘤状小眼 6 个，分成 2 组，上方 4 个，下方 2 个。触角短，3 节。头为下口式，头盖缝短，额缝由头盖缝发出，开始一段相互平行延伸，然后呈一钝角分开。头壳上仅着生初生刚毛，刚毛短，每侧顶部着生刚毛 5 根。额区呈阔三角形，前缘着生刚毛 8 根，上方着生刚毛 2 根。唇基横宽，着生刚毛 6 根，排成一排。上唇横宽，明显窄于唇基，前缘略直，中部凹缘狭而深；上唇前缘着生刚毛 10 根，中区着生刚毛 6 根和 6 个毛孔。上颚三角形，有端齿 5 个，其中上部的一个齿小。1 龄幼虫前胸背板骨片全为黑色，随着虫龄的增加，前胸背板颜色变淡，仅后部仍为黑色。除最末 2 个体节外，虫体每侧有 2 行大的暗色骨片，即气门骨片和上侧骨片。腹节上的气门骨片呈瘤状突出，包围气门，中、后胸由于缺少气门，气门骨片完整。4 龄幼虫的气门骨片和上侧片骨片上无明显的长刚毛。体节背方的骨片退化或仅保留短刚毛，每一体节背方约 8 根刚毛，排成 2 排。第 8、9 腹节背板各有 1 块大骨化板，骨化板后缘着生粗刚毛，气门圆形，缺气门片，气门位于前胸后侧及第 1～8 腹节上。足转节呈三角形，着生 3 根短刚毛，基部的附齿近矩形。

④蛹　离蛹，椭圆形，尾部略尖，体长 9～12mm，宽 6～8mm，橘黄色或淡红色，体侧各有一排黑色小点。老熟幼虫在被害植株附近入表土中化蛹，黏性土壤主要集中在 1～5cm，砂性土壤主要集中在 1～10cm。

8.3.2.2　生活史与习性

在欧洲和美洲，马铃薯甲虫 1 年可发生 1～3 代，部分地区 1 年可发生不完全 4 代；发育 1 代需要 30～70d。在新疆马铃薯甲虫 1 年可发生 1～3 代，以 2 代为主。马铃薯甲虫以成虫在寄主作物田越冬，越冬代成虫于5月上中旬，当越冬初的土温回升到14~15℃时开始出土，随后转移至野生寄主植物取食和为害早播马铃薯，5月中旬田间越冬后成虫数量达到高峰。由于越冬成虫越冬入土前进行了交尾，因此越冬后雌成虫不论是否交尾，取食马铃薯叶片后均可产卵。卵产于叶背面，呈卵块状排列，卵粒与叶面多呈垂直状态，每卵块12~80粒卵，单雌产卵量平均1000粒。第1代卵孵化盛期为5月中下旬，同一卵块的卵几乎同时孵化。幼虫期为15~34d。第1代幼虫为害盛期为5月下旬至6月中旬，第1代蛹期为6月上旬至7月上旬，盛期为6月中下旬。第1代成虫始见于6月中下旬，发生盛期为7月上旬至7月下旬。第1代成虫产卵盛期为7月上旬至7月下旬，第2代幼虫发生盛期为7月中旬至8月中旬，第2代幼虫化蛹盛期为7月下旬至8月下旬，第2代成虫羽化盛期为8月上旬至8月中旬，第2代(越冬代)成虫入土休眠盛期为8月下旬至9月上旬。

成虫羽化出土即开始取食，3~5d后鞘翅变硬，并开始交尾，未取食者鞘翅始终不能硬化和进行交尾，数天内即死亡。成虫具有假死性，受惊后易从植株上落下。成虫交尾2~3d后即可产卵，产卵期内可多次交尾，卵产于寄主植物下部的嫩叶背面，偶产于叶表和田间各种杂草的茎叶上。卵期5~7d，幼虫期15~35d，因环境条件而异。幼虫孵化后开始取食，4龄幼虫末期停止进食，大量幼虫在被害株10~20cm的半径范围内入土化蛹，蛹期7~15d。在20~27℃条件下，从卵至成虫羽化出土平均历期为33.5d，世代重叠现象十分严重。马铃薯甲虫具有兼性滞育习性，其滞育的最适温度是19~22℃，日照短于14h。在不良温度和营养的条件下，越冬出土后的成虫还可利用再次滞育抵御不良环境以减少死亡。

马铃薯甲虫的传播途径主要通过自然传播，包括风、水流和气流携带传播，依靠幼虫自然爬行和成虫迁飞扩散；人工传播，包括随货物、包装材料和运输工具携带传播。来自疫区的薯块、水果、蔬菜、原木及包装材料和运载工具，均有可能携带此虫。马铃薯甲虫成虫各世代均具飞行习性，飞行活动从春季(5月初)开始一直持续到夏末秋初(8月中旬前)，越冬代成虫出土取食后在春天至夏初的迁飞是马铃薯甲虫的主要传播和扩散方式。

8.3.2.3 发生与环境的关系

(1)气候条件

马铃薯甲虫有很强的生命力，只要有适当的水分，越冬代成虫不取食可存活1年，但若未取得足够的水分，则难以在翌春出土。越冬成虫出土期与气温和土壤湿度关系密切，低温低湿抑制其出土过程。马铃薯甲虫的发育起点温度为10~11.5℃，发育温度范围为16~33℃，最适发育温度为25~30℃，具有较强的抗低温能力和高温抗性。马铃薯甲虫发育适宜在相对湿度为60%~75%、年平均降水量600~1500mm的地区发育良好。

马铃薯甲虫属于长日照型，当感受到临界短日照(不足14h)后会进入滞育。光照强度也影响马铃薯甲虫的繁殖和迁飞，温度对马铃薯甲虫迁飞具有明显的影响作用。在气温低于20℃时，不飞行；超过22℃时，飞行活跃，飞行活跃高峰在22~28℃；

超过35℃时，成虫飞行活动停止，并很快出现死亡现象。

（2）寄主植物

马铃薯甲虫是寡食性昆虫，寄主为茄科的20余种植物。其中大部分是茄属（*Solanum*）的植物，茄属的植物可产生挥发性化学物质引诱马铃薯甲虫。最适寄主是马铃薯，其他适宜的寄主包括：刺萼龙葵、狭叶茄（*S. augstifolium*）、欧白英（*S. dulcamara*）、栽培茄子（*S. melongena*）。番茄（*Lycopersicon esculentum*）、天仙子（*Hyoscyamus niger*）等只是偶尔被取食，但取食后产卵量降低。

（3）自然天敌

马铃薯甲虫的天敌主要有两大类，捕食性天敌有二点益蝽（*Perillus bioculatus*）、斑腹刺益蝽（*Podisus maculiventris*）、十二星瓢虫（*Coleomegilla maculata*）、巨盆步甲（*Lebia grandis*）、斑大鞘瓢虫（*Coleomegilla maculata*）、中华草蛉（*Chrysopa sinica* Tjeder）、中华长腿胡蜂（*Polistes chinensis* Fabricus）、蜀敌蝽［*Arma chinensis*（Fallou）］和蓝蝽（*Zicrons caerulea*）等；寄生性天敌有叶甲卵姬小蜂（*Edovum puttleri*）、矛寄蝇（*Doryphorophaga doryphorae*）等。马铃薯甲虫的天敌二点益蝽是广谱性的捕食性天敌，而斑腹刺益蝽则是专化性的捕食性天敌，对其发生有一定抑制作用。

8.3.2.4　虫情调查与测报

主要依靠田间调查。调查应在晴天进行，不要在早晨或傍晚时刻进行，也不要在天气变凉（低于14℃）或阴雨天进行。调查时，应逐株检查，看植株上是否有成虫、幼虫或卵块。卵块产于叶背面。每年调查3次左右为宜。在春季马铃薯秧苗大量出土时开始进行第1次调查。对来自疫区的薯块、水果、蔬菜、包装材料及运载工具都应仔细检查。

在寄主植物生长期，在马铃薯、茄子等寄主作物和刺萼龙葵、天仙子等马铃薯甲虫野生寄主植物分布区，以及农产品运输、储藏、加工场所和周围地区，无论发生区和非发生区，每年定点调查2次。第1次在越冬代成虫出土后（5~6月），第2次在越冬代成虫入土前（7~8月）。监测区采取对角线式或棋盘式取样方法取样。监测区内4hm²以下地块取10个调查点，每个点调查10株；4hm²以上地块取20个调查点，每个点调查5株。记录每株植物上马铃薯甲虫卵、幼虫和成虫数量（卵记录卵块数量），未发生区与发生区监测点数量按寄主植物分布区，以县级行政区域为单位设立4~10个监测点。在未发生区若发现疑似虫体，立即做好标记，记录调查情况，扩大调查范围（半径10km），将疫情及时上报，并采用应急、扑灭和封锁技术，有效控制马铃薯甲虫的为害和传播扩散。

8.3.2.5　防治方法

马铃薯甲虫的防控应结合我国马铃薯产区生态、地理等特点，积极开展入侵害虫的适生性和风险性评估，实施疫情监测、应急防控和抗药性检测，以及化学农药替代、生态调控和环境友好型化学药剂的综合防治。

(1) 农业防治

①秋收后及时进行深翻冬灌，破坏马铃薯甲虫的越冬场所，杀灭部分越冬成虫；实行地膜覆盖，减少越冬成虫出土量。适当推迟播期至 5 月上中旬，避开马铃薯甲虫出土为害及产卵高峰期。

②在马铃薯甲虫发生严重区域，实行与禾本科、豆科作物轮作倒茬，使刚出土越冬代成虫得不到适宜食料而不能正常交尾，减少其产卵量，以推迟或减轻第一代为害程度。

③在马铃薯甲虫发生严重区域，早春集中种植有显著诱集作用的茄科寄主植物，形成相对集中的诱集带集中杀灭；应用防虫沟（即在上一年马铃薯种植区与邻近当年马铃薯种植区之间挖宽 20~30cm、深 30~40cm 的地沟，在沟内铺设较厚黑色塑料），越冬后成虫爬行经过地沟时落入防虫沟，用杀虫剂集中杀灭。利用马铃薯甲虫假死性和早春成虫出土零星不齐、迁移活动性较弱特点，从 4 月下旬开始进行人工捕杀越冬成虫和清除叶片背面的卵块，降低虫源基数。

④用真空吸虫器和丙烷火焰器等进行物理与机械防治，丙烷火焰器用来防治苗期越冬代成虫。

(2) 生物防治

马铃薯甲虫的天敌以捕食性天敌为主，其中二点益蝽和斑腹刺益蝽等天敌资源应用最为广泛。在病原微生物方面，球孢白僵菌（*Beauveria bassiana*）和苏云金杆菌（*Bacillus thuringiensis*）应用最多。我国科技工作者开发的球孢白僵菌可湿性粉剂和油悬浮剂在生产上应用取得较好的防治效果；在昆虫细菌杀虫剂的开发利用方面，我国科研工作者利用分子生物工程技术手段对 Bt 杀虫蛋白基因进行了修饰，构建了针对鞘翅目甲虫的高效毒蛋白 *Bt* 基因，研制出马铃薯甲虫的工程菌制剂，显示了良好的应用前景。

(3) 药剂防治

目前由于我国对马铃薯甲虫防治仍然主要采取化学防治技术，马铃薯甲虫抗药性水平发展很快。马铃薯甲虫对有机磷、氨基甲酸酯及拟除虫菊酯类杀虫剂均产生明显抗药性，对新烟碱类、阿维菌素及苏云金杆菌（Bt）也产生了一定抗性。因此在实际防治中需合理用药，采用有机磷类、烟碱类、菊酯类、生物源类、昆虫生长调节剂类等不同杀虫机制农药品种的交替使用防治马铃薯甲虫，可有效避免或延缓抗药性的产生和发展。

马铃薯甲虫越冬代成虫和第 1 代低龄幼虫（1~2 龄）发生期是防治关键时期。防治域值分别为 24 头/百株和 106 头/百株。当田间虫口密度达到或超过经济阈值时，可选择高效、低毒环境友好型杀虫剂喷雾防治，如使用 12.5% 高效氯氰菊酯 1500 倍液，5% 噻虫嗪水分散粒剂 90g/hm²，70% 吡虫啉水分散粒剂 30mL/hm²，3% 啶虫脒乳油 225mL/hm²，20% 啶虫脒可溶性液剂 150g/hm²，3% 甲氨基阿维菌素苯甲酸盐微乳剂 900g/hm²，20% 氯虫苯甲酰胺悬浮剂 150g/hm²，40% 氯虫·噻虫嗪水分散粒剂 150g/hm²，14% 氯虫·高氯氟微囊悬浮—悬浮剂 150g/hm²，22% 噻虫·高氯氟微囊悬浮—悬浮剂 150g/hm²和 60g/mL 乙基多杀菌素悬浮剂 750g/hm²等杀虫剂 15d 防效可达 90% 以上。另外，我国研制出的新型薯块专用种衣剂 3.2% 甲·噻悬浮种衣剂，可有效控制越冬代成虫和第 1 代幼虫的为害。

（4）检疫防控

严格执行调运检疫程序，加强疫情监测。对疫区调出、调入的农产品尤其是茄科寄主植物，按照调运检疫程序严格把关，防止疫区的马铃薯块茎、活体植株调出。对来自疫区的其他茄科寄主植物及包装材料按规程进行检疫和除害处理，防止马铃薯甲虫的传出和扩散蔓延。加强马铃薯甲虫在适生地的预测预报工作。准确判断适生地的范围，做好高危适生地区的检疫防控工作，尤其必须加强西北和东北疫情发生区前沿地带的监测和封锁防控工作，继续在东北和西北两个"高风险区"建立"马铃薯甲虫阻截带"，重视我国北方边境地区（高风险区）马铃薯甲虫监测和封锁防控工作的实施，有效遏制马铃薯甲虫在我国的进一步传播和为害，彻底将马铃薯甲虫控制在我国现有发生区，保障我国马铃薯生产安全和生态安全。

8.3.3　马铃薯块茎蛾

马铃薯块茎蛾［*Phthorimaea operculella*（Zeller）］又名马铃薯麦蛾、烟草潜叶蛾，俗称马铃薯蛀虫、洋芋绣虫、串皮虫、裂虫等，属鳞翅目麦蛾科。

马铃薯块茎蛾原产于中美洲和南美洲的北部地区，现已经传播到亚洲、欧洲、北美洲、非洲、大洋洲、中美及南美洲的 90 多个国家，成为一种世界性害虫。世界上最早记载该虫于 1854 年在澳大利亚为害马铃薯，国内最早报道于 1937 年在广西柳州烟草上发现，现已扩展到西南、西北、中南、华东，包括四川、贵州、云南、广东、广西、湖北、湖南、江西、河南、陕西、山西、甘肃、安徽等省（自治区），为对内检疫对象之一。马铃薯块茎蛾远距离传播主要是通过其寄主植物如马铃薯、种业、种苗及未经烤制的烟叶的调运，也可以通过交通工具、包装物等传播。成虫可借风力扩散。马铃薯块茎蛾为寡食性害虫，主要为害茄科植物，最嗜寄主为烟草、茄子和马铃薯，也为害番茄、辣椒、曼陀罗、枸杞、龙葵、酸浆等茄科作物。在马铃薯大田和储藏期主要为害马铃薯块茎。

马铃薯块茎蛾的幼虫为害马铃薯、烟草、茄子等寄主的茎、叶片、嫩叶和叶芽。为害薯块时，幼虫先在表皮下蛀食，形成弯曲潜道，蛀孔外面堆有褐色或白色虫粪。受害严重的薯块，外形皱缩、畸形，甚至腐烂变质，失去食用价值。为害叶片时，幼虫多沿叶脉蛀入，在上下表皮间穿蛀叶肉，初呈弯曲隧道状，逐渐扩大成为一个透亮的大斑，斑内堆有黑绿色虫粪。为害烟草时，幼虫多从顶芽或茎部蛀入，以致嫩茎或叶芽枯死。

8.3.3.1　形态特征（图 8-11）

①成虫　翅展 14~16mm，雌成虫体长 5.0~6.2mm，雄成虫体长 5.0~5.6mm。体灰褐色，微具银色光泽。触角丝状。下唇须长，3 节，向上弯曲超过头顶，第 1 节短小，第 2 节略长于第 3 节，第 2 节下方覆盖有疏松、较宽的鳞片。前翅狭长，黑褐色或黄褐色，前缘和翅尖颜色较深，缘毛长。雌虫前翅左右合并时，在臀区有明显的

黑褐色大斑纹，后翅翅僵3根，前缘基部无毛束。腹末光细，有马蹄形短毛丛。雄蛾前翅后缘有不明显的黑褐色斑纹4个，前3个位于第二臀脉上，最后1个靠近外缘，腹末有向内弯曲的长毛丛。后翅菜刀状，灰褐色，前缘基部有1束长毛，翅僵1根。

②卵 椭圆形，长约0.5mm，宽约0.4mm。初产时乳白色，微透明，中期淡黄色，孵化前变为黑褐色，有紫蓝色光泽。卵壳无明显的刻纹。

③幼虫 多4个龄期。末龄时体长11~14mm，宽1.5~2.5mm。体白色或淡黄色，取食叶肉的幼虫为绿色。头部棕褐色，两侧各有单眼6个。前胸背板及胸足黑褐色，臀板淡黄色。腹足趾钩双序环式，臀足趾钩为双序横带式。末龄雄性幼虫腹部第5节背面可见肾形睾丸1对。

④蛹 被蛹，圆锥形，初期淡绿色，渐变为棕色，蛹体长6~7mm。外被灰白色茧，茧外常附有泥土。额唇基缝明显，中央向下突出呈钝圆角形。腹部第10节背面中央有一向上弯曲的角状突。尾端中部向上凹入。臀棘短，臀节背面有8根横列刚毛。

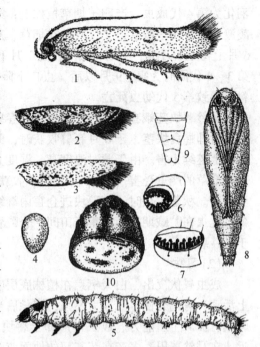

图8-11 马铃薯块茎蛾(仿华南农业大学)
1. 成虫 2. 雌成虫前翅 3. 雄成虫前翅 4. 卵
5. 幼虫 6. 幼虫腹足趾钩 7. 幼虫臀足趾钩
8. 雄蛹 9. 雄蛹腹部末端 10. 马铃薯块被害状

8.3.3.2 生活史与习性

(1) 生活史

马铃薯块茎蛾的发生期及年发生代数随各地气候、海拔高度不同而异。在我国四川，马铃薯块茎蛾1年发生6~9代；在贵州福泉、湖北兴山和云南昆明等地1年发生5代，在河南、山西、陕西1年发生4~5代。在甘肃武都和宕昌县海拔2000m以上，仍有马铃薯块茎蛾发生。在我国最多可发生9~11代。此虫无严格的滞育现象，只要气温、食料条件适合，冬季也能继续正常发育。一般高温、潮湿条件对其发生不利，在干旱、少雨、多风的地方往往发生较重。在南方，马铃薯麦蛾的各个虫态均能越冬，但主要以幼虫在田间残留薯块、残株落叶、烟茬和挂晒过烟叶的墙壁缝隙、室内贮藏的薯块中越冬。在北方的河南、陕西、山西等地幼虫不能越冬，只有少数蛹越冬，可能1月0℃等温线为其越冬北界。

南方各代成虫发生时间，以云南昆明地区为例，越冬代成虫于1月中旬至5月中旬出现，各代成虫的出现时间依次为：5月中旬至6月下旬，8月上旬至8月下旬，9月中旬至11月中旬。若第4代幼虫化蛹较早，11~12月温度又在12℃以上，则仍可羽化为第 4 代成虫，产卵于烟草植株上；第 5 代幼虫在新嫩叶上取食并越冬。陕西风陵渡马铃薯块茎蛾从第 2 代开始在烟草、茄子上繁殖为害，该地第 2 代幼虫发生期为 6 月上旬至 7 月上、中旬；第 3 代为 7 月下旬；第 4 代从 8 月下旬开始为害，8~9 月第 3、4 代同时为害，9 月以后，虫口下降。"小雪"节气以后，因田间没有足够的食料，导致第 5 代幼虫死亡。

马铃薯块茎蛾春季越冬代成虫飞到春薯上产卵于芽眼及破皮或露土薯块上，幼虫孵出后即蛀食块茎，于 6 月春薯收获时，此虫随薯块进入仓库、地窖，部分则转移到烟草上继续为害。由于此时温度高、湿度大，有利于其大量繁殖，因而常引起贮藏春薯和烟草的严重受害。到 10 月，烟草收获后，自烟田和仓贮薯块飞到田间秋薯上产卵为害。秋薯收获时又随薯块进仓窖内继续为害，部分个体则留在田间残薯上进行越冬。此虫在贮藏期的为害重于田间；仓贮春薯受害重于秋薯；在大田烟草上的为害重于马铃薯。

(2) 习性

成虫昼伏夜出，白天栖息在植株底层叶片下，土隙或杂草内；夜间在马铃薯植株上活动，有趋光性，飞翔力不强，羽化后当日或次日交尾。交配后第 2 天开始产卵，雌蛾有孤雌生殖能力。成虫常产卵于薯块芽眼、表皮裂口及附有泥土的粗糙表皮附近；在马铃薯田，多产在茎基部的地面或土缝内，其次产于叶面及叶背的叶脉处、叶柄腋芽间或腋芽和茎上；在烟田，多产于下部叶片背面和茎基部。卵多在 3~4d 内产完，单雌产卵量 150~200 粒，最多达 1000 余粒。卵期 7~10d。卵的自然孵化率较高，一般在 95% 以上。成虫寿命一般 10d 左右。

幼虫孵化后，爬行分散。为害块茎时，初孵幼虫多从芽眼和破裂表皮处蛀入薯块内部，先在表皮下蛀食，形成隧道，逐步深入内部。为害叶片时，往往从叶脉附近蛀入，形成透明泡状隧道；有的则蛀入叶柄和茎秆，但受害茎并不肿大。幼虫有转移为害习性，可吐丝下坠，耐饥力强，可随调运材料、工具等远距离传播。幼虫期 10~20d，多 4 龄。

幼虫老熟后，脱出隧道，在田间表土、土缝内或茎基部及枯叶反面结灰白色薄茧化蛹，为害薯块的幼虫老熟后多在块茎表面凹陷内、薯堆间及墙壁缝内结茧化蛹。

8.3.3.3　发生与环境关系

(1) 气候条件

马铃薯块茎蛾喜温暖干燥的气候，一般夏季干旱往往发生较重，而多雨高湿发生较轻。各虫态发育起点温度在 10℃ 左右，22~29℃ 是生长发育的适温范围。马铃薯块茎蛾对低温有一定的抵抗能力，成虫在 −7℃ 下仍能存活，但不能交配产卵，在 1.5℃ 时能存活 11~41d。低温(−4.5~1.7℃)储藏的卵经 120d 才死亡，在 −16.7℃ 时经 24h，幼虫、蛹、成虫全部死亡，只有卵仍能存活。冬季严寒，早春冷而多雨，不利于马铃薯块茎蛾的生存发育，对田间发生为害有一定的抑制作用。

(2) 海拔高度

马铃薯块茎蛾的分布与海拔高度的关系十分密切。主要分布在山地和丘陵地区，海拔2000m处也有发生，但以570m以下受害最重，海拔低于50m不发生。

(3)寄主植物

马铃薯块茎蛾喜食马铃薯、烟草、茄子，其次为番茄、曼陀罗、枸杞、龙葵、辣椒，也可寄生于酸浆、刺蓟、莨菪、颠茄、洋金花等植物。不同寄主植物对马铃薯块茎蛾的生物学特性存在一定差异。研究表明，马铃薯块茎蛾成虫对马铃薯、烟草、番茄、茄子和辣椒5种不同寄主植物的产卵选择存在显著差异。在马铃薯、烟草、番茄、茄子和辣椒上的落卵量分别为64.33粒、62.33粒、58.83粒、50.67粒、23.83粒。在辣椒上的落卵量明显低于烟草、马铃薯、茄子和番茄。

(4)耕作栽培制度

随着马铃薯种植面积不断扩大，栽培技术向多品种、多层次、周年生产方向发展，因而为害虫的生存繁殖提供了充足的食料和有利的环境条件，同时使害虫的发生规律也发生了改变，由季节性为害向周年性为害发展。马铃薯块茎蛾的寄主为茄科植物，因此，茄科作物连作为害重，单种马铃薯或烟草的地区为害轻。由于作物布局不合理，马铃薯田、烟田和蔬菜田相连的情况比较常见，为马铃薯块茎蛾提供了充足的食料和良好的越冬场所，使得该虫在马铃薯田和烟田之间辗转为害，发生越来越重。

(5)天敌

马铃薯块茎蛾的幼虫和蛹有许多天敌，如茧蜂、绒茧蜂、大腿小蜂、姬蜂等，对其卵的寄生效果最为明显。在印度曾大量释放马铃薯块茎蛾卵寄生蜂点缘跳小蜂（*Copidosoma koehleri* Blanchard），成功地防治了马铃薯块茎蛾。此外，利用球孢白僵菌、颗粒体病毒和斯氏线虫也能对马铃薯块茎蛾有一定的防治效果。

8.3.3.4　防治技术

(1)严格检疫，杜绝传播

严格执行检疫制度，不从疫区调运种薯和未经烤制的烟叶，如需调运必须严格检疫并进行熏蒸处理。

在对马铃薯块茎蛾进行检疫时，特别注意用扩大镜检查薯块芽眼处或其他凹处是否有被蛀入的小孔。可由孔旁有无白色的粪便来鉴定，并检查薯块上是否带有卵粒，同时取样将马铃薯剖开，检查内部有无潜道或幼虫。取样方法为10件以内逐件检查；10~15件在10件的基础上增加50%；50件以上者，在50件抽验的基础上增加3%。在全批的各部位中可能带有卵粒，需在放大镜下仔细检查。对包装物也应同样进行检查，以避免带有幼虫或蛹。遇有上述寄主的苗或植株在转运时须检查其叶片中是否有潜道或幼虫，土壤中是否带有虫茧。在室温10~15℃时，用溴甲烷35g/m³熏蒸3h；室温为28℃以上时用溴甲烷30g/m³熏蒸6h。也可用二硫化碳7.5g/m³，在15~20℃下熏蒸75min。熏蒸可杀死各虫态，并对薯块发育和食用无影响。

(2)农业防治

加强田间管理，剔除虫苗，摘除虫叶，捏死幼虫；结合中耕培土、冬季翻耕，减少成虫产卵，消灭幼虫和蛹；寄主植物收获后，及时清除田间的残株败叶及杂草，将其烧毁或沤肥，以减少虫源；避免马铃薯和烟草及其他茄科作物邻作或间作；选用无虫种薯种植。

（3）生物防治

使用 1600IU/mg 苏云金杆菌可湿性粉剂 1000 倍液保护储藏期薯块，对低龄幼虫有很好的控制作用。在印度曾大量释放马铃薯块茎蛾卵寄生蜂点缘跳小蜂，成功地防治了马铃薯块茎蛾。此外，利用球孢白僵菌、颗粒体病毒和线虫也对马铃薯块茎蛾有一定的防治效果。

（4）物理防治

人工捕捉马铃薯块茎蛾的幼虫，诱杀成虫。发现薯块上有新鲜虫粪时，便找出幼虫进行挑取，随即杀死。发现田间叶片上幼虫为害造成的透明斑，应摘除叶片，集中带出田外深埋或烧毁。利用成虫的趋光性和趋化性，以黑光灯、糖醋液等方法诱杀。在薯块进仓前，将仓库内四周的灰尘及杂物彻底清除，并喷洒药物消毒，消灭仓库内的害虫；仓库的门窗、风洞应用纱布钉好，阻断田间成虫飞入室内产卵的途径。

（5）化学防治

①薯块处理　对没被虫蛀的种薯，可用 80% 敌敌畏乳油 1000 倍液喷雾，均匀喷洒种薯表面，然后盖上麻袋；用 80% 敌百虫可溶性粉剂或 25% 甲萘威可湿性粉剂 200~300 倍液喷雾，还可用 25% 硫磷乳油 1000 倍液喷种薯，晾干后运入库内平堆2~3 层储藏。对已被虫蛀的种薯，可用 35% 阿维·辛乳油（阿维菌素、辛硫磷混剂）1000 倍液整薯浸种，浸 5min 后捞起，晾干后储存。

②田间药剂防治　在成虫盛发期可用 80% 敌敌畏乳油 1000 倍液，50% 辛硫磷乳油或 80% 敌百虫可溶性粉剂 1000 倍液，2.5% 溴氰菊酯乳油，20% 氰戊菊酯乳油、2.5% 高效氯氟氰菊酯乳油、10% 氯氰菊酯乳油等各 2000 倍液喷雾。幼虫在始花期及薯块形成期为害重，可交替使用 50% 辛硫磷乳油 1000 倍液、50% 马拉硫磷乳油 1000 倍液、2.5% 高效氯氟氰菊酯乳油 2000 倍液喷雾防治。

③仓储期处理　可用二硫化碳密闭熏蒸马铃薯储藏库 4h，用药量 27g/m³。在温度 7~10℃ 时，用药量为 45g/m³，密闭 3h；在 10~20℃ 时，用药量为 35g/m³，密闭 5h。或者用 56% 磷化铝片剂（每片 3.3g）12 片分成 3 份，用卫生纸包严，均匀放到 1000kg 薯块中间，用薄膜盖严，不要漏气，气温 12~15℃ 时，闷 5d；高于 20℃ 时，密闭 3d。注意不要在有人的地方熏蒸，以免造成人员中毒；用后的废渣有毒，要深埋处理。

复习思考题

1. 麦红吸浆虫和麦黄吸浆虫的区别特征是什么？二者分布有何特点？
2. 引起小麦吸浆虫隔年羽化的主要环境因素是什么？
3. 小麦吸浆虫发育时期与小麦物候期有怎样对应关系？
4. 为什么小麦吸浆虫防治的重点在蛹期？
5. 4 种麦蚜的生活习性有什么区别？
6. 根据麦蚜的主要习性和发生规律，制订其综合防治方案。

7. 试述处理秸秆和颗粒剂防治玉米螟的理论依据。

8. 玉米抗玉米螟育种有哪些最新进展？

9. 为什么搞好作物布局对控制螟害非常重要？

10. 列表比较马铃薯瓢虫和马铃薯甲虫的发生为害特点。

11. 从地理分布、主要生活史习性等简述马铃薯瓢虫和马铃薯甲虫的异同点。

12. 马铃薯瓢虫的防治策略是什么？如何进行综合防治？

13. 试述马铃薯瓢虫农业防治的理论依据。

14. 试述马铃薯甲虫农业防治的理论依据。

15. 以中国马铃薯种植区为例，试设计马铃薯甲虫的综合治理及检疫防控方案。

16. 为什么收获后及时清洁田园是减轻薯类害虫为害的重要措施？

17. 试述马铃薯块茎蛾的发生规律及其与防治的关系。

18. 为什么烟草和马铃薯邻作有利于马铃薯块茎蛾发生为害？

第9章

蔬菜害虫

由于蔬菜种类多，生产周期短，复种指数高，抗逆性较弱，且蔬菜害虫种类多，又往往混合发生、集中为害，极易造成经济损失。蔬菜害虫的防治在蔬菜栽培过程中有着十分重要的意义，它不仅影响蔬菜的产量、更影响蔬菜的质量。因此，及时有效地控制害虫为害是保障蔬菜优质、丰产的关键。

我国蔬菜害虫约有700种，比较重要的有60余种(表9-1)。

表9-1　我国蔬菜害虫的主要种类(类群)

蔬菜种类		害虫种类(类群)
十字花科 Cruciferae	萝卜、甘蓝、小白菜、大白菜、芥兰、花椰菜(菜花)等	粉蝶类、小菜蛾、菜螟、甘蓝夜蛾、斜纹夜蛾、菜蚜类、黄条跳甲、菜叶蜂、菜蝽、大猿叶甲、小猿叶甲等
葫芦科 Cucurbitaceae	南瓜、丝瓜、冬瓜、西瓜、葫芦、苦瓜、甜瓜、西葫芦	守瓜类、瓜实蝇、节瓜蓟马、瓜蚜、红蜘蛛
豆科 Lagminosae	菜豆、绿豆、豌豆、蚕豆、大豆、扁豆、金花菜(苜蓿)	豆天蛾、豆荚螟、银纹夜蛾、豆野螟、豆蚜、豆芫菁类、豌豆潜叶蝇
百合科 Liliaceae	金针菜(黄花菜)、百合、洋葱、大蒜、大葱、韭菜	葱蝇、葱蓟马、韭蛆、蚜虫等
藜科 Chenopodiaceae	甜菜、菠菜	甜菜潜叶蝇、甜菜夜蛾等
茄科 Solanaceae	马铃薯、番茄、茄子、辣椒、枸杞、酸浆	马铃薯瓢虫、棉红蜘蛛、烟青虫、棉铃虫、马铃薯块茎蛾、蚜虫等
温室及保护地栽培各种蔬菜		红蜘蛛、温室白粉虱、蚜虫、蓟马等
多科多种蔬菜		蝼蛄、蛴螬、地老虎、金针虫、地蛆等地下害虫

9.1　菜　蚜

菜蚜是十字花科蔬菜蚜虫的统称，包括桃蚜(又名烟蚜)[*Myzus persicae* (Sulzer)]、萝卜蚜(又名菜缢管蚜)[*Lipaphis erysimi* (Kaltenbach)]和甘蓝蚜(*Brevicoryne brassicae* L.)，均属半翅目蚜科。其中，桃蚜是为害蔬菜和果树最重要的蚜虫，萝卜蚜和甘蓝蚜是取食十字花科蔬菜的专性害虫。此外，如瓜蚜(棉蚜)可为害葫芦科的瓜类，苜蓿蚜可为害豆类。本章主要介绍上述3种十字花科蔬菜上的蚜虫。

桃蚜、萝卜蚜和甘蓝蚜均为世界性害虫，其中以桃蚜分布最广，遍及国内外。菜缢管蚜分布也很广，国内除新疆、西藏、青海不详外，其他各地均有发生。甘蓝蚜在我国新疆为优势种，陕西、宁夏及东北中、北部(沈阳以北)也有发生。

3 种蚜虫的寄主复杂，共同寄主很多。菜缢管蚜寄主有 30 种左右，甘蓝蚜寄主 50 多种，二者都是以十字花科为主的寡食性害虫。菜缢管蚜喜食叶面毛多而蜡质较少的蔬菜，如白菜、萝卜等。甘蓝蚜偏嗜叶面光滑蜡质较多的蔬菜如甘蓝、花椰菜等。桃蚜寄主已知有 352 种，是多食性害虫。除为害十字花科外，还可为害茄子、马铃薯、菠菜等，在果树中主要为害桃、李、杏、樱桃等蔷薇科果树，并且是烟草花叶病毒的传播者。

3 种蚜虫的为害分两种情况：一是直接刺吸取食；二是通过传播病毒病而造成间接为害。为害十字花科蔬菜时，以成蚜、若蚜聚集在幼苗、嫩叶、嫩茎及近地面的叶片上，吸食寄主汁液，使菜株严重失水和营养不良、叶面卷曲皱缩、绿色不匀和发黄等，严重时整个外叶塌地枯萎，即所谓"塌帮"，使菜不能包心。春季留种菜受害严重时，大大影响种子的产量和品质。据测定，桃蚜无翅成蚜每 24 h 吸食鲜物重是它本身体重的 7.9 倍。3 种蚜虫能传播多种病毒病害，特别是北方的大白菜、萝卜和南方的青菜、油菜，而且病毒所造成的损失往往大于蚜虫取食为害。菜缢管蚜曾在甘肃为害面积达到 20 万亩左右，被害株率达 90%。在春油菜上大发生时，致使籽粒秕瘦、减产严重。

9.1.1　形态特征

3 种菜蚜可用下列检索表加以区别(其区别特征主要有触角、腹管、额瘤和体色等)：

1. 有发达而向内倾的额瘤，腹管远比触角第 5 节长，有翅蚜腹部背面中央有淡黑色的大斑
 ·· 桃蚜(图 9-1)
 额瘤明显，腹管短，有翅蚜腹部背面无大型色斑 ······························· 2
2. 腹管与触角第 5 节约等长，有翅蚜腹部在腹管后有黑色横带 ·············· 萝卜蚜(图 9-2)
 腹管短小，远比触角第 5 节短，有翅蚜腹部无上述横带(虫体上被许多蜡粉)
 ·· 甘蓝蚜(图 9-3)

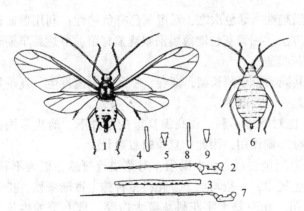

图 9-1　桃蚜(仿洪晓月等)

有翅胎生雌蚜：1. 成虫　2. 触角　3. 触角第 3 节　4. 腹管　5. 尾片
无翅胎生雌蚜：6. 成虫　7. 触角　8. 腹管　9. 尾片

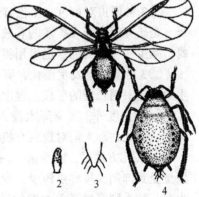

图 9-2　萝卜蚜(仿华南农学院)

有翅胎生雌蚜：1. 成虫　2. 腹管　3. 尾片
无翅胎生雌蚜：4. 成虫

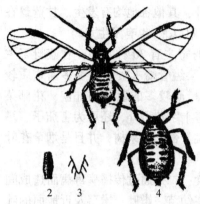

图 9-3　甘蓝蚜(仿华南农学院)
有翅胎生雌蚜：1. 成虫　2. 腹管　3. 尾片
无翅胎生雌蚜：4. 成虫

9.1.2　生活史及习性

3 种蚜虫的为害方式相似，但它们的食性，全年发生的过程等生物学特性有较大的差异。

(1) 萝卜蚜

一年发生的代数因地区而不同，每年发生15~46 代，在北方一年发生 10~20 多代，在华南可发生 46 代左右。无论在北方或南方均为非全周型（留守型），终年生活在同一种或近缘寄主植物上，没有木本寄主(第一寄主)和草本寄主间转换现象。在南方可全年孤雌胎生，连续繁殖；在北方可在秋白菜上产卵越冬。此虫喜低温、干旱，所以在甘肃中部地区春末夏初季节常年发生。

(2) 甘蓝蚜

在北纬 42°~43° 之间，一年可发生 8~21 代。在新疆北部产卵越冬，越冬卵主要产在晚甘蓝上，其次是产在球茎甘蓝、冬萝卜和冬白菜上。在很温暖的地区也可进行孤雌胎生繁殖，而不产卵越冬。因此，甘蓝蚜也是非全周期性的(留守型)。

(3) 桃蚜

在菜区，桃蚜存在着生理分化现象，一部分为非全周期的，另一部分为全周期的。前者只发生在菜上，冬季不在桃树上产卵，而在菜心里产卵越冬，也可以无翅胎生雌蚜在菜心中越冬。在温室内终年可在蔬菜上胎生繁殖，不进行越冬。后者(全周期)可产卵在桃树的芽腋，小分枝或枝条的裂缝里越冬，次年 3~4 月孵化，繁殖几代后，迁飞到蔬菜上为害。因而，春季十字花科蔬菜上虫源有两个。据研究，菜上的桃蚜不为害烟草；桃蚜的有性世代只能在桃树上发生。

9.1.3　3 种蚜虫的其他习性

①3 种蚜虫对黄色、橙色有强趋性，绿色次之，对银灰色有负趋性；利用黄皿诱蚜，是研究蚜虫迁飞扩散的有效方法。用银灰色塑薄膜网眼遮盖育苗，可达到早期避蚜，减少病害的目的。也可用银灰膜避蚜。

②3 种蚜虫的发生消长，有共同的季节消长型，即春、秋两季大量发生，夏季发生少。这一消长型的形成，温度是一个重要因子。

③除温度外，夏季降水量大也对蚜虫不利，在高温高湿的条件下，蚜虫常因菌类寄生而死亡。大雨对蚜虫有机械冲刷作用，因此，夏季蚜虫数量少。

④在北方地区，春季由于白菜削梢脱帮，萝卜削顶，对菜缢管蚜越冬极为不利，虫量受到抑制，早春虫源少，发生轻微，一般均从十字花科留种株上逐渐繁殖，扩大为害。秋季则经过夏季过度的繁殖，秋季是十字花科蔬菜大白菜、萝卜等的生长季节，食料充足，发生为害远比春季严重。

⑤由于地区不同、年份不同、蔬菜的换茬方式不同，因而不同地区不同年份蔬

菜上发生蚜虫的种类组成和发生经过，因寄主情况不同而异，须要具体问题具体分析，不可一概而论。例如，新疆为甘蓝蚜和桃蚜，陕西则3种蚜都有。

⑥3种蚜虫均可传播十字花科病毒病，如北方大白菜的孤丁病，南方青菜病毒病和榨菜缩叶病等，主要的病原是芜菁花叶病毒（TPMV）的油菜毒系 Rs 和芜菁毒系 Trs。由于蚜虫传毒快（每头带毒蚜虫，只需在键株上吸食 5min，即可传病），以致在大田内药效防治不易有效。考虑到一般秋菜上的蚜虫均来自夏菜，病毒也随蚜虫从夏菜传到秋菜。因此，为了防病，有必要在夏菜上认真治蚜，有条件的地方应争取夏季不安排十字花科蔬菜种类，以消灭夏季桥梁寄主。控制秋菜上病毒病的发生。

9.1.4　预测预报

定期调查田间虫口密度数量，掌握有翅蚜迁飞期，将蚜虫消灭在发生初期，有翅蚜迁飞之前。

蚜虫的防治指标定法很多，这里介绍北京市以蚜群中有翅若蚜的数量为标志的防治指标。这是因为当环境条件恶化时，蚜虫繁殖力降低，若蚜占蚜群的比例下降之故。

据北京蔬菜研究所在8种蔬菜上系统调查证明，菜缢管蚜若虫占成蚜数量的 8.6%~9.2% 或 8.1%~10.1% 时，过 5~6d 有翅若蚜即出现。桃蚜若蚜占成蚜的数量为 2.2%~2.9% 或 2.0%~3.1% 时，过 4~6d 后，即出现有翅若蚜。在有翅若蚜出现之前，是防治的适期。

进行预测预报时可每 2~3d 调查 1 次。也可利用黄皿诱蚜进行预测，根据有翅蚜的增加，确定迁飞高峰。

9.1.5　防治方法

（1）农业防治

结合定苗、间苗、移栽等农事操作，清除杂草，拔除虫苗。

（2）选育抗虫品种

如白菜的'大青口'，'小青口'，萝卜的'枇杷缨'等都是较抗病虫品种。

（3）物理防治

①黄板诱杀　利用蚜虫对黄色有强烈趋性，可在田间插上一些高 60~80cm、宽 20cm 的黄板，上涂黄油，以粘杀蚜虫。

②银灰膜驱避　菜蚜对银灰色有负趋性，在蔬菜生长季节，可在田间张挂银灰色塑料条，或铺银灰色地膜等，均可减少蚜虫的为害。

（4）生物防治

①保护天敌　蚜虫天敌很多，作用较大的有蚜茧蜂、草蛉、食蚜蝇及多种瓢虫等，要进行保护，使田间天敌数量始终保持在总蚜量的1%以上。

②人工释放天敌　天敌数量不足时，采用人工释放天敌。例如，人工饲养草蛉、瓢虫和草蛉，春季饲养一段之后，释放于田间；夏收前采集麦田瓢虫，释放于菜地。

③施用昆虫病原微生物　蚜虫有蚜霉菌（*Entomophthora aphidius* Hoffman）和虫霉

属真菌(*Empusa* spp.)病，在高温季节，自然寄生率很高，也可用以治蚜。

(5)化学防治

如果仅仅为了减低其数量，一般可在生长前或植株封垄以前喷药，即可基本控制。如果也考虑到防病，则必须将蚜虫消灭在发生初期，并且一定要消灭在有翅蚜迁飞之前，而不要等到迁飞到大田后再治。例如，防治秋白菜病毒病，应将蚜虫消灭在夏菜上，并从春菜开始就注意治蚜。常用的药剂有50%辟蚜雾可湿性粉剂或水分散粒剂2000~3000倍液；10%吡虫啉可湿性粉剂2000~3000倍液；40%康福多水溶剂3000~4000倍液；10%多来宝悬浮剂1500~2000倍液；2.5%保得乳油2000~3000倍液等。

9.2　菜粉蝶

粉蝶类是十字花科蔬菜的主要害虫，属于鳞翅目粉蝶科。我国有5种，其学名和分布如表9-2。

表 9-2　我国蔬菜粉蝶类害虫的主要种类及分布

种　类	国内分布
菜粉蝶(菜青虫)(*Pieris rapae* L.)	各地都有。除广东、台湾外，其他各地发生较重，经常成灾
东方粉蝶(*P. canidia* Sparrman)	偏南。北界为秦岭、开封、青岛一线，西至四川西昌，以广东、福建和四川发生较重
大菜粉蝶(*P. brassicae* L.)	西藏南部，云南、四川、新疆，以此种为害较重
褐脉粉蝶(*P. melete* Menetries)	华北、华中、华东各地
斑粉蝶(*Pontia daplidice* L.)	遍布北方(华北、东北、西北、西藏)，常与菜粉蝶混合发生

这几种粉蝶在不同地区常混合发生，但以菜粉蝶最为严重。也是甘肃省蔬菜上的一大害虫。菜粉蝶的寄主植物达35种，分属于9个科，但主要为害十字花科，如结球甘蓝、球茎甘蓝、小白菜、小萝卜、小油菜等，且偏食厚叶的球茎甘蓝和结球甘蓝。

菜粉蝶以幼虫取食寄主的叶片，造成孔洞或缺刻的被害状。严重时，可将叶子全吃光，只剩下叶柄和叶脉。幼虫为害还能引起(传播)软腐病的侵入和发生，造成更大的损失。甘蓝在苗期受害严重时，则整株死亡，轻则影响包心。如果甘蓝在包心前未注意防治，幼虫钻进叶球里，不但在叶球中暴食菜心，同时，由于腐烂和粪便污染菜心，严重影响包心菜的品质和产量。

9.2.1　形态特征

①成虫　体长12~20mm，翅展45~55mm(图9-4)。头大，额区密被白色及灰黑色长毛。眼大，圆凸，裸出，赭褐色。下唇须较头长，前伸。体灰黑色，腹部密被白

色及黑褐色长毛。前翅长三角形，后翅略呈卵圆形，翅粉白色，鳞粉细密。雌蝶前翅前缘和基部大部分灰黑色，顶角有1个三角形黑斑，在翅的中室外侧有2个黑色圆斑。后翅基部灰黑色，前缘也有1个黑斑，展翅时其前、后翅3个圆斑在一条直线上。雄蝶翅较白，基部黑色部分小，前翅近后缘的圆斑不明显，顶角的三角形黑斑较小。成虫有春型和夏型之分，春型翅面黑斑小或消失；夏型翅面黑斑显著，颜色鲜艳。

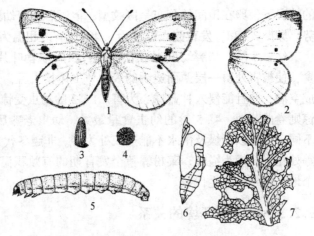

图9-4 菜粉蝶(仿洪晓月等)
1. 雌成虫　2. 雄成虫前后翅　3. 卵侧面观　4. 卵正面观
5. 幼虫　6. 蛹　7. 被害菜叶

②卵　似瓶形，高约0.8mm，直径0.4mm。初产时乳白至淡黄色，后变橙黄色。

③幼虫　共5龄。初孵化的幼虫橙黄色，随后变为浅绿色。

④蛹　长18~21mm，纺锤形，两端尖细，中部膨大且有棱角状突起。蛹色随化蛹地点而异，在叶片化蛹的多呈绿色，其他场所化蛹的为淡褐色、灰褐色、灰黄色等。

9.2.2　生活史及习性

该虫为1年多代的昆虫，我国各地发生的世代数自北向南逐渐增加，发生3~9代。如黑龙江、甘肃1年发生3~4代，长沙、广西发生8~9代。在长沙以南的地区世代数略有减少，因这些地区炎热，不利于该虫生长发育。

菜粉蝶在各地的发生期不同，一年内为害的盛期也因地而异。在南方以春末夏初(4~6月)和秋末冬初(9~11月)两次盛发。而在甘肃夏秋两季发生最重，春季发生较少。菜粉蝶在各地以蛹越冬，且越冬场所分散，大多在秋季为害地附近的墙壁、篱笆、树干、土缝、杂草落叶间越冬。在北方多在环境干燥而阳光不直接照射的环境里，而在南方，多在向阳面，越冬蛹也不隐蔽(无覆盖物)。由于越冬场所分散，环境条件差异大，因而越冬蛹在南北各地羽化时期不同，而羽化期延长，造成世代重叠。

成虫一般在白天活动，夜间、风雨天和阴天则在生长茂密的植物上栖息不活动，并有趋向白色花间栖息的习性。在晴朗无风的天气时，中午活动最盛。经常在蜜源植物与产卵寄主间来回飞翔。卵散产，每雌10粒到百余粒，在田间呈嵌纹型分布。产卵的多少与气候及补充营养有关。从春到夏产卵逐渐增多，盛夏天气太热，产卵又减少。大致以秋季产卵最多。卵散产(停一次，产1粒卵)。夏季多产在寄主叶片背面，寒季多产在叶正面。特别喜欢产卵在十字花科厚叶片的蔬菜，如甘蓝上。主要因为这类作物含有较多的芥子油糖甙，可吸引成虫产卵，幼虫取食。在菜地边缘有蜜源植物的情况下，卵在田间的分布呈嵌纹型；但以后随着幼虫的成长，有逐渐趋向均匀的趋势。卵期 3~8d，发育起点温度为 8.4℃，有效积温为 56.4 日·度。

幼虫 5 龄。初孵幼虫先取食卵壳，然后取食叶片。低龄幼虫皆停在叶片背面剥食，使被害处留一层薄而透明的表皮。虫体长大后，开始爬到叶片正面蚕食组织、形成空洞，并且能侵入甘蓝球心为害。1、2 龄幼虫受惊后有吐丝下垂的习性，3 龄后受惊则卷曲落地，4~5 龄的幼虫食量最大。幼虫老熟后化蛹，化蛹的场所和位置各代不同，但均以干燥及雨水不能进入处为多。非越冬代常在老叶背面、植株底部、叶柄等处化蛹，蛹为缢蛹。菜粉蝶整个发育期的有效积温为 423.5 日·度，据此可推测一个地区每年的发生代数。

9.2.3　发生与环境的关系

菜粉蝶种群的消长幅度大小随地区及年份而异，影响变动的主要因子是气温、天敌数量和食料因子。

菜粉蝶适宜于阴凉的气候条件。最适宜的温度为 16~31℃、最适宜降雨量为 7.7~12.5mm/周。而一般的温带气候春秋两季比较接近这个条件，因而发生较重。

菜粉蝶各个虫期的天敌很多，对其种群的消长有一定的作用。卵期的天敌有花蝽、广赤眼蜂。幼虫和蛹的寄生性天敌有粉蝶绒茧蜂、绒茧蜂、寄生蝇（寄生于幼虫体内）。蛹期有 3 种寄生蜂：粉蝶金小蜂、广大腿小蜂、粉蝶黑瘤姬蜂。幼虫和蛹的捕食性天敌有黄蜂、食虫蝽。此外，寄生于幼虫的还包括有细菌、真菌和病毒等。

菜粉蝶主要取食十字花科蔬菜，因此，有无十字花科蔬菜对其发生有密切的关系。一般来说，为害严重的季节，也就是十字花科蔬菜大量栽培的适宜季节。在夏季，十字花科蔬菜栽培少，加之气候炎热，则发生少。

9.2.4　防治方法

(1) 生物防治

① BT 乳剂　1000 倍液，在 25℃时防治效果较好，施药 2~3d 后效果可达 85%。还可与其他农药混合。

② 保护天敌　在天敌发生期间，应慎用农药，尤其是广谱性和残效期长的农药。

③ 人工释放天敌　可人工释放粉蝶金小蜂、绒茧蜂。有条件的地方，可用菜青虫颗粒体病毒防治幼虫。

(2) 清洁田园

在每一茬十字花科蔬菜收获后，都要清洁田园，田间甘蓝残株更应及时彻底清理。

(3) 药剂防治

施药适期可根据菜粉蝶幼虫发生期和蔬菜的生育期综合进行考虑，第 1 代以产卵高峰期后 1 周左右、甘蓝包心前为宜。因发生不整齐，一般要用药 2~3 次（这个阶段防治的优点是在 3 龄前，抗药性弱）。但在第 2 代之后，世代重叠现象明显，不易区分。此时，可根据卵、幼虫发生量、气候、天敌发生情况及蔬菜生育期综合考虑，决定防治适期。常用的药剂有：50% DDV 乳剂 1000 倍；90% 敌百虫 1000 倍；50% 马拉硫磷乳油 500~800 倍；25% 亚胺硫磷乳油 400 倍喷雾；50% 辛硫磷乳油 1000~1500 倍，但在白菜上易发生药害，可适当降低浓度使用。50% 杀螟松乳油 1000~2000 倍，在高温天气对十字花科蔬菜幼苗易发生药害，不宜夏季应用。50% 巴丹可湿性粉剂 1000~1500 倍液，效果甚好，但十字花科幼苗易发生药害，残效达 10d。1% 杀灭菊酯—19% 西维因复合胶悬剂 3000~5000 倍液，3d 后防效达 100%。5% 鱼藤精 200~300 倍液。2.5% 敌百虫粉剂，15~17.5kg/hm² 苏脲 1 号，10~20 mg/L 防效也好。施药时，甘蓝、球茎甘蓝因叶面上有蜡层不易展着，可按水量的 0.1% 加入洗衣粉或其他展着剂以提高防效。

9.3　小菜蛾

小菜蛾[*Plutella xylostella* (L.)]属于鳞翅目菜蛾科。源于地中海地区，后随着十字花科植物而遍布全世界，被认为是鳞翅目中分布最广泛的害虫，目前分布于全世界，是世界性的重要害虫。我国各地均有发生，但以南方各地发生较多。甘肃各地亦发生，以陇东、陇南，中部的油菜集中产区为害较重。该害虫从 20 世纪 70 年代开始逐渐上升为蔬菜上的重要害虫。

小菜蛾为寡食性害虫，主要为害十字花科植物。其中以甘蓝、花椰菜、球茎甘蓝、白菜、萝卜、油菜、芥菜受害最重，偶而也可为害番茄、生姜、马铃薯、洋葱和一些观赏植物如紫罗兰、桂竹香及药用植物板蓝根等。

以幼虫为害叶片，初龄幼虫钻入叶片组织，取食叶肉，稍大即啃食叶片的表皮和叶肉，残留一面表皮，形成一透明的斑，俗称"开天窗"。3~4 龄幼虫食叶呈孔洞、缺刻，严重时食叶呈网状，失去食用价值。在蔬菜苗期，常集中心叶为害，影响甘蓝、白菜的包心。还可为害油菜和留种菜的嫩茎、幼荚和籽粒。甘肃天祝、古浪县大发生时，为害油菜的面积逾 9 万亩，田间被害株率达 60%~90%，有的地方 80% 的果荚被吃光。近年来，小菜蛾在全国的发生有不断加重的趋势。尤其在南方，防治若不及时，造成严重减产，甚至翻耕重播。

9.3.1　形态特征

①成虫　体灰褐色，体长 6~7mm，翅展 12~15mm，前后翅细长，缘毛很长，翘起如鸡尾(图 9-5)。前翅前半部有灰褐色，中间有一条黑色波状纹；后翅灰白色，前翅后缘有黄白色三度曲折的波浪纹，两翅合拢时呈 3 个连续的菱形斑纹；停息时，两翅覆盖于体背呈屋脊状。

②卵　扁平，椭圆形，长约 0.5mm，宽约 0.3mm。初产时乳白色，后变浅黄，具光泽，卵壳表面光滑。

③幼虫　共 4 龄，每龄初期均头部为最宽，随着发育体形渐变为纺锤形。末龄幼虫前胸背板上有一个淡褐色无毛的小点组成的"U"字形纹。

④蛹　长 5~8mm，体色有纯绿、灰褐、淡黄绿、粉红和黄白等变化。

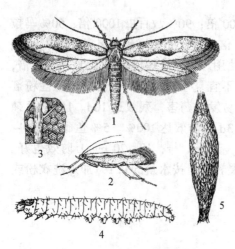

图 9-5　小菜蛾(仿洪晓月等)
1. 成虫　2. 成虫侧面观　3. 菜叶上卵
4. 幼虫　5. 蛹

9.3.2　生活史及习性

小菜蛾的每年发生世代数因地而异，由北向南逐渐递增，发生 2~19 代。如甘肃 3~4 代，江西 7~8 代，台湾 18~19 代。各地世代重叠。小菜蛾在我国西部和北部以蛹越冬，越冬场所多在杂草或枯枝叶下。而在南方则无越冬现象，终年可见各种虫态。据甘肃观察，越冬代成虫大约 4 月中旬出现。

成虫有昼伏夜出习性和趋光习性，白天隐蔽在植物叶片背面，只在受惊扰时，才做短距离飞翔。黄昏开始活动，取食，交尾产卵，而以午夜活动力最强。晚上 19:00~23:00 为上灯高峰期。成虫的产卵部位和寄主有选择性。选择含异硫氰酸脂类化合物的植物产卵，卵多产在寄主叶片背面靠近叶脉有凹陷的地方。因而，产卵受化学因素和表面物理结构的影响。卵散产或聚集成块(3~5 粒)，但散产者居多。成虫寿命长，产卵期亦长，特别是越冬代，甚至可接近或超过下一代卵、幼虫和蛹期的总和，因而造成以后世代严重重叠，防治困难。

幼虫共 4 龄，初孵幼虫即潜入叶组织内，食叶肉，到 1 龄末 2 龄初才从潜道退出，所以 1~2 龄幼虫不易发现。2 龄后多在叶背为害，取食下表皮及叶肉，仅留上表皮，3、4 龄后将主叶片吃成空洞及缺刻，大发生时，一株上能群集数百头，将叶肉及上下表皮一齐吃光，仅留叶脉(网状)。在气温过高或过低时，能钻入菜心叶球或近地面的叶片背面。幼虫对食料的质量要求很低，在黄叶残株上也能完成发育，故清除十字花科的残枝落叶是小菜蛾综合防治的重要环节。幼虫受惊扰时，可以强烈扭动，倒退或吐丝下垂(俗称"吊死鬼")。

各龄幼虫蜕皮前吐丝结茧，龄期越高，吐丝越多。幼虫期 12~27d。老熟幼虫化蛹部位大多在原来取食叶的反面或枯叶上，也可在茎、叶柄、叶腋及枯草上化蛹。化蛹前作茧，茧两端开放，以利羽化和蜕皮。

9.3.3　发生条件

小菜蛾在一年中或逐年间都有明显的消长现象，其消长与环境条件关系极大。就全国来说，除新疆是 7~8 月严重发生外，无论南方和北方都是夏季发生少。这主要是由于夏季天敌多、十字花科蔬菜少、气温高、暴雨多，小菜蛾的数量受到抑制。而春秋季十字花科蔬菜栽培面积大，气候适宜，往往发生量大而引起灾害。因此，小菜蛾的发生与下列因子有关。

(1) 雨水

据研究，空气湿度对小菜蛾生长发育的影响并不很显著，但暴雨或雷阵雨多的年份，小菜蛾不易顺利通过它的各个发育阶段(暴雨冲刷卵、幼虫，初孵幼虫和从隧道里钻出的幼虫对水滴十分敏感），发生较轻。反之，干旱的年份可能发生较重。

（2）温度

小菜蛾的发育起点温度在6~8℃之间，在10~14℃范围内可以生存、繁殖，成虫的临界高温为42℃，在0~10℃下可存活数月。卵、幼虫、蛹的发育临界高温在35℃左右，在0℃卵能耐2周，幼虫能耐42d（抗寒力强），0℃对初蛹几乎无影响，刚羽化的蛹抵抗力较弱。小菜蛾的发育最适温度20~30℃，因此，春秋两季的气温对小菜蛾适合，在这两个季节发生严重。

（3）蔬菜的栽培制度和管理措施

这是影响小菜蛾能否大发生的生态条件之一。如果越冬，越夏虫口基数大，加之十字花科蔬菜栽培面积大、品种单一、管理粗放，小菜蛾就可能大发生。十字花科蔬菜的复种指数高也易导致严重发生。

（4）天敌

小菜蛾天敌很多，国外记载有100多种。我国已查明10多种，其中捕食性的天敌有蜘蛛、草蛉、蛙类。重要的寄生性天敌有菜蛾绒茧蜂和菜蛾啮小蜂（都寄生于幼虫），自然寄生蜂很多。此外，菜蛾颗粒体病毒寄生于幼虫，对其种群数量均有一定的抑制作用。

9.3.4 防治方法

（1）农业防治

①合理布局，调整种植结构，轮作倒茬。

②甘蓝或其他蔬菜收获后，随即深耕，及时处理残株落叶，铲除田边杂草。

③秋季对农田进行秋耕，有条件的地方对农田进行冬浇。

（2）物理防治

①利用小菜蛾成虫具有趋光性的特点，在菜田中安装黑光灯、频震式杀虫灯诱杀成虫。每5~10亩菜田安装1盏黑光灯或频震式杀虫灯。要注意每日清理灯内诱杀的小菜蛾成虫。

②应用20~22目防虫网覆盖整个菜田，可有效防止小菜蛾为害。

（3）生物防治

①利用小菜蛾成虫具有趋化性的特点，在菜田中安装使用性诱剂诱杀成虫，每亩菜田安装性诱盆5~7个。

②选用高效低毒生物农药喷雾防治，如使用苏云金杆菌（Bt菌剂）750倍液喷雾，可使小菜蛾幼虫大量感病死亡。

（4）化学防治

阿维菌素乳油1000~3000倍液；氯氰菊酯1000~3000倍液；2.5%功夫1000~3000倍液；3%万福星1000~3000倍液；5%抑太保1000~2000倍液；5%卡死克1000~2000倍液；25%灭幼脲悬浮剂700倍液；25%毒死蜱1000倍液；24%万灵1000倍液等，喷雾。

9.4　甘蓝夜蛾

甘蓝叶蛾[*Mamestra brassicae*（L.）]属鳞翅目夜蛾科。别名甘蓝夜盗虫，俗称弓弓虫。该虫广泛分布于亚洲、非洲、欧洲及北美洲，在亚洲从西伯利亚到印度都有。国内各地均有分布。

该虫为多食性害虫。据文献记载，寄主有30科120种植物，包括蔬菜、大田作物、杂草、花卉等。但其中最重要的是甘蓝、白菜、油菜、烟草、苜蓿、菠菜、胡萝卜及豆类。在甜菜生产基地，也严重为害甜菜。

甘蓝夜蛾以幼虫取食蔬菜的叶片、嫩果及嫩荚。严重时，可将叶片食尽，仅留叶脉及叶柄。但可蛀入甘蓝及白菜叶球中蛀食，排泄大量粪便，严重影响蔬菜的品质和产量，并可引起腐烂病。为害马铃薯时，还可以传播病毒病。甜菜被害后，可使产量和糖度降低。

甘蓝夜蛾在大部分地区是一种间歇性大发生的害虫，往往形成局部大发生，短期内造成严重损失。甘肃近年来在兰州、河西等地为害严重。

9.4.1　形态特征

①成虫　灰褐色，体长15~25mm，翅展30~50mm（图9-6）。前翅从前缘向后有许多不规则的黑色曲纹。亚外缘线白色，单条；内横线和亚基线黑色，双重，均为波状。肾状纹和环状纹接近，两者黑线轮廓内都有淡色细环，肾状纹外缘线白色。楔状纹圆大，在环状纹下内方。近翅顶角前缘有3个小白点。后翅灰色，无斑纹。

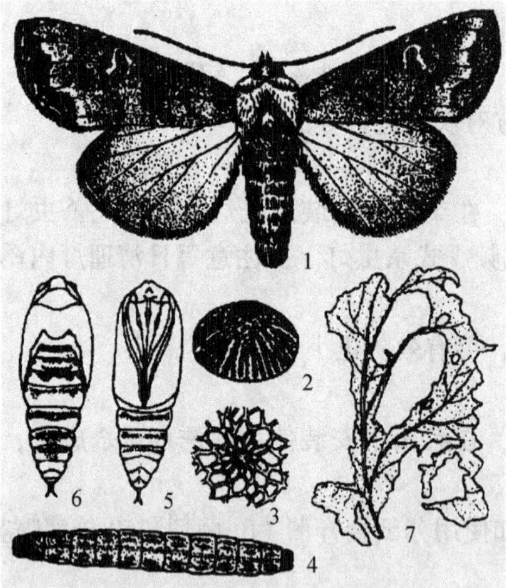

②卵　半球形，底径0.6~0.7mm，上有放射状3序纵棱，棱间有一系列下陷的横带，隔成方块。初产时黄白色，以后中央和四周上部出现褐色斑纹，孵化前成紫黑色。

③幼虫　体长40mm。体色变化大。头黄褐色，体背暗褐色至灰黑色。背线及亚背线灰黄而细，背面有2个马蹄形斑纹，气门线和气门下线形成明显的灰黄色带，直通到臀足上。腹面淡黄褐色。1~2龄幼虫前2对腹足退化。

图9-6　甘蓝叶蛾（仿沈阳农学院）

1. 成虫　2. 卵　3. 卵孔花纹
4. 幼虫　5. 蛹（腹面观）　6. 蛹（背面观）
7. 被害状

9.4.2 生活史及习性

该虫在我国不同地区发生代数不同，每年可发生 2～4 代，一般发生 2 代，甘肃省一年发生 2 代。以蛹在土中越冬，有明显的滞育现象，蛹多分布于寄主作物的大田中，或田边杂草、土埂下越冬。在甘肃主要在胡麻、蚕豆、绿肥和瓜类等作物的地埂6～10cm 深处化蛹。在甘肃的天水、甘谷等地，越冬成虫 9 月中旬至翌年 5 月上旬羽化，因蛾量少，没有明显的发蛾高峰。6～7 月第 1 代幼虫为害蚕豆、胡麻、油菜、甘蓝、白菜等。

成虫昼伏夜出，白天潜伏在菜叶的背面或阴暗处，日落后开始取食活动，并产卵。成虫趋光性弱而趋化性强，黑光灯仅能诱到少数成虫，高含糖量的糖醋诱集液对成虫有一定的引诱力。产卵成块(每块 140～150 粒，一生可产 5～6 块，达 500～800粒)。其产卵对作物的生长情况有一定的选择性，凡植株生长高而且茂密的地块成为集中产卵的场所。成虫的产卵量受温度和蜜源植物影响较大。

幼虫共 6 龄，少数 5 龄，初龄时群集为害，在叶背取食卵壳及叶肉成窗孔状。2、3 龄逐渐分散；4 龄白天潜藏，夜间出来为害，所以又名夜盗虫。但有植株花蜜的情况下，白天不躲藏。6 龄幼虫食量最大，可占整个幼虫期的 80%～90%，为害也最严重。幼虫老熟后，入土吐丝，作一个带土的粗茧，在其中化蛹。入土深度一般在 6～7cm，入土越深，成虫羽化率越低。

9.4.3 发生条件

该虫是一种间歇性的(一年内在春、秋季发生)和局部大发生的害虫，其发生的多少与环境条件有密切关系。

(1)温、湿度

甘蓝夜蛾各个虫期对温、湿度都有严格要求，平均温度在 18～25℃，相对湿度在70%～80% 时对该虫的生长发育最有利。温度低于 15℃ 或高于 30℃，湿度低于68%或者高于85% 均不利于其生长发育。

(2)食物

幼虫多食性，可取食作物、蔬菜等。成虫期需要补充营养，食物对成虫的寿命、产卵量等有影响。成虫发生期有无蜜源植物，可影响下一世代的发生量。在不少地区，越冬代成虫的发生期与十字花科的留种菜和许多果树开花期相吻合，有丰富的蜜源，可能是春季大发生的因素之一。此外，成虫产卵喜选择生长比较高大茂密的植株。故产卵期间田间作物的生长情况对其着卵量有决定作用。

(3)天敌

天敌对甘蓝夜蛾的发生有一定的抑制作用。该虫的天敌比较多，卵期有食卵的草蛉和卵寄生蜂，幼虫和蛹期有寄生蝇、姬蜂、绒茧蜂，以及细菌、真菌、线虫和一些捕食性的步行甲幼虫。据重庆调查，步行虫和寄生菌(*Empusa sp.*)是抑制第 2 代幼虫的主要因素之一。

9.4.4　防治方法

目前，对甘蓝夜蛾仍以药剂防治为主，以农业防治为辅助措施，有条件的地区，可用生物防治方法。

（1）药剂防治

应在幼虫 3 龄前喷药。用 2.5% 敌百虫喷粉或 50% 敌敌畏乳油，90% 晶体敌百虫是 1000 倍液喷雾，效果均可达 100%。2.5% 鱼藤精 500~800 倍液也有效。

（2）农业防治

由于甘蓝夜蛾有在土里化蛹及在茂密杂草中产卵习性，秋末大面积耕翻受害田块，可促进蛹的死亡。清除田间杂草如白藜等可以降低来年第一代虫口密度。

（3）生物防治

注意保护天敌，田间释放赤眼蜂及捕食性草蛉以消灭甘蓝夜蛾的卵。甘蓝夜蛾对苏云金杆菌一般变种不敏感，但可用白僵菌制剂防治。

（4）物理防治

利用糖醋液诱集成虫。

9.5　温室白粉虱

温室白粉虱［*Trialeurodes vaporariorum*（Westwood）］成虫俗称小白蛾，属半翅目粉虱科。已知在 62 个国家和地区都有分布和为害，是世界性的园艺植物的重要害虫。我国于 1948 年和 1963 年在北京郊区温室中发现了该虫。甘肃兰州地区 1976 年始见于花卉上，1979 年在大型玻璃温室内番茄上严重为害。温室白粉虱在保护地栽培和露地栽培上发生严重，目前已成温室蔬菜栽培的重要害虫之一。

温室白粉虱已知寄主范围很广，在北美洲温室白粉虱寄主有 23 目 47 科共 213 种植物，包括多种蔬菜、花卉、粮食作物、牧草、木本植物等。其中主要有黄瓜、菜豆、茄子、番茄、青椒、冬瓜、苦瓜、豆类、莴苣、生菜、油菜、甘蓝、萝卜、芹菜、茴香、大葱、大蒜等。在各种作物混杂的温室中，寄主程度有明显的差异。偏嗜番茄、黄瓜、烟草等。在国内，蔬菜受害最重的为番茄、黄瓜、茄子和豆类等。主要以成虫和若虫群集在叶片背面，以刺吸式口器吸食植物汁液，造成被害叶片退绿变黄、萎蔫，甚至枯死，从而使作物生长受阻。同时，成虫和若虫所分泌的蜜露污染叶面、嫩梢和果实，堵塞气孔，引起霉污菌的寄生，诱发煤污病流行，影响呼吸和同化作用，造成减产并降低蔬菜产品的品质和商品价值。此外，温室白粉虱还可传播某些病毒病。

9.5.1　形态特征

①成虫　体长 0.95~1.4mm（图 9-7）。淡黄白色到白色，雌雄均有翅，全体覆有白色蜡粉。雌成虫休息时两翅合拢平坦，雄虫则稍向上翘成屋脊状。

②卵　长椭圆形，长径 0.2~0.25mm。初产时淡黄色，以后逐渐变为黑褐色。卵

有柄，产于叶背面。

③若虫　长卵圆形，扁平。1 龄体长 0.29mm；2 龄 0.37～0.39mm；3 龄 0.52mm。绿色，半透明，在体表上被有长短不齐的丝状突起。

④拟蛹（或伪蛹）　实指 4 龄若虫末期，长径 0.7～0.8mm，椭圆形，乳白至黄褐色，背面通常生有 11 对长短不齐的蜡质丝状突起。

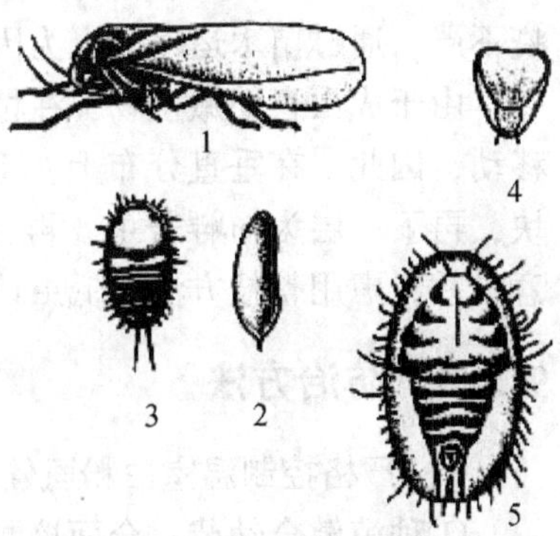

图 9-7　温室白粉虱（仿洪晓月等）
1. 成虫　2. 卵　3. 若虫
4. 腹部末端　5. 伪蛹

9.5.2　生活史及习性

温室白粉虱在温室内一年发生 10 余代。在加温温室和保护地栽培时，白粉虱各虫态均可安全越冬。但在自然条件下不同地区越冬虫态不完全一样，一般以卵或成虫在杂草上越冬，有的地方以卵、老熟若虫及伪蛹越冬。越冬场所主要在绿色植物上，但也有少数可以在残枝落叶上越冬。

在北京地区，以各种虫态在温室蔬菜上越冬并持续为害。次年从越冬场所向阳畦和露地上逐渐转移扩散。开始时，种群增长缓慢。7～8 月虫口增长快，8～9 月为害严重，10 中旬后气温下降，数量减少，逐渐向温室转移。一般春季大棚内的数量比秋季大棚多。露地栽培上的数量比春秋大棚内多。距温室较近的比距温室较远的数量少。

此外，由于蔬菜、花卉规模化商品育苗产业的发展，增加了该虫随现代交通工具，异地、远距离传播的概率。

成虫比较喜欢幼嫩植物，栖息在寄主叶背，有强烈的集中性（群居性）。一般不向远处迁飞或移动。但在整枝，收获等农事操作活动过程中，受惊扰时可引起扩散。成虫对黄色有较强的趋性。成虫羽化后短期即交尾，一生可交尾数次，雌虫羽化 1～3d 即可产卵。卵排列成环状或散产。卵有柄，柄长 0.02mm，产卵后卵柄插入叶背。雌成虫寿命 30～40d，每雌可产卵 28～53 粒。雌虫在生殖时一般有性生殖可产生雌虫，孤雌生殖均产雄虫。但是在国外，也有进行产雌孤雌生殖的报道。

温室白粉虱在温室 20～25℃ 条件下，卵期 6～8d；幼虫 3 龄，8～9d 左右。温室在 24℃ 时，卵至成虫羽化约为 20d。该虫发育时期，成虫的寿命、产卵数量等均受温室控制。而在加温温室室内，只要温度达到发育温度，各虫态均可发育，但抗寒力弱。发育起点温度为 7.2℃，成虫活动最适温度 25～30℃，温度高于 40.5℃ 时，成虫活动能力下降，所以考虑控制温度或大棚环境条件来压低虫口密度。

温室白粉虱初孵若虫在孵化后数小时到 3d 左右可以回旋活动，也可迁居其他叶片或植株上，直到找到合适的取食场所定居下来为止。1 龄若虫蜕皮后，足和触角退化，不再活动。4 龄若虫一般称"蛹"。蛹期约 6d，然后在蛹壳上破裂成"T"字形羽化出成虫，羽化多在清晨。

温室白粉虱在田间点片发生，扩散缓慢。早春温室和大棚内发生的温室白发虱来源可能有：早期移苗或定植时把带虫的幼苗带进温室或大棚内；原来就在温室或大棚内杂草或其他植物上过冬的虫源；在温室或大棚周围寄主植物上过冬的虫源；由于检疫不严，通过苗木运输等人为因素扩大传播区域。

由于成虫喜幼嫩植物，在植株上部叶片活动，随着植物株生长新叶，成虫也向上移动，因此，在垂直分布上，上部叶片一般为新产下的卵块，下一层为快孵化的卵块，再下一层为初孵若虫，再往下往往是伪蛹和刚羽化的成虫。因此，用药时要注意，并考虑用整枝方法降低虫口数量。

9.5.3　防治方法

(1)严格控制温室白粉虱侵入保护地

①种植健全幼苗，全面控制其发展。

②保护栽培地内外，作物收获后，要清除落叶残株，及时除草，以消灭虫源。

③注意不要把带虫的植株带进保护栽培地。

④注意搞好田间卫生，整枝剪下的腋芽、叶、残枝等，一定要带出室外，及时除草，以消灭虫源。

⑤在温室内安置窗纱，以防粉虱传入。

(2)加强检疫措施

严格检查调拨的幼苗植株，防止其分布区域继续扩大。

(3)黄板诱杀

成虫基数大时，利用黄色板(16cm×17cm)诱杀。每隔16～30株作物放一块，板与作物同高，涂10号机油。据试验，以黄色、橙色、赤橙色诱虫数量最多，每块每天可诱到成虫600头以上。

(4)生物防治

我国已报道的温室白粉虱天敌约有50种。其中，寄生蜂16种，优势种为丽蚜小蜂(*Encarsia formosa*)、中华草蛉(*Chrysopa sinica*)等，可通过人工释放防治温室白粉虱。

(5)药剂防治

温室白粉虱体表覆有一层蜡质，抗药力较强，不同药剂对卵、若虫、成虫效果不同。一般在初见时用药效果较好，尤其应掌握在"点片"发生阶段进行防治。国外对温室白粉虱的许可密度，随作物种类及栽培环境而不同。以上部叶片每片叶许可虫数为标准，番茄10头(此时果实的污染率为3%)，黄瓜为50～60头，在此限度之下可以不防治。

对成虫效果较好药剂有：2.5%溴氰菊酯300倍液；20%速灭菊酯300倍液；80%DDV1000倍液；烷基苯磺酸钠1000倍液；脂肪醇硫酸钠1000倍液；50%马拉硫磷1000倍液；40%二嗪农乳油1000倍液。其中，溴氰菊酯、速灭菊酯对卵、若虫效果也好。还可利用在温室内熏蒸法防治温室白粉虱。

冬季在温室内可以使用敌敌畏乳油或敌敌畏乳油加硫磺粉烟雾熏蒸以杀死成虫。用量为每亩80%敌敌畏乳油400～600g。熏蒸后再用40%乐果乳油1000倍液喷雾，效果很好。

夏季在温室作物收获之后，利用换茬时间间隙采用500倍液高浓度的敌敌畏熏蒸处理，把温室密闭加温。温室内的残株落叶要在熏杀后集中烧毁，把其消灭在温室内，防止扩散到露地为害。

9.6　烟粉虱

　　烟粉虱[*Bemisia tabaci*（Gennnadius）]又称甘薯粉虱、棉粉虱、一品红粉虱等，属半翅目粉虱科，是一种多食性的世界性害虫。在我国分布广泛，包括吉林、河北、北京、天津、甘肃、新疆、宁夏、山西、河南、湖北、山东、安徽、江苏、浙江、上海、江西、福建、台湾、海南、广东、广西、云南、四川、贵州等。

　　烟粉虱寄主植物广泛，包括74科600多种。主要为害茄科、葫芦科、豆科、十字花科、菊科和大戟科的蔬菜、果树、园林植物以及经济作物等。自20世纪90年代中后期以来，随着B型烟粉虱传入我国，该虫逐渐上升为园林植物、蔬菜、棉花等经济作物的重要害虫，并在一些地区暴发成灾，对我国农业生产构成了严重威胁。

　　烟粉虱为害时刺吸植物汁液，造成植株衰弱，叶菜类表现为叶片萎缩、黄化、枯萎；果菜类，如番茄表现为果实不均匀成熟；为害棉花时，叶片正面出现褪色斑，虫口密度高时有成片黄斑出现，严重时会导致蕾、铃脱落，影响棉花产量和纤维品质。同时，烟粉虱若虫和成虫还可分泌蜜露，诱发煤污病的产生，严重影响光合作用；另外，烟粉虱可在30多种植物上传播70多种植物病毒病，造成间接为害。在世界范围内的多种农作物和观赏植物上造成严重为害，已成为一种世界性的大害虫。

9.6.1　形态特征

　　①成虫　体长雄0.85mm，雌0.91mm左右，淡黄白至白色，触角7节，复眼黑红色，分上下两部分（图9-8）。翅被白色蜡粉，无斑点，前翅纵脉2条，一长一短，后翅1条，前翅较长的一条脉不分叉，停息时左右翅在体上合拢呈屋脊状，通常两翅中间可见到黄色的腹部。跗节有2爪，中垫狭长如叶片。雌虫尾端尖形，雄虫呈钳形。

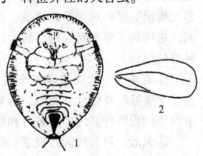

图9-8　烟粉虱（仿吴杏霞等）
1. 伪蛹　2. 成虫前翅

　　②卵　长约0.2mm。初产时白色或淡黄绿色，后期颜色逐渐加深，孵化前变为琥珀色，有光泽。卵长梨形，顶部尖，端部有一小柄，与叶片垂直附着在叶背面。卵柄除有固定卵的作用外，还有从叶片中吸收水分的功能。

　　③若虫　共4龄。椭圆形，扁平。初孵若虫（1龄）长0.2~0.4mm，淡绿色至浅黄色，稍透明，体周围有蜡质短毛，尾部有2根长刚毛，有足和触角。2龄后足和触角退化至1节，体色逐渐加深至黄色。体长0.4~0.9mm。

　　④伪蛹　长0.6~0.9mm，淡黄白色至橙黄色，眼呈红色。体椭圆而偏平，后方稍收缩，背面显著隆起，边缘薄或自然下垂，无周缘蜡丝；蛹壳的背面有长刚毛1~7对或无（通常在有茸毛的叶片上，蛹壳有背刚毛，边缘呈不规则型；在光滑叶片上，

多数蛹壳无背刚毛，边缘规则）。尾部有 2 根长的刚毛；胸气门口明显下凹，在胸气门和尾气门外有蜡缘饰；在体近末端背面有皿状孔（或称瓶形孔），该孔呈长三角形，孔内有长匙状的舌状突，顶部三角形，有 1 对刚毛，尾沟基部有 5~7 个瘤状突起。

9.6.2　发生与环境的关系

环境因素对烟粉虱种群的发生和为害影响很大，主要包括温度、湿度、光照、降雨和风等。

①温湿度　25~30℃是烟粉虱种群发育、存活和繁殖的最适宜的温度范围。因此，在我国南方，烟粉虱一年内有两个高峰期，即 5 月下旬至 7 月中旬，9 月上旬至 10 月下旬，夏季的高温（>35℃）或冬季的低温（<20℃）不利于烟粉虱的发育和存活。

湿度对烟粉虱的发育速率和子代的性比影响较小。但对成虫的寿命、产卵量、卵孵化率和种群增长影响较大。烟粉虱成虫在低湿的条件下产卵量多，卵的孵化率高。因此，夏、秋连续干旱、高温有利烟粉虱生长发育和繁殖，田间的种群数量大，而且增长快，如果防治不及时，则会暴发成灾。

②光照　光照可以影响烟粉虱的世代存活率、成虫寿命、产卵量和种群增长趋势。光照时间的延长对烟粉虱的存活、发育和繁殖有利，最适宜的光照时间为 14~16h。

③降水和风　较小规模的降雨和轻微的风均有利烟粉虱种群的发生。前者可以增加烟粉虱生境中的湿度，有利卵的孵化，后者可以帮助烟粉虱在一定范围内传播。但大规模的降雨对烟粉虱成虫、若虫和卵都有冲刷作用，而刮风可以将植物的叶片掀起，更增加了雨水对烟粉虱的冲刷作用，所以，在干旱少雨的情况下，有利于烟粉虱种群的增长。

④寄主　尽管烟粉虱的寄主植物范围广泛，但其对寄主有一定的嗜好性。烟粉虱通常嗜好叶片肥大、宽厚、营养丰富的植物种类。因此，某一地区适生寄主增多，有利于烟粉虱种群的生长发育和繁殖，则发生严重。

⑤天敌　目前我国已报道或研究过的烟粉虱寄生性天敌昆虫有 21 种。其中在我国北方，烟粉虱天敌的优势种为丽蚜小蜂（*Encarsia formosa*），而在全世界范围内，烟粉虱的捕食性天敌涉及 9 目 31 科 127 种，我国已知 21 种。其中日本刀角瓢虫（*Sergangium japonicus*）、淡色斧瓢虫（*Axinoscymnus cardilus*）是我国优势种捕食性天敌；除此之外，还有一些病原微生物，如球孢白僵菌（*Beauveria bassiana*）、蜡蚧轮枝菌（*Verticillum lecanii*）等，均对烟粉虱的种群消长起着重要的自然控制作用。

9.6.3　虫情调查和预报

(1) 虫情调查

①系统调查　在烟粉虱发生期内，选择当地有代表性的 2~3 种大棚蔬菜和露地蔬菜田各 3 块（棚）。其中，越冬大棚从 3 月上旬开始、露地作物从 5 月上旬开始，每 5~10d 调查 1 次烟粉虱成虫数量，观察成虫消长动态。调查时，以棋盘式或 Z 字形取样，每块田调查 5~10 点（视叶片大小，虫大小而定），每点查上、中、下部叶片各 1

片，共查 15~30 片叶。同时，将所查成虫的叶片摘下带回室内，在解剖镜下调查卵、若虫和伪蛹。

②大田普查　在成虫发生盛期进行普查。主要以成虫调查为主。成虫普查方法同系统调查。每次调查每种作物不少于 10~20 块（棚）。有条件的可以取部分作物叶片样本带回室内，镜检卵和若虫（伪蛹）数。

（2）虫情预测

①发生期预测　根据虫量消长情况，采用期距法和历期法预测下代烟粉虱的发生期。

②发生量预测　根据田间虫量情况，结合天气条件、作物长势及天敌情况，参考历史资料，做出发生程度预测。通常采用为害程度分级标准为：1 级：单叶虫量小于 10 头；2 级：单叶虫量 10~30 头；3 级：单叶虫量 30~50 头；4 级：单叶虫量大于 50 头。

9.6.4　防治方法

（1）农业防治

①培育无虫苗　严格执行育苗管理，把好育苗关为烟粉虱的防治奠定基础。

②轮作倒茬　尽量避免混栽，调整好茬口。烟粉虱嗜食茄子、番茄、黄瓜、豆类等作物，所以上茬种植黄瓜、番茄、菜豆等蔬菜后，下茬应安排芹菜、菠菜、韭菜等茬口。同时，在一些烟粉虱发生为害重的大棚或日光温室，可改种烟粉虱不喜好的耐寒性越冬蔬菜，如芹菜、生菜、韭菜或大（苔）蒜、洋葱等。

③田园清洁　温室大棚在定植前要彻底清除前茬作物的茬、叶、残株，铲除杂草，运出室外处理，以减少前茬残留烟粉虱。在受烟粉虱为害严重的番茄、茄子、大豆、瓜类、棉花等作物收获后，要彻底清除残枝、落叶；对发生区附近的田边、沟边、路边杂草，特别是杂草要作为重点清除对象，以减少烟粉虱的适生寄主。

④及时摘除老叶并烧毁　因老龄若虫多分布在下部叶片，在茄果类蔬菜整枝打权时摘除部分枯黄老叶，携出室外深埋或烧毁，以压低烟粉虱的种群数量，减轻其为害。

（2）物理防治

①高、低温处理　在烟粉虱发生为害严重的温室大棚，利用 12 月至 1 月上旬寒冷冬天把温室短期敞开和春季温度还未完全回升时揭棚，可有效控制烟粉虱的越冬基数，控制为害。在春季大棚蔬菜收获后，采用高温闷棚，将棚内残留的烟粉虱杀死，减少传到露地作物上的虫量。高温闷棚还可以起到对许多蔬菜病害，特别是土传病害的消毒处理。

②诱杀　在温室大棚内设置黄板可诱杀成虫，减少卵基数，对温室大棚内的烟粉虱具有一定的控制作用。黄板是用 1m×0.17m 的纤维板或硬纸板制作，涂成橙黄色，再涂一层机油（可使用 10 号机油加少许黄油调匀），按每 20m² 放 1 块，置于行间，高度与植株相同，一般 7~10d 需重涂油 1 次。也可购置商品黄板直接使用。

(3) 化学防治

①施药原则　烟粉虱体被蜡质，对化学农药有一定耐性，且卵、若虫、伪蛹和成虫常同时在同一植株上，很难找到一种药能同时防治各种虫态。因此，在药剂防治时要选择多种无公害农药配合使用。烟粉虱繁殖力强，田间世代和虫态重叠复杂，因此，在烟粉虱大发生时，要每隔3~5d喷药1次，连续用药2~3次。

烟粉虱主要在叶背活动和取食，因此，施药时要注意对叶背喷药，才能取得好的防治效果。应选择在早上和傍晚施药，避免在晴天中午喷药。

烟粉虱可短距离飞翔或随风迁移扩散，因此，大发生时，有条件的地区要尽可能实行统防统治，这样可以达到较好的防治效果。

②药剂防治关键时期　在冬季白光温室或保暖大棚盖棚时以及来年春季(4~5月)日光温室或保暖大棚揭棚前，进行1次药剂处理。盖棚时的防治，可压低大棚内烟粉虱虫口密度，减轻其为害；而春季揭棚前的防治，可减少烟粉虱扩散到露地作物上的数量。

由于烟粉虱飞行能力较弱，在食料丰富的地区，成虫主要在寄主植物周围5~10cm范围内取食、活动。但由于烟粉虱发生往往会形成明显的核心区和扩散区。因此，露地防治的关键时期要选在作物虫口密度较低时或形成发生核心区时用药。

③温室大棚熏蒸　可采用烟雾剂熏蒸压低虫口，即温室大棚每平方米用80%敌敌畏0.35mL、2.5%敌杀死0.05mL与消抗液0.025mL混合，在密闭棚室的地面上，用两块砖撑一凹形铁皮，下面放上点燃的蜡烛，倒入定量配制的药液. 每666.7m²设4~5个点，使药液蒸发熏蒸棚室；也可用商品化的敌敌畏烟雾剂或105异丙威烟剂750g/hm²，成虫防效可达90%以上。

④喷雾　用背负式机动喷雾器的烟雾发生器，把农药油剂雾化成直径0.5mm雾滴，可长时间在无气流活动的空间悬浮，有利防治接触隐蔽在叶背面或飞翔的害虫。喷雾时可选择20%吡虫啉乳油，25%噻嗪酮乳油，1.2%苦参碱烟碱乳油，25%阿克泰水分散粒剂，0.3%印楝素乳油等。

9.7　美洲斑潜蝇

美洲斑潜蝇(*Kiriomyza sativae* Blanchard)是一种为害多种蔬菜和观赏植物的检疫性害虫，属双翅目潜蝇科。原产于南美洲，20世纪七八十年代传入太平洋部分岛屿，90年代在阿拉伯半岛南部、非洲、亚洲部分国家和地区发现。1993年，首次在海南省三亚市蔬菜上发现，截至1994年年底，已有海南、广东、广西、福建、江西、四川等6省发现该虫。目前，已广泛分布于我国的29个省份，国外分布于五大洲的43个国家和地区，其中以南、北美洲分布较普遍。

美洲斑潜蝇是一种多食性害虫。据广州初步调查，其寄主植物有9科38种，但主要为害蔬菜类作物，以葫芦科、茄科、豆科及十字花科作物受害最重。

成虫刺食作物表面的叶肉，在叶片上形成近圆形的凹陷状刻点；幼虫潜食叶肉，形成由细渐粗的弯曲的或缠绕的蛇形状蛀道，蛀道末端略膨大。最后潜道内的虫粪呈断线状排列。一般作物苗期受害轻，在生长中后期受害严重，造成植株叶片枯黄，甚至脱苔，严重影响产量。

9.7.1　形态特征

①成虫　体长1.3~2.3mm，雌虫稍大于雄虫（图9-9）。体色淡灰黑色，小盾片亮黄色，前盾片和盾片亮黑色，内顶鬃着生于黄色区域上。

②卵　大小为0.2~0.3mm×0.10~0.15mm，近椭圆形，乳白色稍微半透明。

③幼虫　蛆状，无头，老熟幼虫体长约2mm。初孵时无色透明，渐变为淡黄色，后期为黄色。后气门形似圆锥形，后气门突末端3分叉，其中2个分叉较长，各具一气孔开口。

④蛹　大小为1.3~2.3mm×0.5~0.75mm，椭圆形，腹面稍扁平。颜色变化大，淡橙色到金黄色。

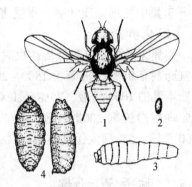

图9-9　美洲斑潜蝇
（仿洪晓月等）
1. 成虫　2. 卵　3. 幼虫　4. 蛹

9.7.2　发生规律

每年发生代数因地而异，且在同一地区发生代数因年份而变化较大。河南新乡每年发生8~14代，河北邯郸15代以上；广州16代左右。据河南新乡调查，自然条件下越冬现象不明显。但可以在温室大棚内越冬。在广州，该虫全年可持续发生，即在冬季，番茄和叶菜类上仍可发现其各虫态，只是虫口密度较低。在自然种群中，该虫存在着明显的世代重叠现象。在我国北方地区，一年中有2个比较明显的为害高峰：一是5月左右在保护地形成第1个高峰；二是9月左右在露地形成第2个高峰。在南方，6月下旬到9月是主要的为害时期。

室内饲养表明，25~32℃为最适温度，在此温度下，美洲斑潜蝇完成1个世代需13~18d，其中卵期1~2d，幼虫期4~5d，蛹期6~8d，成虫羽化后经2~3d交配产卵。自然条件下，卵期4~5d，幼虫期5~9d，蛹期7~8d，成虫寿命6~7d。卵产于叶片上、下表皮之间，透过上表皮可见淡白色近圆形的卵粒，使叶表面呈球状微隆起。卵孵化后，幼虫立即潜食叶肉。

另外，温湿度和寄主种类与美洲斑潜蝇的发生密切相关。温度低于20℃或超过34℃，长时间无雨或中、大雨频繁，其发生均受明显影响。瓜类、豆类、茄类蔬菜是美洲斑潜蝇的嗜食寄主，其中丝瓜、豆角和番茄受害尤重。一种绿色寄生小蜂（初步鉴定为绿姬蜂属种类）在河南新乡10月最高寄生率达52%。

9.7.3　防治方法

(1)农业防治

①蔬菜种类合理布局　不同蔬菜种类插花种植，特别是不宜将其嗜食的蔬菜种类大片连作。

②适当疏植　改善田间通风透光条件，减少枝叶隐蔽度，造成不利该虫生长发育的环境。

③集中处理老残叶蔓　将受害寄主的残叶集中堆沤，深埋处理，可减少虫源。

(2)化学防治

美洲斑潜蝇成虫和低龄幼虫对药剂非常敏感，适时用药可收到良好的防治效果。适宜药剂有98%巴丹原粉1500~2000倍，1.8%爱福丁乳油3000~4000倍液，48%乐斯本乳油1000倍液，25%杀虫双水剂500倍液，98%杀虫单可溶性粉剂800倍液，50%蝇蛆净粉剂2000倍液，40%绿菜保乳油1000~1500倍液，1.5%阿巴丁乳油3000倍液，5%抑太保乳油2000倍液等。

9.8　豌豆潜叶蝇

豌豆潜叶蝇(*Phytowyza horticola* Goureau)也称油菜潜叶蝇，属双翅目潜叶蝇科。国外主要分布于日本、欧洲、北美。国内除西藏尚无报道外，其他各地均有发生，主要发生于西北、华北、广西、台湾等地。甘肃省的陇东、陇南、中部地区及武威、酒泉、敦煌等地均有发生。该虫食性复杂，为害十字花科、豆科等21个科100多种植物，主要为害豌豆、油菜、白菜、萝卜、甘蓝、蚕豆、芥菜等植物，尤其以豌豆、油菜受害最重。以幼虫潜入寄主叶片表皮下，潜食叶肉，曲折穿行，造成不规则的灰白色线状隧道。严重时，一张叶片常寄生几头至几十头幼虫，叶肉全被吃光，仅剩两层表皮。幼虫还能潜食嫩荚和花枝，此外，成虫还可吸食植物汁液，使被吸处呈小白点。

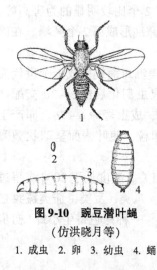

图 9-10　豌豆潜叶蝇
(仿洪晓月等)
1. 成虫　2. 卵　3. 幼虫　4. 蛹

9.8.1　形态特征

①成虫　体长2~3mm，翅展5~7mm。头部黄褐色，触角短小，黑色(图9-10)。胸部隆起，背面有4对背中，小质生后缘有小质4根列成环形。前翅半透明白色带有紫色反光，翅的二、三、四室尖端宽度的比列为2:1:2，胸腹部灰黑色。

②卵　灰白色，长椭圆形，长约0.3mm。

③幼虫　老熟时体长2.9~3.5mm，似蛆，初为乳白色，后变黄白色。头小，口钩黑色，前胸和腹部末节的背面各有管状突起的气门1对。

④蛹　椭圆形，长约2mm，初为淡黄色，后变黑褐色。

9.8.2　生活史及习性

1年发生的代数随地区而不同，华北5代，江西12~13代，广东18代。甘肃省估计发生为3~4代。

在北方地区，以蛹在油菜、豌豆等叶组织中越冬；在长江以南，南岭以北则以蛹态越冬为主，少数以幼虫、成虫越冬。在华南温暖地区，冬季可以继续繁殖，无固定虫态越冬。

各地每年以 3 月下旬到 5 月下旬是为害最严重的时期。6~7 月为害轻微，在瓜类和杂草上生活；8 月以后，逐渐转移到萝卜、白菜苗上为害，10~11 月虫口渐增，以后又在油菜上繁殖为害。

成虫白天活动，吸食糖蜜和叶片汁液作补充营养。夜间静伏于隐蔽处，但在气温达 15~20℃的晴天夜晚或微雨之夜仍可爬行飞翔。

成虫产卵在嫩叶上，位置多在叶背边缘。产卵时先以产卵刺破叶背边缘的表皮，然后再产 1 粒卵于刺伤处，产卵处叶面呈灰白色小点。由于雌虫刺破组织不一定都产卵，所以，叶上的产卵斑比实际的产卵数多。

幼虫孵化后，即由叶缘向内取食，取食叶肉，留下上下表皮，造成灰白色弯曲隧道，并随着幼虫长大，隧道盘旋伸展，逐渐加宽。幼虫 3 龄，历期 5~21d。

成虫耐低温而不耐高温，夏季气温 35℃以上就不能存活或以蛹越夏，因此高温是抑制潜叶蝇夏季为害的主要因素，一般以春末夏初为害最重。夏季减轻，南方秋季为害又重。发育的温度为 20℃左右，超过 32℃则难以生存。据甘肃陇西县观察，干旱年份发生较重。1979 年由于旱灾严重，此虫遍及全县油菜、豌豆所有田块，被害均达 100%。天敌有小茧蜂、小蜂等寄生幼虫和蛹。在自然条件下，对其发生有一定的抑制作用。

9.8.3　防治方法

①早春及时清除杂草，摘除油菜老叶，脚叶，可减少虫源。

② 毒糖液诱杀成虫，用 3% 红糖液或红薯、胡萝卜浸出液，加 0.05% 敌百虫制成毒糖液，在田间点喷，以诱杀成虫。

③ 药剂防治　在成虫盛发期及时喷药防治成虫，或在刚出现为害时喷药防治幼虫。每隔 7d 喷 1 次，连续喷 2~3 次。可用的药剂有等 20% 康福多乳油 2000 倍液，1.8% 爱福丁乳油 2000 倍液，40% 绿菜宝乳油 1000~1500 倍液，50% 蝇蛆净粉剂 2000 倍液，5% 抑太保乳油 2000 倍液等。

9.9　黄曲条跳甲

黄曲条跳甲[*Phyllotseta vittata*（Fabr.）]又称黄条跳甲，属鞘翅目叶甲科。我国各地都有发生，以南方各地受害严重。黄曲条跳甲是寡食性，主要取食白菜、萝卜、芥菜、油菜等十字花科蔬菜，也为害番茄、茄子、瓜类及禾谷类植物。成虫、幼虫均能取食，成虫对寄主的为害性大于幼虫。成虫取食叶片，造成细密的小孔，使叶片枯萎，并可取食嫩荚影响结实。幼虫专食地下部分，蛀食根皮成弯曲的虫道，使植株生长不良，影响产量和质量。为害白菜时，还可传播软腐病。

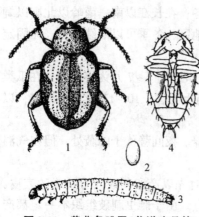

图9-11　黄曲条跳甲(仿洪晓月等)

1. 成虫　2. 卵　3. 幼虫　4. 蛹

9.9.1　形态特征

①成虫　体长1.8~2.4mm(图9-11)。椭圆形，黑色有光泽，前胸背板和鞘翅上密布点刻。鞘翅上的点刻排成纵列，中央有一黄色条纹，条纹外侧中部凹陷较深(驼峰状)，内侧中部平直，后足腿节膨大。

②卵　椭圆形，长约0.3mm，淡黄色。

③幼虫　体长4mm，近圆桶形。头和前胸背板淡褐色，胸，腹部淡黄色。各节有小突起及刺毛，腹部末节的腹面有一乳状突起。

④蛹　椭圆形，长约2mm，乳白色，腹部末端有一叉状突，叉端褐色。

9.9.2　生活史及习性

在各地发生代数不同，每年发生2~8代。华东4~6代，华南7~8代，东北2代。各地世代重叠现象普遍。

在南岭以北地区，以成虫在残株、落叶下，土缝或杂草中越冬，在长江以南至南岭以北地区，越冬时气温转暖后仍可取食活动。在南岭以南地区无越冬现象，冬季各虫态都有，可终年繁殖。

9.9.3　主要习性

成虫善跳跃，高温时还能飞翔，有趋光习性，对黑光灯更敏感。成虫寿命较长，平均达50d，最长可达1年之久；产卵期也很长，可延至30~45d，因此，造成世代重叠，发生期很不整齐。成虫在土下约1cm处的菜根上或者根附近的土粒上产卵，也可在近土表的植株基部咬一小孔产卵。卵必须在湿润的条件下才孵化。成虫产卵量以越冬代最大，可达621粒。第1、2代只有200粒左右。

幼虫共3龄。幼虫孵化后沿须根向主根剥食根的表皮，或者蛀入根内为害。幼虫老熟之后，在土下3~7cm处作土室化蛹。

主要以成虫为害，在东北和华北，以秋季为害较重，在南方则有春、秋季2次为害高峰。

9.9.4　防治方法

(1)农业措施

进行十字花科蔬菜和其他作物轮作，可以减轻为害。清除菜地残株、落叶，勤除杂草，消灭藏在其中的成虫、幼虫，减少虫源。

(2)药剂防治

①在春季越冬成虫开始活动尚未产卵时，为用药适期。以后应抓紧在蔬菜苗期进行

防治，幼苗出土后，发现被害，立即用药。可用的药剂有：90%敌百虫800~1000倍液，50%敌敌畏乳剂800倍液，2.5%敌百虫粉剂每亩2kg左右；50%马拉硫磷乳油800倍液等。喷药时应注意从田边向田内围喷，防止成虫逃逸。

②发现幼虫为害根部，可用80%晶体敌百虫1000~1500倍液或50%敌敌畏乳油1000~1500倍液灌根。

③移栽时，发现根部有幼虫，可用80%晶体敌百虫1000倍液浸根。

9.10　黄足黄守瓜

黄足黄守瓜［*Aulacophora indica*（Gmelin）］属鞘翅目叶甲科。成虫通常称为黄守瓜、瓜守、瓜叶虫等，幼虫通称水蛆。分布较为广泛，国外主要分布朝鲜、越南、印度、日本、俄罗斯、斯里兰卡、缅甸、尼泊尔、不丹、泰国、柬埔寨、老挝、菲律宾、马来西亚等。国内除台湾外，全国均有发生。喜温好湿，耐热性强，在长江流域及长江以南为害严重，山东、河北也常形成局部灾害。

成虫、幼虫均可为害。成虫为害瓜叶时常以身体为半径旋转咬食一圈，然后在圈内取食，使叶片残留若干干枯环形或半环形食痕或圆形孔洞。成虫还可为害南瓜等的皮层，咬断瓜苗嫩茎，造成死苗，又能为害花和幼瓜，但以叶片受害最重。幼虫半土生，群集在某些瓜根内及瓜的贴地部分蛀食为害，造成瓜苗干枯骤死，引起瓜的内部腐烂，因此幼虫为害重于成虫。

成虫寄主复杂。主要为害黄瓜、南瓜、西瓜、甜瓜和冬瓜等葫芦科蔬菜，也可为害十字花科、茄科、豆科、芸香科、蔷薇科和桑科等。幼虫只为害瓜类，蛀食后会引起死苗或瓜藤枯萎，类似于枯萎病、青枯病或根腐病，生产上常被误认是病害，使用杀菌剂进行防治，从而错过了防治时期，造成严重损失。

9.10.1　形态特征

①成虫　体近椭圆形，长7.5~9mm，宽3~4mm（图9-12）。雄虫比雌虫略小。体有光泽，呈黄色、橙黄色或橙红色。触角线状，11节，长度约为体长之半。前胸背板近横矩形，宽约为长的2倍，有细小刻点，中间有1条黄沟，沟中段略向后弯入，呈浅"V"形。

②卵　近椭圆形，长0.7~1mm，宽0.6~0.7mm。初产时为鲜黄色，中期时黄色变淡，孵化前呈黄褐色。卵壳表面密布六角形蜂窝状网纹。

③幼虫　共3龄。体细长，圆筒形。初孵幼虫体为乳白色，老熟幼虫黄白色，但头部黑褐色，前胸黄褐色。

④蛹　属裸蛹，近纺锤形。长约9mm，宽

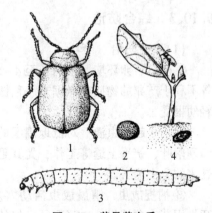

图9-12　黄足黄守瓜

1. 成虫　2. 卵　3. 幼虫　4. 瓜苗被害状

2.5~3.5mm。初期为乳白色或稍带淡黄，羽化前变为黑褐色。

9.10.2　生活史及习性

黄足黄守瓜每年发生代数因地而异。我国北方每年发生 1 代，在江苏、上海、浙江、湖北、湖南和四川等地的发生以 1 代为主，部分 2 代；在福建、广东、海南、广西等地 1 年发生 2~3 代；在台湾 1 年发生 3~4 代，世代重叠。

各地均以成虫越冬，在避风向阳的田埂土缝、杂草落叶或树皮缝隙内群集休眠越冬，无滞育现象。翌年春季温度达 6℃时开始活动，10℃时全部出蛰，瓜苗出土前，先在其他寄主上取食，待瓜苗生出 3~4 片真叶后就转移到瓜苗上为害。各地为害时间江西为 4 月中、下旬(幼虫 5 月中、下旬为害瓜根)；江苏、湖北武汉为 4 月下旬至 5 月上旬；华北约为 5 月中旬。在湖南 1 年 2 代区，越冬代成虫 4 月下旬至 5 月上旬转移到瓜田为害，7 月上旬第 1 代成虫羽化，7 月中、下旬产卵，第 2 代成虫于 10 月进入越冬期。

成虫喜在温暖的晴天活动，一般 10:00~15:00 活动最盛，阴雨天很少活动或不活动，受惊后即飞离逃逸或假死，耐饥力很强，取食期可绝食 10d 而不死亡，有趋黄习性。雌虫交尾后 1~2d 开始产卵，常堆产或散产在靠近寄主根部或瓜下的土壤缝隙中。产卵时对土壤有一定的选择性，最喜产在湿润的壤土中，黏土次之，干燥砂土中不产卵。产卵多少与温湿度有关，20℃以上开始产卵，24℃为产卵盛期，此时，湿度越高，产卵越多，因此，雨后常出现产卵量激增。越冬成虫寿命长，在北方可达 1 年左右，活动期 5~6 个月，但越冬前取食未满 1 个月者，则在越冬期死亡。

卵的历期因温度而异，日平均气温 15℃为 28d，35℃只有 8.5d。幼虫共 3 龄。卵孵化要求相对湿度达 100%。一般在 6~9cm 表土中活动。耐饥力较强，据记载，初龄幼虫能耐 4d，2 龄耐 8d，3 龄耐 11d。幼虫老熟后，大多在根际附近 10cm 作椭圆形土茧化蛹。越近植株，密度越大。幼虫期 19~38d，蛹期 10d 左右。

黏土或壤土由于保水性能好，适于成虫产卵和幼虫生长发育，受害也较砂土为重。连片早播早出土的瓜苗较迟播晚出土的受害重。

9.10.3　综合防治

(1)农业防治

①改造产卵环境　植株长至 4~5 片叶以前，可在植株周围撒施石灰粉、草木灰等不利于产卵的物质或撒锯末、稻糠、谷糠等物，引诱成虫在远离幼根处产卵，以减轻幼根受害。

②消灭越冬虫源　对低地周围的秋冬寄主和场所，在冬季要认真进行铲除杂草、清理落叶、铲平土缝等工作，尤其是背风向阳的地方更应彻底，使瓜地免受遭回暖后迁来的害虫为害。

③捕捉成虫　清晨成虫活动力差，借此机会进行人工捉拿。同时，可利用其假死性用药水盆捕捉，也可取得良好的效果。

④调整种植方式　春季将瓜类秧苗间种在冬作物行间，能减轻为害。合理安排

播种期，以避过越冬成虫为害高峰期。

(2)化学防治

防治黄守瓜首先要抓住成虫期，及时进行防治；防治幼虫掌握在瓜苗初见萎蔫时及早施药，以尽快杀死幼虫。苗期受害影响较成株大，应列为重点防治时期。

①瓜苗生长到4~5片真叶时，视虫情及时施药。可用20%蛾甲灵乳油1500~2000倍液，10%氯氰菊酯1000~1500倍液，10%高效氯氰菊酯5000倍液，80%敌敌喂乳油1000~2000倍液，90%晶体敌百虫1500~2000倍液等。

②幼苗初见萎蔫时，用50%敌敌畏乳油1000倍液或90%晶体敌百虫1000~2000倍液灌根，杀灭根部幼虫。

9.11　蓟马类

为害蔬菜的重要蓟马有花蓟马（*Frankliniella intonsa* Trybom）、烟蓟马（*Thrips tabaci* Lindeman）（别名葱蓟马）、西花蓟马[*Frankliniella occidentalis* (Pergande)]、普通蓟马（*Thrips vulgatissimus* Haliday）等，均属缨翅目蓟马科。

本节主要以烟蓟马为例。烟蓟马又称葱蓟马、棉蓟马、瓜蓟马等，在我国分布广泛，各地都有发生。寄主植物有150余种，主要受害作物有葱、洋葱、大蒜、百合等百合科蔬菜和葫芦科、茄科蔬菜及棉花等。

9.11.1　形态特征

①成虫　烟蓟马成虫体长1.0~1.3mm，淡黄色，背面黑褐色，复眼紫红色（图9-13）。触角7节，第1节色淡，第2节及第6~7节灰褐色，第3~5节淡黄褐色，但4~5节末端色较淡。前胸背板两后角各有1对长鬃。翅淡黄色，上脉鬃4~6根，下脉鬃14~17根。

②卵　肾形，乳白色，长0.3mm。

③若虫　共有4龄，体淡黄色。触角6节，淡灰色，第4节有微毛3排。复眼暗红色。4龄若虫又称伪蛹。

9.11.2　生活史及习性

烟蓟马东北1年3~4代，山东6~10代。越冬虫态各地不同，河北、湖北、江西主要以

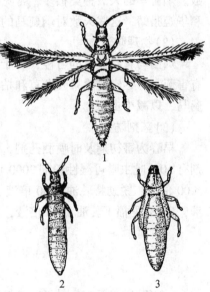

图9-13　烟蓟马（仿华南农业大学）
1. 成虫　2. 若虫　3. 伪蛹

成虫在枯枝落叶及葱、蒜叶鞘内越冬，少数以伪蛹在土表层内越冬；新疆以伪蛹越冬为主；东北以成虫越冬。北方5~6月卵期6~7d；在温室中温度19℃，相对湿度84.5%条件下，卵期8d；1龄及2龄若虫共需10~14d，前蛹期4~7d；完成1代约20d。越冬虫态翌年春季开始活动，在越冬寄主上繁殖一段时间后，迁移到早春作物

及豆科牧草上，一般为害盛期在 6～7 月。成虫飞翔力强，对蓝色有趋性，怕阳光，白天潜叶背面，产卵多在花器中或叶表皮下、叶脉内。

9.11.3　发生与环境的关系

烟蓟马年 1 年发生 10 余代(华北地区 3～4 代，山东 6～10 代，华南 10 代以上)，世代历期 9～23d。在 25～28℃下，卵期 5～7d，若虫期(1～2 龄)6～7d，前蛹期 2d，"蛹期"3～5d，成虫寿命 8～10d。雌虫可行孤雌生殖，每雌平均产卵约 50 粒(21～178 粒)，卵产于叶片组织中。2 龄若虫后期，常转向地下，在表土中经历"前蛹"及"蛹"期。以成虫越冬为主，也有若虫在葱、蒜叶鞘内侧、土块下、土缝内或枯枝落叶中越冬，还有少数以"蛹"在土中越冬。在华南无越冬现象。成虫极活跃，善飞，怕阳光，早、晚或阴天取食强。初孵若虫集中在叶基部为害，稍大即分散。在 25℃和相对湿度 60% 以下时，有利于烟蓟马发生，高温高湿则不利，暴风雨可降低发生数量。一年中以 4～5 月为害最重。

9.11.4　防治方法

(1) 农业防治

冬季彻底清除田间残株、落叶和寄主杂草，减少越冬虫源。注意保护和利用天敌。烟蓟马的天敌种类很多，常见的捕食性天敌有横纹蓟马、宽翅六斑蓟马、小花蝽和华姬猎蝽，这些天敌对烟蓟马的发生有一定的控制作用。

(2) 物理防治

烟蓟马有趋蓝色的习性，可于 5～6 月设置蓝色粘板，捕杀大量的烟蓟马和其他有害蓟马。冬春清除果园杂草和枯树落叶，9～10 月和早春集中消灭在葱蒜上为害的蓟马，以减少虫源。

(3) 药剂防治

早春为害初期及时喷洒药剂，视虫情 7～10d 1 次，连续喷洒 2～3 次。常用的药剂有 10% 吡虫啉可湿性粉剂 2000 倍液，1.8% 齐螨素乳油 3000 倍乳，10% 除尽乳油 2000 倍液，锐劲特乳油 2500 倍液，44% 速凯乳油 1500 倍液，2.5% 保得乳油 2000 倍液，1.8% 爱福丁乳油 3000 倍液，10% 赛波凯乳油 2000 倍液等。

复习思考题

1. 如何识别桃蚜、萝卜蚜和甘蓝蚜?
2. 简述桃蚜、萝卜蚜和甘蓝蚜的主要习性。
3. 根据菜蚜的主要习性，制订其综合防治方案。
4. 根据菜粉蝶的发生规律，制订其综合防治方案。
5. 简述小菜蛾成虫的识别特征和幼虫的为害特点。
6. 根据小菜蛾生活习性和发生规律，制订其综合防治方案。
7. 简述甘蓝夜蛾的发生规律和防治技术。

8. 如何区分温室白粉虱和烟粉虱？
9. 根据温室白粉虱和烟粉虱生活习性，制订其综合防治方案。
10. 美洲斑潜蝇与豌豆潜叶蝇的为害特点和生活习性有何异同？
11. 怎样防治美洲斑潜蝇与豌豆潜叶蝇？
12. 如何识别黄曲条跳甲的成虫？
13. 简述烟蓟马的生活习性和防治技术。

第 *10* 章
果树害虫

我国地跨寒、温、热三个气候带，果树资源丰富，北方盛产苹果、梨、葡萄等，南方盛产柑橘、荔枝、香蕉等。果树种类和品种复杂，害虫种类繁多，据不完全统计，我国苹果害虫达 350 余种，梨树害虫 340 余种，桃害虫 230 余种，柑橘害虫近 400 种，葡萄害虫 130 余种，香蕉害虫近 50 种。按照害虫取食果树的器官及取食方法的不同，将果树害虫划分为食叶类、蛀食类(食心虫类、蛀干类)、刺吸类(包括螨类)及地下害虫等，其中，给果树生产造成较大损失的主要害虫类群有食叶害虫、刺吸类害虫和蛀食类害虫，地下害虫对苗圃为害较重，且在前面章节已介绍，此章不再赘述。

10.1　食叶类害虫

食叶类害虫是果树害虫中种类最多、为害最严重的类群。主要包括鳞翅目卷蛾类、枯叶蛾类、尺蛾类、粉蝶类、刺蛾类、巢蛾类、斑蛾类、毒蛾类、舟蛾类、蓑蛾类、夜蛾类、天蛾类，膜翅目的叶蜂，鞘翅目的叶甲，直翅目的蝗虫等，其中鳞翅目蛾类占大多数。其为害特点是：

①造成叶片缺刻、孔洞，严重时吃光整个叶片，只留下叶脉。受害植株常布满虫粪、残片。有些种类在叶片枝条上留下虫茧、丝幕等，妨碍果树生长。

②不同种类的食叶害虫的为害虫态不同，如鳞翅目和膜翅目主要为幼虫为害，成虫不为害，鞘翅目、直翅目(若)和成虫都为害。

③食叶类害虫多数自由生活，少数卷叶或营巢，因此受自然条件，如气候、食物、天敌等因素影响大。

④部分食叶类害虫产卵量大，具有主动迁移性，易爆发成灾；有些种类为害具有周期性。

本节主要介绍鳞翅目的类群，包括卷叶类和蚕食类。

10.1.1　苹小卷蛾

苹小卷蛾(*Adoxophyes orana* Fisher von Roslerstamm)属鳞翅目小卷蛾科，别名苹小黄卷蛾、棉褐带卷蛾、远东苹小卷蛾、茶小卷叶蛾等。我国分布广泛，遍布果树区。为害苹果、梨、桃、山楂、李、杏、梅、樱桃、枇杷、柑橘、柿、石榴、茶、榆、杨、刺槐、丁香等果树及林木。

(1)形态特征(图 10-1)

①成虫　体长 6～9mm，翅展 15～22mm。体黄褐色，静息时呈钟形。雄蛾前翅具缘褶；前翅具 3 条褐色倾斜条纹，近翅基上窄下宽，后缘 1/3 处弧形；中带自前缘倾斜向后缘分叉伸向臀角，呈"h"形；端带自前缘近 1/4 处斜向外缘中部，上宽下窄。后翅淡褐色。

②卵　淡黄色，椭圆形，半透明。卵壳具六边形或菱形刻纹。孵化前变为黑褐色。数十粒卵排成鱼鳞状卵块。

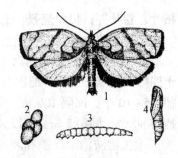

图 10-1　苹小卷蛾(仿师光禄)
1. 成虫　2. 卵　3. 幼虫　4. 蛹

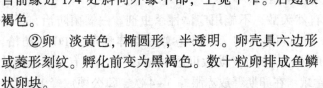

③幼虫　1 龄幼虫头黑色，其余部位淡褐色；老熟幼虫体长 13～18mm，细长，头小淡黄色，低龄幼虫黄绿色。大龄幼虫翠绿色，臀栉 6～8 根刺。

④蛹　体长 9～10mm，黄褐色。腹部第 2～7 节背面每节具 2 排刺突。臀棘 8 根。

(2)生活史与习性

甘肃、宁夏一年 2 代，华北、辽宁 1 年 3～4 代，河南、陕西关中地区 1 年 4 代，长江以南 1 年 5 代。以 2～3 龄幼虫在剪锯口、枝干裂皮缝、枯叶、卷叶等处结白色茧越冬。次年 4 月下旬活动，5 月下旬化蛹；6 月上旬出现越冬代成虫；第 1 代成虫羽化盛期为 8 月上旬，第 2 代在 8 月下旬。第 3 代幼虫为害至 10 月，在树干缝隙内结茧越冬。

幼虫孵化后先潜伏在重叠两叶片间或卷叶缝隙内取食叶肉。低龄幼虫取食叶片、芽、花，爬至新梢嫩叶吐丝卷缀数枚叶片，在内为害，啃食成筛网状。啃食果皮，果实表面形成不规则的坑洼，引起腐烂。幼虫具转移为害习性，振动后吐丝下垂，落地逃逸。成虫多在 9:00～11:00 羽化。白天静伏树冠内隐蔽处，傍晚和黎明交尾、产卵。卵多产于苹果叶片正面，少数产卵于光滑果面上。桃树叶背面产卵较多。每头雌蛾产卵 1～3 卵块，卵粒 20～200 粒。成虫具趋光性和趋化性，对果汁和糖醋液具强趋性。

(3)发生与环境的关系

①气候　越冬幼虫在 7～10℃ 出蛰活动，适宜温度为 18～26℃，相对湿度 >80%；适宜温湿系数 >3，卵孵化率达到 90% 以上；温湿度系数 <2，卵极少孵化或不孵化。干旱少雨，则产卵量少。

②天敌　苹小卷蛾天敌有 50 多种，成虫期有斜纹猫蛛、迷宫漏斗蛛、斑管巢蛛、跳蛛、麻雀等；卵期有拟澳赤眼蜂、松毛虫赤眼蜂、玉米螟赤眼蜂等，9 月的自然寄生率可达 80%；幼虫期和蛹期有寄生蝇、寄生蜂 40 多种，寄生率 53%～75%，其中网皱革腹茧蜂为卵—幼虫寄生蜂，寄生率第 1 代为 41%，第 2 代为 54.5%，第 3 代为 23.4%；黄长距茧蜂寄生率为 12.8%～7.2%；捕食性天敌有蜘蛛、胡蜂、步甲、鸟类等。还有白僵菌、苹小卷蛾颗粒体病毒等，其防治效果均在 80% 以上。

(4)防治技术

①人工防治　早春或秋冬季刮除剪锯口、枝干裂皮缝等粗皮、翘皮等，及时清理

枯叶、卷叶等，集中烧毁，消灭越冬虫源。

②物理防治　设置糖醋盆、黑光灯诱杀成虫，效果较好。

③苹小卷蛾性诱剂诱杀　国内合成性外激素，顺－9－十四烯乙酸酯和顺－11－十四烯乙酸酯按照9:1配比混合，活性最好，可以诱杀成虫和测报；每公顷果园挂诱捕器5~10个，间隔100 m，定期加水、换水，每月换一次诱芯；或每公顷果园挂诱捕器80个，间距5 m，可以大量诱杀雄蛾。

④生物防治　保护和利用自然天敌，不施用广谱性杀虫剂。白僵菌防治，每公顷0.5kg(100亿孢子/g)菌粉，防效可达80%；苹小卷蛾颗粒体病毒(APGV)防治，每公顷2.44~4.44gAPGV病虫尸体粗提制品，防效可达80%~93%，并有持续防治效果；可以利用赤眼蜂防治苹小卷蛾，在卵期释放赤眼蜂3~4次，每公顷放蜂1.8万~2万头，间隔5d放蜂1次，效果可达90%~97%。

⑤化学防治　越冬虫出蛰期及第1代卵孵化期为防治关键期。常用药剂有50%杀螟松1000倍液或95%敌百虫1000倍液，效果较好。常用药剂还有48%乐斯本乳油，25%喹硫磷，50%马拉硫磷乳油1000倍液，2.5%功夫，2.5%敌杀死乳油，20%速灭杀丁乳油3000~3500倍液，10%天王星乳油4000倍液或52.25%农地乐乳油1500倍液等。

10.1.2　山楂粉蝶

山楂粉蝶(*Aporia crataegi* L.)属鳞翅目粉蝶科，俗名树粉蝶、梅白蝶等。该虫在我国北方果树林区分布广泛。食性杂，为害苹果、梨、山楂、桃、杏、李、樱桃、海棠、山定子、山杨、山柳等多种果树和林木。

(1)形态特征(图10-2)

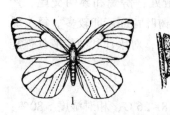

图10-2　山楂粉蝶(仿师光禄)
1. 成虫　2. 卵　3. 幼虫　4. 蛹

①成虫　体长22~25 mm，翅展64~76 mm。体黑色，覆盖灰白色鳞片。雄虫翅白色，翅缘、翅脉黑色，外缘各条翅脉末端具三角形黑斑。雌虫前后翅灰白色，翅脉黑色略带褐色，腹部较为肥大。

②卵　圆柱形，顶端略尖。卵壳表面具14~18条纵脊，纵脊间具横脊。初产时金黄色，逐渐变为淡黄色。常数十枚卵排列在一起成卵块。

③幼虫　老熟幼虫体长38~45 mm。头、前胸背板、胸足、臀板、气门黑色。体背面具3条黑色纵条纹，其间有黄色带。体具稀疏黄白色长毛，生有很多黑点。

④蛹　体长22~27 mm。具黄、黑色两种色型。黑色蛹：体黄白色，头部、附肢、胸背纵脊、腹部腹面黑色；体表具很多黑斑点；头部具黄色瘤突；复眼上缘具一黄斑；约占蛹数的32%。黄色蛹：似黑色蛹，蛹体略小，斑点少而小，约占蛹数的68%。

(2)生活史与习性

1年1代。以3龄幼虫群聚于被寄生枯叶巢穴内越冬，越冬期长达230d左右。次年3月下旬至4月上旬出巢；5月上旬化蛹，蛹期15~20d；4~5月是为害盛期；5月下旬至6月中旬羽化；羽化后产卵，卵期8~13d；6月上旬为孵化盛期。

3龄幼虫群集于树冠，吐丝连缀枯叶成巢越冬，每个巢穴具虫数十头。次年4月，幼虫出巢取食果树嫩芽、叶片、花蕾、花瓣等。白昼为害，夜晚躲藏于巢穴内。老龄幼虫分散为害，可吃光叶片，削弱树势，老熟后在枝干或杂草上化蛹。成虫白天活动，在树干间飞舞。成虫取食花蜜或积水。雌虫产卵200~500粒，中午产卵较多，产卵块于叶背面或叶面，嫩叶多于老叶。每个卵块具卵粒80~90粒。幼虫孵化后群聚于叶面啃食上表皮或叶肉，吐丝将受害叶片连缀成巢。受害叶逐渐枯黄。

(3)发生与环境的关系

①气候　山楂粉蝶羽化需要一定的湿度条件。如果羽化期间气候干旱，则有大量山楂粉蝶由于干旱死于蛹体内。反之，如果羽化期间雨量充足，山楂粉蝶的蛹大量羽化为成虫。夜间和阴雨天潜伏巢穴内。

②地形　成虫多发生在山地果园，山区河谷流水可吸引大批成虫。

③食物　随着乡村产业结构调整和城市现代化建设的加快，海棠、杏、李等果树和丁香、黄刺梅等城市绿化树种面积不断扩大，为山楂粉蝶的发生提供了丰富的食物来源和越冬场所，从而加重了山楂粉蝶的发生和为害。

④天敌　山楂粉蝶的天敌种类较多。卵期寄生性天敌有凤蝶金小蜂、舞毒蛾黑瘤姬蜂；幼虫期寄生性优势天敌有菜粉蝶绒茧蜂(1~3龄幼虫可产卵寄生，2龄幼虫寄生率高，寄生率达28%~50%，每头幼虫可出蜂11~38头)、黄绒茧蜂(寄生率可达70%)、舞毒蛾大腿小蜂(幼虫寄生率达18%)、蝶蛹跳小蜂；捕食性天敌主要有白头小食虫虻、胡蜂、蝎蝽、蜘蛛、步甲等种类。保护和利用这些天敌，可在一定程度上控制山楂粉蝶的为害。此外，山楂粉蝶核型多角体病毒自然感染率为37%~42%。

(4)防治技术

①人工防治　人工摘除卵块、虫苞或蛹，集中烧毁。

②生物防治　保护利用天敌，在菜园采集粉蝶绒茧蜂等释放于果园，每树挂15~20茧；果园四周栽种杨、榆、松等防护林，为寄生蜂提供转寄生昆虫；向阳背风处放置秸秆等，提供越冬场所。山楂粉蝶核型多角体病毒每株喷洒15L病毒液；或每株用病毒死亡虫体3~4龄12~13头，粉碎虫体，加水15L，过滤，喷洒，防效可达76%~100%。

③化学防治　低龄幼虫可用50%对硫磷2000倍液，90%敌百虫1500倍液，10%氯氰菊酯乳油2000~3000倍液或2.5%溴氰菊酯乳油2000~3000倍液，效果较好。

10.1.3　苹果巢蛾

苹果巢蛾[*Hyponomeuta padellus* (L.)]属鳞翅目巢蛾科。西北各地果树产区都有分布。主要为害苹果、沙果、海棠、山荆子、梨、杏等。

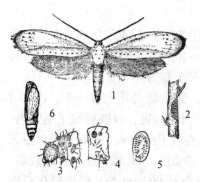

图 10-3　苹果巢蛾(仿华南农业大学)
1. 成虫　2. 卵块　3. 幼虫头部至中胸
4. 第 4 腹节　5. 腹足趾钩　6. 蛹

（1）形态特征（图 10-3）

①成虫　体长 9～11 mm，翅展 19～22 mm。体银白色，具丝光。中胸背板中央具 5 黑斑。肩片具 2 黑斑。前翅狭长，翅缘具 25 个黑斑点，排列成不规则的 3 列，前缘 1 行，近后缘 2 行。

②卵　扁椭圆形，表面具纵行沟纹。30～40 粒卵呈鱼鳞状排列成卵块。

③幼虫　老熟幼虫体长 20 mm，污黄色。头、前胸背板、胸足、臀板黑色。体各节背面具 2 个黑色突起，其上着生黑毛。趾钩 3 序环。

④蛹　黄绿色，背面末端具 8 根刺。

（2）生活史与习性

1 年 1 代。4 月中旬至 6 月上旬出卵壳活动，6 月上旬至 7 月初化蛹，6 月中旬至 7 月中旬羽化、产卵，7 月上旬至次年 4 月越夏、越冬。卵期 10～13 d，幼虫期 9～10 个月，蛹期 11 d。

以 1 龄幼虫在卵壳下越夏、越冬。苹果树发芽时，幼虫自卵一端开孔钻出。遇春寒，回到卵鞘避寒。群聚的幼虫将嫩叶吐丝缚成巢，潜入嫩叶内取食叶肉，叶尖干缩枯焦。幼虫有迁移巢穴的习性，随虫龄增大，形成更大的巢穴为害。小巢具虫 10 多头，中巢具虫 100 多头，大巢具虫 300～400 头。该虫也在巢穴外取食叶片，甚至吃光花序、花瓣、子房等。巢穴内化蛹 3～5 堆。6 月中旬为羽化盛期，成虫取食露水和蚜虫蜜露，白天隐藏，夜晚交尾产卵。每头雌虫产卵 1～3 块。卵产于 2 年生表皮光滑的枝条上。孵化后在卵鞘内越冬。

（3）发生与环境的关系

①气候　气温高于 16℃，幼虫出鞘活动。温度过高（夏季）或过低（冬季），使得苹果巢蛾休眠。

②天敌　国外对苹果巢蛾天敌的研究与利用比较深入，寄生性膜翅目姬蜂和棕角巢蛾姬蜂及黄粉彩寄蝇对苹果巢蛾具有较好的控制效果，并发现微孢子虫 Microspora 在降低该害虫种群密度方面起着非常重要的作用。我国对苹果巢蛾寄生性天敌昆虫也有研究，如苹果巢蛾的卵—幼虫期寄生性天敌有巢蛾多胚跳小蜂（寄生率达 95.98%）；蛹期寄生性天敌有全北群瘤姬蜂指名亚种、桑螟聚瘤姬蜂、棕角巢蛾姬蜂、舞毒蛾黑瘤姬蜂（寄生率 8%～12%，寄生率最高年份在苹果巢蛾发生严重的第 2 年，可达 25%～30%）、小唇姬蜂（寄生率达 40% 左右）、菜粉蝶镶颚姬蜂、广齿腿姬蜂、无脊大腿小蜂、黄柄齿腿长尾小蜂、选择盆地寄蝇等。另有蚂蚁捕食其幼虫。

（4）防治技术

①人工防治　人工清除巢网，烧毁挑出的虫巢。

②化学防治　早春喷洒 5°Be 石硫合剂，窒息虫卵；落花后喷洒 90% 晶体敌百虫 1500 倍液；果品收获前 1 个月可以喷洒对硫磷 1500 倍液；施放烟剂，7.5kg/hm²；幼虫期：40% 毒死蜱 2000 倍液、5% 丙溴辛硫磷 1000～1500 倍液、20% 氰戊菊酯

2000 倍液，间隔 10d 左右 1 次，防治 2~3 次。

③生物防治   常用药剂有 $36 \times 10^6 \sim 84 \times 10^6$ 孢子/mL 苏云金杆菌喷雾，防治 3~5 龄幼虫，防效可达 100%；青虫菌悬浮液 1000~2000 倍液喷雾，幼虫死亡率可达 90.1%~99.9%；25% 灭幼脲 3 号悬浮剂 1000 倍等。

10.1.4   梨星毛虫

梨星毛虫(*Llliberis pruni* Dyar)属鳞翅目斑蛾科，俗名饺子虫、梨狗子等。该虫分布广泛，为害梨、苹果、海棠、桃、杏、樱桃、山楂、李和山定子等果树。

(1)形态特征(图 10-4)

①成虫   体长 10 mm 左右，翅展 20~30 mm。体灰黑色。雌虫触角锯齿状，雄蛾触角短羽状；翅面具黑色茸毛，前翅半透明，翅脉清晰。

②卵   扁椭圆形，长 0.75 mm 左右。初产时白色，渐变黄色，孵化前呈暗褐色；卵块数粒至百余粒不等。

③幼虫   初孵幼虫浅紫褐色。老龄幼虫乳白色，纺锤形，体长 15~18 mm。中胸、后胸和腹部第 1~8 节侧面各有一圆形黑斑。各节背面具横列毛丛。

④蛹   体长 12 mm 左右，黑褐色，略呈纺锤形。茧白色，内、外两层。

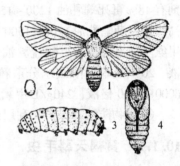

图 10-4   梨星毛虫(仿师光禄)
1. 雄成虫   2. 卵   3. 幼虫   4. 蛹

(2)生活史与习性

1 年 1~2 代。以 2~3 龄幼虫结茧在枝干粗皮裂缝内或根部附近土壤中越冬，果树发芽后出蛰。4 月出茧为害，5 月上中旬是为害叶片的盛期，6 月羽化，7 月交尾、产卵，8 月开始越冬。卵期 8~9 d，蛹期 10 d 左右，幼虫期 8 个月。

幼虫钻蛀花芽、花蕾，展叶后啃食叶片。花芽和花蕾被钻蛀呈孔洞，受害处流出黄褐色黏液，后期枯死变黑。幼虫吐丝卷叶呈饺子形，在内啃食叶肉，留下叶脉，受害叶变黄，焦枯。1 头幼虫转移叶片 7~8 片，包叶内化蛹。成虫飞行能力弱，清晨气温低时容易振落。成虫白天潜伏在叶背不活动，有时在树丛内飞行，傍晚和夜间交尾。成虫在叶背面产卵，中脉附近较多。初孵幼虫群聚在卵块周围啃食叶肉，随后分散为害，10~15 d 后开始转移越冬。

(3)发生与环境的关系

①管理   梨星毛虫以幼龄幼虫潜伏在树干及主枝的粗皮裂缝下结茧越冬；幼树果园树皮光滑，幼虫多在树干附近土壤中结茧越冬。果园粗放式管理，不及时清除老树皮、翘皮和落叶层，次年则为害严重。

②天敌   有一定的控制作用。梨星毛虫的天敌种类很多，包括绒茧蜂、跳小蜂、日本黄茧蜂(寄生率 6.8%)、折肛短须寄蝇、卷蛾寄蝇、选择盆地寄蝇等，其中梨星毛虫悬茧蜂(幼虫寄生率达 20%~50%)和金光小寄蝇数量较多，在自然界的控制作用最为明显。寄生蜂寄生率为 6%~16%，寄生蝇寄生率可达 18%。

（4）防治技术

①消灭越冬虫源　早春（果树发芽前即越冬幼虫出蛰前）或冬季，刮除果树主、侧枝的老翘皮和剪锯口周缘的老树皮，烧毁或深埋刮除的组织；对幼树进行树干周围压土消灭越冬幼虫；或秋季清除枯枝落叶，深翻土壤，防效可达45%~70%。受害严重的果园可在树干绑草把，诱杀幼虫，可降低越冬幼虫的70%。发芽前喷施3°~5°Be石硫合剂或45%石硫合剂晶体50~70倍液。

②人工捕杀　成虫盛发期或发生较轻的果园，清晨振动树枝，捕杀落地成虫；人工摘除虫卵、被害叶片及虫苞，集中销毁。

③化学防治　花芽露绿至花序分离期是防治的关键时期，喷药1~2次。常用药剂有48%毒死蜱乳油1200~1500倍液，25%灭幼脲悬浮剂1200~1500倍液，4.5%高效氯氰菊酯乳油1200~1500倍液，2.5%高效氯氟菊酯乳油1200~1500倍液，1%甲氨基阿维菌素苯甲酸盐乳油1200~1500倍液，1.8%阿维菌素乳油3000~4000倍液，20%氟苯虫酰胺水分散粒剂3000~4000倍液，35%氯虫苯甲酰胺水分散粒剂6000~8000倍液，240g/L甲氧虫酰肼悬浮剂2000~3000倍液等。

④生物防治　保护和利用天敌，在寄生蜂活跃的7~8月，减少农药施用次数。

10.1.5　黄褐天幕毛虫

黄褐天幕毛虫（*Malacosima neustria testacea* Motschulsky）属于鳞翅目枯叶蛾科，俗名天幕枯叶蛾、梅毛虫、带枯叶蛾、顶针虫、春黏虫等。该虫全国分布，寄主有梨、苹果、桃、海棠、李、杏、梅等果树和柳、杨、榆、柞、桦、落叶松、云杉等林木。

（1）形态特征（图10-5）

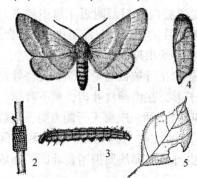

①成虫　雌虫体长约20 mm，翅展约40 mm。体、翅黄褐色，前翅中央具1条米黄色细边赤褐色宽横带，后翅基半部赤褐色，端半部色淡。雄成虫体长15 mm，翅展24~32 mm，体、翅黄色，前翅具2条、后翅具1条深褐色细横线，触角双栉状。

②卵　圆筒形，高1.3 mm，灰白色，越冬时深灰色，常数十枚卵粒围绕1年生枝条排成整齐一圈，似顶针状。

图10-5　黄褐天幕毛虫（仿华南农业大学）
1. 成虫　2. 卵　3. 幼虫　4. 蛹　5. 被害状

③幼虫　老熟幼虫体长约50 mm，体蓝灰色。头蓝黑色，具黑点和2个全黑斑。体背线和气门上下线黄白色，亚背线处具2条橙黄色线，各节背面具数个黑色毛瘤，腹部第8节最大，各毛瘤着生黄白色和黑色长毛。

④蛹　体长17~20 mm，黄褐色，具淡褐色短毛。茧黄白色，双层。

（2）生活史与习性

1年1代。4~5月，果树发芽，幼虫出壳为害，幼虫期40 d，5月下旬化蛹结茧。蛹期10~15 d。6~7月羽化、产卵。卵期290 d（7月下旬至次年4月下旬）。

以胚胎发育完全的幼虫在卵壳内于幼嫩枝上、树干、树枝、树杈等处越冬，约有2%的幼虫于11月孵出但不能越冬。次年春季幼虫出壳，群聚在卵块处的嫩芽、叶处取食叶肉，并作丝幕。低龄幼虫白天隐蔽，夜间取食。2龄幼虫开始向树杈移动，吐丝结网，夜晚取食，白天群集潜伏于网幕内，呈天幕状，以此得名；3龄幼虫食量大增，白天也取食，易爆发成灾。4龄幼虫开始取食全叶。1~4龄幼虫群聚网幕中为害，5龄幼虫分散到全树暴食叶片。5月下旬老熟（6龄），在叶间、树皮缝、杂草上化蛹结茧。山地果园发生较重。成虫夜间活动，具趋光性。产卵于1年生枝条上。每头雌虫产卵200余粒。

（3）发生与环境的关系

①气候　6~9月高温、干旱有利于其发生。而温度低、湿度大的情况下其活动取食能力明显下降。阴雨天黄褐天幕毛虫几乎都处于静息状态，取食极少。高温、潮湿的环境也利于病毒的流行，害虫死亡率明显升高，最高到达40%，1~3龄幼虫遇上暴雨或大雨，种群数量会急剧下降。

②天敌　黄褐天幕毛虫天敌种类多。包括鸟类、昆虫和病毒等。鸟类是遏制黄褐天幕毛虫种群增加的重要因子，如燕雀、黄雀、灰喜鹊、红嘴、铜嘴、大山雀、红尾伯劳等。天敌昆虫有枯叶蛾绒茧蜂、舞毒蛾黑卵蜂、稻苞虫黑瘤姬蜂、赤眼蜂等小蜂类、天幕毛虫抱寄蝇、柞蚕饰腹寄蝇、核型多角体病毒等，其中以寄生蜂和寄生蝇类居多，可以有效控制其数量。

（4）防治技术

①消灭越冬虫源　冬季修剪果树，剪下带卵枝条，集中烧毁或存放于水盆容器中，孵化幼虫立即杀死，孵化出寄生蜂即可飞走。

②人工捕杀　悬挂黑光灯或高压汞灯诱杀成虫。剪掉小枝上的卵块，集中烧毁。春季在幼虫分散以前，及时捕杀网幕中的幼虫。分散后的幼虫，可振树捕杀。

③生物防治　禁止捕杀各种鸟类，为鸟类提供良好的栖息环境。天幕毛虫黑卵蜂防治：果园附近栽种白杨、柳树、榆树、栎树等防护林带，种植绿肥作物，补充寄主栖息地及蜜源植物，6~7月放蜂，寄生率可达90%。天幕毛虫抱寄蝇防治：收集天幕毛虫老熟幼虫腹部膨胀个体、蛹体具褐色杯状物（呼吸漏斗）存在被寄生蝇寄生的虫体，放在果园地表，罩纱网，寄蝇幼虫入土越冬，次年寄蝇产卵于嫩叶，黄褐天幕毛虫吞入体内寄生，寄生率可达85%~93%。喷洒 $1 \times 10^8 \sim 2 \times 10^8$ 孢子/mL 苏云金杆菌或清虫菌6号药液。春季可喷洒白僵菌 $0.5 \times 10^8 \sim 2 \times 10^8$ 孢子/mL 水剂或 20×10^8 孢子/g 粉剂。

④化学防治　常用药剂有20%灭幼脲Ⅲ号胶悬剂 $240 \sim 300 mL/hm^2$，25%辛硫磷或25%马拉硫磷或乐果 $3000 \sim 3750 mL/hm^2$，2.5%溴氰菊酯乳油 $15 \sim 30 mL/hm^2$，20%氰戊菊酯乳油 $30 \sim 60 mL/hm^2$，1.8%阿维菌素乳油 $3000 \sim 5000$ 倍液。

10.1.6　枣尺蠖

枣尺蠖（*Chihuo zao* Yang）属鳞翅目尺蛾科，俗名枣步曲。在我国主要分布于河南、河北、山东、山西、陕西、安徽、浙江等省。以幼虫为害枣、苹果、梨的嫩芽、嫩叶及花蕾。

(1)形态特征(图10-6)

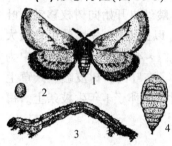

图 10-6　枣尺蠖(仿师光禄)
1. 成虫　2. 卵　3. 幼虫　4. 蛹

①成虫　雌虫体长 12~17 mm，灰褐色。翅退化，触角丝状，腹末具一丛灰色毛丛。雄虫体长 10 ~ 15 mm，着生灰褐色鳞毛。具翅，腹部尖细；前翅具 2 条黑色波状纹；后翅具 1 条波状横纹，内侧具 1 黑色斑点。

②卵　椭圆形，数十粒或数百粒聚集成卵块；初产时淡绿色，渐变为淡黄褐色，孵化前变为暗黑色。

③幼虫　初孵幼虫紫黑色，具 5 条白色纵条纹；2 龄幼虫绿色，具 7 条白色纵条纹；3 龄幼虫灰绿色，具 13 条白色纵条纹；4 龄幼虫具 13 条黄色与灰白色相间的条纹；5 龄幼虫灰褐色或青灰色，具 25 条灰白色纵条纹，体长 40 mm。胸足 3 对，腹足、臀足各 1 对。

④蛹　体长约 15 mm，枣红色，纺锤形。

(2)生活史与习性

1 年 1 代。3 月下旬羽化，羽化期 50 d 左右。4 月下旬卵孵化。5 月下旬幼虫老熟，入土化蛹，至 6 月下旬全部入土越夏、越冬。卵期 10~25 d，幼虫期 30 d，蛹期 6 月至次年 3 月。

以蛹在树冠下土壤 7~8 cm 深处越冬，多聚集在树干 1 m 范围内。雄蛾多在下午羽化，飞到树干背面静伏；雌蛾羽化后多潜伏在土表下、杂草内等阴暗处，日落时上树；夜晚交尾，次日产卵。卵多产于树干裂皮缝隙及树杈处，聚集成堆。初孵幼虫为害嫩芽，俗称"顶门吃"。幼虫爬行迅速，受惊吓吐丝下垂。吐丝习性借助风力扩散为害。3 龄后为暴食期，可吃光全株树芽、叶、花蕾。

(3)发生与环境的关系

①气候　3 月下旬至 4 月下旬的降水量和 4 月中下旬的气温是影响枣尺蠖为害程度的主要因子。其中 3 月下旬至 4 月下旬的降水量主要影响枣尺蠖的数量变化，进而影响为害程度；4 月中下旬的气温主要影响幼虫发生期。降水量超过 45mm，枣尺蠖为害严重；降水量低于 30mm，为害轻。气温 >15℃ 时枣尺蠖的卵开始孵化；气温 > 15℃，有效积温在 150~180℃ 时是孵化的盛期；气温高于 15℃，有效积温大于 180℃ 时是孵化的末期。

②天敌　枣尺蠖的天敌种类很多，有灰喜鹊、麻雀等常见鸟类；寄生性昆虫有枣尺蠖肿跗姬蜂、家蚕追寄蝇、枣尺蠖寄生蝇、枣尺蠖轭姬蜂、赤眼蜂等；捕食性天敌有蜘蛛、捕食螨、猎蝽、刺猬等；病毒有枣尺蠖病毒；细菌有苏云金杆菌 Bt、杀螟杆菌、青虫菌等，对控制枣尺蠖的发生起着一定的作用。

(4)防治技术

①人工防治　成虫羽化前和下树越冬前，在主干选择平滑处刮除老皮，涂 1 个闭合的黏虫胶环，阻止幼虫下树越冬和雌成虫上树产卵；秋季或早春羽化前挖蛹灭

虫，距树干 1.5 m 范围内挖表土 10 cm，捡拾越冬蛹集中消灭；幼虫为害期敲打树枝，振落幼虫，然后人工消灭；利用幼虫老熟时在背阴处静伏的特性，进行人工捕捉；清除果园的落果和枯枝落叶层。

②诱杀成虫　果园内设置黑光灯或振频式诱虫灯诱杀成虫；用性诱剂诱杀：果园每隔 30~50 m 在树上挂 1 个性激素诱捕器诱杀雄虫。

③生物防治　保护鸟类，创造利于鸟类生存的环境；枣尺蠖幼虫期防治：枣尺蠖多角体病毒田间喷洒浓度为 2.5×10^7 PIBS/mL 的病毒悬液；苏云金杆菌 0.1 亿个/mL 和 0.25 亿个/mL 制剂，其防效达到 98%；青虫菌粉孢子 100 亿个/1 000g 倍液喷撒，感病率在 80% 以上；杀螟杆菌、青虫菌孢子 0.5 亿/g，或在菌液中加 90% 敌百虫 5000 倍液防治效果也较好。

④化学防治　适当树上喷药，幼虫初发期开始喷药，7~10d/次，连喷 1~2 次。常用药剂：5% 氟铃脲乳油 1000~2000 倍液，2.5% 溴氰菊酯乳油 1500~2000 倍液，4.5% 高效氯氰菊酯乳油或水乳剂 1500~2000 倍液，25% 灭幼脲悬浮剂 1500~2000 倍液，48% 毒死蜱乳油或 40% 可湿性粉剂 1500~2000 倍液，25% 除虫脲可湿性粉剂 1500~2000 倍液，20% 氟虫双酰胺水分散粒剂 2500~3000 倍液，200g/L 氯虫苯甲酰胺悬浮剂 2000~2500 倍液，1.8% 阿维菌素乳油 3000~4000 倍液，90% 灭多威可溶性粉剂 3000~4000 倍液，5% 高效氯氟氰菊酯乳油 3000~4000 倍液等。

10.2　蛀食类害虫

10.2.1　食心虫类

果树食心虫是指主要以果肉为食，在果实内部对果实产生为害的一类昆虫，有时特指蛀果蛾类。这类害虫在果树所有害虫中，从防治角度讲是十分重要的一大类，也是容忍度最小的一类。

为害果树的食心虫主要有鳞翅目蛀果蛾科的桃小食心虫（*Carposina sasakii* Matsumura）（异名 *Carposina niponensis* Walsingham），卷蛾科的梨小食心虫（*Grapholita molesta* Busck）、苹小食心虫（*Grapholitha inopinata* Heinrich）、苹果蠹蛾［*Cydia pomonella*（Linnaeus）］、白小食心虫［*Spilonota albicana*（Motschulsky）］、栗实蛾［*Laspeyresia splendana*（Hubner）］，螟蛾科的桃蛀野螟（*Dichocrocis punctiferalis* Guenee）、梨大食心虫（*Nephoteryx pirivorella* Matsumura），麦蛾科的桃条麦蛾（*Anarsia lineatella* Zeller），举肢蛾科的核桃举肢蛾（*Atrijuglans hetaohei* Yang），以及夜蛾科的几种吸果夜蛾等。其中，为害较重的有桃小食心虫、梨小食心虫、梨大食心虫、桃蛀野螟、苹果蠹蛾等。

10.2.1.1　桃小食心虫

桃小食心虫简称桃小，又名桃蛀果蛾、枣钻心虫。在国外只分布于日本、俄罗斯和朝鲜半岛；在国内分布范围较广，但以东北、华北和西北发生较重。

桃小食心虫是果树最重要的害虫之一，其寄主植物包括蔷薇科的苹果、海棠、梨、山楂、榅桲、桃、杏、李及鼠李科的枣、酸枣等。其中以苹果、枣、山楂、杏受害最重。

幼虫主要为害仁果类的果实。幼虫先在果面爬行啃咬果皮，然后蛀入果肉纵横串食，蛀孔周围果皮略下陷，果面有凹陷痕迹。苹果受害，果面有针尖大小蛀入孔，孔外溢出泪珠状汁液，干涸呈白色絮状物。幼虫在果内窜食，虫道纵横弯曲，并留有大量虫粪，呈"豆沙馅"状（图 10-7）。7 月中旬前蛀果的，由于果实的迅速发育，使果实畸形，俗称"猴头果"（图 10-7）；7 月下旬以后蛀果的，果实外观正常。

（1）形态特征（图 10-7）

①成虫　雌虫体长 7～8mm，翅展 16～18mm；雄虫体长 5～6mm，翅展 13～15mm。体灰白或灰褐色，复眼红褐色。前翅中部近前缘处有近似三角形蓝灰色大斑，近基部和中部有 7～8 簇黄褐或蓝褐斜立的鳞片。后翅灰色，缘毛长，浅灰色。翅缰雄 1 根，雌 2 根。

②卵　椭圆形或桶形，长 0.4～0.5mm，初产卵橙红色，渐变深红色，近孵化时卵顶部显现幼虫黑色头壳，呈黑点状。卵顶部环生 2～3 圈 "Y" 状刺毛，卵壳表面具不规则多角形网状刻纹。

③幼虫　老熟幼虫体长 13～16mm，桃红色；幼龄幼虫体色淡黄白或白色。腹足趾钩单序环。无臀栉。

④蛹　长 6.5～8.6mm，刚化蛹时黄白色，近羽化时灰黑色。翅、足和触角端部游离，蛹壁光滑无刺。茧分冬、夏两型。冬茧扁圆形，直径 6mm，高 2～3mm，茧丝紧密，包被老龄休眠幼虫；夏茧长纺锤形，长 7.8～13mm，茧丝松散，包被蛹体，一端有羽化孔。两种茧外表粘着土砂粒。

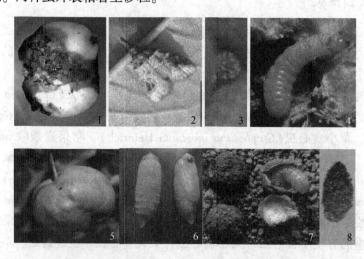

图 10-7　桃小食心虫（1 仿张凯悦　余仿刘兵）

1. 被害果的纵剖面（"豆沙馅"）　2. 被害果畸形（"猴头"）　3. 成虫
4. 卵　5. 幼虫　6. 蛹　7. 冬茧　8. 夏茧

（2）生活史与习性

1 年发生 1~3 代，多数 2 代，在山东、河北一带每年发生 1~2 代。以老熟幼虫在土中结扁圆形冬茧，在堆果场和果园土壤中过冬。越冬深度最浅可在土表，最深可达 15cm 处；越冬幼虫的平面分布范围主要在树干周围 1m 以内。山东、河北越冬代幼虫在 5 月下旬，遇雨后开始出土。幼虫出土时间的早晚、数量多少与 5~6 月的降雨关系密切：降雨早则出土早，雨量充沛且集中，则出土快而整齐；反之，雨量小，降雨分散，则出土晚而不整齐。

幼虫出土后，1d 内即可在树冠下荫蔽处（如靠近树干的石块和土块下，裸露在地面的果树老根和杂草根旁）吐丝结成纺锤形的夏茧，然后化蛹。蛹期 9~15d。羽化后成虫白天潜伏于枝干、树叶及草丛等背阴处，日落后开始活动，深夜最为活跃。交配后，经 1~3d 开始产卵，绝大多数卵产在果实绒毛较多的萼洼、梗洼和果皮的粗糙部位，在叶片背面、果苔、芽、果柄等处也有卵产下。卵经 7~10d 孵化为幼虫，初孵幼虫先在果面上爬行数十分钟到数小时之久，选择适当的部位，咬破果皮，然后蛀入果中。幼虫盛发期在 7 月下旬至 8 月上中旬，第 1 代幼虫在果内经 22~29d，然后咬一扁回形的孔脱出果外。

第 1 代成虫盛期在 8 月中下旬。第 2 代卵发生盛期在 8 月中下旬，第 2 代幼虫盛发期在 8 月中下旬至 9 月上旬，其幼虫在果实内历期为 14~35d，幼虫脱果期最早在 8 月下旬，盛期在 9 月中下旬。幼虫落地入土过冬，一般在树干周围 0.6m 范围内过冬的较多。

成虫产卵选择性不强，但在晚熟的国光品种上着卵较多，而在中熟、中晚熟的品种上则较少。成虫有昼伏夜出现象和世代重叠现象，无趋光性和趋化性，但雌蛾能产生性激素，可诱引雄蛾。

（3）发生与环境的关系

桃小食心虫的发生与温度、湿度关系密切。越冬幼虫出土始期，当旬平均气温达到 16.9℃、地温达到 19.7℃时，如果有适当的降水，即可连续出土。温度 21~27℃，相对湿度在 75% 以上，对成虫的繁殖有利；高温、干燥对成虫的繁殖不利，长期下雨或暴风雨抑制成虫的活动和产卵。桃小食心虫历年发生量变动较大，越冬幼虫出土、化蛹、成虫羽化及产卵，都需要较高的湿度。如幼虫出土时土壤需要湿润，天干地旱时幼虫几乎全不能出土，因此每当雨后出土虫量增多。成虫产卵对湿度要求高，高湿条件产卵多，低湿产卵少，有时竟相差数十倍，干旱之年发生轻。

（4）虫情调查、测报

①越冬幼虫出土期预测　在树冠下 5~6cm 深处埋入桃小食心虫茧 100 个或更多，4 月上旬罩笼，每天检查出土幼虫数，预测幼虫出土期。

②成虫发生期预测　成虫发生期前，在果园内均匀地选择若干株树，在每株树的树冠阴面外围离地面 1.5m 左右的树枝上挂性诱捕器。每天早上检查所诱到的蛾数，以预测成虫始期和高峰期。性诱捕器制作方法：诱芯下吊置 1 个碗或其他广口器皿，其内加 1% 洗衣粉溶液，液面距诱芯高 1cm。注意及时补充洗衣粉液，维持水面与诱芯 1cm 的距离，每 5d 彻底换水 1 次，20~25d 更换 1 次诱芯。

10.2.1.2　梨小食心虫

梨小食心虫简称梨小，又名梨小蛀果蛾、东方果蠹蛾、桃折心虫等。除西藏未见报道外，广泛分布于我国各果区，尤以东北、华北、华东、西北各桃、梨产区较重。

梨小食心虫是梨树的重要害虫，在梨、桃树混栽的果园为害尤为严重。除为害梨、桃外，也为害李、杏、苹果、海棠、樱桃、杨梅、山楂等(图10-8)。

在梨树与桃树混栽的果园中，发生情况复杂。春季幼虫主要为害桃梢，夏季一部分幼虫为害桃梢，另一部分为害梨果，秋季主要为害梨果。桃梢被害，幼虫多从新梢顶端2~3片叶的叶柄基部蛀入，在蛀孔处有流胶及虫粪，不久新梢顶端萎蔫枯死，俗称"折梢"(图10-8)。在梨果上为害，幼虫多从萼洼和梗洼处蛀入，前期入果孔很小，呈青绿色稍凹陷。后期入果孔黄褐色不凹陷。幼虫蛀入后直达果心，蛀食种子，不纵横串食。被害处表皮变黑，有1~2个排粪孔。高湿情况下蛀孔周围常变黑腐烂并逐渐扩大，俗称"黑膏药"(图10-8)。早期被害果蛀孔外有虫粪排出，晚期被害多无虫粪。脱果孔圆形、较大，外有丝网连结虫粪。虫孔易被病菌侵染腐烂，如褐腐病。

在单纯梨园中，幼虫前期主要为害新梢、梨芽、叶柄，后期主要为害梨果。芽被害，从芽基部蛀入，芽外有碎屑，并有1~2片叶枯萎。叶柄和新梢被害与桃梢被害状相似，幼虫自叶柄或新梢基部蛀入，在其内蛀食，咬一小孔，将粪排出。

被害苹果的蛀孔周围不变黑。蛀食桃、李、杏多为害果核附近的果肉，李幼果被害后易脱落，李果稍大受害不脱落。

(1)形态特征(图10-8)

①成虫　体长5~7mm，翅展11~14mm，暗褐或灰黑色。前翅灰黑，前缘有约10组白色短斜纹，中央近外缘1/3处有一明显白点，翅面散生灰白色鳞片，后缘有一些条纹，近外缘约有10个小黑斑。后翅、足、腹部灰褐色。

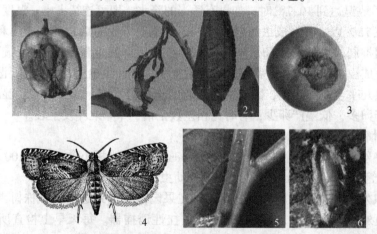

图10-8　梨小食心虫(4 仿周尧　余仿刘兵)

1. 山楂被害状　2. 桃梢被害状("折梢")　3. 梨果被害状("黑膏药")　4. 成虫　5. 幼虫　6. 蛹

②卵　扁椭圆形，中央隆起，直径0.5~0.8mm，表面有皱折。初乳白，后淡黄，孵化前变黑褐色。

③幼虫　体长10~13mm。头、前胸盾、臀板均为黄褐色，胸、腹部淡红色。具臀栉4~7齿。腹足趾钩单序全环。

④蛹　长6~7mm，黄褐色。茧长约10mm，白色丝质，长椭圆形，底面扁平。

(2) 生活史与习性

在华北地区1年发生3~4代。以老熟幼虫结茧在老树翘皮下、枝杈缝隙、根茎部土壤中越冬，也有的在石块下、果品仓库墙缝处越冬。各代成虫发生期：越冬代4月中旬至6月中旬，第1代6月中旬至7月中旬，第2代7月上中旬至8月上旬，第3代8月中旬至9月上旬。各代发生期很不整齐，世代重叠严重。卵期：春季8~10d，夏季4~5d。幼虫期10~15d，蛹期7~15d，成虫寿命11~17d，完成1代需30~40d。

第1代卵主要产在桃树嫩梢3~7片叶的叶片背面，幼虫大都在5月为害，初孵幼虫从嫩梢端部2~3片叶子的基部蛀入嫩梢中，主要为害芽、新梢、嫩叶、叶柄，极少数为害果。第2代卵盛期主要在6月至7月上旬，大部分还是产在桃树上，少数产在梨或苹果树上，幼虫继续为害新梢，并开始为害桃果和早熟品种的梨、苹果，幼虫为害果增多。第3代卵盛期在7月中旬至8月上旬，第4代卵盛期在8月中下旬，第3代和第4代幼虫主要为害梨、桃、苹果的果实。在桃、梨兼植的果园，梨小食心虫第1代、第2代主要为害桃梢，第3代以后才转移到梨树为害。

成虫白天多静伏在叶、枝和杂草丛中，黄昏后开始活动，对糖醋液和果汁以及黑光灯有较强的趋性。成虫产卵前期1~3d，夜间产卵，散产，单雌产卵量50~100余粒。

(3) 发生与环境的关系

梨小食心虫在雨水多的年份，湿度高，成虫产卵量多，为害严重，因此在适宜温度条件下，湿度对成虫寿命、交配和产卵有显著影响。

(4) 虫情调查、测报

①成虫发生期调查　桃(李、杏)园从3月中旬到7月上旬，梨园从6月上旬到8月末，在田间设置诱虫灯、性诱捕器或糖醋诱捕器(糖醋诱杀液配方为糖:酒:醋:水 =1:1:4:15，其中糖可用白糖或红糖，酒可用45°左右的普通白酒，醋可用5°白醋)，调查成虫数量。当连续3d发现成虫，应立即对成虫采取防治措施。

②幼虫防治期调查　春季调查桃(李、杏)园枝梢，发现刚刚有受害萎蔫梢，立即进行树上喷药防治。一般可根据为害情况喷药2~3次，间隔10d左右1次。

③梨园梨小食心虫卵果率调查　夏季当连续3d诱到成虫时，开始梨园梨小食心虫卵果率调查，调查时选择主栽品种10株树，调查500个果，记录有卵果数，计算卵果率。

10.2.1.3　梨大食心虫

梨大食心虫简称梨大，俗名"吊死鬼"、"钻眼虫"。国内各梨果产区均有发生，其幼虫为害梨芽和果实，是梨树重要害虫之一，也是影响梨果产量最大的一种害虫。

梨大食心虫幼虫可为害梨芽（主要是花芽）和梨果（主要是幼果）。越冬芽被害时，从芽的基部蛀入，蛀孔外有细小虫粪以丝缀连，幼虫在芽内做一白茧越冬（图 10-9）。被害芽干瘪，春季不开裂。越冬后幼虫转芽为害时，先在芽鳞基部拉丝，而后从基部蛀入，虫孔外有虫粪，鳞片不易脱落。当梨果萼片脱落时，越冬幼虫自幼果萼洼附近蛀入，蛀孔外堆有褐色虫粪。幼虫老熟前可为害 2~3 个幼果，在最后一个果内化蛹，化蛹前幼虫吐丝将果柄基部用丝缠在枝上，被害果干枯变黑，但不脱落，故有"吊死鬼"之称（图 10-9）。后期为害果时，入果孔多在萼洼附近，周围变黑，易腐烂。

（1）形态特征（图 10-9）

①成虫　体长 10~15mm，翅展 20~27mm，全身暗灰褐色。前翅具有紫色光泽，前缘至后缘有两条灰白色波状条纹，条纹两侧近黑色，条纹中间近灰白色，中室上方有一黑褐色肾状纹。后翅淡灰褐色。

②卵　椭圆形，稍扁平，长约 1mm。初产时白色，后渐变红色，近孵化时黑红色。

③幼虫　越冬幼虫体长约 3mm，紫褐色。老熟幼虫体长 17~20mm，暗绿色，头、前胸背板、胸足皆为黑色。

④蛹　体长 12~13mm，黄褐色。尾端有 6 根带钩的刺毛，近孵化时黑色。

图 10-9　梨大食心虫（王洪平）

1. 越冬虫芽　2. 梨果被害状　3. 成虫　4. 幼虫

（2）生活史与习性

1 年发生 1~2 代，大部分以幼虫在芽内作灰白色小茧越冬，在蛀芽孔处有黑色物堵塞。越冬幼虫于次年春季花芽露绿至开绽期开始活动，先将头部转向外面，当日平均气温达到 7~9.5℃时，幼虫从越冬芽内大量爬出。出蛰时期和整齐度因每年气温不同而异，受气温影响很大，在出蛰期如遇低温、阴雨，出蛰幼虫将会减少或停止出蛰。

越冬幼虫出蛰后，钻入其他花芽中，在鳞片下拉丝为害，随受害芽不断生长，蛀入的幼虫在芽内不断钻食，此时期称作转芽期。每头越冬幼虫可为害1~3个芽。在5月中旬至6月中旬，当梨果长至指头大时，越冬幼虫转至果内为害幼果，此时称为转果期。越冬幼虫可连续为害2~3个幼果，在受害的最后一个果内化蛹，蛹期8~15d。越冬代成虫于6月中旬至7月下旬羽化，盛期在7月上中旬。

成虫交配后产卵，每头雌蛾产卵60~213粒。卵产在短果枝粗糙处、果苔上、果实萼洼内、芽腋及叶片上，每处产卵1~2粒，卵期7~8d。第1代幼虫孵化后，为害2~3个芽，至7月下旬在芽内作茧越冬，这部分梨大食心虫1年发生1代。有的第1代幼虫为害果实，老熟后在果实内化蛹，于7月中下旬至8月下旬羽化为成虫，在花芽上产卵，幼虫孵化后只为害梨芽，至9月中旬在其中越冬，此部分梨大食心虫1年发生2代。

(3)发生与环境的关系

梨大食心虫在转芽时温度对其影响较大。

(4)虫情调查、测报

①越冬基数调查 越冬幼虫出蛰前(3月下旬)，在有代表性地段或梨园调查，以主栽品种为对象，对角线取样法取5个样点，每点取1~2株，共调查5~10株(或调查2%~3%株数)，每株按上、下层，内、外部不同方位，随机取100~200个花芽，逐个检查虫芽数，计算虫芽率，以决定当年的防治措施。虫芽率达4%以上可能大发生，1%~4%可能中等发生，1%以下则轻发生。中发生以上需化学防治，轻发生人工防治即可。

②出蛰转芽防治适期的预测 预先准备100个左右梨大食心虫越冬芽，于翌年梨大食心虫出蛰前10d左右，在梨园向阳窝风处选2株树，每株树再选2个有健康新芽的结果枝组，用医用白胶布(撕成2mm宽的窄条)将越冬虫芽集中粘在这些结果枝组上，每天观察1次，观察附近的花芽是否被蛀，发现有芽被蛀时，立即喷药防治。

10.2.1.4 桃蛀野螟

桃蛀野螟俗称桃斑螟、桃蛀心虫、桃蛀螟。分布北起黑龙江、内蒙古，南至台湾、海南、广东、广西、云南南缘，东接前俄罗斯东境、朝鲜北境，西面自山西、陕西西斜至宁夏、甘肃后，折入四川、云南、西藏。长江流域及其以南为害桃极严重。

桃蛀野螟为多食性害虫，寄主包括桃、苹果、梨、李、杏、柿、石榴、核桃、板栗、无花果、高粱、玉米、粟、向日葵、蓖麻、姜、棉花、松树等。

幼虫多从萼洼、梗洼、果与叶或果与果的接触部位蛀入，取食果肉和种仁。幼虫孵化后先吐丝和啃食果皮，然后蛀入果内为害。虫孔周围有红褐色颗粒状虫粪，成堆黏附在果面。果实内虫道较粗大，充满红褐色颗粒状虫粪，虫体所到部位果肉、种仁、甚至果核被食空。被害梨果虫孔周围往往迅速变黑、腐烂；桃、李、杏果实受害后常变黄脱落；石榴受害后果实常干枯，挂于枝梢，失去食用价值，遇雨从虫孔渗出黄褐色汁液，引起果实腐烂。

(1)形态特征(图 10-10)

①成虫　体长 9~14mm，翅展 20~26mm。黄至橙黄色，体、翅表面具许多黑斑点似豹纹：胸背有 7 个；腹背第 1 和 3~6 节各有 3 个横列，第 7 节有时只有 1 个，第 2、8 节无黑点；前翅 25~28 个，后翅 15~16 个。雄蛾腹部末端有黑色毛丛。

②卵　椭圆形，长约 0.6mm，宽约 0.4mm，表面粗糙布细微圆点。初产时乳白色，渐变为橘黄、红褐色。

③幼虫　老熟幼虫体长 22~26mm，头、前胸背板、臀板暗褐色或褐色。体背颜色多变，有淡褐、浅灰、浅灰蓝、暗红等色。腹面多为淡绿色。各体节毛片明显，第 1~8 腹节气门以上各具 8 个，排成 2 横列，前 6 后 2。腹足趾钩不规则的 3 序环。

④蛹　长 10~14mm，初化蛹时淡黄绿色，后变褐色。臀棘细长，末端有曲刺 6 根。茧长椭圆形，灰白色。

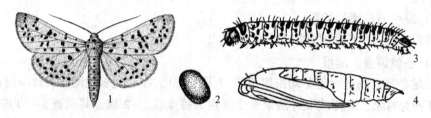

图 10-10　桃蛀野螟(1 仿周尧　余仿华南农学院)
1. 成虫　2. 卵　3. 幼虫　4. 蛹

(2)生活史与习性

辽宁 1 年发生 1~2 代，河北、山东 3 代，河南 4 代，长江流域 4~5 代，以老熟幼虫在果树翘皮裂缝中、土石缝中及果园周围的玉米、高粱茎秆和穗、向日葵花盘等处结茧越冬。陕西关中 1 年发生 3~4 代，以老熟幼虫越冬，4 月中旬开始化蛹。各代成虫羽化期：越冬代 5 月中下旬，第 1 代 7 月中旬，第 2 代 8 月上中旬，第 3 代 9 月下旬。

第 1 代幼虫在杏、李和早熟桃上为害。第 2 代幼虫在晚熟桃、石榴及早熟梨上为害。第 3 代幼虫在梨、苹果和春播玉米等多种作物上为害。第 4 代幼虫在晚熟梨、苹果和夏播玉米等多种作物上为害。第 1~3 代幼虫多在果内或果外萼洼部位以及果与果、果与叶、果与枝的接触部位结白色丝茧化蛹。第 4 代幼虫 9 月下旬以后陆续老熟，转移到越冬场所结茧越冬。

成虫白天在叶背等阴暗处静伏，19:00~24:00、4:00~5:00 活动，取食花蜜、露水补充营养并交配、产卵。有趋光性和趋糖酒醋液习性，对性引诱剂有强趋性。卵多散产在果实萼筒内，其次产在果与果、果与叶的接触部位及枝叶遮盖的果面或梗洼上，每头雌虫可产卵 150~180 粒。幼虫有转移为害习性，1 头幼虫可转移为害 1~3 个果实。

卵期 6~8d；幼虫共 5 龄，历期 15~20d；蛹期 7~10d；雌成虫 7~10d，雄成虫 2~3d。完成 1 代需 1 个多月。

(3) 发生与环境的关系

桃蛀野螟的发生与雨水有一定关系，若 4～5 月多雨，相对湿度在 80% 以上，越冬幼虫化蛹和羽化率均高，当年发生较重。

(4) 虫情调查、测报

①利用性诱剂诱集成虫　4 月下旬选有代表性的桃园，在树枝上挂性诱捕器，于每天清晨统计诱捕器内成虫数量。成虫高峰出现后 3～5d 为有效防治期。

②田间查卵　从诱到第 1 头成虫开始进行田间查卵，具体做法是：选择早、中、晚熟品种果园，每果园各调查 5 株，每株调查果实 20 个以上，3d 调查 1 次，当卵果率达 1% 时，开始喷药防治。

10.2.1.5　苹果蠹蛾

苹果蠹蛾原产于欧亚大陆南部，现已广泛分布于世界六大洲几乎所有的苹果产区，是世界上仁果类果树的毁灭性蛀果害虫，属植物检疫对象，目前我国主要分布于新疆和甘肃。

苹果蠹蛾为杂食性钻蛀害虫，寄主包括苹果、花红、梨、李、杏、桃、海棠、山楂、石榴、榅桲、核桃、栗属、榕属(无花果属)、花楸属等几十种果实。

以幼虫蛀食果实，可转果为害。在花红上多数幼虫从果面蛀入，在香梨上多数从萼洼处蛀入，在杏果上则多数从梗洼处蛀入。幼虫能蛀入果心，并食害种子。幼虫在苹果和红花内蛀食所排出的粪便和碎屑呈褐色，堆积于蛀孔外。由于虫粪缠以虫丝，为害严重时常见其串挂在果实上(图 10-11)。

(1) 形态特征(图 10-11)

①成虫　体长约 8mm，翅展 15～22mm，体灰褐色。前翅臀角处有深褐色椭圆形大斑，内有 3 条青铜色条纹，其间显出 4～5 条褐色横纹；翅基部杂有较深的斜形波状纹；翅中部颜色最浅，淡褐色，也杂有褐色斜形的波状纹。后翅黄褐色，基部较淡。雌虫翅缰 4 根，雄虫 1 根。

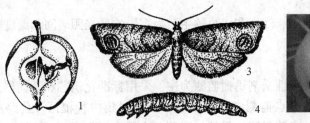
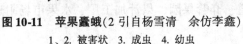

图 10-11　苹果蠹蛾(2 引自杨雪清　余仿李鑫)
1、2. 被害状　3. 成虫　4. 幼虫

②卵　椭圆形，长 1.1～1.2mm，宽 0.9～1.0mm，极扁平，中央部分略隆起，初产时像一极薄的蜡滴，半透明。随着胚胎发育，中央部分呈黄色，并显出 1 圈断续的红色斑点，后则连成整圈，孵化前能透见幼虫。卵壳表面无显著刻纹。

③幼虫　老熟幼虫体长 14～18mm，初孵幼虫体多为淡黄白色，随其发育背面显

出淡红色至红色。头部黄褐色；前胸背板淡黄色，并有褐色斑点；臀板上有淡褐色斑点。

④蛹　长 7~10mm，体黄褐色，复眼黑色。第 1 腹节背面无刺；第 2~7 腹节背面的前后缘各有 1 排刺；第 8~10 腹节背面仅有 1 排。肛门孔两侧各有 2 根钩状毛，加上末端 6 根(腹面 4 根，背面 2 根)，共 10 根。

(2)生活史与习性

苹果蠹蛾在各地 1 年发生代数不同，少则 1 代，多则 4 代。在新疆地区 1 年发生 1~3 代，在伊犁完成 1 代需 45~54d。第 1 代的部分幼虫有滞育现象，这部分个体 1 年仅完成 1 代。其他 1 年可完成 2 个世代，有的还能发育到第 3 代，但该代幼虫能否安全越冬尚不清楚。

以老熟幼虫在树干粗皮裂缝翘皮下、树洞中及主枝分叉处缝隙中结茧越冬。当早春气温超过 9℃，越冬幼虫陆续化蛹，一般于 4 月下旬至 5 月上旬开始羽化，5 月中下旬和 7 月中下旬分别为第 1、2 代幼虫发生盛期，也是蛀果的 2 个高峰期，6 月上旬及 8 月上旬为幼虫为害后脱果期，从 5 月上中旬至 9 月上旬都能见到成虫。

成虫有趋光性。羽化后 1~2d 进行交配产卵，卵单产。树冠上层卵量多，叶上卵量多于枝条和果实上。雌成虫喜在向阳处产卵，故生长稀疏或树冠四周空旷的果树上卵量较多。第 1 代卵产在晚熟品种上的较中熟品种的多。雌蛾一生产卵少则 1~3 粒，多则 84~141 粒，平均 32.6~43 粒。成虫寿命最短 1~2d，最长 10~13d，平均 5d 左右。

刚孵化的幼虫，先在果面上四处爬行，寻找适当蛀入处所蛀入果内。1 头幼虫能咬食几个苹果，从蛀果到脱果通常需 1 个月左右。幼虫老熟后脱果爬到树干裂缝处或地上隐蔽物以及土缝中结茧化蛹，也有在果内、包装物及贮藏室结茧化蛹的。一部分幼虫有滞育习性。

成虫可近距离传播，在田间最大飞行距离只有 500m 左右，自身扩散能力较差，主要以幼虫或蛹随运输果品，果制品、包装物及运输工具和繁殖材料远距离传播。

(3)发生与环境的关系

温湿度对苹果蠹蛾的卵、幼虫和成虫的生活力有影响，光照时间和温度对幼虫滞育也有影响。

(4)虫情调查、测报

目前的监测方法主要以性诱剂诱捕监测为主，采用标准化诱芯和诱捕器。时间应选择每年 4~10 月底。要重点监测高风险区域，如果树集中种植区、公路服务区附近，果品运输交通要道、弃管果园、果汁加工厂、水果市场附近等，边境地区列为监测重点区域。

10.2.1.6　食心虫类防治方法

(1)农业防治

建梨园时，尽量避免与桃、杏混栽或近距离栽植，杜绝梨小食心虫在寄主间相互转移。

（2）物理防治

①清理果园　秋冬季节对果园深翻，清除园内干僵果、病虫果，彻底刮除老翘皮下的越冬虫源，清除果园周围的玉米秆、高粱秆和向日葵花盘等作物残体。生长期随时捡拾落果、摘除虫果及被害树梢，并带出果园集中处理，能大大减少害虫的基数。

②套袋防治　在成虫发生以前果实套袋，可有效地防治蛀果害虫。

③诱杀成虫　在成虫发生期，果园内设置诱虫灯、糖醋液或性诱捕器诱杀成虫。

④束草、布环诱集幼虫　用草或布缠绕主干，人工营造化蛹和越夏、越冬的场所，诱集老熟幼虫后取下烧毁。还可在草、布环上喷高浓度杀虫药剂，防治效果会更好。

（3）生物防治

①喷洒生物农药：苏云金杆菌或青虫菌等。②赤眼蜂防治桃小、梨小等。③性诱剂诱杀成虫：在成虫发生期进行诱杀。④梨小迷向丝防治：利用成虫交配需要释放信息素寻找配偶的生物习性，施放高浓度、长时间的信息素干扰，使雄虫无法找到雌虫，达到无法交配产卵以保护果园的目的。随着技术改进和完善已经有相对成熟的产品。

（4）植物检疫

严密监测苹果蠹蛾，严禁发生区虫果外运，加强调运检疫。

（5）化学防治

防治果树食心虫的关键是喷药时间，一般在发蛾高峰期、初孵幼虫蛀果前期或越冬幼虫出蛰盛期是防治的关键时期。此时，若达到防治指标即喷药防治。

①桃小食心虫　越冬幼虫出土盛期，是地面毒杀幼虫的有利时机，可将药剂稀释后，在树冠下距树干1m范围内的地面喷雾。第1、2代成虫为时1周左右的蛾高峰期，是树上喷药的最佳时期。

②梨小食心虫　夏季卵果率达1%～2%时开始喷药，10～15d后卵果率达1%以上再喷药。

③梨大食心虫　幼虫出蛰转芽期及成虫发生期均可喷药。

④桃蛀野螟　各代成虫产卵期到初孵幼虫蛀果前是喷药防治的关键时期。非套袋果园，可喷药1～2次，间隔7～10d。

⑤苹果蠹蛾　每个世代的卵孵化至初龄幼虫蛀果之前是防治的关键时期。由于第1代幼虫的发生相对比较整齐，可将第1代幼虫作为防治的重点。防治果树食心虫可使用的药剂有40%辛硫磷乳油，50%杀螟硫磷（杀螟松）乳油，40%水胺硫磷乳油，2.5%溴氰菊酯（敌杀死）乳油，20%甲氰菊酯乳油，20%氰戊菊酯乳油，10%氯氰菊酯（安绿宝）乳油，2.5%氯氟氰菊酯（功夫）乳油，1.8%阿维菌素，20%杀铃脲悬浮剂，25%灭幼脲悬浮剂，30%桃小灵（马拉硫磷＋氰戊菊酯）乳油等。

10.2.2　蛀干害虫

蛀干害虫，是指钻蛀树木枝梢和树干的害虫。果树上常见的主要种类包括天牛、吉丁虫及透翅蛾类。

蛀干害虫发生为害的特点是：①一生除成虫期进行补充营养、交尾、产卵等活动营裸露生活外，绝大多数的时间均营隐蔽生活，一旦林木表现出明显的被害状时，往往又失去防治的有利时机，给防治工作带来一定困难；②由于营隐蔽生活，受外界环境影响较小，虫口数量较稳定；③该类害虫蛀食韧皮部、木质部，一旦林木表现出凋萎枯黄，导致树势衰弱后，往往很难恢复生机；④蛀干害虫的发生发展，往往是从个别林开始，并在受害林保持一定虫口密度，形成发生基地，然后逐次扩大蔓延。

10.2.2.1　桑天牛

桑天牛(*Apriona germari* Hope)，别称褐天牛、粒肩天牛、铁炮虫，属鞘翅目天牛科。全国南北果产区及大部桑树栽培区均有分布。寄主植物有桑树、苹果、梨、杏、桃、樱桃、无花果等多种果树和林木。成虫食害嫩枝皮和叶，幼虫于枝干的皮下和木质部内，向下蛀食，隧道内无粪屑，隔一定距离向外蛀一通气排粪屑孔，排出大量粪屑，削弱树势，重者致果木枯死。

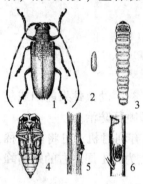

图 10-12　桑天牛
(仿浙江农业大学)
1. 成虫　2. 卵　3. 幼虫　4. 蛹
5. 产卵穴　6. 产卵枝

(1)形态特征(图 10-12)

①成虫　体长 36～46mm，黑褐色，密生暗黄色绒毛。触角鞭状 11 节，第 1～2 节黑色，其余各节基部灰白色，端部黑色。前胸背板有不规则的横皱纹，两侧各有 1 刺。翅鞘基部有黑瘤，肩角有 1 黑刺。

②卵　长椭圆形，稍弯曲，长 5～7mm。乳白或黄白色。

③幼虫　体长 50～80mm，圆筒形。头部小，黄褐色。前胸节特大，背板密生黄褐色短毛和赤褐色刻点，隐约可见"小"字形凹纹，3～10 节背、腹面有扁圆形泡突，上密生赤褐色颗粒。

④蛹　体长 30～50mm，纺锤形。初淡黄后变黄褐色。翅芽达第 3 腹节，尾端轮生刚毛。

(2)生活史与习性

北方 2～3 年 1 代，以幼虫或即将孵化的卵在枝干内越冬，在寄主萌动后开始为害，落叶时休眠越冬。初孵幼虫，先向上蛀食 10mm 左右，即掉回头沿枝干木质部向下蛀食，逐渐深入心材，如植株矮小，下蛀可达根际。幼虫在蛀道内，每隔一定距离即向外咬一圆形排粪孔，粪便和木屑即由排粪孔向外排出。排泄孔径随幼虫增长而扩大，孔间距离自上而下逐渐增长，增长幅度因寄主植物而不同。幼虫老熟后，即沿蛀道上移，越过 1～3 个排泄孔，先咬出羽化孔的雏形，向外达树皮边缘，使树皮呈现臃肿或破裂，常使树液外流。此后，幼虫又回到蛀道内选择适当位置做成蛹室，化蛹其中。蛹室长 40～50mm，宽 20～25mm。蛹期 15～25d。羽化后于蛹室内停 5～7d 后，咬羽化孔钻出，7～8 月间为成虫发生期。成虫多晚间活动取食，以早晚较盛，经 10～

15d 开始产卵。2~4 年生枝上产卵较多，多选直径 10~15mm 枝条的中部或基部，先将表皮咬成"U"形伤口，然后产卵于其中，每处产 1 粒卵，偶有 4~5 粒者。每雌可产卵 100~150 粒，产卵约 40d。卵期 10~15d，孵化后于韧皮部和木质部之间向枝条上方蛀食约 1cm，然后蛀入木质部内向下蛀食，稍大即蛀入髓部。开始每蛀 5~6cm 长向外排粪孔，随虫体增长而排粪孔距离加大，小幼虫粪便红褐色细绳状，大幼虫的粪便为锯屑状。幼虫一生蛀隧道长达 2m 左右，隧道内无粪便与木屑。

(3)防治技术

①人工防治　7~9 月幼虫孵化，并向枝条基部蛀入，防治时可选最下的 1 个新粪孔，将蛀屑掏出，然后用钢丝或金属针插入孔道内，钩捕或刺杀幼虫。6 月下旬至 8 月下旬成虫发生期，每天傍晚巡视果园，捕捉成虫。成虫白天不活动，可振动树干使虫落地捕杀。

②化学防治　幼虫发生盛期，对新排粪孔，可用下列药剂：80% 敌敌畏乳油 100 倍液，25% 高效氯氰菊酯乳油 500~1000 倍液，10% 吡虫啉可湿性粉剂 500~800 倍液，40% 氧乐果乳油 50~100 倍液，50% 敌敌畏乳油 50~100 倍液，20% 三唑磷水剂 50~100 倍液，25% 溴氰菊酯乳油 800~1000 倍液，20% 杀螟硫磷乳油 50~100 倍液，75% 硫双威可湿性粉剂 100~200 倍液，25% 氯氟氰菊酯乳油 500~600 倍液，10% 醚菊酯悬浮剂 500~1500 倍液，5% 氟苯脲乳油 800~1500 倍液，20% 虫酰肼悬浮剂 500~700 倍液，用兽用注射器注入蛀孔内，施药后几天，及时检查，如还有新粪排出，应及时补治。每孔最多注 10mL 药液，然后用湿泥封孔，杀虫效果显著。

10.2.2.2 桃红颈天牛

桃红颈天牛(*Aromia bungii* Fald.)，别名红颈天牛、红脖子天牛，属鞘翅目天牛科。广布于全国各地。主要为害核果类，如桃、杏、樱桃、郁李、梅等，也为害柳、杨、栎、柿、核桃、花椒等。幼虫蛀入木质部为害，造成枝干中空，树势衰弱，严重时可使植株枯死。

(1)形态特征(图 10-13)

①成虫　体长 24~37mm，宽 8~10mm。体漆黑色，有光泽。头部腹面有许多横皱，头顶部两眼间有浅凹；触角及足蓝紫色，触角基部两侧各有一叶状突起；前胸有 2 种色型：一是前胸背面棕红色，前后端呈黑色，并收缩下陷密布横皱，两侧各有 1 个刺突，背面有 4 个瘤突；另一是完全黑色。翅鞘表面光滑，基部较前胸宽，后端较狭。雌雄较易区别，雄虫体较小，前胸腹面密被刻点，触角超过体长 5 节；雌虫前胸腹面有许多横纹，触角超过体长 2 节。

②卵　长椭圆形，乳白色，长约 15mm。

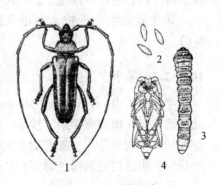

图 10-13　桃红颈天牛
(仿浙江农业大学)
1. 成虫　2. 卵　3. 幼虫　4. 蛹

③幼虫　老熟时体长 42~52mm。乳白色，略带黄色，前胸较宽广，体前半部各节略呈扁长方形，后半部呈圆筒形，体两侧密生黄棕色细毛。前胸背板的前缘和侧缘有 4 个稍骨化的黄棕色斑块，前缘中央的 2 块呈横长方形，每块前缘中央有凹缺；侧缘各有 1 块呈三角形，在前胸背板正中央有 1 块淡黄褐色瓜子状小斑纹，其两侧各有 1 片刚毛区。

④蛹　淡黄白色，长 32~46mm。前胸两侧和前缘中央各有一突起，背板上有两排孔。

(2)生活史与习性

桃红颈天牛每 2~3 年发生 1 代，以各龄幼虫越冬。寄主萌动后开始为害。幼虫蛀食树干，初期在皮下蛀食逐渐向木质部深入，钻成纵横的虫道，深达树干中心，上下穿食，并排出木屑状粪便于虫道外。受害的枝干引起流胶，生长衰弱。幼虫在树干的虫道内蛀食两三年后，老熟并在虫道内作茧化蛹。成虫在 6 月间开始羽化，中午多静息在枝干上，交尾后产卵于树干或骨干大枝基部的缝隙中。卵经 10 d 左右孵化成幼虫，在皮下为害，以后逐渐深入到木质部。幼虫长到 3cm 左右，则以蛀食果树的木质部为主，并向外咬一个排粪孔。入冬后，幼虫休眠，立春开始活动。循环往复，年年如此。

(3)防治技术

①人工防治　幼虫孵化期，人工刮除老树皮，集中烧毁。成虫羽化期，人工捕捉，主要利用成虫 14:00~15:00 时静栖在枝条上，特别是下到树干基部的习性，进行捕捉。由于成虫羽化期比较集中，一般在 10 d 左右。在此期间坚持人工捕捉，效果显著。成虫产卵期，经常检查树干，发现有方形产卵伤痕，及时刮除或以木槌击死卵粒。成虫发生前，在树干和主枝上刷涂白剂(生石灰 10 份、硫磺 1 份、食盐 0.2 份、动物油脂 0.2 份，水 40 份)，防止成虫产卵。

②化学防治　对有新鲜虫粪排出的蛀孔，可用小棉球蘸敌敌畏煤油合剂(煤油 1 kg 加入 80% 敌敌畏乳油 50g)塞入虫孔内，然后再用泥土封闭虫孔，或注射 80% 敌敌畏原液少许，洞口敷以泥土，可熏杀幼虫。

③生物防治　保护和利用天敌昆虫。如管氏肿腿蜂(*Scleroderma guani* Xiao et Wu)。

10.2.2.3　苹小吉丁虫

苹小吉丁虫(*Agilus mali* Matsumura)属鞘翅目吉丁虫科，分布于西北、华北、东北各地。寄主植物有苹果、沙果、海棠、花红等。以幼虫蛀食枝干皮层为害，使木质部和韧皮部内外分离。随着幼虫的不断生长，深达木质部，严重为害枝干的韧皮部和形成层，虫道内充满褐色粪便，蛀道内常流出红色或黄色汁液，被害部皮层变成黑褐色，干裂枯死。

(1)形态特征(图 10-14)

①成虫　体长 5.5~10mm，雌虫体长 7~9mm，雄虫略小。全体紫铜色，有光泽。头短而宽。前胸背板横长方形，鞘翅后端收窄，体似楔状。

②卵　椭圆形扁平，长约1mm。初产时乳白色，后变黄褐色。

③幼虫　体长15~22mm，体扁平。头部和尾部为褐色，胸腹部乳白色。头大，大部入前胸。体扁平，节间明显收缩，前胸特别宽大，中胸特小。腹部第7节最宽，胸足、腹足均已退化。

④蛹　长6~10mm，纺锤形，淡褐色。

(2)生活史与习性

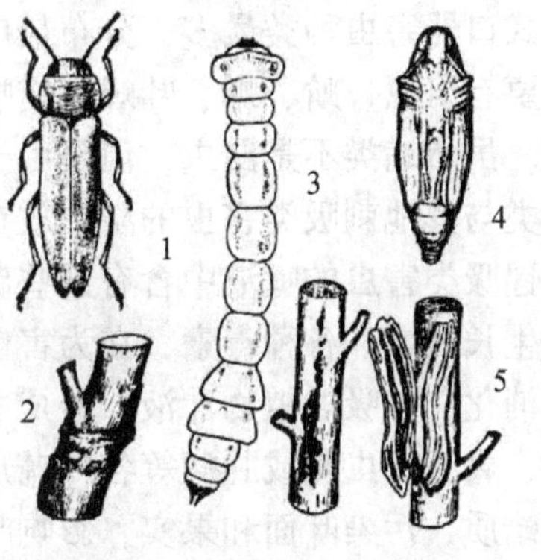

苹小吉丁虫一般1年发生1代，以低龄

图10-14　苹小吉丁虫(仿北京农业大学)
1.成虫　2.卵　3.幼虫　4.蛹　5.被害状

幼虫在枝干皮层内越冬。第2年3~4月气温转暖后，越冬幼虫继续在枝干皮层内串食为害，被害部位皮层枯死变黑，稍凹陷。一般多在树干或侧枝向阳面进行为害，所以受害部位多呈现在树干的背风向阳处。以幼虫为害为主，4~5月为幼虫的为害盛期，可造成枝条枯死，甚至可致幼树整株死亡。5~6月老熟幼虫蛀入木质部并作蛹室化蛹，蛹期12~16d。成虫羽化后咬穿果树皮层脱出，7月中至8月上旬为成虫盛发期。成虫取食树叶，造成叶片缺刻；成虫具有喜阳光性和假死性，遇惊扰做假死状；多在晴天的中午取食和交尾产卵，卵多散产在枝条向阳面不光滑处。7月下旬幼虫孵化，即蛀入皮下食害形成层，至11月间，在原处作茧越冬。

(3)防治技术

①苗木检疫　苹小吉丁虫是检疫对象，可随苗木传到新区。所以，应严格加强苗木出圃时的检疫工作，防止传播。

②保护天敌　苹小吉丁虫在老熟幼虫和蛹期，有2种寄生蜂和1种寄生蝇，在不经常喷药的果园，寄生率可达36%。在秋冬季，约有30%的幼虫和蛹被啄木鸟食掉。

③人工防治　利用成虫的假死性，人工捕捉落地的成虫；清除死树，剪除虫梢，于化蛹前集中烧毁；人工挖虫，冬春季节，将虫伤处的老皮刮去，用刀将皮层下的幼虫挖出，然后涂5°Be石硫合剂。

④涂药治虫　幼虫在浅层为害时，应反复检查，发现树干上有被害状，就在其上用毛刷一刷即可。药剂可用80%敌敌畏乳油10倍液，80%敌敌畏乳油用煤油稀释20倍液。

⑤喷药杀成虫　在苹小吉丁虫发生严重的果园，单靠防治幼虫往往还不能完全控制其为害，应在防治幼虫的基础上，在成虫发生盛期连续喷药，如20%杀灭菊酯乳油2000倍液、90%敌百虫1500倍液等。剪除被害严重的并已近枯死的枝条，以减少虫源。

10.3　刺吸类害虫

刺吸类害虫是指以刺吸式和锉吸式口器取食植物汁液为害的昆虫，其中，以刺吸式口器害虫种类最多，分布最广。在我国果树上发生为害较普遍的刺吸类口器害虫主要有蚜虫、蚧、蝉、叶蝉、蜡蝉、粉虱等，此外还包括叶螨、细须螨、瘿螨等害螨类。虽然螨类不是昆虫，但是由于其为害和发生防治与害虫较为相似，故农业上常将螨类与其他刺吸类害虫的防治放在一起。本教材也将螨类并入这一章节介绍。刺吸类和锉吸类害虫的唾液中含有某些碳水化合物水解酶，甚至还有从植物组织中获得的植物生长激素和各种毒素，在为害前和为害过程中都不断将唾液注入植物组织内进行体外消化，并吸取植物汁液，造成植物营养匮乏，致使受害部分出现黄化、枯斑、萎蔫、卷叶、虫瘿或肿瘤等各种畸形现象，甚至整株枯死。有些种类大量排泄蜜露或分泌蜡质，污染叶面和果实，影响呼吸作用和光合作用，招引煤炱菌和蚂蚁，影响植株的生长发育和果实的品质。还有些种类是植物病毒的传播媒介，使病毒病害流行，造成更大的经济损失。

10.3.1　蚜虫类

蚜虫包括蚜总科(又称蚜虫总科，学名 Aphidoidea)下的所有成员。目前已经发现的蚜虫共有 10 科约 4400 种，其中多数属于蚜科。蚜虫是地球上最具破坏性的害虫之一，是果树上发生为害较普遍的一类刺吸式口器昆虫，其中果树上为害较重的种类包括苹果瘤蚜(*Myzus malisuctus* Matsumura)、梨黄粉蚜[*Aphanostigma jakusuiense* (Kishida)]、苹果绵蚜[*Eriosoma lanigrum* (Hausmann)]、苹果根绵蚜[*Prociphilus crataegicola* (Shinji)]、绣线菊蚜(*Aphis citricola* van der Goot)、桃蚜[*Myzus persice* (Sulzer)]等。其中苹果绵蚜为国内、外重要的检疫对象之一。到目前为止，国内已分布于山东、天津、河北、山西、陕西、河南、辽宁、江苏、云南、甘肃、安徽、贵州、新疆及西藏等省(自治区、直辖市)，为国内检疫对象。因前面章节对蚜虫已有介绍，且其防治技术有相似性，故此章节对果树蚜虫类的防治不再作详细介绍。

10.3.1.1　形态特征

(1)绣线菊蚜(*Aphis citricola* van der Goot)

属半翅目蚜科，别名苹果黄蚜，俗称腻虫、蜜虫(图 10-15)。

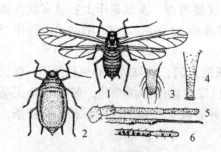

图 10-15　绣线菊蚜

(1、2 仿中国农业科学院　余仿张广学)

有翅孤雌蚜:1. 成虫　6. 第 3、4 节触角

无翅孤雌蚜:2. 成虫　3. 尾片　4. 腹管　5. 触角

①无翅孤雌胎生蚜　体长 1.6~1.7mm，宽约 0.95mm。体近纺锤形，黄、黄绿或绿色。头部、复眼、口器、腹管和尾片均为黑色，口器伸达中足基节窝，触角显著比体短，基部浅黑色，无次生感觉圈。腹管圆柱形向末端渐细，尾片圆锥形，生有 10 根左右弯曲的毛，体两侧有明显的乳头状突起，尾板末端圆，有毛 12~13 根。

②有翅孤雌胎生蚜　体长 1.5~1.7mm，翅展约 4.5mm。体近纺锤形，

头、胸、口器、腹管、尾片均为黑色，腹部绿、浅绿、黄绿色，复眼暗红色。口器黑色伸达后足基节窝，触角丝状 6 节，较体短，第 3 节有圆形次生感觉圈 6~10 个，第 4 节有 2~4 个，体两侧有黑斑，并具明显的乳头状突起。尾片圆锥形，末端稍圆，有 9~13 根毛。

③卵　椭圆形，长径约 0.5mm，初产浅黄，渐变黄褐、暗绿，孵化前漆黑色，有光泽。

④若虫　鲜黄色，无翅若蚜腹部较肥大、腹管短，有翅若蚜胸部发达，具翅芽、腹部正常。

（2）苹果瘤蚜（*Myzus malisuctus* Matsumura）（图 10-16）

①无翅孤雌胎生蚜　体长 1.4~1.6mm，宽约 0.75mm，近纺锤形，体黄绿、暗绿或褐绿色。头浅黑色，额瘤显著，复眼暗红色，口器末端黑色伸达中足基节。触角丝状 6 节，较体短，除第 3、4 节的基半部淡绿或淡褐色外，其余均为黑色。胸、腹背面均有黑色横带。腹管黑色长筒形，末端稍细，具瓦状纹；尾片黑色圆锥形，具细毛 3 对。

②有翅孤雌胎生蚜　体长约 1.5mm，翅展 4.0mm，卵圆形。头胸部暗褐色，具明显的额瘤，生有 2~3 根黑毛；口器、复眼、触角均呈黑色，口器末端可达中足基部，触角第 3 节有圆形感觉孔 22~26 个，第 4 节约 7~11 个。腹部暗绿色，背部腹管前各节均有黑色横纹；腹管长圆筒形，基半部黑色，端半部色稍淡。

③卵　椭圆形，长径约 0.5mm，黑绿至黑色，有光泽。

④若虫　体浅绿色，形似无翅孤雌胎生蚜，翅基蚜胸部较发达，具翅芽。

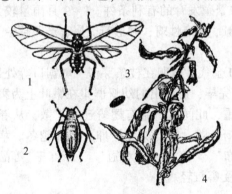 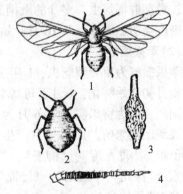

图 10-16　苹果瘤蚜
（仿北京农业大学）
1. 有翅胎生雌蚜　2. 无翅胎生雌蚜　3. 卵　4. 被害状

图 10-17　苹果绵蚜（仿师光禄等）
1. 有翅胎生雌蚜　2. 无翅胎生雌蚜
3. 被害状　4. 有翅雌蚜触角腹面观

（3）苹果绵蚜［*Eriosoma lanigrum*（Hausmann）］（图 10-17）

①无翅孤雌胎生蚜　体长 1.8~2.2mm，宽约 1.2mm。椭圆形，体淡色，无斑纹，体表光滑，头顶骨化粗糙纹。腹部膨大，亦褐色，腹背具 4 条纵列的泌蜡孔，分泌白色蜡质丝状物，因而该蚜在寄主树上严重为害时如挂棉绒。腹部体侧有侧瘤，着生短毛，腹管半环形，围有毛 5~10 对，尾片有短毛 1 对，尾板毛 19~24 对。喙达后足基节。触角短粗 6 节，第 6 节基部有圆形初生感觉孔。

②有翅孤雌胎生蚜　体长 1.7~2.0mm，翅展 6.0~6.5mm。暗褐色，腹部淡色。触角 6 节，第 3 节最长；第 3~6 节依次有环状感觉器 17~20 个，3~5 个，3~4 个，2 个。前翅中脉分 2 叉，翅脉与翅痣均为棕色。

③性蚜　体长：雌约 1.0mm，雄约 0.7mm。触角 5 节，口器退化，体淡黄褐或黄绿色。

④若虫　共 4 龄，末龄体长 0.65~1.45mm，黄褐至赤褐色，略呈圆筒形，喙细长，向后延伸，体被白色绵状物。

⑤卵　椭圆形，长约 0.5mm，宽约 0.2mm。初产橙黄色，后变褐色，表面光滑，外被白粉，精孔明显可见。

10.3.1.2　生活史与习性

(1) 绣线菊蚜

绣线菊蚜属留守型蚜虫，全年留守在 1 种或几种近缘寄主上完成其生活史，无固定转换寄主现象。1 年发生 10 余代，以卵于枝条的芽旁、枝杈或树皮缝等处越冬，以 2~3 年生枝条的分杈和鳞痕处的皱缝卵量为多。翌年寄主萌芽时开始孵化为干母，并群集于新芽、嫩梢、新叶的叶背开始为害，十余天后即可胎生无翅蚜虫，称为干雌。行孤雌胎生繁殖，全年中仅秋末的最后 1 代行两性生殖。干雌以后则产生有翅和无翅的后代，有翅型转移扩散。前期繁殖较慢，产生的多为无翅孤雌胎生蚜，5 月下旬可见到有翅孤雌胎蚜。6~7 月繁殖速度明显加快，虫口密度明显提高，出现枝梢、叶背、嫩芽群集蚜虫，多汁的嫩梢是蚜虫繁殖发育的有利条件。8~9 月雨量较大时，虫口密度会明显下降，至 10 月开始产生雌、雄有性蚜，并进行交尾、产卵越冬。

(2) 苹果瘤蚜

苹果瘤蚜为留守型蚜虫，1 年发生 10 余代，以卵在枝条芽旁、剪锯口等处越冬。翌年 4 月初开始孵化，4 月下旬基本孵化完毕，孵化出的幼蚜群集在嫩叶上为害。在幼果期间，可为害果实。5~6 月为害最重，此间可产生有翅蚜迁飞扩散，从春到秋都以孤雌胎生繁殖。10~11 月产生有性蚜，雌、雄蚜交尾产卵，以卵越冬。苹果中以'元帅'、'青香蕉'、'柳玉'、'晚沙布'、'醇露'、'鸡冠'、'新红玉'等品种为害较重，'国光'、'红玉'、'倭锦'品种受害较轻。

(3) 苹果绵蚜

苹果绵蚜原产于美国有美国榆的地区。冬季以卵在榆树粗皮裂缝里越冬。翌年早春卵孵化为干母，在榆树上繁殖为害 2~3 代后，产生有翅蚜，迁至苹果树上为害。行孤雌胎生繁殖。至秋末产生有翅蚜，迁回榆树，产生有性蚜，雌、雄交配后产卵越冬。

在世界无美国榆的地区，其生活习性有所改变，以 1~2 龄的若虫在苹果树枝干的病虫伤疤或剪锯口、土表根际等处越冬，无转换寄主现象。

据报道，苹果绵蚜在青岛 1 年发生 17~18 代，大连 13 代以上。当旬均气温高达 8℃以上时，越冬若虫开始活动；4 月底至 5 月初越冬若虫变为无翅孤雌成虫，以胎生方式产生若虫，每雌可产若虫 50~180 头；新生若虫即向当年生枝条进行扩散迁移，爬至嫩梢基部、叶腋或嫩芽处吸食汁液、5月底至6月为扩散迁移盛期，同时不断繁殖为害；当旬均气温为22~25℃时，为繁殖最盛期，约8 d完成1个世代，当温度高达26℃以上时，虫量显著下降。同时日光蜂对绵蚜的繁殖也起到有效的抑制作用。到8月下旬气温下降以后，虫量又开始上升，9月1龄若虫又向枝梢扩散为害，形成全年第2次为害高峰，到10月下旬以后，若虫爬至越冬部位开始越冬。

苹果绵蚜的有翅蚜在我国1年出现2次高峰，第1次为5月下旬至6月下旬，但数量较少。第2次在9~10月，数量较多，产生的后代为有性蚜，有性蚜喜隐蔽在较阴暗的场所，寿命也较短，有性蚜死亡率高达60%~90%。

苹果绵蚜的远距离传播，主要靠接穗、苗木、果实及其包装物、果筐、果箱。近距离主要靠有翅成蚜的迁飞或随风雨等传播。另外，果园劳动工具、衣帽及修剪下带有苹果绵蚜的残枝、叶片均可作为传播该虫的媒介。

10.3.1.3　发生与环境的关系

(1) 绣线菊蚜

① 温、湿度的影响　据有关资料报道，绣线菊蚜的发育起点温度为5℃，当温度在35℃以上持续较长时，对该蚜虫将是致命的。25℃左右为最适温度。干旱对绣线菊蚜的发育和繁殖均有利，如果夏至前后降雨充足、雨势较猛时，会使其虫口密度大大下降。

② 食料条件的影响　绣线菊蚜具有趋嫩性，多汁的新芽、嫩梢和新叶，其发育和繁殖均快。当群体拥挤、营养条件太差时，则发生数量下降或开始向其他新的嫩梢转移分散。因此，苗圃和幼龄果树发生常比成龄树严重。绣线菊蚜对品种也具选择性，如'国光'、'红玉'受害较重，而花红等果树品种则受害较轻。

③ 天敌的影响　自然界中存在不少蚜虫的天敌，如七星瓢虫[*Coccinella septempunctata* (L.)]、龟纹瓢虫[*Propylea japonica* (Thun)]、叶色草蛉(*Chrysopa phyllochrma* Wes.)、大草蛉(*Chrysopa septempunctata* Wes.)、中华草蛉(*Chrysopa sinica* T.)以及一些寄生蚜和多种食蚜蝇，这些天敌对抑制蚜虫的发生具有重要作用，应加以保护。

(2) 苹果瘤蚜

与绣线菊蚜相似。

(3) 苹果绵蚜

① 气象因素的影响　其发生与温湿度关系最为密切。据调查，多雨年份要比少雨年份发生严重。在同一个时期，多雨年份苹果绵蚜的发生量为少雨年份的29.5倍。另一方面，湿度对苹果绵蚜发育的影响主要表现为：在15~28℃条件下，苹果绵蚜发育历期随着温度的上升而逐渐缩短，发育速度加快。

② 天敌的影响　天敌也是影响苹果绵蚜种群数量的一个重要因素。7~8月，苹果绵蚜数量减少，除与气温的因素相关外，其天敌苹果绵蚜蚜小蜂(日光蜂)对它的控制也是一种主要原因，寄生率在50%~90%，但4~5月是苹果绵蚜蚜小蜂对苹果绵蚜的控制空缺时期。

③苹果品种的影响　已知苹果绵蚜寄主有苹果、沙果、海棠、山荆子、山楂、梨、李和花红等，其中以苹果受害最为严重。苹果品种间受害程度的差异，因栽培管理不同及其他病虫害的影响而有不同。

10.3.2　介壳虫类

蚧类是一类特殊的害虫，发生的种类很多，均属半翅目蚧总科。介壳虫食性复杂，除为害果树外，还危及茶、桑、核桃等经济林木以及园林树木和花卉植物，现已上升为果、林和观赏植物的重要害虫。介壳虫的若虫活动期短，雌虫通常被各种粉状、絮状蜡质分泌物或各种形状的介壳，一般药剂对它杀伤力低，一旦发生，较难防治，且介壳虫多随果树苗木等的调运而传播。因此，严格执行检疫制度是防止介壳虫蔓延扩散的一项重要措施。

10.3.2.1　形态特征

（1）日本蜡蚧（*Ceroplastes japonicas* Green）（图 10-18）

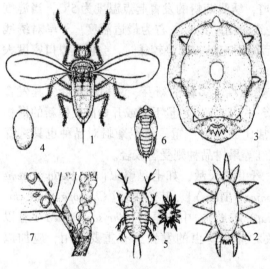

①成虫　雌成虫成熟后宽卵圆形，直径 4 mm 左右，黄红或紫红色，背覆白色蜡质介壳并向上隆起或强烈突起形成龟状凹纹或半球形；体腹面柔软。雌成虫初期，体表蜡层具有下述明显的特征：背中央隆起，周缘低平，有规则的共形成 9 个区，每区内有白色的小角状蜡质突起 1~3 个。

雄成虫体长约 1.3 mm，翅展约 2.2 mm。体为深褐或棕褐色，头与前胸背板色较深，触角鞭状。翅白色透明，具 2 条明显翅脉，自基部分离。

②卵　椭圆形，长径约 0.3 mm，初产时乳白色，后渐变浅黄至深红色，近孵化时为紫色。

③若虫　初孵若虫体扁平，椭圆形，长约 0.5 mm，触角丝状。复眼黑色。足 3 对，细小。腹部末端有臀裂，两侧各有 1 根刺毛。自若虫在叶上固定 12~24 h 后，背面开始出现白色蜡点，2~3 d 后虫体四周显示出白色蜡刺，尾部蜡刺短而缺裂，成对分布于肛板两侧。随着生长发育，蜡壳加厚，并周边伸出 15 个三角形的蜡芒，头部有尖而长的蜡刺 3 个，体两侧边及尾部各 4 个，相继出现雌雄形态分化，雌若虫背部微隆起，周边出现 7 个圆突，状似龟甲，雄若虫蜡壳长椭圆形，似星芒状。

④蛹　仅雄虫在介壳下化为伪蛹，裸式梭形，深褐或棕褐色。翅芽色较淡，蛹体长约 1.2 mm，宽约 0.5 mm。

图 10-18　日本蜡蚧（仿赵庆贺等）
1. 雄成虫　2. 雄虫蜡壳　3. 雌成虫
4. 卵　5. 若虫　6. 雄蛹　7. 被害状

（2）朝鲜球坚蜡蚧（*Didesmococcus koreanus* Borchs）（图 10-19）

①成虫　雌成虫体近球形，后面垂直，前、侧面下部凹入。触角 6 节，第 3 节最长。足正常，跗冠毛、爪冠毛均细。初期介壳质软、黄褐色，后期硬化、紫色，体表皱纹不显，背面具纵列刻点 3～4 行或无规则，体腹色淡红色，腹面与贴枝处具白色蜡粉。雄虫体长约 1.5～2.0mm，翅展约 5.5mm，红褐色，腹部淡黄褐，眼紫红色，触角丝状 10 节，上生黄白色短毛。前翅白色透明，后翅特化为平衡棒。介壳长扁圆形，蜡质表面光滑。

②卵　长约 0.3mm，卵圆形，半透明。粉红色，初产白色，卵壳上有不规则纵脊并附白色蜡粉。

③若虫　初龄体扁，卵圆形，浅粉红色，腹末具 2 条细毛；固着后的若虫体长约 0.5mm，体背被丝状蜡质物，口器约为体长的 5 倍。越冬后若虫体浅黑褐色并具数十条黄白色条纹，上被薄层蜡质。雌性体长约 2.0mm，有数条紫黑色横纹；雄略瘦小，体表近尾端 1/3 处有 2 块黄色斑纹，体表中央具 1 条浅色纵隆线，向两侧伸有较显的横隆线 7～8 条。

④雄蛹　裸露赤褐色，体长约 1.8mm，腹末具黄褐色刺状突。茧长卵圆形，灰白色，半透明。

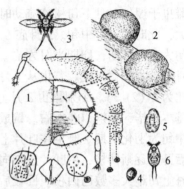

图 10-19　朝鲜球坚蚧（仿赵庆贺等）

1. 雌成虫　2. 雌介壳　3. 雄成虫
4. 卵　5. 雄蛹壳　6. 初孵若虫

（3）桑盾蚧[*Pseudaulacaspis pentagona*（Targioni-Tozzetti）]（图 10-20）

①成虫　雌体长 0.8～1.3mm，宽 0.7～1.1mm。淡黄至橘红，臀板区红或红褐色。扁平宽卵圆形，臀板尖削，臀叶 3 对，中臀叶较大，近三角形且显著骨化，外侧缘具锯齿状缺刻，内侧缘常具 1 缺刻。第 2、3 对臀叶均分为大、小 2 叶，且较小而不显，臀棘发达刺状，管状腺具硬化环，背腺较大，呈 4 列。阴门周腺 5 群，前群 15～23 个，前侧群 23～44 个，后侧群 21～53 个。前气门腺平均 13 个，后气门腺平均 4 个。介壳灰白或白色，长约 2mm，蜕皮壳橘黄色，位于介壳近中部，介壳常显螺纹。

雄成虫体长约 0.65mm，橘红，眼黑色，触角念珠状 10 节。前翅卵形，被细毛。雄虫介壳扁筒形似鸭嘴状，壳点橘黄色，位于首端；其余部分蜡质洁白色，表面有 4 条纵隆起，介壳的末端上下横裂成 2 层。介壳整体长 1.3mm。

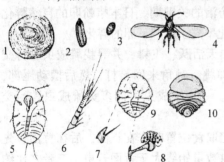

图 10-20　桑盾蚧（仿师光禄）

1. 雌介壳　2. 雄介壳　3. 卵　4. 雄成虫
5. 若虫　6. 触角（若虫）　7. 触角（成虫）
8. 气门　9. 成虫腹面　10. 成虫背面

②卵　椭圆形，长径 0.25～0.30mm。初产浅红，渐变浅黄褐，孵化前为橘红色。

③若虫　初孵扁椭圆浅黄褐色，眼、足、触角正常，脱皮进入 2 龄时眼、足、触

角及腹末尾毛均退化。

④雄蛹　橘黄色裸蛹，长约 0.65 mm。

10.3.2.2　生活史与习性

(1) 日本蜡蚧

①生活史　日本蜡蚧在河北、河南、山东、山西等地 1 年发生 1 代，以受精而未发育完全的雌成虫在寄主 1~2 年生的枝条上越冬。但以当年生枣枝上为最多。越冬雌虫于翌年 3 月下旬树液流动时开始发育，并继续为害寄主。随着取食，虫体迅速增大，此时为 4 月中旬。5 月底 6 月初雌成虫开始产卵，6 月中旬为产卵盛期，7 月中旬为产卵末期，卵期半月左右。6 月起逐渐孵化为若虫，7 月的上旬为孵化盛期，7 月底基本孵化出壳。若虫从 7 月底到 8 月初可以从外形上区分雌、雄，一般雌、雄性比为 1:(2~3)。个别雄虫 8 月上旬化蛹，8 月底至 9 月初为化蛹盛期，9 月下旬化蛹基本完毕，蛹期 20d 左右。雄成虫始见于 8 月中旬末，9 月下旬为羽化盛期，10 月上中旬为羽化末期。雌虫在叶片上为害，一直持续到 8 月底，同时雌虫和雄虫交配，然后开始逐渐回枝，由叶片逐渐向 1~2 年生的枝条上转移。9 月上中旬为回枝盛期，10 月上旬绝大多数已回枝。回枝后，一直固定不动地取食为害。随着气温的下降，树液停止流动时，该虫也进入越冬休眠期。

②习性　雌成虫交配后，转枝过冬。翌年春季再行取食为害，产卵后即死亡。雌成虫产卵时，停止取食，头胸缩小，腹部膨大，腹部各节出现白色蜡质，足离枝皮，虫体靠蜡壳固定于枝条上，蜡壳此时硬而呈灰白色。大量的卵产在虫体下，随着产卵，体腹逐渐向头胸方向收缩。据研究报道，在 24h 内，产卵连续不断地进行，夜晚 21:00~22:00 时，气温凉爽、湿度大时是产卵的日高峰期。一头发育正常的雌虫，日产卵量为 693 粒。不同寄主，日本蜡蚧产卵的量也不同，例如，每头雌虫平均产卵量在柿树上为 2983 粒，在枣树上为 1286 粒，石榴 1032 粒，法桐为 2632 粒，重阳木为 2841 粒，大叶黄杨 1284 粒，茶树为 901 粒。据观察，日本蜡蚧开始产卵的 4~5 d 卵量较多，占总卵量的 65%~83%。卵孵盛期比较集中，7 月上旬的孵化出壳率可占到总数的 70%~80%。因此，7 月上中旬是夏季药剂防治的关键期。日本蜡蚧卵的自然孵化率也很高，一般高达 85%~93%，先产下卵的孵化率高于后产下卵的孵化率。

雄虫羽化后，从蜡壳下爬出，然后飞翔，白天活跃、飞舞，并寻找雌成虫进行交配。交配前，先在雌虫周围飞翔，落下爬行，弹跳，触角来回敲打，然后摆动尾部，同时将交配器由雌成虫尾部插入，送入生殖孔。一头雄成虫可同多头雌成虫进行交配。雄成虫具趋光性，寿命 2d 左右。

若虫孵化后，沿枝条迁至叶片上，选择固定取食位置时先在正面，后在背面；先主脉，后侧脉，然后是叶面其余部分。正面若虫数量始终大于背面若虫，二者之比约为 (3~5):1，有的叶片背面若虫很少，而正面则相当多；若虫上叶速度在孵化前期比后期快得多。根据调查，6 月 20 日左右开始上叶，7 月上旬即达高峰期，7 月底数量增长缓慢。因此在若虫固叶期，为有效地控制虫口，减少为害，应在上叶高峰期到达之前的 3~5d 进行一次树上用药。检查防治效果时，应以叶片正面的虫情为主，这样更具有代表性；若虫期受到几种致死因子的作用，但由于日本蜡蚧产卵量大，孵化率高，因此若虫期树上喷药是很有必要的，否则，日本蜡蚧除几种致死因子消灭种群的数量之外，每年仍以上年种群数量的 27 倍递增，因此，首先应考虑压低若虫基数，然后进行后期控制。

（2）朝鲜球坚蜡蚧

1 年发生 1 代，以 2 龄若虫越冬。翌年春季树液流动后开始出蛰在原处活动为害，3 月下旬至 4 月上旬分化为雌雄性，4 月中旬出现雌、雄成虫，5 月下旬雌虫产卵于介壳下，5 月中旬为若虫孵化盛期。初孵若虫沿枝条迁至叶背固着为害，体背分泌极薄蜡质覆盖，到 10 月蜕皮变为 2 龄，然后迁回枝条为害一段时间后即越冬。雌、雄虫皆为 3 龄，蜕 2 次皮，单雌产卵 2500 粒左右，行孤雌与两性生殖，雌、雄性比为 3:1，全年以 4 月中旬至 5 月上中旬为害最盛。

（3）桑盾蚧

在南方 1 年发生 3~5 代，在北方 2 代，各地均以受精雌成虫越冬，翌年树液流动后开始为害。2 代区为害至 4 月下旬开始产卵，4 月底 5 月初为盛期，5 月上旬为末期，单雌卵量平均 135 粒。卵期 10d 左右，5 月上旬开始孵化，5 月中旬为盛期，下旬为末期。6 月中旬开始羽化，6 月下旬为末期。第 2 代 7 月下旬为卵盛期，7 月底为卵孵盛期，8 月末为羽化盛期。交尾后雄虫死亡，雌虫继续为害至秋后开始越冬。3 代区各代若虫发生期：第 1 代 4~5 月，第 2 代 6~7 月，第 3 代 8~9 月。第 1 代若虫期约 45d，第 2 代约 35d。据在山西省太谷县调查，越冬代雌成虫死亡率为 1.2%~15.7%，第 1 代为 25.7%。据报道，桑盾蚧褐黄蚜小蜂对该虫的自然寄生率可达 35%。

10.3.2.3　防治技术

（1）日本蜡蚧

①人工防治　通过适度修剪，剪除干枯枝和过密枝，有虫枝条，以减少病虫枝数量，同时结合刮、刷等人工防治，可将该虫消灭 95% 以上，这是一种简易有效的方法，这项工作从 11 月到翌年 3 月均可进行；在滴水成冰的严冬，喷水于枣枝上，连喷 2~3 次，使枝条结满较厚冰块，再用木棍敲打树枝将冰凌振落，越冬雌成虫可随同冰凌一起振落。此法节约开支，简便易行，有一定的效果。

②保护和利用天敌　日本蜡蚧的天敌资源十分丰富，捕食与寄生率均较高，因此，注意保护和利用天敌昆虫，使其起到控制日本蜡蚧的作用。保护和利用日本蜡蚧的天敌应注意以下几点：在防治日本蜡蚧及其他害虫时，应尽量错开寄生蜂羽化高峰期；施药时应以生物农药如苏云金杆菌、青虫菌等药剂防治为主。尽量少用或不用广谱性化学杀虫剂。

③化学防治　日本蜡蚧卵孵化后的 5d 左右为树上用药的关键期，并要求在 2~3d 内喷完一遍。大发生年份，应在卵孵盛期和末期各喷 1 次。农药应选用：25% 噻嗪酮乳油 2000 倍液，20% 溴氰菊酯乳油 2000 倍液，20% 灭扫利乳油 2000 倍液，2.5% 功夫乳油 2000 倍液，2.5% 联苯菊酯乳油 2000 倍液，40% 毒死蜱乳油 1000~

1500 倍液，2.5% 溴氰菊酯乳油 2000 倍液，40% 地亚农（二嗪农）乳油 1000 倍液，25% 喹硫磷乳油 2000 倍液，或 50% 敌敌畏乳油 800 倍液，防效均好。另外，冬季结合人工防治可喷布 3°~5°Be 石硫合剂并加入 0.3% 的洗衣粉，以增加其展着力与湿润作用；或喷布 3%~10% 的柴油乳剂。

（2）朝鲜球坚蜡蚧

①保护天敌　七星瓢虫、黑缘红瓢虫等都是朝鲜球坚蜡蚧的优势天敌，充分利用天敌抑制球坚蚧的发生，尽量不用或少用广谱性杀虫剂。

②人工防治　春季雌虫膨大时人工刷除虫体。

③药剂防治　在发生量大、为害面积广的情况下，必须采用化学防治措施。

防治适期：不同时期施药对朝鲜球坚蜡蚧防治效果差异较大，药剂防治以 1 龄若虫盛孵期和越冬若虫出蛰期防治效果最理想。最好 5 月中下旬初龄若虫盛期防治，此时虫体表面尚未形成蜡层，抗药能力弱。以 2 龄若虫越冬期和雌成虫产卵期施药防治，效果均不理想，此时越冬期若虫虫体表面覆有较厚的蜡质，影响药效发挥。

药剂选择：在防治适期喷施 25% 扑虱灵可湿性粉剂 1000 倍液。发芽前喷施 5°Be 石硫合剂。

（3）桑盾蚧

①人工防治　在桑盾蚧越冬休眠期清理果园，用硬毛刷或细钢刷，刷掉密集在枝干上越冬的雌成虫，结合整形修剪，剪除被蚧虫严重为害的枝条，将过度郁闭的衰弱枝条集中烧毁，可大大降低虫口基数。另外，在第 1 代若虫发生盛期，趁虫体未分泌蜡质时，同样可以用此类方法进行防治。还可以在树液流动初期，用 2~3 倍的 40% 毒死蜱乳油制成药泥，在地面以上至分枝处，刮除老树皮，涂抹一圈（20cm），再用塑料薄膜包裹，可使桑盾蚧在吸食汁液时死亡。

②保护和利用自然天敌　国内已发现此虫的天敌有红点唇瓢虫、日本方头甲、金黄蚜小蜂、红圆蚧金黄蚜小蜂等，对该虫有一定控制作用。

③化学防治　在 1 代若蚧孵化盛期，使用 48% 乐斯本乳油 1000 倍液，进行一次性防治，不仅效果好，而且对树体安全。用药时要确定最佳的防治时期，仔细观察卵孵化情况。据报道，大连地区一般在 5 月下旬至 6 月初为卵孵化盛期，即为最佳防治时期，此时大多数若蚧已经孵化，虫体小、抗药力差、身无蜡质，喷药容易达到效果。在喷药过程中一定要保证不留死角，要保证树体上下及枝干全布采用淋洗式喷雾，并在喷药中添加适量的中性洗衣粉，增加药剂的渗透性，以达到更好的防效。

10.3.3　叶螨类

叶螨类又叫红蜘蛛，是园艺植物主要有害生物类群之一，属于蛛形纲蜱螨亚纲。果树叶螨种类虽然不多，但分布极广，种群数量极大。生产中在有害生物管理上，也是十分棘手的问题。从叶螨种类的 50 年演替看，其适应性和空间、时间生态位的占据性上，具有很强的适应能力。因此，对叶螨类的控制，与一般害虫防治具有显著不同的地方。

为害果树的主要有蜱螨目叶螨科的山楂叶螨（*Tetranychus viennensis* Zacher）、苹果全爪螨[*Panonychus ulmi* (Koch)]、二斑叶螨(*Tetranychus urticae* Koch)、柑橘全爪螨[*Panonychus citri* (McGregor)]、果苔螨[*Bryobia rubrioculus* (Scheuten)]、柑橘始叶螨(*Eotetranychus kankitus* Ehara)等。

山楂叶螨别名山楂红蜘蛛、樱桃红蜘蛛，分布于亚洲、欧洲和大洋洲。国内分布于东北、华北、西北和长江中、下游等果区，以北方梨、苹果产区受害较重。苹果全爪螨又称榆全爪螨，为世界性果树害螨，以欧洲和北美发生最重。我国大部分苹果产区都有发生，以渤海湾苹果产区发生较重。二斑叶螨别名二点叶螨、叶锈螨、棉红蜘蛛、普通叶螨，是落叶果树上发生的重要害螨，近几年传播蔓延迅速，已在山东、山西、甘肃、陕西、河北、北京及辽宁南部和西部等苹果产区猖獗为害。

山楂叶螨主要为害梨、苹果、桃、樱桃、山楂、核桃、李等多种果树及玉米、番茄、茄子、草莓、椴、榛、刺槐、柳、泡桐、毛白杨等植物。苹果全爪螨主要寄主有苹果、梨、桃、杏、山楂、海棠、樱桃、花红等，其中以苹果受害最为严重。二斑叶螨寄主植物已记载有 50 余科 200 多种，主要果树寄主有苹果、桃、杏、梨、李、柑橘、樱桃、柠檬等。

叶螨类均以成螨、若螨、幼螨集中在植物叶片背面或叶芽处刺吸汁液，形成大量失绿斑点，大发生时也可为害果实，严重影响植物生长发育，造成产量和品质下降。山楂叶螨为害初期叶部症状表现为局部褪绿斑点，后逐渐扩大连片成褪绿斑块，为害严重时，整张叶片发黄、干枯，造成大量落叶、落花、落果，严重时全叶苍白枯焦早落，常造成二次发芽开花，削弱树势，既影响当年产量，又影响来年产量。苹果全爪螨为害后，叶片多变为银灰色，组织增厚变脆，但一般不提早落叶。二斑叶螨初期为害，受害叶片先从近叶柄的主脉两侧出现苍白色斑点，随着为害的加重，可使叶片变成灰白色至暗褐色，抑制光合作用的正常进行，严重者叶片焦枯以至提早脱落。另外，二斑叶螨在取食的同时，还释放毒素或生长调节物质，引起植物生长失衡，以致有些幼嫩叶呈现凹凸不平的受害状，大发生时树叶、杂草、农作物叶片一片焦枯现象。

10.3.3.1　形态特征

(1) 山楂叶螨(图 10-21)

① 成螨　雌螨体卵圆形，背隆起，体长 0.40 ～ 0.70mm。越冬型(滞育型)为鲜红色，有光泽；夏季型为暗红色，体背两侧有黑色纹。须肢端感器锥形，其长与基部宽略等；背感器短于端感器，小枝状。后半体肤纹均呈横向，无菱状纹。背毛 13 对，细长，长度超过横列刚毛间距，刚毛基部无毛瘤。足 4 对，各足爪间突分裂成 3 对针状毛。雄螨体菱形，长 0.35～0.45mm，末端略尖，浅绿色，体背两侧有暗色斑纹。

② 卵　圆球形，初产卵为黄白色或浅黄色，孵化前呈橙红色，并呈现出 2 个红色斑点。

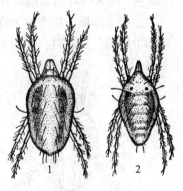

图 10-21　山楂叶螨
(仿华南农学院)
1. 雌成螨　2. 雄成螨

③幼螨　足 3 对，初孵化时圆球形，黄白色，取食后体形渐变为椭圆形，体色呈浅绿色，体背两侧出现深绿色斑。

④若螨　足 4 对，前期淡绿至浅橙黄色，体背出现刚毛，两侧有深色斑纹。后期与成螨相似。

（2）苹果全爪螨（图 10-22）

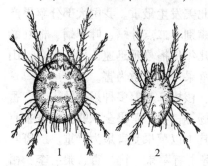

图 10-22　苹果全爪螨
（仿华南农学院）
1. 雌成螨　2. 雄成螨

①成螨　雌螨体长约 0.45mm，宽 0.29mm 左右。体圆形，红色，取食后变为深红色。背部显著隆起。背毛 13 对，粗壮，向后延伸，着生于粗大的黄白色毛瘤上。足 4 对，黄白色；各足爪间突爪状，腹面具 3 对针状毛。雄螨体长 0.30mm 左右，初孵化时为浅橘红色，取食后呈红褐色。体尾端较尖。刚毛的数目与排列同雌成螨。

②卵　葱头形，顶部中央具一短柄。夏卵橘红色，冬卵深红色，卵壳表面布满纵纹。

③幼螨　足 3 对。由越冬卵孵化出的第 1 代幼螨呈淡橘红色，取食后呈暗红色；夏卵孵化的初孵幼螨为黄色，后变为橘红色或深绿色。

④若螨　足 4 对。前期若螨体色较幼螨深；后期若螨体背毛较为明显，体形似成螨，已可分辨出雌雄。

（3）二斑叶螨（图 10-23）

①成螨　雌螨体长 0.42～0.59mm，椭圆形，体背有刚毛 13 对。生长季节为白色、黄白色，体背两侧各具 1 块黑色长斑，取食后呈浓绿、褐绿色；当密度大，或种群迁移前体色变为橙黄色。在生长季节绝无红色个体出现。滞育型体呈淡红色，体侧无斑。与朱砂叶螨［*Tetranychus cinnabarinus*（Boisduval）］的最大区别为在生长季节无红色个体，其他均相同。雄螨体长 0.26mm，近卵圆形，前端近圆形，腹末较尖，多呈绿色。与朱砂叶螨难以区分。

②卵　球形，初产时为乳白色，渐变橙黄色，将孵化时现出红色眼点。

③幼螨　足 3 对，初孵时近圆球形，白色，取食后变暗绿色，眼红色。

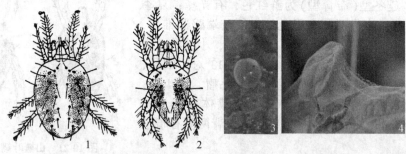

图 10-23　二斑叶螨（1、2 仿华南农学院　3、4 引自宫亚军等）
1. 雌成螨　2. 雄成螨　3. 卵　4. 结网

④若螨 足4对，前期若螨体近椭圆形，色变深，体背出现色斑。后期若螨与成螨相似。

10.3.3.2 生活史与习性

(1) 山楂叶螨

在北方果区一般1年发生3~7代，陕西关中地区5~6代，山西6~7代，山东青岛7~8代，济南9~10代，河南12~13代。在同一地区，因寄主营养条件的优劣，发生代数也有差异。

各地均以交配过的滞育雌螨越冬，越冬场所主要在树干缝隙、树皮下、枯枝落叶内以及寄主附近的表土层缝内，在果蒂、果柄洼陷处也有少量雌螨越冬。越冬雌螨的抗寒性极强。翌年春树芽萌动膨大时，越冬雌螨出蛰，花序分离期为出蛰盛期。如遇倒春寒天气，则回树缝内潜藏。出蛰后取食不久即开始产卵，产卵盛期与苹果、梨的盛花期相吻合，卵产于叶背主脉两侧或蛛丝上、下。当气温18~20℃时，雌成螨寿命约40d，产卵数为43.9~83.9粒，最多可达146粒。卵期8~10d，孵化期比较集中，落花后7~8d卵基本孵化完毕。第2代卵在落花后30余天达孵化盛期，此时各虫态同时存在，世代重叠，而且密度逐步上升。一般6月前温度低完成1代需20余天，虫量增加缓慢，夏季高温干旱9~15d即可完成1代，7~8月会出现全年高峰，严重者常早期落叶，由于食料不足营养恶化，常提前出现越冬雌螨潜伏越冬。食料正常的情况下，进入雨季高湿，加之天敌数量的增长，致山楂叶螨虫口显著下降，至9月可再度上升，为害至10月陆续以末代受精雌螨潜伏越冬。所以越冬雌螨出蛰盛期至产卵前期，以及落花后1周左右卵基本孵化完毕是早期化学防治的两个关键时期。

刚孵化幼螨较活泼。从雌幼螨发育到雌成螨需蜕3次皮，雄性螨蜕2次皮，故后者发育较雌螨快。待雌成螨羽化后，立即交配。其两性生殖的后代雌雄性比为3:1~5:1，孤雌生殖的后代全为雄性个体。

幼螨、若螨和成螨喜在叶背群集为害，有吐丝结网习性，并可借丝随风传播。山楂叶螨栖息、为害树木的中、下部和内膛的叶背面。传播方式有爬行、风力以及人、畜活动传带等。

(2) 苹果全爪螨

1年发生4~9代，其中辽宁兴城6~7代，河北昌黎9代。以卵在短果枝、果苔和二年生以上枝条的粗糙处越冬，越冬卵的孵化期与苹果的物候期及气温有较稳定的相关性，一般在苹果花蕾膨大时，气温达14.5℃进入孵化盛期，越冬卵孵化十分集中，所以越冬代成虫的发生也极为整齐。第1代夏卵在苹果盛花期始见，多产在叶背主脉附近和近叶柄处，以及叶面主脉凹陷处。花后1周大部分孵化，此后同一世代各虫态并存而且世代重叠。7~8月进入为害盛期，8月下旬至9月上旬出现冬卵，9月中下旬进入高峰。一般完成1代平均为10~14d。每雌产卵量取决于不同的世代，越冬代每雌产卵67.4粒；第5代产卵11.2粒。

幼螨、若螨和雄螨多在叶背取食活动，雌螨多在叶面活动为害，通常情况下很少吐丝拉网，但在食料恶化时，往往吐丝下垂转移扩散。既能两性生殖，也能孤雌生殖。

（3）二斑叶螨

南方 1 年发生 20 代以上，北方发生 12~15 代。北方以受精的雌成螨在土缝、枯枝落叶下或小旋花、夏至草等宿根性杂草的根际等处吐丝结网潜伏越冬。在树木上则在树皮下、裂缝中或在根茎处的土中越冬。当春天气温达 10℃ 左右时，越冬雌螨开始出蛰活动，出蛰的始期、盛期和末期均比山楂叶螨早 7~10d。越冬雌螨出蛰后多集中在早春寄主如小旋花、葎草、菊科、十字花科等杂草和草莓上为害，第 1 代卵也多产这些杂草上，卵期 10 余天。成虫开始产卵至第 1 代幼虫孵化盛期需 20~30d，以后世代重叠。

在早春寄主上一般发生 1 代，于 5 月上旬后陆续迁移到果树上为害。由于温度较低，5 月一般不会造成大的为害。随着气温的升高，其繁殖也加快，在 6 月上中旬进入全年的扩散为害期，于 7 月上中旬进入全年为害高峰期，二斑叶螨猖獗发生期持续的时间较长，一般年份可持续到 8 月中旬前后。10 月后陆续出现滞育个体，但如此时温度超出 25℃，滞育个体仍然可以恢复取食，体色由滞育型的红色再变回到黄绿色，进入 11 月后均滞育越冬。

二斑叶螨营两性生殖，受精卵发育为雌虫，不受精卵发育为雄虫。每雌可产卵 50~110 粒，最多可产卵 216 粒。喜群集叶背主脉附近并吐丝结网于网下为害，大发生或食料不足时常千余头群集于叶端成一虫团（图 10-23）。

10.3.3.3　发生与环境的关系

（1）气候条件

北部果区春季干旱，有利于叶螨繁殖为害。如果 6~8 月雨水较多且早期防治较好，则夏季猖獗可能性较小；如果夏季干旱，气温又高，则叶螨繁殖较快，特别是山楂叶螨，即使早春进行了防治，也不能有效地控制夏季虫口迅速增殖，需持续防治。

（2）寄主植物

叶螨的生长发育和繁殖与寄主植物的种类、生长发育阶段和寄主的营养状况等有直接关系。苹果全爪螨和二斑叶螨的繁殖力随苹果叶片中氮、磷量的增大而增强，两种螨对苹果品种均具有选择性，'红富士'、'国光'等品种受害尤其严重。

（3）天敌

叶螨的天敌种类很多，主要有食螨瓢虫、六点蓟马、草蛉、粉蛉、小花蝽和捕食螨等。研究表明，不用药的苹果树上，特别是后期，天敌对叶螨的控制作用较大。

（4）果园使用农药情况

这是影响叶螨种群数量消长的主要因子之一，用药次数过多会引起叶螨抗性和再猖獗。所以果园叶螨的防治，必须采用综合治理措施，才能取得较为理想的效果。

10.3.3.4　虫情调查

（1）山楂叶螨

① 越冬雌成螨出蛰期的预测　在苹果树发芽前，选择中熟品种 2~4 株，在每株树的中下部选定花芽 20 个，每隔 2~3d 在选定的花芽上调查 1 次出蛰的雌成螨数；

或在越冬雌成螨出蛰前，在翘皮较少的树干上寻找2~3个有越冬雌成螨的部位，以白色(或其他颜色)铅油用毛笔画圈作为标记，每日调查各标记圈中出蛰的雌成螨数。当出蛰率达到16%时为出蛰始盛期，出蛰率达到84%时为出蛰盛末期。

②第1代卵孵化期的预测　越冬雌成螨出蛰后，每天随机抽取有叶螨的成叶20片，调查孵化的卵壳数。

③普查法　在叶螨及天敌分布很不均匀时，株间差异很大，应采取普查法。从落花后开始调查，随机取样，每次不少于10株，在基部三主枝的基段和中段各选10个叶丛枝共20个，每个叶丛枝上随机调查1个叶片，记录天敌数和雌成螨数。

④生长季防治指标　根据山楂叶螨田间消长规律，一般确定在6月中旬种群开始上升时防治。但防治与否，还要看下面3个条件：一是平均每叶雌成螨数达到1~2头时即需防治。二是天敌比例。天敌与红蜘蛛的比例为1:40~1:50时要进行防治。三是天气情况。干旱的天气红蜘蛛为害重、繁殖快、死亡率低，防治指标取下限；天气潮湿时红蜘蛛生长慢、死亡率高，防治指标取上限。

(2)苹果全爪螨

生长季调查方法及防治指标与山楂叶螨相同。但调查时要注意，苹果全爪螨成螨性活泼，主要在叶片正面活动，调查时要与山楂叶螨区别。越冬卵孵化盛末期调查方法：于4月中旬，在果园找5~10株越冬卵较多的果树，每株树选择越冬卵相对集中部位，确定调查部位并做标记。在越冬卵处用挖开直径约1cm孔的胶布粘贴，将卵暴露在胶布孔内，每天进行定点调查，记录越冬卵孵化情况。当孵化率达到80%时，需进行出蛰期防治。

(3)二斑叶螨

①越冬基数调查　一般在10月上中旬，叶螨越冬前，选有代表性的幼果园、盛果期果园和老果园各2块。在靠近边缘和中间部位各选1株，每株树在距地面0.1~0.2m的主干上用10cm宽的透明胶带绕扎1周，一般绕2~3层，人为制造一个越冬场所。于12月下旬，调查藏在胶带下的叶螨数量，作为越冬基数。

②系统调查　从4月下旬树叶片展开时(落花后10d左右)开始，至9月下旬叶螨停止为害结束。每5d调查1次，每旬逢3、8日调查。选有代表性的幼果园、盛果期果园和老果园各1块。每块园面积在667m²以上，在靠近边缘和中间部位各固定1株树，每株树按东、南、西、北、中各标定5个一年生枝条，共25枝，每次调查固定枝上的上、中、下3张叶片，每株共调查75片叶。记载有螨叶数、成螨量、若幼螨量和变色叶数，统计螨叶率和变色叶率，折算百叶螨量。

③普查　5月中旬初夏时或在叶螨为害盛期，每次大面积防治前，根据当地果树品种、栽培年限等，分类普查有代表性的果园10~15块。每块果园面积大于667m²，调查2株果树，调查方法同越冬基数调查。

10.3.3.5　防治方法

(1)农业防治

①树木休眠期刮除老皮，重点是刮除主枝分杈以上老皮，主干可不刮皮以保护

主干上越冬的天敌。

②山楂叶螨主要在树干基部土缝里越冬，可在树干基部培土拍实，防止越冬螨出蛰上树。

③清除果园里的枯枝落叶和杂草，集中深埋或烧毁，消灭越冬雌成螨；春季及时中耕除草，特别要清除阔叶杂草，及时剪除树根上的萌蘖，消灭其上的叶螨。

（2）生物防治

①保护和引放天敌。

②尽量减少杀虫剂的使用次数或使用不杀伤天敌的药剂以保护天敌，特别花后大量天敌相继上树，如不喷药杀伤，往往可把害螨控制在经济阈值允许水平以下，个别树严重，平均每叶达 5 头时应进行"挑治"，避免普治大量杀伤天敌。

（3）化学防治

花前是进行药剂防治叶螨和多种害虫的最佳施药时期，在做好虫情测报的基础上，及时全面进行药剂防治，可控制在为害繁殖之前。常用药剂有 40% 水胺硫磷乳油，20% 甲氰菊酯乳油，50% 硫黄悬浮剂，50% 乐果乳油，50% 抗蚜威超微可湿性粉剂，25% 三唑锡（倍乐霸）可湿性粉剂或 5% 唑螨酯（霸螨灵）悬浮剂，50% 溴螨酯乳油，5% 尼索朗乳油，73% 炔螨特（克螨特）乳油等多种杀螨剂。注意药剂的轮换使用，可延缓叶螨抗药性产生。对产生抗性的叶螨可选用速灭威、氯氟氰菊酯（功夫）乳油等杀虫剂，加入等量的消抗液效果会明显增加。苹果全爪螨越冬卵孵化盛末期喷药防治，可在累计孵化率达 80% 以上时喷药。

复习思考题

1. 食叶类害虫为害的主要特点是什么？
2. 试述苹小卷蛾的防治技术。
3. 山楂粉蝶与环境之间有什么关系？如何防治？
4. 苹果巢蛾的防治技术是什么？
5. 梨星毛虫幼虫的为害特点是什么？
6. 试述黄褐天幕毛虫与气候的关系。
7. 枣尺蠖的防治技术是什么？
8. 怎样识别与防治桃小食心虫、梨小食心虫、梨大食心虫、桃蛀螟及苹果蠹蛾？
9. 怎样识别与防治山楂叶螨、二斑叶螨和苹果全爪螨？
10. 试述桃小食心虫的综合防治方法。
11. 简要说明生物防治梨小食心虫的时间和方法。
12. 说明梨大食心虫药剂防治的 3 个关键时期。
13. 果树蛀干害虫有哪些？如何采取有效的防治措施？

第 *11* 章

油料和纤维作物害虫

油料作物是指以脂质和蛋白质为主的作物，与人类生活息息相关，其主要价值在于为人类提供优质的食用油脂和植物蛋白，是油脂加工业和食品工业的重要原料，同时也是饲料业植物蛋白的重要来源。纤维作物，是指利用其纤维作为工业原料的一类作物，主要有棉和麻。目前，无论是从种植面积还是产量来看，油料作物是仅次于粮食作物的第二大农作物。

目前，中国种植的油料和纤维作物主要包括油菜、棉花、大豆、向日葵、花生、芝麻和亚麻等。此外，棉籽、玉米等也常用来生产油脂。我国北方主要油料及纤维作物种植生产区及主要害虫如下：

我国春油菜区主要集中在西北的甘肃、陕西、青海、新疆、内蒙古和河北北部，主要害虫包括油菜蚤跳甲（*Psylliodes punctifrons*）、油菜花露尾甲（*Meligethes aeneus*）、油菜叶露尾甲（*Strongyllodes variegatus*）、油菜茎象甲（*Ceutorrhynchus asper*）、甘蓝蚜（*Brevicoryne brassicae*）和萝卜蚜（*Lipaphis erysimi*）等。

甘肃的河西走廊及新疆全境属我国西北内陆棉区，年平均气温 10～12℃，年降水量 200mm 以下，属干旱地区，主要害虫有棉蚜（*Aphis gossypii*）、棉铃虫（*Heliothis armigera*）、朱砂叶螨（*Tetranychus linnarinus*）、土耳其斯坦叶螨（*T. cinnabarinus*）和盲蝽类。

向日葵主要分布在内蒙古、宁夏、新疆、山西、黑龙江和吉林等地。主要害虫包括向日葵斑螟（*Homoeosoma nebulella*）、桃蛀螟（*Dichocrocis punctiferalis*）和草地螟（*Loxostege sticticalis*）等。

芝麻种植以黄淮河流域条件最佳，长江流域、华南丘陵和华北平原次之。主要害虫包括小地老虎（*Agrotis ypsilon*）、甜菜夜蛾（*Spodoptera exigua*）、棉铃虫和斑须蝽（*Dolycoris baccarum*）等。

油用亚麻主要种植区以甘肃、宁夏、内蒙古、河北、山西和新疆为主，主要害虫包括亚麻蚜（*Yamaphis yamana*）、无网长管蚜（*Acyrthosiphum* sp.）和亚麻象（*Ceuthrrhynchus* sp.）等。

11.1　油菜蚤跳甲

油菜蚤跳甲（*Psylliodes punctifrons*）又名菜蚤、蓝跳甲，属鞘翅目叶甲科（Chrysomelidae）跳甲亚科（Alticinae）。国外分布于日本和越南；国内分布于甘肃、青海、河北、山西、陕西、河南、江苏、安徽、浙江、湖北、江西、湖南、福建、广西、贵州、云南、四川等地。

在田间，成虫和幼虫均为害油菜及其他十字花科蔬菜，是十字花科蔬菜的重要害虫。成虫为害菜苗的子叶和生长点，造成缺苗或死苗；油菜真叶出现后，啃食嫩叶的叶肉，造成圆形或近圆形大小不一的孔洞。此外，成虫还啃食花蕾、嫩茎和角果。幼虫多在寄主叶片的上下表皮之间蛀食叶肉，也蛀食叶脉和叶柄，并排出粪便和黄色黏液填塞在叶片内。油菜抽薹后，幼虫主要蛀食下部叶片的叶柄、叶脉，也可潜入根、茎和侧枝内取食。为害期主要在寄主 4 叶前造成死苗或弱苗、畸形苗，4 叶后为害一般不形成死苗。

11.1.1　形态特征

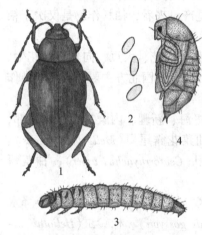

图 11-1　油菜蚤跳甲
（仿中国农业科学院）
1. 成虫　2. 卵　3. 幼虫　4. 蛹

（1）成虫

体长 2.5～3.0 mm，宽 1.2～1.5 mm，长椭圆形，头及腹部末端收缩变窄，体背面蓝色并具绿色光泽，腹面黑色（图 11-1）。头顶刻点细密，额瘤不显。触角 10 节，向后伸达鞘翅中部，丝状，黑色，第 1～3 节常呈棕黄色，第 2、3 节等长，第 4 节较长，端部 4 节粗短。前胸背板基部宽于端部，宽大于长，侧边直形，被细密刻点。小盾片无刻点，略具紫色光泽。足整体黑色，前足和中足胫节跗节棕褐色；后足腿节黑色，膨大善跳跃。鞘翅刻点较头部和胸部的刻点粗，纵向排列整齐，行距宽平，一般具 2～3 行细刻点。

（2）卵

卵圆形，长 0.6～0.8 mm、宽 0.25～0.30 mm，初产时鲜黄色，后渐变为棕黄色。

（3）幼虫

初孵幼虫灰色至灰白色，逐渐变为白色或黄白色；老熟幼虫体长 5.0～8.0mm，黄白色，略扁。头部、前胸背板、臀板和各节毛土黄褐色至褐色，腹部末端较尖，分二叉，色深；胸足明显，灰褐色。

（4）蛹

裸蛹，乳白色至灰褐色，长约 3.5 mm，体表有淡褐色小突起并具短毛。

11.1.2　生活史及习性

油菜蚤跳甲在我国中北部地区 1 年发生 1 代，南方地区 1 年 2 代。成虫、卵和幼虫均可越冬，低温区常以成虫越冬，成虫越冬场所多为植物根际土壤缝隙、心叶和落叶；卵主要在植物根茎处和根际土缝中越冬；低龄幼虫在叶柄、叶脉和嫩茎中越冬；保护地蔬菜田无明显越冬现象。在西北地区，翌年早春气温升高时，越冬成虫开始取食并交尾产卵，产卵后越冬成虫陆续死亡。卵产于油菜根部周边表土中，少数产在寄主心叶和近地面的叶柄上。幼虫 6~7 龄，孵化后潜入油菜叶柄或根茎为害。幼虫老熟后爬出蛀孔，落于土表，钻入根际表土中，造蛹室化蛹，少数个体在落叶下化蛹。成虫羽化后转移为害，在土层下或杂草中越夏，秋季油菜出苗后又潜入油菜茎秆内及根下为害，秋季气温下降时开始越冬。

具体发生和为害期因地域不同存在一定差异。甘肃天水，卵期约 15d，4 月上旬开始为害，幼虫期 30d，蛹期 18d，5 月下旬成虫羽化，为害一段时间就开始越夏，秋季进入越冬态。青海海晏，每年 4 月下旬至 5 月初越冬成虫开始活动，5 月中旬为卵孵化盛期，6 月上旬开始化蛹，7 月上旬成虫开始羽化；6 月上旬至 7 月初是为害盛期，高温时期开始越夏，秋季开始越冬。陕西乾县早春 2~3 月时，越冬成虫交尾产卵，3 月下旬后成虫陆续死亡；越冬卵和越冬后所产的卵从 2 月下旬以后陆续孵化，孵化盛期在 3 月中旬；越冬幼虫和春季孵化的幼虫为害期在 3 月上旬至 5 月中旬；4 月下旬开始化蛹，盛期为 5 月中旬；5 月上旬始见新羽化的成虫；6 月上旬成虫越夏，8 月下旬越夏成虫开始活动，取食为害，交尾并产卵；成虫产卵分秋末和早春两个阶段，秋末所产的卵部分于 11 月上旬后孵化，部分卵进入越冬状态。

幼虫具有钻蛀隐蔽生活的习性，若暴露在植株体外则不能存活。幼虫活动范围小，只能在本植株组织内穿行取食，不能转移到另一植株，常集中在油菜植株基部的 1~3 片叶片中。老熟幼虫在土中营造卵圆形、内壁光滑的蛹室，化蛹深度多在 0~10cm。成虫羽化多集中在后半夜和上午；羽化后需经长时间的补充营养，才能达到性成熟，取食量大。成虫群集性、趋绿性和趋上性明显，一般群集在油菜植株上部、主茎顶部和角果尖端的青绿部分为害，尤其在油菜成熟不整齐时尤为明显。成虫还常集中在寄主生长幼嫩茂密处或有向幼嫩的蔬菜田块转移的习性。成虫有假死性，受惊扰即落地，且耐饥饿能力很强。越夏成虫可多次交尾、产卵，每头雌虫一般交尾 5~7 次，最多可达 11 次，每次交尾历时 2~3 h，交尾后 2~6d 开始产卵。

11.1.3　发生与环境的关系

(1) 气候条件

暖冬有利于成虫的安全越冬，越冬成活率高，发生较早且基数较大。温度变化不大时，田间湿度和降雨量能明显影响卵孵化盛期、化蛹盛期和成虫羽化盛期。早春田间湿度大有利成虫产卵、孵化及出土为害。在西南地区，如相对湿度达 80%，旬降雨量 30mm 时，卵开始大量孵化；4 月上旬时，相对湿度达 75% 以上，且降水量达 60mm 以上时，成虫大量羽化，而湿度小且无降雨时，成虫羽化期延长。

(2) 寄主植物

该害虫在不同寄主或同一寄主的不同品种间发生数量有一定差异。此外，十字花科蔬菜连作或邻作，与油菜连作或邻作的田块发生严重。露地蔬菜田较保护地发生重。大白菜、大青菜、白萝卜等蔬菜田和白菜型油菜田发生重；甘蓝、花椰菜等蔬菜田和甘蓝型油菜田发生较重；芥菜和芥菜型油菜田发生较轻。

(3)天敌

瓢虫类、食蚜蝇类、草蛉类和寄生蜂类是油菜田常见的捕食性天敌。此外，步甲、虎甲、蚂蚁和蜘蛛等也捕食跳甲幼虫和蛹。芽孢杆菌和白僵菌等病原微生物可寄生成虫和幼虫，对其发生有一定抑制作用。

11.1.4　防治方法

(1)农业防治

①选用抗虫品种　结合当地自然条件有目的地选择种植。

②清除越冬寄主　蔬菜收获后，要清除田间残叶和杂草，集中喷药灭虫和深埋，可有效地减少田间虫源。

③合理布局作物　轮作倒茬，十字花科蔬菜不能连作或邻作，也不能和油菜连作或邻作，避免害虫相互迁移，加重为害。

④加强栽培管理　适时提前播种，在幼虫化蛹前摘除油菜下部"3"叶，并带出田外集中销毁。秋天深翻耕，减少越冬虫源。

(2)化学防治

①土壤处理　播种整地时，每 667 m^2 先用 48% 乐斯本乳油 500 mL 兑水 20 kg 均匀喷雾，然后再精细整地，使药剂均匀混合在表土中，杀灭潜藏在土壤中的各种害虫。

②种子处理　40% 辛硫磷乳油，40% 毒死蜱乳油按种子量 0.5% 拌种，用药液量 30 mL(g/hm^2)；3.2% 甲维盐，20% 氰戊·马拉松乳油按种子量 1% 拌种，用药液量 60 mL/hm^2，兑水(1800 mL/hm^2)稀释药液，倒入种子搅拌均匀后，放入塑料袋中闷 12 h，打开袋口晾干后播种。

③喷雾处理　10% 吡虫啉可湿性粉剂或 20% 氰戊·马拉松 1000 倍液，40% 毒死蜱乳油 2000 倍液，用药液量 750 mL/hm^2，子叶出土后及时喷药，重点喷洒茎基部及叶腋处，每隔 5~7 d 喷 1 次，连喷 2~3 次，注意交替用药。成虫产卵前 30 kg/hm^2 喷洒 2.5% 辛硫磷粉剂或 2% 巴丹粉剂 30 kg/hm^2。油菜盛花期尽量不喷药，以避免毒害蜜蜂，进而影响油菜授粉，造成减产。

11.2　油菜花露尾甲

油菜花露尾甲(*Meligethes aeneus*)，属鞘翅目露尾甲科(Nitidulidae)。国外分布于欧洲和澳大利亚。国内分布于甘肃、青海、陕西、宁夏、新疆等地。

在田间，油菜露尾甲成虫和幼虫均为害油菜及其他十字花科蔬菜，是油菜和其他十字花科蔬菜的重要害虫。越冬成虫在油菜现蕾初期迁入油菜田，取食油菜的花蕾及花器其他部位，使花蕾发黄、干枯或脱落；成虫在取食花蕾的同时，在其他花蕾中产卵。幼虫取食花粉，影响授粉和胚珠的发育，使籽粒瘦小，被害的角果不能正常发育，进而造成明显的产量损失，其被害状似油菜萎缩不实症。

11.2.1　形态特征

(1) 成虫

体长 2.5~3.0 mm，体椭圆而扁平，黑色，略具蓝绿色光泽，全体密布不规则的细密刻点，每刻点生一细毛（图 11-2）。触角 11 节，端部 4 节膨大呈锤状，能收入头下的侧沟里。足短而扁平；前胸背板长方形，宽约为长的 2 倍，盘区隆起，侧缘略翘起；前足胫节红褐色，外缘呈锯齿状，具 17~19 枚黑褐色细齿，胫节末端具 2 枚长而尖的刺；跗节被淡黄色细毛。鞘翅短，体两侧近平行，末端截状，尾节略露在翅外。

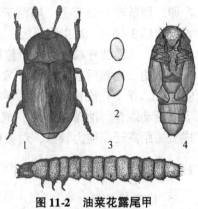

图 11-2　油菜花露尾甲
（仿中国农业科学院）
1. 成虫　2. 卵　3. 幼虫　4. 蛹

(2) 卵

长约 1 mm，长椭圆形，乳白色，半透明。

(3) 幼虫

老熟幼虫体长 3.5~5.0 mm。头黑色，体乳黄色或白色；前胸背板具 2 黑褐色斑，中胸和后胸背面具 4 块斑，第 1~8 节腹板各具 3 块，腹部侧板每节各着生 1 根刚毛，腹板各节具左右对称的 2 根毛。胸足黑色。

(4) 蛹

卵圆形，长 2.4~2.9 mm，初为白色，近羽化时变为黄色至暗黑色。复眼下侧方各有 1 根刚毛；胸部有 4 对刚毛，翅芽达第 5 腹节，尾端具叉。

11.2.2　生活史及习性

1 年 1 代，以成虫在土壤缝隙或残株落叶下越冬。翌年，越冬代成虫在气温回升时陆续出现，先在杂草上取食，油菜进入蕾期时开始迁入油菜田，取食油菜的花蕾，并在花蕾中产卵；卵紧贴花瓣内下壁；幼虫共 2 龄，老熟后在土内作土室化蛹；蛹在土内发育；第 1 代成虫羽化后主要在田间杂草或杂灌木上活动，或为害晚熟油菜，秋季爬至枯枝落叶下的地表越冬。

具体发生和为害期因地域不同存在一定差异。在青海大通县，越冬成虫于翌年 4~5 月开始在杂草花上活动取食，到 6 月上旬从杂草转移到油菜花蕾上取食，并开始交尾产卵，直至 7 月下旬产卵终止死亡。幼虫为害始于 6 月中旬，终于 8 月中旬；7 月上旬开始化蛹，8 月下旬羽化，当年成虫始见于 7 月下旬，在晚熟油菜上取食花蕾。在陕西镇巴县，3 月上、中旬油菜现蕾徐花后，越冬成虫迁入油菜田开始为害并产卵，幼虫为害始于 4 月，第 1 代成虫见于 5 月。

成虫为害有取食和产卵两种方式。成虫可直接取食直径小于 0.5 mm 的花蕾，也可将直径 0.5~4.0 mm 的花蕾蛀成小孔，钻入取食花蕾内的各部分，仅剩萼片的空壳，或咬断蕾梗，在 4mm 以上的花蕾一般仅取食部分萼片或花瓣。成虫在花初蕾期出现，蕾、花盛期达到高峰，花期结束后虫口锐减。雌成虫多选择 2~3 mm 长的花蕾产卵，卵散产于雌蕊上，卵贴于花药或子房壁上。一般 1 个蕾产 1 粒卵，少数产 2 粒，卵期 3~6 d。幼虫孵化后，在花中活动，取食花粉和花药，主要影响授粉和胚珠的发育，从而使籽粒瘦小，千粒重下降。1 龄幼虫 2~3 d，2 龄 2 d，幼虫有转移为害现象。幼虫老熟后在土内作土室化蛹，蛹在土内发育，化蛹深度 0~6 cm 间，蛹期 8~14 d。第 1 代成虫羽化后主要在田间杂草苦荬菜、马蔺、蒲公英、荠菜、沙棘及蚕豆上活动取食。油菜收获后，成虫大多在地表杂草及地表 5cm 左右的耕层里越冬。成虫短距离迁飞能力较强，对黄色有趋性，也有一定趋光性。

11.2.3　发生与环境的关系

(1) 气候条件

暖冬有利于成虫的安全越冬，越冬成活率高，发生较早且基数较大。夏季高温干旱有利于成虫取食、产卵及幼虫的发育。在春油菜花蕾期降水次数多、降水量大对成虫有明显抑制作用，受害减轻。

(2) 寄主植物

除了十字花科蔬菜外，越冬成虫开始活动时尤其喜食杂草马蔺。早熟品种为害重于晚熟品种，芥菜型油菜为害轻；大规模连片种植方式有利于害虫发生。此外，油菜密度大的田块重于密度小的田块，油菜长势弱的田块重于长势壮的田块。不同油菜品种卵量有一定差异。

(3) 立地条件

春油菜种植地区的立地条件和生态类型对油菜露尾甲发生有影响。总体表现为：连作田重于轮作田，杂草丛生田重于杂草少的田块，旱地田重于水浇地，川地田重于山地，不拌种田重于拌种田，末秋翻田重于秋翻田。

(4) 天敌

瓢虫类、食蚜蝇类、草蛉类和寄生蜂类是油菜田常见的捕食性天敌。此外，还有步甲、虎甲、蚂蚁和蜘蛛等也捕食跳甲幼虫和蛹。芽孢杆菌和白僵菌等病原微生物可侵染成虫和幼虫，对其发生有一定抑制作用。

11.2.4　防治方法

(1) 农业防治

① 选用抗虫品种　结合当地自然条件有目的地选择种植。

② 清除越冬寄主　油菜收获后，要清除田间残叶和杂草，集中喷药灭虫和深埋，可有效地减少田间虫源。

③ 种植保护带　通过行间种植开花早的油菜或圆白菜、花茎甘蓝等诱集油菜露尾甲成虫，药剂集中防治。

④ 合理布局作物　轮作倒茬克服连作，十字花科蔬菜不能连作或邻作，也不能和油菜连作或邻作，避免害虫相互迁移而加重为害。

⑤ 加强栽培管理　培育壮苗，增强植株抗性；灌好抽薹水，改变露尾甲越夏越冬生存环境，进行秋翻和播前深耕深翻，中耕除草，可有效降低虫口基数。

（2）物理防治

利用成虫的趋性，可进行黑光灯、黄板或黄碗诱杀。

（3）化学防治

①土壤处理　播种整地时，每 667 m² 先用 50% 辛硫磷乳油 3750~4500 mL 拌毒土 600~750 kg，然后再精细整地，使药剂均匀混合在表土中，杀灭潜藏在土壤中的各种害虫。

②种子处理　用种衣剂按种子重量的 0.5% 拌种包衣。

③喷雾处理　蕾（花）期用药是控制该虫为害的关键时期。高效氯氰菊酯、溴氰菊酯和三唑磷等均有较好防效。使用农药时，复配农药或菊酯类农药和其他药剂混用或轮用，以增强药效，避免产生抗药性。

11.3　油菜茎象甲

油菜茎象甲（*Ceutorrhynchus asper*），别名靛蓝龟象甲、油菜象鼻虫，属鞘翅目象甲科（Curculionidae）。国外分布于日本。国内分布于各油菜产区，尤以西北地区为害最重。

该虫是西北春油菜种植区的主要害虫之一。其寄主除油菜外，还有白菜、青菜、芥菜、甘蓝、萝卜、十字花科杂草播娘蒿、小花糖芥和荠菜等。主要以幼虫在油菜茎秆中钻蛀为害，极易造成茎秆折断或引起植株倒伏。此外，寄主被产卵的主茎常出现膨大、扭曲和崩裂等为害状，严重影响受害株生长、分枝及结荚。成虫也为害叶片和茎秆。受害轻者提前黄熟，籽粒秕瘦；重者花序皱缩，青干死亡，颗粒无收。严重发生年份，受害茎平均高达 70%，减产 2~4 成。

11.3.1　形态特征

（1）成虫

体长 3.0~3.5 mm，灰黑色，体表密被灰白色鳞片和绒毛（图11-3）。喙细长，圆柱形，与前胸背板近等长，伸向前足间。触角膝状，着生在喙的前中部，触角沟直。前胸背板具粗刻点，中央具一凹线，前缘稍向上翻。每个鞘翅各具 9 条纵沟，沟间有 3 行密而整齐的毛。中胸后侧片大，背面可见，嵌在前胸背板和鞘翅之间。

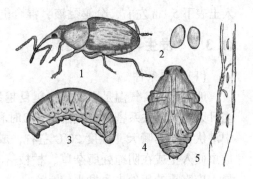

图 11-3　油菜茎象甲（仿朱文炳）

1. 成虫　2. 卵　3. 幼虫　4. 蛹　5. 被害状

（2）卵

长 0.6 mm，宽 0.3 mm，椭圆形，乳白色至黄白色。

（3）幼虫

初孵乳白色，后变为淡黄白色。老熟幼虫黄褐色，体长 6~7 mm，纺锤形，头大，无足。

(4) 蛹

长 3.5~4 mm，纺锤形，乳白色或略带黄色。蛹室椭圆形，表面光滑。

11.3.2　生活史及习性

1 年发生 1 代，以成虫在油菜田 3~5 mm 深的土缝中越冬。翌春，越冬成虫在油菜叶片叶柄部及茎秆为害，并交配产卵。雌成虫在油菜嫩茎上用口器钻蛀一小孔，将卵产入孔中，卵期 9~12 d。初孵幼虫在茎中蛀食为害，幼虫期约 25~35 d，共 3 龄。油菜收获前，老熟幼虫钻出茎秆，潜入土中，在深 3~5 cm 处筑土室化蛹，蛹期 20~25 d。羽化成虫在油菜收获后开始越夏，秋季继续在油菜或杂草上为害，气温降低后钻入土缝中越冬。

油菜茎象甲的具体发生和为害期因地区、生态条件或当地小气候不同而差异较大。西北冬油菜区发生较早，如陕西岐山越冬成虫在 2 月中下旬就能出土活动，4 月中下旬化蛹，5 月初羽化后越夏。在陕西长武县 3 月中下旬成虫出现，4 月上旬卵孵化，4 月上旬到 5 月上旬为幼虫为害期，5 月上旬老熟幼虫化蛹，5 月中下旬为成虫羽化期。西北春油菜区发生较晚，如青海春油菜田的越冬成虫常于 4 月下旬开始出土活动，5 月上旬交配产卵，7 月下旬幼虫化蛹，8 月下旬羽化为成虫。

成虫昼夜均可活动取食，有假死性，耐饥性强；常作间歇性飞翔，最高可达 1 m，最远可达 3~10 m 并可借风力迁飞。成虫在西北冬油菜区有明显的越夏习性，而在春油菜区则无此习性。雌雄可多次交尾，交配后 2~3 d 产卵，雌虫产卵一般选择幼嫩的主茎，先将嫩茎咬一缺刻，再将产卵器斜插入 1~2 mm 处产卵，每次产 1 粒，每株平均产卵 4~8 粒，最多可产 30 多粒。产卵后雌虫分泌黏液将卵孔封盖，卵孔周围的嫩茎常肿胀突起。孵化后的幼虫在茎秆内可上下活动取食，并排出虫粪，虫量多时少数幼虫可钻入分枝内为害。幼虫老熟后向主茎下部转移，由产卵孔或开裂处钻出，钻入土表下 5 cm 左右，分泌黏液，混合土粒造椭圆形土室化蛹。

11.3.3　发生与环境的关系

(1) 气候条件

地表温度、气温是影响成虫越夏越冬和迁飞活动的主要条件。成虫田间发生量与当日天气情况关系密切，气温达 5℃ 时和风雨天成虫多在基部叶柄下、心叶处和土缝中潜伏；连续晴天，温度 20℃ 左右，成虫量迅速上升，活动最强。气温超过 28℃，成虫便入土或在阴凉处所杂草、枯枝落叶地下越夏。此外，同一地区播种晚、冬春干旱、冻害重的年份虫害发生较重。

(2) 寄主植物

白菜型油菜比甘蓝型油菜受害重，芥菜型油菜受害相对较轻；制种田中母本比父本受害重；多年重茬或与其他十字花科作物连茬的油菜受害重；田间地头野生油菜、播娘蒿、芥菜等寄主多的油菜受害重。

(3) 立地条件与农艺措施

旱塬油菜比水浇地油菜受害重；进行冬春灌，尤其是在油菜返青抽薹期进行春灌的油菜受害轻；高水肥、抽薹早、生长旺盛迅速的油菜受害轻。有条件的地方可进行冬灌或春灌，可有效杀灭成虫。

(4) 天敌

田间调查发现步甲、虎甲、蚂蚁和蜘蛛可捕食成虫和蛹。

11.3.4 防治方法

参考 11.2.4 节。

11.4 向日葵斑螟

向日葵斑螟[*Homoeosoma nebulella*（Denis *et* Schiffermuller）]又名欧洲向日葵螟、葵螟，属鳞翅目螟蛾科（Pyralidae）斑螟亚科（Phycitinae）。国外分布于欧洲和中亚等国。国内分布于新疆、宁夏、内蒙古、黑龙江、吉林和辽宁等向日葵产区。

向日葵斑螟为寡食性害虫，是世界范围内向日葵的重要害虫。以幼虫为害向日葵筒状花和葵花籽，可将种仁部分或全部吃掉，形成空壳或蛀花盘，在为害的花盘表面可见到许多颗粒状虫粪，幼虫将花盘籽粒底部蛀成纵横交错的孔道，并吐丝将虫粪及取食后的碎屑粘连，被害花盘遇雨后腐烂，严重降低产量和品质。为害严重时，向日葵花盘被害率达 70% 以上，籽实被害率超过 30%。

11.4.1 形态特征

(1) 成虫

体灰褐色，体长 8~12 mm，翅展 20~27 mm（图 11-4）。复眼黑褐色。触角丝状，基部环节粗大，较其他节长 3~4 倍。前翅长形，灰褐色，中部具 4 个黑斑，其中 3 个纵斑位于中室基部，1 个横斑位于中室末端；翅端 1/4 处有一与外缘平行的黑色斜纹。后翅较前翅宽，浅灰褐色，翅脉与外缘暗褐色。成虫静止时，前后翅紧贴于身体两侧，似向日葵种子。

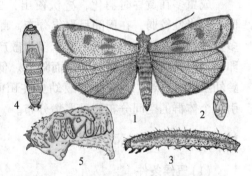

图 11-4 向日葵斑螟（仿中国农业科学院）
1. 成虫 2. 卵 3. 幼虫 4. 蛹 5. 被害状

(2) 卵

长约 0.8 mm，宽约 0.4 mm，乳白色，椭圆形。卵壳有光泽，具不规则浅网纹，有的卵粒在端部具 1 圈立起的褐色胶膜。

(3) 幼虫

老熟幼虫体长 13~17 mm，灰黄色，体被有稀疏的棕褐色毛。头部黄褐色，前胸背板淡褐色，胸足和气门黑色，体背面有 3 条暗褐色纵带。腹足趾钩为双序全环，趾钩 23~25 根。

（4）蛹

长 9~12 mm，黄褐色，羽化前呈暗褐色，腹部第 2~7 节背面和第 5~7 节腹面有圆刻点，腹部末端有臀棘 8 根。蛹外有丝茧。

11.4.2　生活史及习性

向日葵斑螟在内蒙古和东北地区 1 年发生 1~2 代，在新疆 1 年发生 2~3 代。以老熟幼虫在土壤中 0~4cm 处作茧越冬，此外也有部分幼虫在花盘残体中结茧越冬。翌年，越冬幼虫破茧钻出，完成蛹化过程，蛹期 10~15 d；初夏成虫将卵散产在花盘的开花区内，卵期 3~4 d；1~2 龄幼虫取食向日葵小花花药和舌状花瓣，3 龄开始钻入籽粒取食籽粒仁，幼虫期 20~25 d，共 4 龄；秋季老熟幼虫开始吐丝下垂，入土结茧越冬。

向日葵斑螟具体发生因地区不同而差异较大。如在法国 1 年发生 3~5 代，在西班牙 1 年发生 3 代。在我国内蒙古巴彦淖尔 1 年发生 2 代，越冬幼虫在 4 月下旬开始化蛹，越冬代成虫始见于 5 月中旬，第 1 代幼虫在 6 月先为害茼蒿等杂草，自 7 月为害开花的向日葵，第 1 代成虫自 7 月下旬开始羽化并产卵，第 2 代幼虫为害晚开花的向日葵，9 月中旬老熟幼虫入土结茧越冬。在新疆 1 年发生 2~3 代，世代重叠，越冬代成虫 5 月中旬开始羽化，第 1 代幼虫于 7 月上旬开始全部羽化，第 2 代幼虫大部分于 8 月中旬开始羽化并产出第 3 代，少部分第 2 代幼虫直接滞育越冬。第 3 代幼虫自 9 月中旬起陆续作茧越冬。

成虫多在黄昏时羽化，昼伏夜出，白天多隐匿在杂草丛中，日落后飞入向日葵田，趋光性较弱，在田间呈聚集分布。雌蛾在傍晚较活跃，雌蛾交配当天即可产卵，多数卵产在花药圈内壁的下方，多为散产。成虫喜欢将卵产在刚开花的向日葵上，产卵量随向日葵开花时间的延长而降低。低龄幼虫取食向日葵小花花药和舌状花瓣，高龄幼虫取食籽粒仁。向日葵螟幼虫在田间分布的基本成分是个体群，个体间相互吸引，个体群的空间分布型呈聚集分布。

11.4.3　发生与环境的关系

（1）气候条件

在自然条件下越冬幼虫随着越冬时间的推移死亡率不断增加。越冬蛹的羽化与上半年尤其是 5~6 月的降水量关系较大，降水量越大，土壤湿度越大，蛹羽化率越高；反之，则越低。春季升温慢会压低越冬代成虫的羽化率，夏末秋初高温多雨利于害虫发生。

（2）寄主植物

寄主包括有菊科的向日葵、茼蒿、刺儿菜、苣荬菜、沙旋覆花和多头麻花头。开花早的被害重，晚则轻。向日葵斑螟喜将卵产在刚开花的向日葵上，产卵高峰和开花盛期在时间上一致。

（3）天敌

绒茧蜂、裂跗姬蜂、柄腹金小蜂、赤眼蜂和寄蝇是向日葵斑螟幼虫的重要天敌，数量较多时对幼虫有一定控制作用。

11.4.4 防治方法

（1）农业防治

①品种选择   选择籽粒壳有碳素层的杂交品种和中熟杂交品种，确保开花期整齐统一。

②田间管理   清除田间菊科杂草。适时早播，保证向日葵的开花期在向日葵螟羽化高峰期前结束，可有效防治该虫的为害。种植茴蒿等菊科植物，引诱成虫产卵，进行集中防治。秋收后深翻20 cm以上，将越冬幼虫翻入深土层，恶化越冬幼虫的生存环境。有条件时实施冬灌可大量杀灭幼虫。

（2）物理防治

成虫发生期利用性引诱剂和光控频振式杀虫灯诱杀成虫。

（3）化学防治

成虫产卵高峰期和1~2龄幼虫期是防治适期，在花盘上施药，将幼虫控制在蛀食之前。

11.5 棉铃虫

棉铃虫[*Helicoverpa armigera*（Hübner）]，属鳞翅目夜蛾科。全球分布于南纬50°与北纬50°之间。国内各棉区和蔬菜种植区均有分布。近年来，新疆棉区也时有发生。棉铃虫的寄主很多，我国记载有200多种。主要为害棉花、小麦、玉米、向日葵、番茄、辣椒等。棉铃虫是棉花蕾铃期的主要害虫，主要蛀食蕾、花、铃，也取食嫩叶，影响棉花产量和品质。3龄前的幼虫食量较少，3~4龄食量增大，5~6龄食量剧增，进入暴食期。

11.5.1 形态特征

（1）成虫

体长14~18mm，雌蛾赤褐色或灰褐色，雄蛾青灰色（图11-5）。复眼球形，绿色。前翅环纹圆形褐边，中央有1个褐点，肾纹褐边，中央有1个深褐色肾形斑，翅外缘有7个小黑点。后翅灰白色或褐色。中室末端有1条棕色斜纹，翅外缘有2个灰白斑相连。

（2）卵

半球形，黄白色，顶部略隆起，底部较平，高0.51~0.55mm。纵棱达卵底部，每2根纵棱之间有1根纵棱为二岔式或三岔式，中部

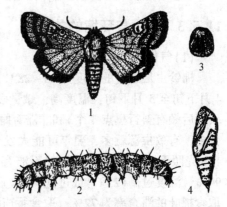

图11-5 棉铃虫（仿朱弘复等）
1. 成虫 2. 幼虫 3. 卵 4. 蛹

纵棱 26~29 根，横道 13~20 根。

（3）幼虫

一般有 6 龄，也有的 5 龄。1 龄幼虫头壳漆黑色，前胸背板褐红色，体长 1.8~3.2mm，身上条纹不明显，随着虫龄增大，前胸背板斑纹和体线变化渐趋复杂。老熟幼虫头部黄色，有褐色网状斑纹，体长 40~45mm；体色变化很大，有绿、黄绿、红褐、黄褐等色；体表布满褐色和灰色小刺，长而尖，腹面有黑色小刺；前胸气门前 1 对刚毛的连线穿过气门或至少与气门下缘相遇。

（4）蛹

蛹长 17~21mm，黄褐色，腹部第 5 节的背面和腹面有 7~8 排半圆形刻点，臀棘钩刺 2 根。

11.5.2　生活史及习性

1 年发生代数，由北向南逐渐增多。北纬 40° 以北地区，1 年 3 代为主，部分 2 代，少数 4 代；北纬 32°~40° 的黄河流域到长江以北，每年发生 4 代；北纬 25°~32° 的长江流域，每年发生 5 代；北纬 25° 以南的华南地区，1 年发生 6 代，云南部分地区发生 7 代。卵期一般 2~4d；各龄幼虫大致历期：1 龄 2~5d，2 龄 2~4d，3 龄 2~3d，4 龄 2~4d，5 龄 2~3d，6 龄 4~5d；幼虫期 12~22d。预蛹期 1~3d，蛹期 10~14d。棉铃虫以蛹越冬。各世代历期随温度增高而缩短，第 1 代较长，一般 40d 左右；以后各代 30d 左右。

成虫昼伏夜出，多到开花的蜜源植物上取食，飞翔能力很强，主要在植株中、上部穿飞，对黑光灯有较强趋性。成虫羽化后 2~3d 产卵，产卵历期 7~8d，每雌产卵千粒左右。卵散产在植株上，受精卵初产时乳白色，后顶部出现紫黑色晕环，临孵化时顶部全变为紫黑色。未受精卵初产时乳白色或鲜黄色，以后逐渐干瘪。幼虫孵化后随即吃掉卵壳，然后取食嫩叶，蛀食花蕾多从基部钻入，虫粪排于蕾外。1~2 龄幼虫有吐丝下坠的习性，幼虫取食时间多在 9:00~11:00。老熟幼虫吐丝下坠，钻入土中 3~5cm 深处，筑土室化蛹，化蛹多在土壤疏松之处，个别在棉花枯铃和青铃内。

11.5.3　发生与环境的关系

（1）气候

棉铃虫最适宜的温度为 25~28℃，相对湿度 72%~90%。河北和陕西资料表明：4 月下旬至 5 月下旬，温度高，蛾量多。棉铃虫的越冬蛹有滞育蛹（化蛹后 3~4d，在头部后颊有斜行黑点 4 个）和非滞育蛹（无上述特征）。滞育蛹抗寒力强，如滞育蛹比例多，有效虫源就多，翌年可能大发生。引起滞育的原因是光照、温度和食料，在 14h 光照下，不论何种温度都不滞育；10h 光照下，温度为 23℃，滞育率达 82%~94%。温度过高（25℃）或过低（19℃），滞育率显著降低。在 10h 光照和 23~24℃下，取食棉叶的滞育率为 72%，取食番茄的为 61%，取食苜蓿的为 25%。

雨量影响蛹的存活率。土壤处于浸水状态能造成蛹的大量死亡，土壤含水量达 40%，蛹死亡率达 86%~100%。河南新乡 17 年气象资料表明，蛹期降水超过

100mm，下代发生量低；但如雨量适中，分布均匀，没有旱象，对其发生有利。长江流域雨量较多，发生较轻，但遇干旱年份，可能大发生。湖北荆州 5 年资料证明，7~8 月的上、中旬，降水量均在 60mm 以下，棉铃虫均大发生。

(2) 作物布局和耕作栽培技术

棉铃虫是多食性害虫，对不同生育阶段的寄主有选择性，各地各代的寄主转换均有所不同；黄河流域棉区，第 1 代主要寄主是小麦、豌豆、油菜等；第 2 代主要为害棉花、春玉米，春高粱仅占少数；第 3~4 代的寄主则比较分散，棉花、玉米、高粱、大豆均可受害。江苏一些棉区，第 1 代棉铃虫在毛苕子留种田的密度很高。各种作物和牧草上，棉铃虫数量的多少，取决于开花期与发蛾期是否吻合以及作物长势情况。一般水肥足、密植、花多叶茂的作物田，虫口密度大；集中种植比分散种植发生重；有蜜腺棉花较无蜜腺棉花受害重。

(3) 天敌

卵寄生天敌有拟澳洲赤眼蜂、松毛虫赤眼蜂、玉米螟赤眼蜂。寄生幼虫的有棉铃虫唇齿姬蜂（*Campletis chlorideae* Uchida）、螟蛉茧蜂（*Apanteles ruficrus* Haliday）、日本黄茧蜂（*Meterus japonicus* Ashmead）、善飞狭颊寄蝇（*Carcelia evolans* Wiedemann）、伞裙追寄蝇（*Exorista civilis* Rondani）、日本追寄蝇（*Exorista japonica* Tyler-Townsend）等。捕食性天敌如草蛉、长脚黄蜂、小花蝽、姬猎蝽、草间小黑蛛、三突花蛛等，对压制棉铃虫数量都有一定作用。

11.5.4　防治方法

(1) 农业防治

秋耕冬灌，压低越冬虫口基数。秋季棉铃虫为害重的棉花、玉米、番茄等农田，进行秋耕冬灌和破除田埂，破坏越冬场所，提高越冬死亡率，减少第 1 代发生量。

优化作物布局，避免邻作棉铃虫的迁移和繁殖，在棉田田边、渠埂点种玉米诱集带，选用早熟玉米品种，每 2200 株/667m² 左右。利用棉铃虫成虫喜欢在玉米喇叭口栖息和产卵的习性，每天清晨专人抽打心叶、消灭成虫、减少虫源，可减少化学农药的使用，保护天敌，有利于棉田生态的改善。

加强田间管理，适当控制棉田后期灌水，控制氮肥用量，防止棉花徒长，可降低棉铃虫为害。在棉铃虫成虫产卵期使用 2% 过磷酸钙浸出液喷施叶面，既有叶面施肥的功效，又可降低棉铃虫在棉田的产卵量。适时打顶整枝，并将枝叶带出田外销毁，可将棉铃虫卵和幼虫消灭，压低棉铃虫在棉田的发生量。

(2) 物理防治

① 杨树枝诱蛾　用长 2 尺*左右杨树枝 7~8 枝捆成束，堆沤 1~2d，经水解内含杨素（$C_2OH_2OO_2$）变为单糖和邻位氢氧基苯醇，对棉铃虫成虫有引诱作用。黄昏插到棉田，10 把/667m²，清晨捉虫消灭。

---

* 1 尺 = 0.33m。

②性外激素诱杀。

③黑光灯诱杀。

(3)生物防治

①保护利用天敌，减少或改进施药方式，保护天敌。

②释放赤眼蜂，产卵盛期放 2~3 次，1.5 万头/次。

③在卵孵化盛期或初龄幼虫期，喷施 100 亿活孢子/mL 浓度的 Bt 乳剂 300~400 倍液。也可喷施链格霉菌或棉铃虫多角体病毒。

(4)化学防治

棉花在生育期补偿能力极强，故可放宽防治指标。2 代棉防治指标为 36 头/百株（高产）、12 头/百株、8 头/百株（低产或 3 代）。第 2 代主要喷洒在上部嫩尖或顶尖上，第 3 代喷洒在嫩尖或幼蕾上，要四周打透。可供选择的药剂有 5% 定虫隆乳油，5% 氟虫脲乳油，5% 高效氯氰菊酯，2.5% 的功夫乳油等。

11.6　棉盲蝽

棉盲蝽是棉花主要害虫，在我国棉区为害棉花的盲蝽有 5 种：牧草盲蝽[*Lygus pratensis* L.]、苜蓿盲蝽（*Adelphocoris lineolatus* Goeze）、绿盲蝽（*L. lucorum* Meyer-Dür）、三点盲蝽（*A. fasciaticollis* Reuter）和中黑盲蝽（*A. saturalis* Jakovlev），属半翅目盲蝽科。

绿盲蝽遍布全国各地。牧草盲蝽分布于西北、华北、东北等地。苜蓿盲蝽分布于东北、华北、西北、山东、江苏、浙江、江西及湖南的北部等地，属偏北方种类。三点盲蝽分布于西北、华北、辽宁等地，新疆和长江流域较少。中黑盲蝽为偏北种类，黑龙江以南、甘肃以东、湖南以北及沿海各地均有分布。

棉盲蝽是一类多食性害虫，寄主范围十分广泛，除为害棉花、油料和蔬菜等作物外，还可为害禾本科牧草。成虫和若虫均以刺吸式口器吸食嫩茎叶、花蕾、幼荚的汁液，受害部位逐渐凋萎、变黄、干枯脱落，影响棉花的产量和质量。

11.6.1　形态特征

11.6.1.1　绿盲蝽（图 11-6）

①成虫　体长 5mm 左右，绿色，具细毛。雌虫稍大。前胸背板上具黑色小刻点。前翅绿色，膜质部暗灰色。触角比身体短，第 2 节的长度约等于第 3、4 节长度的总和。胫节刺浅色。

②卵　长约 1mm，卵盖乳白色，中央凹陷，两端较突起。无附属物。散产于植物组织内，只留卵盖在外。

③若虫　初孵若虫短而粗，体绿色，复眼红色。5 龄若虫鲜绿色，具黑色细毛。复眼灰色。触角淡黄色，末端渐深。翅芽尖端蓝色，伸达腹部第 4 节。足淡绿色，跗节末端及爪黑褐色，其他部分淡绿色。

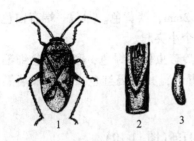

图 11-6　绿盲蝽（仿朱弘复等）
1. 雌成虫　2. 苜蓿茬内的越冬卵　3. 卵

图 11-7　牧草盲蝽（仿华中农学院）
1. 雌成虫　2. 卵

11.6.1.2　牧草盲蝽（图 11-7）

① 成虫　体长约 6mm，绿褐色。触角比体短。前胸背板有橘皮状刻点，侧缘黑色，后缘有一黑纹，中部有 4 条纵纹，小盾片黄色，中央呈黑褐色凹陷。后足腿节有黑色环纹，胫节基部黑色。

② 卵　长约 1.5mm，浅黄绿色，长袋形，微弯曲。

③ 若虫　5 龄若虫体长约 5.5mm，黄褐色，前胸背板两侧、小盾片两侧及第 3、4 腹节间各有 1 个圆形褐斑。

11.6.1.3　苜蓿盲蝽（图 11-8）

① 成虫　体长约 7.5mm，黄褐色。触角比身体略长。前胸背板后缘有 2 个黑色圆点，小盾片上有"⌐⌐"形黑纹。胫节刺着生处具黑色小点。

② 卵　白色或淡黄色，长约 1.3mm。卵盖平坦，边上有一指状突起。

③ 若虫　1～2 龄者复眼和触角第 4 节为红色，3 龄后复眼变为褐色，并显出翅芽；5 龄若虫体黄绿色，被黑毛，复眼紫色，触角黄色。翅芽超过腹部第 3 节，腿节有黑斑，胫节具黑刺，体长约 5.6mm。

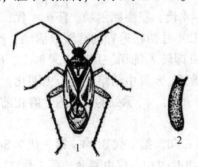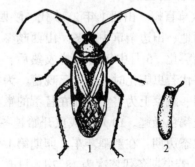

图 11-8　苜蓿盲蝽（仿河南农学院）
1. 雌成虫　2. 卵

图 11-9　三点盲蝽（仿河南农学院）
1. 成虫　2. 卵

11.6.1.4　三点盲蝽（图 11-9）

① 成虫　体长 7mm，黄褐色，被黄毛。前胸背板后缘有 1 个黑色横纹，前缘有 3 个黑斑。小盾片及 2 个楔片呈明显的 3 个黄绿色三角彩斑。触角黄褐色，约与体等长，第 2 节顶端黑色，足褐红色。

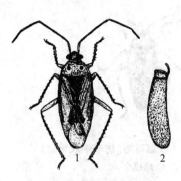

图 11-10　中黑盲蝽
（仿华中农学院）
1. 雌成虫　2. 卵

②卵　长 1.2mm，淡黄色。卵盖一端有白色丝状附属物，中央有 2 个小突起。

③若虫　5 龄若虫体黄绿色，密被黑色细毛。触角第 2~4 节基部青色，其余褐红色。翅芽末端黑色，伸达腹部第 4 节。

11.6.1.5　中黑盲蝽（图 11-10）

①成虫　体长 6~7mm，褐色，触角比身体长。前胸背板中央有 2 个小黑圆点。小盾片与爪片大部黑色，在背中央形成 1 条黑褐色条带。

②卵　长约 1.2mm。卵盖上有黑斑，边上有 1 丝状附属物。

③若虫　5 龄若虫深绿色，有黑色刚毛。复眼紫色。头部和触角为赤褐色。腹部中央色较浓。

11.6.2　生活史及习性

11.6.2.1　生活史

①绿盲蝽　北纬 32°以北，如河北、山东、河南、陕西 1 年多发生 3~4 代，以卵在寄主茎表皮组织中越冬。北纬 32°附近地区，1 年发生 4~5 代。长江流域以卵在寄主植物或残茬中越冬。在河南，3 月下旬越冬卵开始孵化，5 月初羽化为成虫。卵多产在嫩茎及茎内。6 月发生第 2 代，7~8 月发生第 3 和第 4 代。由于成虫寿命长，产卵期长达 30~40d，因而有世代重叠现象。第 5 代成虫 9 月底羽化，10 月上旬产卵，11 月下旬陆续死亡。

②牧草盲蝽　山西 1 年 2~3 代，陕西 3~4 代，新疆库尔勒、莎车 4 代，均以成虫在苜蓿地、田边杂草中越冬。山西越冬成虫 4 月初在返青的苜蓿地活动、产卵，4 月底开始孵化，5 月中旬当苜蓿成熟后，成虫即转入棉田、蔬菜、果树上，6 月中、下旬第 2 代若虫孵化时，棉花已现蕾，为害最重。8 月中旬第 3 代若虫羽化，大部分转到苜蓿、蔬菜上为害。产卵在苜蓿的嫩茎、叶柄、叶脉处的组织内，孵化前产卵处表面常呈褐色隆起。10 月初成虫开始越冬。

各虫态历期：在新疆莎车，卵期第 1 代 11.4d，第 2 代 8.3d，第 3 代 7.8d，第 4 代 9.2d。若虫期各代依次为 18.2d、11d、12.3d、23d。成虫寿命，第 1 代 23d，第 2 代 17.6d，第 3 代 24d，越冬代 33~50d。产卵前期 4~5d，产卵期 12~18d。

③苜蓿盲蝽　在新疆莎车和北京 1 年 3 代，山西、河南、陕西 3~4 代，南京 4~5 代。以卵在苜蓿茎内越冬。在新疆莎车越冬卵 4 月上旬孵出第 1 代若虫，成虫 5 月上旬开始羽化。第 2 代若虫 6 月上旬出现。第 3 代若虫 7 月下旬孵出，8 月中、下旬羽化，9 月中旬产卵越冬。多在夜间产卵，在寄主植物上用喙刺一小孔，将卵产于其中，卵粒成排，每排 7~8 枚，卵垂直或倾斜插入组织中，卵盖微露。夏季第 1、2 代

成虫产卵，多在苜蓿株高 20~40cm 处；秋季第 3 代成虫则常产在茎秆下部近根的地方。雌虫第 1 代产卵量最多，为 78~200 粒；第 3 代最少，仅 20~44 粒。

④三点盲蝽　河南 1 年发生 3 代，以卵在刺槐、杨、柳等树干上有疤痕的树皮内越冬。越冬卵 4 月下旬开始孵化，初孵若虫借风力迁入邻近草坪或苜蓿地、棉田、豌豆田内为害。5 月下旬羽化为成虫，第 2 代若虫 6 月下旬出现，若虫期平均 15d。7 月上旬第 2 代成虫羽化，7 月中旬孵出第 3 代若虫，若虫期 15.5d。第 3 代成虫 8 月上旬羽化，8 月下旬开始在寄主上产卵越冬。

⑤中黑盲蝽　陕西、河南 1 年发生 4 代，以卵在寄主植物茎秆组织中越冬。翌年 4 月上旬孵化，5 月上旬羽化为第 1 代成虫，6 月下旬第 2 代成虫羽化，第 3 代成虫发生在 8 月上旬，第 4 代成虫于 9 月中旬羽化。

11.6.2.2　习性

棉盲蝽怕阳光照射，喜在较阴湿处活动为害。白天潜伏在棉株幼芽或花蕾的隐蔽部位，夜间或阴雨天外出活动取食。夜间对紫外光有趋性，且雄虫多于雌虫。嗜好处于花期的蜜源植物，常随开花植物的分布而呈有规律的转移。有趋嫩绿、顶端的习性。田间发生高峰期往往与寄主植物花期相吻合，以成虫、若虫刺吸棉株汁液，造成棉蕾铃大量脱落、破头叶和枝叶丛生。

11.6.3　发生与环境的关系

(1) 与温湿度的关系

苜蓿盲蝽和三点盲蝽的适宜温度为 20~35℃，最适宜温度前者为 23~30℃，后者为 25℃左右。绿盲蝽适宜温度范围更广一些。春季低温盲蝽越冬卵延迟孵化，夏季高温在 35℃以上时，成、若虫大量死亡。盲蝽类是喜湿昆虫，越冬卵一般在相对湿度 60% 以上才能孵化。一般 6~8 月降水偏多年份，有利其发生。据陕西关中观察，6~8 月，每月降水量超过 100mm，特别达 200mm 时，发生重；降水量不足 100mm 时，则发生轻。

(2) 与棉株生长及棉田环境的关系

盲蝽最喜食幼嫩的花蕾，现蕾早的棉田盲蝽迁入早，为害重；氮肥施用多的棉田，棉株长势嫩绿，蕾期易疯长，盲蝽的为害重；棉田周围杂草多或靠近蔬菜地及林木的因虫源量大，为害也重。

11.6.4　防治方法

(1) 农业防治

早春 4 月棉盲蝽越冬孵化之前，可通过毁减越冬场所来压低虫源基数。产在棉株组织内的越冬卵可随棉秆带出田外，农田土壤中越冬卵可通过耕翻埋入土下，并需及时清除棉田和果园田边的枯死杂草。苜蓿、杂草是棉盲蝽自越冬卵孵化到入侵棉田之前的主要早春寄主。调整苜蓿刈割时间或早春清除田埂杂草，能使大量棉盲蝽若虫因食物匮乏而大量死亡。尽可能使棉花、果树等同种作物集中连片种植，这样有利于较大范围内采取某些一致有效的防治措施。要避免棉花与向日葵、蓖麻、果树、蔬菜、牧草等毗邻或间作，减少棉盲蝽在不同寄主间的交叉为害。

棉盲蝽成虫偏好高水、高肥的田块和含氮量高的植株和植物组织。控制氮肥过量使用，及时打顶，清除无效边心、赘芽和花蕾，当棉株受棉盲蝽为害而形成"破叶疯"或丛生枝时，应及时将丛生枝除去，每株棉花保留 1~2 枝主干，可以使植株迅速恢复现蕾。

在棉田四周种植诱集带，可以隔断棉盲蝽成虫迁入棉田，同时将棉田成虫吸引到诱集带上，再结合定期的化学防治，能有效降低棉田盲蝽的发生为害。

根据地力水肥条件和品种特性合理安排密度，氮、磷、钾配合施肥，适时整枝、化控，防止棉株徒长旺长。

（2）物理防治

棉盲蝽成虫有明显的趋光性，生产上可以利用频振式杀虫灯进行诱杀，从而有效降低成虫种群密度及后代发生数量。

（3）化学防治

化学防治的关键在于掌握确切的防治时机。棉盲蝽早春入侵棉田时是其防治的关键时期，此时应适当加大用药量，杀死入侵个体，这样可有效地减少棉田盲蝽的种群基数。而此时如果防治不力，入侵虫源将大量繁殖、爆发成灾。另外，绿盲蝽喜潮湿，连续降雨后田间常出现绿盲蝽种群数量剧增、为害加重的现象。因此，在雨水多的季节，应及时抢晴防治，以免延误最佳防治时机。

可用药剂有：40% 乐果乳油 1000~1500 倍液，50% 马拉硫磷 1000~1500 倍液，21% 灭杀毙 4000~6500 倍液，90% 敌百虫 1500 倍液，2.5% 敌百虫粉剂 30kg/hm^2，赛丹 1500g/hm^2 或功夫 600g/hm^2。

11.7　土耳其斯坦叶螨

在我国为害棉花的叶螨主要有朱砂叶螨［*Tetranychus cinnabarinus*（Boisduval）］、截形叶螨（*T. truncatus* Eharta）、二斑叶螨（*T. urticae* Koch）、土耳其斯坦叶螨（*T. turkestani* Ugarov&Nikolski）和敦煌叶螨（*T. dunhuangensis* Wang），均属蛛形纲（Arachnida）蜱螨亚纲（Acari）真螨目（Acariforms）叶螨科（Tetranychidae）。我国为害棉花的棉叶螨是混合种群，种类组成和优势种在各地不尽相同。其中新疆是我国棉花的主产区，由于其特殊的地理位置，加之气候干燥，适宜螨类生长，每年都有棉叶螨大面积为害现象，近年来有为害加重之势。土耳其斯坦叶螨是新疆棉区优势种，在乌鲁木齐、昌吉、石河子、奎屯、乌苏、沙湾、博乐、塔城、伊犁等地均有分布。

该螨可在 25 科 150 余种植物上造成为害，主要为害棉花，还可为害蔬菜、花生、啤酒花、草莓、黄瓜、大豆、亚麻、红花、甜菜等。被害植物叶片正面出现浅黄色斑点，严重时为紫红色斑块，后期皱缩畸形，甚至干枯脱落。为害棉花时主要集中在棉株叶片背面吸取汁液，造成棉株自下而上红叶，为害严重时造成叶片脱落，生长受到抑制，也可为害棉的嫩枝、嫩茎、花萼、果柄以及幼嫩的蕾铃等部位，引起蕾铃大量脱落。

11.7.1　形态特征

(1) 成螨

雌螨体长 0.4~0.58mm，体宽 0.36mm，椭圆形（图 11-11）。体呈黄绿，黄褐，淡黄或墨绿色，越冬时为橘红色，体两侧有不规则的黑斑。须肢端感器柱形，其长 2 倍于宽；背感器短于端感器，梭形；气门沟末呈"U"形弯曲；口针鞘前端中央无凹陷。后半体背表皮纹构成菱形图形。

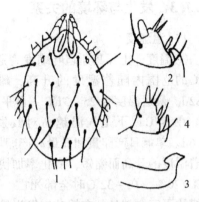

图 11-11　土耳其斯坦叶螨形态特征
（鲁素玲等，1997）
1. 雌螨被面观　2. 雌螨须肢跗节
3. 阳茎　4. 雄螨须肢跗节

雄螨体较长 0.38mm，呈菱形，浅黄色。须肢端感器和背感器与雌螨相似，唯端感器较细长。阳具柄部弯向背面，形成一大端锤，近侧突起圆钝，远侧突起尖锐，端锤背缘在距后端 1/3 处有一明显的角度。

(2) 卵

圆球形，初产时光亮透明，呈珍珠状，近孵化时为淡黄色。直径 0.12~0.14mm。

(3) 幼螨

体圆形乳白色，长 0.159mm（包括喙），宽 0.121mm。足 3 对。

(4) 若螨

体椭圆形，长 0.30~0.50mm，体浅黄色或灰白色。足 4 对，行动迅速。背面具黑斑。与雌成螨不同的是少基节毛 2 对，生殖毛 1 对，但生殖区无生殖皱襞。

11.7.2　生活史及习性

土耳其斯坦叶螨在新疆北疆 1 年发生 9~11 代，以橘红色的受精雌成螨于当年 9 月上旬开始在棉田或附近的水渠边、田埂、树缝、土块下、杂草处及枯枝落叶下吐丝结网群集越冬，翌年早春平均气温 5~6℃时越冬雌螨出蛰活动。当气温 10℃以上时，第 1 代卵相继孵化，可在田边和路旁的杂草上见到若螨。当棉花出土后，便由邻近棉田的杂草等寄主上迁移进入棉田。土耳其斯坦叶螨在新疆北疆棉区于 5 月上、中旬开始点片出现，但此时气温较低，繁殖速度慢，棉苗受害较轻。5 月下旬至 6 月初，此时若雨量少，气温很快上升，繁殖速度加快，集中为害，棉叶上很快出现红斑。6 月下旬至 7 月初出现第 1 个高峰期，7 月中、下旬出现第 2 个高峰期，如得不到有效的控制会于 8 月出现第 3 个高峰，而且一次比一次螨量多、为害重，到 8 月下旬受害严重的棉田便呈现大面积的红叶，对棉花生产造成严重损失。9 月下旬后随着气温的下降、棉株的枯萎，逐渐转移到秋季作物和杂草上为害，并准备越冬。

11.7.3　发生与环境的关系

(1) 温湿度

①温度　土耳其斯坦叶螨发育起点温度为 7℃，发育上限温度为 42℃，在 15～33℃的范围内随着温度的升高，雌螨寿命和产卵期也随之缩短，33℃时下降至 7.82d。最适温度为 25～31℃，日平均气温 7℃成螨即可开始产卵，34℃以上停止产卵。在 34℃以下是气温越高对其发育越有利。成螨寿命以 15℃处理为最长，达 20.6d。单雌日产卵量和日最高产卵量均以 25℃时最高，而在 33℃和 15℃时最低。发育随着温度的升高而缩短，变化率加快。一般棉叶螨可耐 −19℃的低温，−27℃时死亡 15%～20%，在 −32℃时全部死亡。而新疆在 −32℃的低温较少，因此正常年份，棉叶螨均可安全越冬。在棉叶螨发生扩散起，尤其 6 月气温波动小，降水量小，棉叶螨扩散蔓延快；反之，气温波动大，降水量大，棉叶螨则扩散蔓延慢。棉叶螨每代的发育速度，随着温度的升高而加快，完成一代所需要的天数则随温度的升高而减少。

②湿度　湿度条件对螨类的发生有决定性的作用，在适宜的温度条件下，最适相对湿度是螨类猖獗的重要条件。土耳其斯坦叶螨要求的湿度范围在 40%～65% 最有利，而北疆石河子垦区 6～8 月的平均气温分别是 24.8℃、25.4℃、23.9℃，平均相对湿度分别是 40%、52.3%、54.1%，是有利于棉叶螨生长繁殖的温湿度。当湿度超过 80% 时，对其繁殖不利。因此，在棉田中改变田间小气候，降低湿度，可抑制土耳其斯坦叶螨的发生。

(2) 降水和风力

降水量不仅关系着农作物的生长和发育，而且也左右着螨类的田间数量消长。降水对螨类除直接冲刷作用外，也制约着螨类发育历期的长短和繁殖速度。同时对螨类的寄生菌，也有很大影响，从而间接地影响螨类的发生数量。在新疆暴雨和连阴雨的天气较少，一般中、小量雨对棉叶螨控制不大。若 6～8 月平均降水量在 100mm 以下时会大发生；若平均降水量 200mm 以上就发生轻；降水量在 100～150mm 之间，中等发生。同时多雨高湿度有利于土耳其斯坦叶螨病原菌的繁殖，从而控制其繁殖。

另外，风对叶螨的分散传播有很大作用。除卵以外，各发育阶段的叶螨都会随空气流动而分散传播，螨的平面移动距离可达近 200m，高度可达 3000m。当植物营养恶化和种群密度大时，会吐丝拉网借以分散传播。这种分散在很大程度上受湿度影响，严重受害棉叶相对湿度降低，再加之营养质量低下，促进了叶螨的分散。

(3) 寄主植物

①棉花品种　品种不同，棉叶螨的发生数量也有相当的差别。棉花体内的某些次生化学物质，如单宁、类萜烯化合物和生物碱等的代谢物质能降低叶螨对植物的为害，形成寄主植物对害螨的抗性。这些物质在植物体内并不呈均匀分布，含量依寄主的器官、年龄、组织形成和外部状况而有些差别。如土耳其斯坦叶螨对 '新海 21 号'、'新陆早 12 号'、'新陆早 22 号'、'新陆早 26 号' 等品种的寄主选择性较弱，而对 '297-5'、'中棉 42 号'、'新陆早 24 号'、'81-3' 等棉花品种的寄主选择性较强。并且土耳其斯坦叶螨对棉花不同品种系的寄主选择性与游离棉酚的含量呈显著负

相关性，与黄酮的含量也呈显著负相关性，而与单宁的含量呈显著的正相关性。即棉花品种叶片游离棉酚、黄酮含量越高，土耳其斯坦叶螨对该品种的选择性就越弱，棉花受害程度就越轻；单宁含量越高，土耳其斯坦叶螨对该品种的选择性就越强，棉花受害程度就越重。

②棉花形态学抗螨性　有的研究者发现腺毛的密度与叶螨的成活率呈负相关。由于腺毛能分泌一种抗性物质，使叶螨的跗节黏附其上不能活动，而死于腺毛丛中，或因棉叶腺毛长而多，叶螨的口针难于插进叶片，因而抗性强。抗性还与叶片和叶表蜡质层厚度有关。叶螨的口针长度约为139.4μm，当棉叶片的下表皮海绵组织的厚度为167.1～174.9μm时，棉花品种受害则轻；相反，在129.6～131.2μm时，受害就重。

(4) 栽培技术

①不同耕作方式与叶螨为害的关系　不同的土壤耕作技术、轮作、邻作、连作年限对叶螨种群数量均有显著影响。通过秋耕、冬灌，可破坏棉花害螨的越冬场所，消灭部分越冬害螨，减少越冬基数。连作年限越长叶螨的发生越重。前茬为小麦、玉米等单子叶植物的棉田，棉叶螨发生晚而轻；凡是前作为油葵、豆类等双子叶植物的，棉叶螨发生早而重。棉花邻作小麦比邻作苜蓿的棉田叶螨发生轻。

②灌水对棉叶螨种群数量的影响　灌溉方式和灌水量对棉叶螨种群数量均有一定的影响。如沟灌棉田有利于土耳其斯坦叶螨的发生，滴灌棉田不利于土耳其斯坦叶螨的发生；滴灌条件下，水量过高或过低的棉田均有利于叶螨的发生，叶螨发生盛期早于常规水量棉田，数量也高于常规棉田叶螨数。不同灌水时期对叶螨的发生影响不大。

③施肥与棉叶螨种群动态的关系　棉花施肥量对叶螨的繁殖也有很大影响。如氮肥含量低利于土耳其斯坦叶螨的发生。而土耳其斯坦叶螨的繁殖力随磷肥施量的增加而增加。钾对棉花和叶螨都是不可缺少的重要元素。棉花含钾量多少在一定范围内与螨的繁殖力呈正相关，所以合理施肥对叶螨的产卵数及发育都有很大影响。

(5) 农药的影响

①农药亚致死作用的影响　农药除了对叶螨具有致死作用外，农药亚致死剂量对叶螨生长发育及繁殖也有一定影响。如阿维菌素、哒螨灵、螺螨酯和丁氟螨酯 LC_{20}、LC_{10} 剂量处理土耳其斯坦叶螨成螨后，可使成螨的产卵量、平均寿命和卵孵化率显著降低；卵期、幼螨期、若螨期和产卵前期明显延长，而成螨期和平均每雌日产卵率明显降低。因此，在亚致死剂量下，阿维菌素、哒螨灵、螺螨酯和丁氟螨酯能够降低土耳其斯坦叶螨种群的发育速率，这对其综合防治策略的制订有积极意义。

②抗药性问题　抗药性是害螨再猖獗的另一重要原因。叶螨大发生季节，选用有效农药可将螨口密度降低。但长期使用同种农药，使其产生抗药性，防治效果显著降低。所以，大田化学防治时，要根据优势种的消长及毒力反应情况，采用相应农药，才可达到良好效果。

(6) 天敌的控制作用

在新疆棉田中出现早、数量多、捕食作用明显的种类有捕食性蓟马、食螨瓢虫、花蝽、草蛉、食螨瘿蚊、蜘蛛和多种捕食螨。6~7月上旬天敌数量单株平均0.8头，叶螨数量少，用药也少，此时天敌对叶螨有明显的控制作用；7月上旬后天敌数量增大，平均每株1.8头，但叶螨的数量也增多，天敌仍有一定的控制能力。8月叶螨量剧增，而天敌数量却下降，单株平均1.2头，9月仅0.2头，这主要是由于大量使用杀虫剂，对天敌有很大的杀伤作用，特别是花蝽、食螨蓟马、草蛉等数量减少更为明显。

11.7.4　防治方法

(1) 农业防治

①越冬防治　越冬前应及时清除棉田杂草，在为害重的棉田喷药，压低越冬虫量。在秋播时耕翻整地，通过深翻将越冬叶螨翻压到17~20cm的深土下。在棉苗出土前，及时铲除田间或田外杂草，也可大大压低虫源基数。

②轮作倒茬，合理布局　作物合理布局有利于天敌生存和繁殖。小麦和棉花邻作，苜蓿和棉花邻作，均利于天敌生活和繁殖并转移到棉田。7月中旬左右冬麦收后，大量天敌由麦田转入棉田，此时正是天敌发生高峰期，切不可盲目施药。

③加强田间管理　适时定苗，合理密植，合理施肥，使棉花营养生长和生殖生长保持平衡，以减轻其为害。

(2) 生物防治

土耳其斯坦叶螨天敌较多，对该螨的控制作用很大。据石河子大学饲养观察，深点食螨瓢幼虫食土耳其斯坦叶螨卵49.5~121粒/日，平均日食卵量82.7粒。幼虫捕食成螨12~41.3头/日，平均日食量为24.3头。加州新小绥螨对土耳其斯坦叶螨雄成螨、若螨和卵分别为10.81头/日、28.49头/日和40.82粒/日。而天敌自身又可繁殖后代，再去捕食叶螨。这样可建立长时间益害平衡的良性循环的最佳农田生态系统。

施用生物杀螨剂及增效剂，对保护天敌和防治该螨为害也大有益处。农药全能增效剂是纯植物产品，对人、畜无毒，有杀螨作用，与化学杀螨剂混用(减少化学杀螨剂用量80%)降低毒性4倍以上，有利于保护天敌，协同、互补、联合作用强，增效十分显著，且促进棉花健壮生长。

(3) 化学防治

运用化学防治，在短期内可有效地控制叶螨为害。防治时必须勤调查，抓早、抓少、抓点片，必须采取有力措施，进行统一防治。

①农药拌种和药种混播　播种前用75%甲胺磷乳油和农药全能增效剂各500g均匀混合后，加清水2~3kg，拌闷棉籽100kg(24h)，晾干后播种，可使该螨的发生推迟30d左右。另外，播种时在播种机箱内加1个施药漏斗盛装1.5%涕灭威颗粒剂，与棉籽同步施入播种沟中，19.5kg/hm²为适，持效期可达35d，还可有效防治棉蚜。

②涂茎防治　消灭中心发生株，控制点片发生，以利保护天敌，药后13~15d，防效达95%以上。苗期用久效磷或氧化乐果1份，农药全能增效剂4~5份，均匀混合后，涂棉株红绿相间处2cm。蕾期涂茎用久效磷或氧化乐果1份，均匀混合农药全

能增效剂3~4份后，涂棉株红绿相间处4cm。初花期涂茎，同前，涂6cm。盛花至铃期涂茎用久效磷或氧化乐果1份，均匀混合农药全能增效剂3份后，涂棉花主茎中下部和距顶部15~20cm处，各涂4cm。涂茎时只涂一面，不能超过茎粗的2/3，严禁环涂，混剂配好后10d内用完，可有效控制该螨为害，还可促棉花稳健生长，防止早衰，提高棉株的抗逆性。

③点片挑治与大面积防治　该螨点片发生时，选用长效性或选择性杀螨剂，以利保护天敌。7~15d后再喷药1次，可控制其为害。大面积发生的棉田必须及时进行化学防治，此时枝繁叶茂，喷雾时必须均匀、周到，保证喷药质量，不可漏喷。机械作业时喷杆距棉株顶部以20cm为宜，以中上部叶片为作业重点，药水要喷足喷透。常用的喷雾药剂有73%炔螨特乳油，20%哒螨酮可湿性粉剂，10%浏阳霉素乳油和2%阿维菌素乳油等。为避免产生抗性，农药应交替使用。

复习思考题

1. 油菜蚤跳甲、油菜花露尾甲和油菜茎象甲在生活史和习性方面有何异同？
2. 油菜茎象甲幼虫为害特点和习性是什么？为什么难以防治？
3. 简述油菜茎象甲农业防治的理论依据。
4. 结合当地油菜种植和害虫发生特点，制订相应的害虫综合防治方案。
5. 向日葵斑螟幼虫为害的特点是什么？
6. 根据向日葵斑螟发生和为害特点，制订该害虫的绿色防控技术方案。
7. 简述棉铃虫的发生规律及防治技术。
8. 根据棉盲蝽生活习性及发生为害特点，制订该害虫的绿色防控技术方案。
9. 简述土耳其斯坦叶螨的发生与环境的关系。
10. 简述土耳其斯坦叶螨的防治技术。

参考文献

白秀娥, 崔娜珍, 高有才, 等. 2012. 马铃薯二十八星瓢虫测报调查方法[J]. 农业技术与装备, 11: 16-17.

北京农业大学. 1993. 昆虫学通论[M]. 2版. 北京: 中国农业出版社.

蔡青年, 张青文, 高希武, 等. 2003. 小麦体内次生物质对麦蚜的抗性作用研究[J]. 中国农业科学, 36 (8): 910-915.

曹克强. 2009. 果树病虫害防治[M]. 北京: 金盾出版社.

陈江玉, 于利国, 李海山, 等. 2011. 梨园食心虫发生规律与防治技术研究[J]. 河北农业科学, 15 (5): 44-47.

崔晓宁, 刘德广, 刘爱华. 2015. 苹果小吉丁虫综合防控研究进展[J]. 植物保护, 41(2): 16-23.

党亚梅, 张春玲, 张敏, 等. 2009. 苹小食心虫发生规律与综合防治技术[J]. 西北园艺, 4: 22-23.

邓国藩, 刘友樵, 隋敬之, 等. 1986. 中国农业昆虫[M]. 北京: 农业出版社.

丁文山, 曹宗亮. 1996. 杂粮及薯类害虫防治[M]. 北京: 中国农业出版社.

丁岩钦. 1980. 昆虫种群数学生态学原理及应用[M]. 北京: 科学出版社.

董吉卫, 陆宴辉, 杨益众. 2012. 绿盲蝽成虫的产卵行为与习性[J]. 应用昆虫学报, 49(3): 591-595.

都振宝, 苗进, 武予清, 等. 2011. 新烟碱类杀虫剂拌种对麦蚜田间防效[J]. 应用昆虫学报, 48 (6): 1682-1687.

段祥坤, 李永涛, 陈林, 等. 2015. 新型杀螨剂丁氟螨酯对土耳其斯坦叶螨亚致死效应[J]. 环境昆虫学报, 37(2): 372-380.

段云, 蒋月丽, 苗进, 等. 2013. 麦红吸浆虫在我国的发生、为害及防治[J]. 昆虫学报, 56(11): 1359-1366.

高灵旺, 杜凤沛. 2014. 北方果树食心虫百问[M]. 北京: 中国农业大学出版社.

耿立君, 张连翔. 2008. 林果蛀干害虫防治方法[J]. 辽宁林业科技, 1: 58-60.

谷黎娜, 钱秀娟, 刘长仲. 2009. 甘肃省昆虫病原线虫3个优良品系的生物学特性研究[J]. 甘肃农业大学学报, 44(2): 85-89.

谷清义, 陈文博, 王利军, 等. 2010. 阿维菌素和哒螨灵亚致死剂量对土耳其斯坦叶螨实验种群生命表的影响[J]. 昆虫学报, 53(8): 876-883.

谷清义, 陈文博, 王利军, 等. 2010. 螺螨酯对土耳其斯坦叶螨实验种群的亚致死效应[J]. 石河子大学学报, 28(6): 685-689.

郭冰亮, 张春玲, 刘辉峰, 等. 2013. 小麦吸浆虫防治技术研究及效果评价[J]. 陕西农业科学(3): 11-13.

郭文超, 邓春生, 谭万忠, 等. 2011. 我国马铃薯甲虫生物防治研究进展[J]. 新疆农业科学, 48 (12): 2217-2222.

郭文超, 谭万忠, 张青文. 2013. 重大外来入侵害虫——马铃薯甲虫生物学、生态学与综合防控 [M]. 北京: 科学出版社.

郭文超, 吐尔逊, 程登发, 等. 2014. 我国马铃薯甲虫主要生物学、生态学技术研究进展及监测与防控对策[J]. 植物保护, 40(1): 1–11.

郭文超, 吐尔逊·阿合买提, 许建军, 等. 2010. 马铃薯甲虫识别及其在新疆的分布、传播和为害[J]. 新疆农业科学, 47(5): 906–909.

郭文超, 吐尔逊·阿合买提, 许咏梅, 等. 2011. 马铃薯甲虫持续防控技术研究[J]. 新疆农业科学, 48(2): 197–203.

哈金华, 吴惠玲, 哈金学, 等. 2012. 向日葵螟发生规律及防治对策[J]. 宁夏农林科技, 53(3): 37–38, 40.

韩召军. 2001. 园艺昆虫学[M]. 北京: 中国农业出版社.

贺春贵, 范玉虎, 邹亚暄. 1998. 油菜花露尾甲的为害及对产量的影响[J]. 植物保护学报, 25(1): 15–19.

贺春贵, 袁锋, 董应才. 1999. 小麦吸浆虫淘虫方法的改进[J]. 干旱区农业研究, 17(4): 55–57.

贺春贵, 刘长仲, 苏柯. 1990. 李氏叶螨种群生命表的组建与分析[J]. 甘肃农业大学学报, 25(4): 401–404.

贺春贵, 潘峰, 王国利, 等. 2000. 油菜蚤跳甲的为害分级及习性[J]. 甘肃农业大学学报, 35(4): 377–381.

贺春贵, 袁锋. 2001. 中国西部麦红吸浆虫种群遗传结构的 RAPD 分析[J]. 昆虫分类学报, 23(2): 124–130.

贺春贵. 2001. 油菜花露尾甲的发生规律及药剂防治[J]. 植物保护, 27(1): 15–17.

洪晓月. 2006. 农业昆虫学[M]. 2 版. 北京: 中国农业出版社.

华南农业大学. 1988. 农业昆虫学[M]. 2 版. 北京: 农业出版社.

姬国红, 钱秀娟, 刘长仲, 等. 2009. 夜蛾斯氏线虫对菜青虫几种保护酶活力的影响[J]. 植物保护, 35(4): 66–69.

江幸福, 张蕾, 程云霞, 等. 2014. 我国黏虫发生为害新特点及趋势分析[J]. 应用昆虫学报, 51(6): 1444–1449.

姜玉英, 李春广, 曾娟, 等. 2014. 我国黏虫发生概况: 60 年回顾[J]. 应用昆虫学报, 51(4): 890–898.

晋齐鸣, 高月波, 苏前富, 等. 2013. 玉米黏虫暴发流行对玉米产量和性状表征的影响[J]. 玉米科学, 21(6): 131–134.

黎裕, 王天宇, 石云素, 等. 2006. 玉米抗虫性基因的研究进展[J]. 玉米科学, 14(1): 7–11.

李超, 程登发, 郭文超, 等. 2013. 不同寄主植物对马铃薯甲虫的引诱作用[J]. 生态学报, 33(8): 2410–2415.

李超, 程登发, 郭文超, 等. 2014. 新疆越冬代马铃薯甲虫出土规律及其影响因子分析[J]. 植物保护学报, 41(1): 1–6.

李超, 程登发, 刘怀, 等. 2013. 温度对马铃薯甲虫分布的影响——以新疆吐鲁番地区夏季高温对其羽化的影响为例[J]. 中国农业科学, 46(4): 737–744.

李定旭. 1996. 豫西山区马铃薯瓢虫的发生规律及防治技术研究[J]. 马铃薯杂志, 10(3): 147–150.

李定旭. 2002. 桃小食心虫地面防治技术的研究[J]. 植物保护(3): 18–20.

李东育, 汪小东, 张建, 等. 2012. 多种杀螨剂对土耳其斯坦叶螨室内毒力测定及安全评价[J]. 新疆农业科学, 49(12): 2229–2233.

李惠明. 2001. 蔬菜病虫害防治实用手册[M]. 上海: 上海科学技术出版社.

李建军, 李修炼, 成卫宁. 1999. 小麦吸浆虫研究现状与展望[J]. 麦类作物学报, 19(3): 51–55.

李秀军,金秀萍,李正跃.2005.马铃薯块茎蛾研究现状及进展[J].青海师范大学学报(自然科学版)(2):67-70.

李怡萍,程爱红,于海利,等.2011.黏板对小麦吸浆虫成虫的诱捕效果[J].西北农林科技大学学报,39(3):92-95.

李永红,李建厂,任军荣,等.2009.中国西北地区油菜茎象甲的消长与防治策略[J].中国油料作物学报,31(4):509-512.

李照会.2002.农业昆虫鉴定[M].北京:中国农业出版社.

李照会.2004.园艺植物昆虫学[M].北京:中国农业出版社.

梁延坡,吴青君,刘长仲,等.2010.小菜蛾 GluCl 受体 a 亚基 cDNA 基因克隆和序列分析[J].植物保护,36(4):49-54.

刘乾,张廷伟,刘长仲.2010.小麦与不同作物间作对麦蚜发生量的影响[J].贵州农业科学,38(6):148-149.

刘绍友.1990.农业昆虫学(北方本)[M].杨凌:天则出版社.

刘同先,康乐.2005.昆虫学研究进展与展望[M].北京:科学出版社.

刘应才,周诗礼.1984.马铃薯二十八星瓢虫的测报及防治[J].农业科技通讯(5):24.

刘远康.1998.湖北保康马铃薯块茎蛾的发生及防治[J].植物医生,11(2):15-16.

刘允军,贾志伟,刘艳,等.2014.玉米规模化转基因技术体系构建及其应用[J].中国农业科学,47(21):4172-4182.

刘长仲,冯宏胜.1999.药剂涂干对苹果园昆虫群落结构的影响[J].甘肃林业科技,24(2):46-47.

刘长仲,贺春贵.1991.山楂叶螨实验种群内禀增长力的研究[J].甘肃农业大学学报,26(2):184-188.

刘长仲,贺春贵.1993.苹果叶螨实验种群生命表的研究[J].甘肃农业大学学报,28(3):290-293.

刘长仲,贺春贵.1994.三种果树叶螨实验种群参数的分析[J].植物保护学报,21(2):176-178.

刘长仲,裴星琳,魏勇良,等.1999.美洲斑潜蝇的生物学特性及药剂防治研究[J].甘肃农业大学学报,34(4):388-391.

刘长仲,裴星琳,杨振翠.2000.辣椒上桃蚜的生物学特性及药剂防治研究[J].甘肃农业大学学报,35(1):47-50.

刘长仲,王刚,王万雄,等.2002.苹果园二斑叶螨种群的空间格局[J].应用生态学报,13(8):993-996.

刘长仲,王国利,贺春贵,等.2000.油菜叶露尾甲空间分布型的研究及其应用[J].甘肃科学学报,12(1):58-61.

刘长仲,魏怀香,林颖,等.2002.小麦吸浆虫药剂防治研究[J].甘肃农业大学学报,37(4):433-436.

刘长仲,张新虎.1998.苏氏盲走螨对山楂叶螨捕食作用的研究[J].甘肃林业科技,23(3):39-40.

刘长仲,周淑荣,魏怀香,等.2002.麦红吸浆虫在麦穗上的空间分布型及应用[J].甘肃农业大学学报,37(2):204-208.

刘长仲.1993.黑缘红瓢虫对朝鲜球坚蚧捕食作用的研究[J].植物保护,19(5):13-14.

刘长仲.2009.草原保护学[M].北京:中国农业大学出版社.

刘长仲.2009.草地昆虫学[M].3版.北京:中国农业出版社.

鲁素玲, 刘小宁, 张建萍. 2001. 3种天敌对土耳其斯坦叶螨的捕食功能反应的初步研究[J]. 石河子大学学报, 5(3): 194-196.

陆宴辉, 吴孔明. 2012. 我国棉花盲蝽生物学特性的研究进展[J]. 应用昆虫学报, 49(3): 578-584.

逯彦果, 刘长仲, 缪正瀛, 等. 2008. 蜜蜂为荞麦授粉的效果研究[J]. 中国蜂业, 59(12): 33-34.

罗进仓, 刘长仲, 周昭旭. 2012. 不同寄主植物上马铃薯甲虫生长发育的比较研究[J]. 昆虫学报, 55(1): 84-90.

罗益镇, 崔景岳. 1994. 土壤昆虫学[M]. 北京: 中国农业出版社.

马艳粉, 胥勇, 肖春. 2012. 10种寄主植物挥发物对马铃薯块茎蛾产卵的引诱作用[J]. 中国生物防治学报, 28(3): 448-452.

毛培, 王甜甜, 宋鹏飞, 等. 2015. 丁布胁迫对亚洲玉米螟氧化还原系统的影响[J]. 植物保护学报, 42(4): 584-590

牟吉元. 1996. 普通昆虫学[M]. 北京: 中国农业出版社.

牟吉元. 1997. 昆虫生态与农业害虫预测预报[M]. 北京: 中国农业科技出版社.

钱秀娟, 梁俊燕, 刘长仲. 2004. 皋兰县麦长管蚜的田间消长规律及预测模型[J]. 甘肃农业大学学报, 39(2): 183-185.

秦维亮. 2011. 北方果树病虫害防治手册[M]. 北京: 中国林业出版社.

全国农业技术推广服务中心. 2014. 农作物重大有害生物治理对策研究[M]. 北京: 中国农业出版社.

石宝才, 范仁俊. 2014. 北方果树蛀果类害虫[M]. 北京: 中国农业出版社.

石冀哲, 朱威龙, 郑媛媛. 2015. 三种棉盲蝽对不同棉花品种的选择偏好性及种群动态[J]. 应用昆虫学报, 52(3): 574-579.

石磊, 陈明, 罗进仓. 2009. 3种性诱捕器诱捕苹果蠹蛾效果比较及成虫的时序动态变化[J]. 甘肃农业大学学报, 44(1): 115-117.

舒敏, 克尤木·维勒木, 罗庆怀, 等. 2012. 蓝蝽对马铃薯甲虫低龄幼虫的捕食潜能初探[J]. 环境昆虫学报, 34(1): 38-44.

宋鹏飞, 毛培, 姚双艳. 2014. 丁布胁迫对亚洲玉米螟为害程度及生长发育的影响[J]. 河南农业科学, 43(11): 72-76.

孙益知. 2011. 果树病虫害生物防治[M]. 北京: 金盾出版社.

孙跃先, 李正跃, 桂富荣, 等. 2004. 白僵菌对马铃薯块茎蛾致病力的测定[J]. 西南农业学报, 17(5): 627-629.

孙智泰. 1982. 甘肃农作物病虫害[M]. 兰州: 甘肃人民出版社.

汤建国, 阳中乐, 曾天喜, 等. 2007. 中国主要棉盲蝽的生活习性研究综述[J]. 江西棉花, 29(1): 10-12.

吐尔逊·阿合买提, 许建军. 2010. 马铃薯甲虫主要生物学特性及发生规律研究[J]. 新疆农业科学, 47(6): 1147-1151.

汪小东, 刘峰, 张建华, 等. 2014. 加州新小绥螨对土耳其斯坦叶螨的捕食作用[J]. 植物保护学报, 41(4): 19-24.

王碧霞, 尚振青. 2008. 棉盲蝽的发生与防治对策[J]. 现代农业科技, 12: 135.

王凤葵, 王学让, 尚中发. 1992. 渭北旱原油菜茎象甲生物学及生态环境的研究[J]. 干旱地区农业研究, 10(4): 86-89.

王洪亮.2015.绿盲蝽在棉田的发生与防治[J].河北农业,2：50－51.

王江柱,仇贵生.2013.梨病虫害诊断与防治原色图谱[M].北京：化学工业出版社.

王江柱,姜奎年.2013.枣病虫害诊断与防治原色图谱[M].北京：化学工业出版社.

王琦,杜相革,李燕.2015.北方果树病虫害防治手册[M].北京：中国农业出版社.

王瑞生,唐国永,余青兰,等.2010.春油菜油菜茎象甲发生规律与防治研究[J].陕西农业科学
(2)：54－56.

王顺建,刘光荣,王向阳,等.2002.麦蚜天敌利用技术的研究[J].植保技术与推广,22：10－12.

王伟,刘长仲,姜生林,等.2007.敦煌市棉田烟粉虱发生规律的研究[J].甘肃农业大学学报,42
(5)：104－107.

王伟,刘长仲,马峰,等.2007.敦煌市棉田烟粉虱的种群数量动态及防治[J].干旱地区农业研
究,25(6)：102－105.

王希蒙,容汉诠.1989.果树病害防治[M].银川：宁夏人民出版社.

王小强,刘长仲.2014.阿维菌素亚致死剂量下2种色型豌豆蚜解毒酶活力的研究[J].中国生态农
业学报,22(6)：675－681.

王旭疆,袁丽萍,王永卫.1999.土耳其斯坦叶螨的生物学特性及其综合防治[J].蛛形学报,8
(1)：16－19.

吴翠翠,张先亮,任文斌,等.2013.棉盲蝽为害日益严重成因和防治策略分析[J].山西农业科学
41(12)：1361－1364.

吴福贞,管致和,马世俊,等.1990.中国农业百科全书[M].北京：农业出版社.

仵均祥.2002.农业昆虫学(北方本)[M].北京：中国农业出版社.

武三安.2007.园林植物病虫害防治[M].2版.北京：中国林业出版社.

西北农业大学.2000.农业昆虫学[M].2版.北京：中国农业出版社.

邢茂德,耿军,刘晓.2013.我国棉花绿盲蝽的研究进展[J].中国棉花,40(8)：5－9.

邢玉芳,钱秀娟,刘长仲,等.2009.甘肃省几种昆虫病原线虫抗干燥能力测定[J].贵州农业科
学,37(1)：90－91.

徐汝梅.1987.昆虫种群生态学[M].北京：北京师范大学出版社.

许烨,冯安荣.2013.小麦吸浆虫防治技术试验与示范[J].陕西农业科学(2)：105－106,142.

许再福.2009.普通昆虫学[M].北京：科学出版社.

薛勇.2001.毒签熏蒸法防治果树蛀干害虫[J].农村经济与技术,4：42.

杨德松,姬华,王星,等.2004.影响新疆棉叶螨发生因素的研究[J].中国棉花,34(6)：10－11.

杨建强,赵骁,严勇敢,等.2011.7种药剂对苹果蠹蛾的防治效果[J].西北农业学报,20(9)：
194－196.

杨帅,贺亚峰,何欢,等.2013.深点食螨瓢虫对土耳其斯坦叶螨和截形叶螨捕食作用的比较[J].石
河子大学学报,31(36)：10－13.

于江南,王登元,曲丽红,等.2002.自然因素对土耳其斯坦叶螨发生的影响和防治对策[J].新疆农
业大学学报,25(3)：64－67.

于江南,王登元,袁仙歌.2000.土耳其斯坦叶螨试验种群生态学与生殖力研究[J].蛛形学报,9
(2)：78－81.

于江南.2003.新疆农业昆虫学[M].新疆：新疆科学技术出版社.

袁锋.2006.农业昆虫学[M].3版.北京：中国农业出版社.

袁辉霞,李庆,杨帅,等.2012.不同棉花品种对土耳其斯坦叶螨的种群动态和种群参数的影响[J].
应用昆虫学报,49(4)：923－931.

张丰, 吴蕾, 石建伟, 等. 2009. 小麦害虫无公害治理技术[J]. 现代农业科技, 15: 175.

张国安, 赵惠燕. 2012. 昆虫生态学及害虫预测预报[M]. 北京: 科学出版社.

张箭, 刘养利, 田旭, 等. 2014. 七种杀虫剂对小麦吸浆虫和麦蚜防治效果研究[J]. 应用昆虫学报, 51(2): 548 – 553.

张廷伟, 廖金莹, 钱秀娟, 等. 2014. 不同抗蚜性小麦品种对禾谷缢管蚜实验种群参数的影响[J]. 甘肃农业大学学报, 49(6): 91 – 95.

张廷伟, 刘乾, 刘长仲. 2010. 小麦幼苗期抗禾谷缢管蚜的生理机制[J]. 贵州农业科学, 38(8): 119 – 122.

张廷伟, 刘长仲. 2011. 禾谷缢管蚜对三个小麦品种幼苗保护酶的影响[J]. 植物保护, 37(4): 72 – 75.

张文解, 贺春贵, 姜红霞. 2004. 草田轮作中小麦品种抗吸浆虫机制探讨[J]. 草业科学, 21(10): 63 – 67.

张孝羲. 2001. 昆虫生态及预测预报[M]. 3 版. 北京: 中国农业出版社.

张新虎, 刘长仲. 1993. 芬兰钝绥螨种群内禀增长力研究[J]. 甘肃农业大学学报, 28(2): 158 – 161.

张新虎, 刘长仲. 2000. 芬兰真绥螨生物学特性的研究[J]. 甘肃农业大学学报, 35(4): 388 – 394.

张总泽, 刘双平, 罗礼智. 2009. 向日葵螟生物学研究进展[J]. 植物保护, 35(5): 18 – 23.

张总泽. 2010. 向日葵螟生物学特性、发生为害规律及监控技术研究[D]. 武汉: 华中农业大学.

赵磊, 杨群芳, 解海翠, 等. 2015. 大气 CO_2 浓度升高对亚洲玉米螟生长发育及繁殖的直接影响[J]. 生态学报, 35(3): 1 – 11.

赵中华. 2008. 油菜病虫防治分册(中国植保手册)[M]. 北京: 中国农业出版社.

郑峰, 谢颖飞, 张亚素. 2013. 小麦吸浆虫发生为害与防控对策[J]. 农业技术与装备, 262(10): 51 – 52.

中国科学院动物研究所. 1979. 中国主要害虫综合防治[M]. 北京: 科学出版社.

中国农业百科全书昆虫卷编辑委员会. 1990. 中国农业百科全书(昆虫卷)[M]. 北京: 农业出版社.

中国农业科学院植物保护研究所, 中国植物保护学会. 2015. 中国农作物病虫害[M]. 3 版. 北京: 中国农业出版社.

周丹丹, 刘长仲, 姜生林, 等. 2009. 烟粉虱刺吸胁迫对棉花叶片生理的影响[J]. 甘肃农业大学学报, 44(1): 107 – 110.

周昭旭, 罗进仓, 吕和平, 等. 2010. 温度对马铃薯甲虫生长发育的影响[J]. 昆虫学报, 53(8): 926 – 931.

朱国庆, 李艳, 王成华. 2003. 西昌地区马铃薯块茎蛾为害及防治[J]. 中国马铃薯, 17(6): 366 – 367.

朱文炳. 1992. 油料作物害虫[M]. 北京: 中国农业出版社.

Alyokhin A. 2009. Colorado potato beetle management on potatoes: current challenges and future prospects [J]. Fruit Vegetable and Cereal Science and Biotechnology, 3: 10 – 19.

Bommarco R, Ekbom B. 1996. Variation in pea aphid population development in three different habitats[J]. Ecological Entomology, 21: 235 – 240.

Das P D, Raina R, Prasad A R, et al. 2007. Electroantennogram responses of the potato tuber moth, *Phthorimaea operculella* (Lepidoptera: Gelichiidae) to plant volatiles[J]. Journal of Biosciences, 32(2): 339 – 349.

Dijkstra P, Hymus G, Colavito D, et al. 2002. Elevated atmospheric CO_2 stimulates aboveground biomass in a fire-regenerated scrub-oak ecosystem[J]. Global Change Biology, 8(1): 90 – 103.

Fernando C M, Bailey P C E, Gurr G M. 1998. Effect of foliar pubescence on herbivore oviposition and parasitism in the tritrophic system, *Solanum* spp. , *Phthorimaea operculella* (Zeller) (Lepidoptera: Gelechiidae) and *Copidosoma koehleri* Blanchard(Hymenoptera: Encyrtidae)[J]. In: Pest Management-Future Challenges, Vols 1 and 2, Proceedings. 6*th Australisian Applied Entomological Research Conference*, Brisbane Australia, 335 – 340.

Hill D S. 1983. Agricultural Insect Pests of the tropics and their Control[M]. 2nd ed. Cambridge: Cambridge University Press.

Hunter M D. 2001. Effects of elevated atmospheric carbon dioxide on insect-plant interactions[J]. Agricultural and Forest Entomology, 3(3): 153 – 159.

Jiang W H, Wang Z T, Xiong M H, et al. 2010. Insecticide resistance status of colorado potato beetle (Coleoptera: Chrysomelidae) adults in northern Xinjiang Uygur autonomous region[J]. Journal of economic Entomology, 103(4): 365 – 1371.

Jiang X F, Luo L Z, Zhang L. 2007. Relative fitness of near isogenic lines for melanic and typical forms of the oriental armyworm, *Mythimna separata* (Walker)[J]. Environmental entomology, 36 (5): 1296 – 1301.

Liu C Z, Yan L, Li H R, et al. 2006. Effects of predator-mediated apparent competition on the population dynamics[J]. BioControl, 51(4): 453 – 463.

Liu C Z, Zhou S R, Yan L, et al. 2007. Competition among the adults of three grasshoppers on an alpine grassland[J]. Journal of Applied Entomology, 131 (3): 153 – 159.

Maynard D N, Hochmuth. 2007. Knott's handbook for vegetable growers[M]. Hoboken: John Wiley Press.

Roderick G K. 1996. Geographic structure of insect populations: gene flow, Phylogeography, and their uses [J]. Annual review of entomology, 41: 325 – 352.

Sharaby A, Abdel-Rahman H, Moawad S. 2009. Biological effects of some natural and chemical compounds on the potato tuber moth, *Phthorimaea operculella* Zeller (Lepidoptera: Gelechiidae)[J]. Saudi Journal of Biological Sciences, 16: 1 – 9.

Shelton A M, Badenes-Perez F R. 2006. Concepts and application of trap cropping in pest management[J]. Annual Review of Entomology, 51: 285 – 308.

Wang W X, Zhang Y B, Liu C Z. 2011. Analysis of a discrete-time predator-prey system with Allee effect [J]. Ecological Complexity, 8: 81 – 85.

Zhou S R, Liu C Z, Wang G. 2004. The competitive dynamics of metapopulations subject to the Allee-like effect[J]. Theoretical Population Biology, 65(1): 29 – 37.